U0067652

法國糕點大全

110種特選甜點

76個獨門訣竅！

1500張豐富步驟圖解！

Pâtisserie française

前言

在編寫這本書時最煩惱的事，就是要如何才能讓這本書不只是學校的教科書，而能讓廣大喜愛糕點的讀者輕鬆的運用。

開始做點心的初學者，要如何著手才好呢？已經進入點心製作的世界，但是，為什麼要用這個方法呢？為什麼無法順利地做出好吃的糕點？……希望本書能在這些「為什麼」的問題上幫上一點忙，並且希望這本書能在料理書架上佔有一點點位置，因此這本書中的糕點製作，都是以：賞心悅目地觀賞、樂於其中地製作、滿心喜悅地享用、落落大方地饋贈為終極目標。

身為專業糕點師傅，每天除了進行糕點的製作，更接觸著新穎獨特的新產品問世、熱賣商品因應需求而有多樣性的變化，以及學生學習過程中不斷地詢問…，這些各方的聲音，正是我們想要編寫這本書的主要原因。製作及販售的喜悅，相對於以商業為主的各式多樣化點心製作，我們期待能將這些經驗廣為傳授，在學校的教育方針中，「DOCENDO DISCIMUS：教學相長」，這句話正點出辻製菓專門學校最主要的精髓。我個人認為，與其稱之為點心師父（Pâtissier），不如稱之為專業糕點師傅（Professeur de Pâtissier），會更貼切。

現在許多關於糕點製作的書籍，作者不僅是owner-chef糕點師傅更是經營者，都不藏私地將點心的製作方法及配方等介紹給大家。這在過去是無法想像的事吧？但即使知道了這些糕點的製作理論，在這些有限的材料中，不同的混合調配及組合使用，糕點的完成度及狀態也會因而改變，相信也是大家都知道的。這也正是糕點最不可思議的地方。

常常大家會認為糕點的製作，只要依照配方上的配比，使用正確的計量等就可以完成，但實際上，光是如此仍不能做出美味、漂亮的糕點。那麼，要如何做才好呢？——其實就是要能感受到其狀態的變化。

「要怎麼感受呢！？」「就是要用全身來感受！」

觀察（不只是用眼睛看，要用心的感覺觀察）、觸摸（溫度、彈力、黏性）、聞、聽、嚐（溫度、味道、硬度），請務必用身體的五感來體會。製作麵糰、奶油的作業及烘焙時，完成後的管理及保存…等。這些諸多事項，都與製作美味糕點的條件有著直接的關連。

法國最偉大的料理達人也是糕點師傅的安東尼．卡瑞蒙（Antoine Carême）曾說過，『藝術有五種。即是繪畫、彫刻、詩、音樂、建築，而建築的一個主要部份就是糕點製作（Pâtissier）』。我個人進入這個領域已經數十年了，隨著歲月的流逝，都讓我更深刻地體會到這句話的真意。並且非常確定這些藝術，都是製作糕點時所不能少的重要因素。

將粉類、雞蛋、砂糖及乳製品這些沒有固定形體的物質，製成有形的物體（麵糰、奶油等）、組合以及最後的裝飾。再加上營造出店內良好的氣氛以提供顧客們美味的糕點。我想應該沒有其他的藝術作品可以超越於此吧。

但糕點是看著看著就會腐壞，而無法以作品形態長久保存下來的藝術傑作。正因如此，糕點師傅才會不斷地湧出嶄新的創意而製作出更多新的作品。為了不讓這股創意的熱情消失，希望這本書可以做為創作寶典，讓更多的糕點師傅加以運用。

在製作本書之際，承蒙雜誌連載時期開始就長期協助的攝影師夫馬潤子小姐，以及柴田書店書籍編集部的佐藤順子小姐的支援。在此深深致上感謝之意。

川北末一

法國糕點大全　# 目次

前言 3
本書使用方式 8

第 1 章
法式糕點之基礎知識
9
法式糕點的分類 10
糕點的歷史 12
法國的風土及點心 15
關於材料 18
麵粉 18
雞蛋 20
砂糖 22
乳製品 24
關於用具 26
烤箱 26
模型及烤盤紙 27
混拌用具 28
計量用具 29

第 2 章
海綿蛋糕麵糰、奶油麵糰之糕點
31
關於海綿蛋糕麵糰 32
〔基本麵糰〕**海綿蛋糕麵糰** 34
蛋糕草莓捲 Omelette aux fraises 37
〔基本奶油餡〕**卡士達奶油餡** 40
水果蛋糕捲 Roulé aux fruits 43
＊擠花袋之準備以及擠法 45
洋梨夏露蕾特 Charlotte aux poires 46
＊洋梨的糖漿煮法 49
〔基本麵糰〕**熱內亞海綿蛋糕麵糰** Pâte à genoise 50
法式草莓蛋糕 Fraisier 52
＊糖杏仁膏裝飾（玫瑰花） 55
法式摩卡蛋糕 Gâteau moka 56
＊模型之準備 59
〔基本奶油餡〕**奶油餡** Crème au beurre 60
＊糖漿的溫度及狀態 61
方塊巧克力蛋糕 Tranche au chocolat 62
〔基本奶油餡〕**甘那許** Ganache 65
吉涅司 Pain de gênes 66
〔基本麵糰〕**杏仁海綿蛋糕麵糰** Pâte à biscuit joconde 69
聖馬可蛋糕 Sanit-Marc 71
音樂盒蛋糕 opéra 74
關於奶油麵糰 77
＊奶油蛋糕 pâte à cake之製作方法 78
水果蛋糕 cake aux fruits 79
南錫法式巧克力蛋糕 Gâteau chocolat de Nancy 82
馬德蓮 Madeleine 85

第 3 章
揉搓派皮麵糰之糕點
89
關於餅底脆皮麵糰 Pâte à foncer 90
〔基本麵糰〕**餅底脆皮麵糰** Pâte à foncer 90
＊派皮麵糰的推壓方法 92
櫻桃塔 Tarte aux cerises 93
＊擀麵棍的使用方法 97
泰坦反烤蘋果派 Tarte Tatin 98
黑乳酪蛋糕 Tourteau fromagé 101
關於甜酥麵糰 Pâte sucrée 104
〔基本麵糰〕**甜酥麵糰** Pâte sucrée 104
焦梨派Flan aux poires 106

〔基本奶油餡〕**杏仁奶油餡** crème dámandes 109
法式檸檬小塔 Tartelette au citron 110
法式松子塔 Tartelette aux pignons 113
關於法式塔皮麵糰 Pâte sablée 116
〔基本麵糰〕**法式塔皮麵糰** Pâte sablée 116
弗羅倫丹焦糖杏仁餅乾 Florentin sablé 118
柳橙薄塔 Galette d'orange 120
巧克力磨坊蛋糕 Moulinois 123

第 4 章
折疊派皮之糕點
127
關於千層酥派feuilletage 128
〔基本麵糰〕**粉包油法** feuilletage ordinaire 129
〔基本麵糰〕**反轉法** feuilletage inversé 132
〔基本麵糰〕**速成法** feuilletage à la minute 134
糖衣千層派Mille-feuille glacé 136
* 糖霜 139
* 杏桃果醬 140
* 紙捲擠花袋的作法 141
皇冠杏仁派Pithiviers 142
愛之泉Puits d'amour 144
拿坡里修頌Chausson napolitain 147
焦糖千層Feuilletage sucré 149
〔千層酥的應用〕**巧克力千層酥派** Feuilletage au chocolat 152
巧克力薄荷千層 mille-feuille chocolat à la menthe 154

第 5 章
泡芙麵糰之糕點
159
關於泡芙麵糰 pâte a choux 160
〔基本麵糰〕**泡芙麵糰** 160
奶油泡芙 chou à la crème 162
驚奇泡芙 chou en surprise 164
新橋塔 Pont-neuf 166
巴黎・沛斯特泡芙 paris-brest 169
聖多諾黑香醍泡芙 saint-honoré 171
修女泡芙 Religieuse 174

第 6 章
蛋白霜之糕點
179
關於蛋白霜meringue 180
法式蛋白霜 meringue française 181
瑞士蛋白霜 meringue suisse 182
義式蛋白霜 meringue italienne 183
蒙布朗 Mont-blanc 184
塞維尼蛋糕 Sévigné 187
苦甜巧克力蛋糕 Bitter 190
勝利杏仁夾心蛋糕 Succès praliné 193
覆盆子蛋白杏仁甜餅 Macaron aux framboises 196
洋梨塔蛋白杏仁甜餅 Tarte aux marrons et poires 199
馬郁蘭蛋糕 Gâteau marjolaine 202

第 7 章
發酵麵糰之糕點
207
關於發酵麵糰 Pâte levée 208
庫克洛夫 kouglof 210
薩瓦侖Savarin 213
糖漬水果皮力歐許 Brioche aux fruits confits 217
奶油烘餅 Kouign-amann 221

第 8 章
點心
225
關於點心 226
諾曼第可麗餅 Crêpes normandes 227
布列塔尼奶油蛋糕 Far breton 230
炸蘋果餅 Beignets aux pommes 232

油炸麻花餅 Bugnes 235
香草舒芙蕾 Soufflé à la vanilla 238
蘋果舒芙蕾 Soufflé aux pommes 241
鬆餅 Gaufres 244
關於冰點 246
巴巴露亞 Bavarois 247
杏仁牛奶凍 Blanc-manger 250
葡萄柚果凍 Gelée de pamplemousse 253
法式焦糖布丁 Crème renversée au caramel 256
巧克力洋梨慕斯 Mousse au chocolat 259
檸檬慕斯 Mousse au citron 262
沙巴雍 Sabayon 265
＊粉紅餅乾（Biscuits de Reims）267
雪浮島 Œufs à la neige 268
糖煮李子 Compote de pruneaux 271

第 9 章 冰凍點心 273
關於冰凍點心 274
＊糖度之檢測方法
香草冰淋淇 Glace à la vanilla 276
雪酪 Sorbets 278
檸檬雪酪 Sorbets au citron 279
覆盆子雪酪 Sorbets à la framboise 280
芒果雪酪 Sorbets à la mangue 280
柳橙雪酪 Sorbets à l'orange 280
紅酒桃冰沙 Granité aux pâches 282
冰淇淋凍糕 Parfait 284
香橙甜酒舒芙蕾凍糕 Soufflé glacé au Grand Marnier 286
牛軋糖雪糕 Nougat glacé 288

第 10 章 迷你花式小點心 291
關於迷你花式小點心 Petits fours 292
新鮮迷你花式點心 Petits fours frais 293
船型巧克力小點心Bateaux chocolat 294
船型栗子小點心 Barquettes au marrons 295
栗子塔 Marrons 295
摩卡小蛋糕 Mokas 295
甘那許可可塔 Hérissons 296
草莓塔 Fraises 296
糖霜小點心 Confits 296
杏仁瓦片餅 Tuiles aux amandes 298
蕾絲瓦片餅 Tuiles dentelles 300
卡蕾多爾 Galettes bretonnes 302
雪茄餅 Cigarettes 304
葡萄乾小圓餅 Palets aux raisins 306
將軍權杖餅 Bâtons maréchaux 308
椰子球 Rochers aux noix de coco 310
南錫蛋白杏仁圓餅 Macarons de Nancy 312
軟式蛋白杏仁餅 Macarons mous 314

第 11 章 糖果 317
關於糖果Confiserie 318
＊杏仁膏 319
〔基本生料〕**杏仁膏生料** Pâte d'amandes crue 320
〔基本生料〕**糖杏仁膏** Pâte d'amandes fondante 323
杏仁小點心 Petits fours aux amandes 327
水果杏仁糖 Fruits déguisés 330
水果軟糖 Pâte de fruits 333
棉花糖 Guimauve 336
蒙特馬利牛軋糖 Nougat de Montélimar 339
普羅旺斯牛軋糖 Nougat de Provence 342

牛奶軟糖 Caramels mous 344
利口酒糖 Bonbons à la liqueur 346
果仁糖 Pralines 349

第 12 章 巧克力 351
關於巧克力 352
* 巧克力的製造工程 353
* 巧克力製品 354
* 調溫 Tempérage 356
* 調溫法之順序 tablage 357
一口巧克力 Bouchées au chocolat 359
四色巧克力缽 Mendiants 360
皮埃蒙特榛果巧克力 Piémontais 361
松露巧克力 Truffes 362
柳橙巧克力 Oranges 365
酒漬櫻桃巧克力 Griottes au Kirsch 368
覆盆子巧克力 Framboisines 370
杏仁巧克力 Amandes au chocolat 373
杏仁巧克力塊 Roches d'amandes 375
水果巧克力 Tutti frutti 378

第 13 章 法式糕點的相關知識 381
糕點的呈現 包裝 382
方型箱（直角方型）之包裝 384
蝴蝶結的打法 385
以不同顏色緞帶來加以變化 386
圓形箱（圓筒狀）之包裝 387
三角箱之包裝 388
六角箱之包裝 389

關於咖啡 390
咖啡的三原種 391
咖啡的產地 391
咖啡豆之遴選 392
咖啡豆之煎焙 393
咖啡豆之研磨 394
咖啡之沖泡 395

關於紅茶 398
紅茶的等級 398
紅茶的種類 398
紅茶的產地 399
紅茶之沖泡 400
* 咖啡豆及紅茶茶葉之保存法 402

糕點製作用語集 403
法國的節慶及活動 410

＜本書的使用方法＞

本書内容之構成

内容是以 辻製菓專門學校 的指導方法為基準。以法式糕點的麵糰種類來分類，再加上特別標註的技巧以及知識等内容，使得糕點的製作變得更加易學，並且從簡單的基本麵糰以至於深入的麵糰應用，自然漸近地由各頁當中，學習到麵糰的種類及糕點的製作。書本的最後，附有基本麵糰、奶油餡，以及本書中所使用的材料、道具一覽表，請因應需要時加以參考對照。

咖啡色的記述部份，補充說明了在進行各項作業時必須詳知的要領、重點、知識…等。另外，括弧内以橙色標記出的單字，是在糕點製作時使用頻率相當高的動作的法文原文，希望大家務必將這些單字牢記。在本書最後的糕點製作用語集，也可以幫助您配合參照地加以利用。

麵糰的構造圖

關於基本的麵糰，為了讓大家能理解操作步驟及組織的狀態，特別將麵糰示意圖畫了下來。雖然與實際上用顯微鏡來觀察麵糰的組織，應該會是天差地遠的狀況，但用這樣簡略的圖形，希望能幫助大家更加了解其狀態，因此還是大膽地將此圖形用於書中。另外，糕點的組合等，也因應其必要性，以圖形來加以解釋。

法文的知識

糕點名稱是以法文來表現，因此在讀法方面，也儘量以接近法語讀法來標示。此外，關於材料及操作時的相關用語，也會儘量以法文來表達。為了更加瞭解法式糕點，法語知識是不可或缺的。材料表及本書中的法文，都會在本書最後以糕點製作用語集的方式來加以整理解說，所以請大家靈活地加以運用。

法語注釋的表達上，〔f〕是女性名詞，〔m〕是男性名詞，〔adj〕是形容詞。

糕點的登場

糕點絶不是在製作完成後就結束。以專業的角度而言，糕點的製作，更必需是要使糕點看起來更加美味，同時樂在其中地享用，這才是不能少的重要意念。更何況，糕點不只是吃下肚而已，應該必須要搭配其他的飲料，才會加倍美味。在本書當中，對於支持著糕點的必要知識，咖啡、紅茶以及包裝的基礎也都提出完整的建議。

在開始製作之前

※材料表的奶油，沒有特別指定時，都是使用無鹽奶油（標示為不含食鹽）。

※麵粉在沒有特別指定時，使用的都是低筋麵粉。務必先過篩後再秤重，並且使用前必須再次過篩。

※在延展麵糰時所使用的手粉，請使用容易平均散開的高筋麵粉。

※糖漿，請依指定的配比，混和了砂糖和水並且加以沸騰過，放涼後使用。

※打發鮮奶油（將攪拌缽放在碎冰中，邊冰鎮邊進行攪打）、冷卻卡士達奶油及還原板狀果膠（用高溫時）等作業時，都需要冰塊。希望能事前就先準備好冰塊（碎冰）。

※雞蛋或鮮奶油的打發動作，麵糰的攪拌等可以使用業務用的電動攪拌機（攪拌器）。同樣攪拌的動作也可以使用手動攪拌器，或是用手以網狀攪拌器或刮杓等來加以進行。

※烤箱在此用的是業務用的大型烤箱。溫度和加熱時間是大約的標準時間，所以可以視麵糰的狀態以及烘焙時的狀況，並依使用的烤箱來加以調整。

※使用家庭用的小烤箱時，請參考P.26。

※烤箱在麵糰生料放入的30分鐘前，就必須先行加以預熱。

※作業時的室溫是以15～20°C來設定的，因此提及常溫時，即是指將其冷卻（或加熱）至這個溫度。

第1章

法式糕點的基礎知識

Généralités

分類 Classification

糕點歷史 Histoire de la pâtisserie

法國糕點地圖 Atlas de la pâtisserie française

製作的基礎 Produits de base

裝備 Matériels

法式糕點的分類

點心有各式各樣的種類，實在無法單一地將其完全分類，但以製作的材料及過程的大不相同來看，可以將其分為Pâtisserie〔糕點〕、Glace〔冰品〕、Confiserie〔糖漬〕、Chocolat〔巧克力〕這四大類別。更進一步這四大類中，再加上Entremets de cuisine（是指在調理現場當場製作搭配料理用的甜點，但強調的是在廚房或烹調現場製作，而非由其他地點製作），另外還有其他範疇的藝術點心（手工藝術）※1。

Pâtisserie（Entremets de Pâtisserie）

也就是所謂的蛋糕或點心，在所有的糕點中佔有最大的範圍。同時也是糕點店、點心店的意思，特別是指以麵粉為主體的麵糰，再加以烘焙而成的糕點類。依其麵糰的製作方法可以更詳細地分類。

海綿蛋糕麵糰、奶油麵糰

（以其製作方法而稱之為Pâte battues）

揉搓派皮麵糰

（因其狀態也被稱之為Pâte friable）

折疊派皮麵糰 Pâte feuilletée

泡芙麵糰 Pâte à choux

蛋白霜 meringue

（以蛋白霜作為主體。較為例外的是不加入麵粉，改以加入杏仁粉或是其他粉類。）

發酵麵糰 Pâte levee

迷你花式小點心 Petits fours

（使用所有種類麵糰之小點心）

Glace

將材料加以冰凍所製成的冰品。像是冰淇淋、冰沙或是雪酪等。

Confiserie

糖漬點心。以砂糖為主所製成的點心類。

砂糖類之加工品（糖霜、糖果、牛奶糖、夾心酒糖等）

水果類之加工品（果醬、水果軟糖、糖漬水果等）

堅果類之加工品（牛軋糖、杏仁膏、糖杏仁、糖衣杏仁等）

Chocolat

以巧克力為主體的點心類。不包含巧克力蛋糕等，而指的是松露巧克力或巧克力球等。也有些會被含括於Confiserie中。

Entremets de cuisine

Pâtisserie或Glace都是在餐廳中可做為甜點提供給客人的，Chocolat、Confiserie之其中，也有提供給客人與咖啡一同享用的迷你花式小點心。與這些不同的是，基本上製作並當場食用的糕點類，就是在餐廳料理檯上作出的甜點，可分類如下。

Entremets chaud

（溫熱的點心。舒芙蕾、可麗餅等）

Entremets froid ※2

（冰涼的點心。果凍、巴巴露亞、慕斯等）

※1　巧克力和糖果以及杏仁膏的細致的手工花飾，或是使用糖霜花飾（pastillage）或牛軋糖、餅乾的麵糰或麵包麵糰，而創造出各種立體形狀。

※2　隨著冷藏、冷凍技術的進步，以及現代人口味轉而輕淡，以至於近年來，越來越多以麵糰或蛋白霜，以及巴巴露亞或慕斯加以組合而製作出的甜品，這裡所提的Entremets froid不包含這些組合的創作。

糕點的歷史

時代	年代	內容
古代	BC7000左右	開始了小麥的栽培
	BC3000～	古埃及時代，誕生了用麵粉製成的麵包。也產生添加了蜂蜜、無花果、棗椰、葡萄乾等水果，以增加其甜味的點心。
	BC1000左右～	古希臘時代，開始使用奶油及起司等乳製品，還有雞蛋也開始被使用。
	BC500～	古羅馬時代，相當於糖衣或牛軋糖原型，製造使用了蜂蜜及杏仁果的糖果。搬運了阿爾卑斯天然的冰雪，混拌至蜂蜜及酒類等飲料當中飲用。
	BC250～	古代馬其頓的亞歷山大王（BC356～323）在印度發現了「生長出蜜汁的植物」（甘蔗）。甘蔗的栽培及糖精的生產開始於紀元前的印度，並傳入了波斯及阿拉伯。
中世	5～13世紀	烘焙麵包用的烤箱（烤窯）到了12世紀時，已成了貴族、教會及修道院的獨佔品了。而收藏了使用材料之蜂蜜及奶油等，使得修道院在糕點的製作上特別發達。另外，教會中有著所製作的「oblées」（拜領聖體用的麵包）的師傅obloiers，製作出oublie※1、fouaces※2等點心。
	11世紀	十字軍東征（～13世紀）。由阿拉伯各國將砂糖、蒸餾酒及類似折疊派皮的點心製法傳到歐洲。香料麵包（pain d'épice）※3於此登場。
	12世紀左右	法國南部、阿拉伯的糕點師傅，開始思考做出échaudé※4。在英國開始製作出布丁了。
近世〈文藝復興時代〉	14～16世紀	由阿拉伯世界開始傳入了砂糖。因為是非常貴重的東西，所以剛開始時是被當作藥物來使用的，終於砂糖也開始被用在糕點，而開始做出了甜的果餡餅和蛋塔。在義大利發展開的是由波斯和阿拉伯傳入的冰品。大航海時代中，新大陸中新的食物也被帶入歐洲。
	1379	擔任查理5世和6世的廚師Taillevent（本名為Guillaume Tirel 1312～1395）之著作，『食物譜Le Viandier』是法國最早的料理書籍。
	1440	Oubile的師傅oublayerus和麵粉製品的師傅Pasticiers（糕點師傅Pâtissier之語源）de graisse，將其製造出各種不同的組合。
	1493	哥倫布將草香帶回西班牙。1502年第4次航海中，發現瓜納拉群島（Guanaja）的原住民將可可豆製成飲料，並且被當成貨幣來使用。
	1506	據說洛瓦雷縣（Loiret）Pithiviers的師傅製作出了杏仁奶油餡。
	1528	西班牙的科爾特斯將軍（Cortés）遠征墨西哥，將可可豆及使用可可豆製成飲品的作法帶回西班牙，在歐洲也開始飲用。
	1533	來自佛羅倫斯（Firenze）的梅迪奇家族（Medici）的卡特琳・德・梅迪奇（Catherine de Médicis），後來與法國國王亨利二世結婚。當時在文化面上比法國更先進的義大利糕點師傅也隨之前往，在法國也開始了冰品、蛋白杏仁甜餅以及甜餅乾等的流行。
	1550	在君士坦丁堡（現在的伊士坦堡）完成了最早的咖啡。
	1575	奧列維德賽爾Olivier de Serres（法國農業學者。1539～1619）發現甜菜中含有糖份。
	1596	香料麵包（pain d'epice）工會由專業糕點師工會中獨立出來。
	17世紀	在歐洲開始了紅茶、咖啡以及巧克力的飲用。砂糖的需要量增加，在安地列斯群島等殖民地的大規模農場中，盛行甘蔗的栽植，大量的原料糖被提供至歐洲各地港口之製糖工廠。從17世紀後期至18世紀，使用了拉糖（sucre tiré）※5、糖霜花飾（pastillage）※6的法式婚禮節慶糕點Pièce montée※7登場了。另外泡芙、千層酥、卡士達奶油餡、卡士達杏仁餡，據說都是在這個時代誕生的。

※1 oublie：用鐵板將薄烤而成的麵皮捲成圓錐狀的點心，也是鬆餅的起源。這種oublie並沒有在糕餅店出售，而是以獨特的叫賣聲在街頭販售。

※2 fouaces：是一種平圓的麵包，使用上等麵粉，埋在灰中烘焙而成的，現在也仍是當地糕點。

※3 pain d'épice：在麵粉或裸麥粉中加入蜂蜜及辛香料所做出的點心。一般是做成大大的四方形，再切成薄片食用。迪戎（Dijon）地區所製成的最為著名。

※4 échaudé：沒有甜味脆脆的小點心。將麵粉、水、雞蛋、奶油混拌的麵糰切成四角形，燙過熱水後用烤箱烘烤至乾。18世紀後再度流行起來，直至19世紀都受到青睞。現在仍存在於法國西部。

※5 sucre tiré：拉糖。糖果加工技巧之一。展延拉出糖果塊使其當中能飽含空氣，產生出光澤。

※6 pastillage：裝飾點心用的材料。用水和粉狀砂糖一起揉和而成的（添加果膠、澱粉、膠質使其增加黏性）。將其展延成薄片狀，再雕切成各種形狀後使其乾燥，可以將其組合成有名的迷你建築模型等。

※7 Pièce montée：以糕點或糖果組合而成，立體的裝飾糕點。卡漢姆（Carême）時代即是這種裝飾糕點的全盛期，豪華的作品被裝飾在宴會的餐桌上。現在，則是糕點店的展示或是結婚、受洗儀式等祝賀時才會製作。

時代	年代	事項
近世（文藝復興）	1615	西班牙國王菲利浦三世的女兒，公主安娜（Anne d'Autriche）與法國路易十三世結婚，西班牙所獨佔的巧克力於此傳入了法國宮廷之中。
	1630年左右	糖杏仁的產生
	1633	在法國，在波爾多地區建立了最早的製糖工廠。
	1638	在巴黎，經營糕點店的Raguenau（1608～1654）做出了杏仁酥塔（Tartelette amandine）。
	1653	La Varenne（Duxelles候爵之廚師。1608～1678）在taillevent之後，首度出版集法國料理大成之『法國之料理人Le Cuisinier François』。接著在1655年發行『法國之糕點師Le Pâtissier François』。該書中，使用砂糖所製作之糕點佔了將近一半。另外，還有稱之為poupelin的糕點，這樣的製作方法首次以泡芙的名字出現。
	1660	西班牙國王菲利浦四世的女兒，瑪麗亞泰瑞莎（Maria Teresa）公主與路易十四結婚。因為公主非常喜歡巧克力，所以也成為巧克力在歐洲廣為流傳的契機。
	1683	據說在維也納，為了記念戰勝土耳其軍隊，而誕生了可頌。戰利品中有咖啡豆，以此為基本而在維也納開了咖啡屋。
	1686	義大利人Francesco Procopio dei Clotelli開設了據說是在巴黎最早的咖啡屋Procope。出售的商品有咖啡以及冰淇淋。
近代	18世紀	咖啡、冰淇淋開始流行。烤箱也開始普及。此時製作出了使用千層派皮的bouchee a la reine和愛之泉（Puits d'amour）。並且蛋白霜也在此時登場了。
	1720年左右	斯坦尼斯瓦夫（Stanislaw）一世※8在庫克洛夫上澆淋上蘭姆酒來食用，命名為阿里巴巴（Ali Baba）。之後，洛林地區出身的糕點師傅Stohrer在巴黎開店，賣出了Baba（Ali Baba的縮略名稱）這種點心。
	1722	Oublie的街頭販售被加以禁止了。
	1746	發行了『中產家庭的料理人La Cuisiniere Bourgeois』。可以看到很多糕點的製作方法。
	1747	德國科學家Andreas Marggraf（1709～1782）從成功地完成由甜菜中提煉出砂糖的實驗，但仍無法加以實際使用。
	1789	巴士底牢獄襲擊。開始了法國大革命。貴族及修道院之糕點也隨之廣泛地流傳至民間。
	1796	Franz Karl Achard（法裔德國人之化學家。1753～1821）將甜菜製糖加以工業化，但所費不貲，煉取之品質亦不甚良好而告失敗。
	1798	拿坡里出身的Velloni在巴黎開設了咖啡餐廳兼冰淇淋店，餐廳經理Tortoni承接了這家店，將店名改為Tortoni。冰凍糕點Biscuit glacé、冰飲Granite等十分受到歡迎，冰品在巴黎大肆流行。
	19世紀	開始有了煤碳烤箱、金屬製的攪打器、擠花袋及金屬的擠花嘴了。泰坦反烤蘋果派、千層酥、吉捏司等，現在都還十分常見的法式糕點，大部份在當時都已出現了，使用泡芙麵糰的奶油泡芙等糕點也十分普及了。也出現了奶油餡、糖霜、T.P.T.（杏仁糖粉）。並且原以飲品存在的巧克力也演變成為食用巧克力了。
	1810	Antonin Carême※9發行了『國王的糕點師La Pâtissier Royal』。
	1810	Benjamin Delessert（法國實業家。1773～1847）完成了甜菜糖的製造法，接受了拿破崙一世（1804年開始的法國皇帝）之支援，開始了正式的甜菜糖之製造。

※8 Stanislaw一世：斯坦尼斯瓦夫Stanislaw Leszczynski。677～1766。被選為波蘭國王，但在波蘭繼位戰爭中決裂，於1736年退位。得到了洛林和帕爾公爵位。Maria Leszczynski是路易十五之王妃。

※9 Antonin Carême：1783～1833年。是法國的廚師也是糕點師。生長於貧困之家，10歲時被小餐館的主人所收養。16歲時進入巴黎最有名的糕餅店之一「BAILLY」研習，接受了Avice※10之指導。被塔列蘭（Talleyrand）發掘，曾出任英王攝政王子（之後的喬治四世）、俄羅斯皇帝亞歷山大一世、維也納宮廷之英國大使、羅斯切爾德（Rothschild）男爵之料理長。在其著作中能夠窺得「巴黎風」的蛋白霜、千層派、泡芙塔、餡餅、舒芙蕾、夏露蕾特、牛軋糖等。

※10 Jeam Avice：19世紀的糕餅師。巴黎的高級糕點店BAILLY的現場總監。受到塔列蘭（1754～1838。法國政治家。用頂級料理及服務來款待賓客，其餐桌被稱為歐洲第一。）的重用。同時也被稱為是泡芙達人。

時代	年代	事項
近代	1815	Antonin Carême發行了『附圖糕點師La Pâtissier Pittoresque』、『巴黎王室糕點師La Pâtissier Royal Parisien』。
	1826	Brillat-Savarin（1755～1826。法國政治家。作家。同時也以美食家著稱）發行了『味覺生理學Physiologie de Goût』。考察味覺結構，以學問來倡導美食「gastronomy（美食烹飪學）」，同時是夾帶著食物的有趣逸事之著作。是法國古典著作之一。
	1828	荷蘭的巧克力公司Van Houten（設立於1815）之Konrad Van Houten製造出了巧克力粉。
	1835	第一次製作出Maron Glace。
	1840年代	杜爾的糕點師Duchemin做出了分蛋法的海綿蛋糕。巴黎的糕點師Chiboust的店內首次做出了聖多諾黑香醍泡芙。 Auguste Julien（Jullien3兄弟之一）※11 將BABA加以改變而做成薩瓦侖（以Brillat-Savarin之名簡略而來的）。
	1845	波爾多的糕點師Gazeau研發出杏仁糖粉T.P.T.（tant pour tant）。
	1848	在美國，製作出最早的冰淇淋冷凍庫，同時取得專利。
	1850	Chiboust店中，由吉涅司變化製作出了加了杏仁的Genoirs（régent）。
	1865	Quillet做出了成為奶油餡原型的奶油。
	1869	為響應拿破崙三世公開招募便宜又具極佳保存性的奶油代用品，法國人Hippolyte Mége-Mouries（1817～1881）發明了乳瑪琳。
	1873	Jules Gouffé（法國廚師及糕點師。Caréme的弟子1807～1877）發行了『糕點之書Le Livre de Patisserie』。
	1875	在瑞士，Daniel Peter創造出了牛奶巧克力。
	1890	Pierre Lacam（法國糕點師傅、料理歷史研究者。1836～1902）發行了『法國糕點備忘錄Mémorial historique et géographique de la pâtisserie』。在介紹傳統糕點及外國糕點之同時，也創作出了新多新穎的糕點及花式迷你小點。
	1894	Urbain Dubois（法國廚師。曾擔任過俄羅斯及普魯士宮廷的料理長，流傳多本理論著作。1818～1901）。出版『今日之糕點製作La Pâtisserie d'aujourd'hui』。
現代	20世紀～	1950年起，冷凍、冷藏技術普及。使用電烤箱及電動機械、塑膠、鋁製品、玻璃紙等新材料的器具登場。對於衛生及營養學也開始著重。出現了喜好輕淡口味的傾向，使用慕斯及巴巴露亞的糕點也變多了。
	1900	『米其林指南Guide Michelin』創刊。
	1903	August Escoffier※12發行了『料理指導Le Guide Culinaire』。
	1923	隆河阿爾卑斯（Rhône-Alpes）地區，從里昂向南約30Km處有個Vienne小鎮上，Fernand Point（1897～1955）的餐廳做出了「pyramid」。被譽為是世界各地的美食饕客們聚集的美食殿堂。
	1938	Prosper Montagne發行了『Larousse料理大事典Larousse Gstronomique』。
	1938	雀巢Nestlé公司研發出即溶咖啡。
	1971	巴黎的Pâtissier Traiteur的Gaston Lenôtre以提升調理糕點製作技術為宗旨地創設學校。
	1984	國立製菓學校Ecole nationale de la Pâtisserie開課。

※11 Jullien3兄弟Arthur、Auguste et Narcisse Jullien：在1820年左右開始成名的三兄弟。Trois freres等點心都是他們研發出來的。

※12 August Escoffier：1846～1935。法國廚師。從13歲開始即在餐廳見習工作，19歲時進入巴黎。被飯店王Ritz發掘，後擔任倫敦「SAVOY」、「carlton」飯店的料理長。將裝飾性的古典料理加以簡約化，為現代的法國料理奠定下基礎。1920年時得到法國最高的榮譽軍團勳章（Légion d'honneur）。為被稱為是芮妮梅爾芭（Nellie Melba）的澳大利亞歌手所創作出之「蜜桃梅爾芭（Pêche Melba）」等，非常有名。

北部（佛蘭登Flandre、阿圖瓦Artois、庇卡底Picardie等）

曾經因煤碳而繁榮的地區。與比利時及荷蘭的國境相連結，人物往來頻繁之區，點心中也有和比利時風格十分近似的鬆餅（→P.244）。法國北部是甜菜栽植區域，因此有製糖之作業，糕點中，有使用像vergeoise（蔗糖結晶所殘留的糖漿製成的褐色粗糖）般獨特砂糖的焦糖蛋塔（tarte au sucre）等。

東北部（香檳區Champagne、洛林區Lorraine、阿爾薩斯Alsace）

阿爾薩斯地區，夾著萊茵河與德國銜接，在語言及文化上都相當受到德國的影響。庫克洛夫（→P.210）就是其中之一，其獨特的外型，正是德國與維也納所具有的共通性。蜜李、小甜李等李子或櫻桃、越桔、紅醋栗等果樹的栽植十分盛行，使用這些水果的點心塔，或是果醬及水果白蘭地都是著名的名產。

洛林區雖然是以法國屈指可數的礦工業地區而繁榮起來的，但另一方面，以其主要都市南錫所命名的南錫法式巧克力蛋糕Gâteau chocolat de Nancy（→P.82）為首，同時也是許多著名糕點的發源地而聞名。在18世紀，斯坦尼斯瓦夫（Stanislaw）一世（路易15世王妃之父P.13）曾任洛林大公而在南錫構築其宮廷。大公非常精通美食，也在其宮廷中接待許多客人，因此當地的糕點瑪德蕾（→P.85）和薩瓦侖（→P.213）等，也都在巴黎造成風行。

香檳區，是連接佛蘭登、義大利、德國與西班牙的交通要衝之地，中世紀時以城市之姿開始繁榮起來的。氣泡式白葡萄酒（香檳）的產地是香檳區，因此添加了香檳的粉紅餅乾（Biscuits de Reims）（→P.267）就是其著名的點心。

西北部（布列塔尼Bretagne、諾曼第normandy）

布列塔尼地區介於英法之間，受蓋爾特（Celtic）文化影響很大，至16世紀為止都是半獨立的國家。盛行畜牧、乳業，是Gérande海鹽sel de Gérande產地之代表，所以這個地方的卡蕾多爾Galettes bretonnes（→P.302）以及奶油烘餅（→P.221）等糕餅，其特徵就是使用含鹽奶油。因其氣候的嚴寒，所以曾經以蕎麵粉的可麗餅（也被稱為卡蕾（galette））為主食，所以可麗餅也因此而聞名。另外，杏仁膏生料Pâte d'amandes crue（→P.320）等，在當地也仍然保留著這些老式點心。

諾曼第地區是優質乳製品的產地，卡門培爾乳酪（Camembert cheese）、Isigny的奶油及鮮奶油等是持有A.O.C.※（稱之為原產地管理）之乳製品。另外，因其栽植相當多的蘋果，也以製造氣泡蘋果酒、蘋果白蘭地而聞名。南部與布列塔尼地區有相當多的共通點，可麗餅（→P.227）是最有名的。其他在當地聞名的糕點還有甜餅Sablé（使用了大量奶油的脆餅）、盧昂的蜜盧頓杏仁塔milriton（夾著杏仁奶油餡，灑上砂糖後烘烤的杏仁塔）或是蘋果糖sucre de pomme（棒狀的糖果）等。

※Appellation d'origine contrôlée之略稱　「某物產為某地之特產品，其品質或特徵包含人為或自然要因之地理環境，而顯示其地方、地域或地區之名稱」以葡萄酒為中心，關於乳製品、家禽等農產品，因滿足其嚴格的取得之條件（生產地域、製造法等），認定以其可以特定地域之名稱標示販售，並對其品質加以保證。

中部（巴黎大區 Île-de-France、羅亞爾河中游）

富足的平原經由河川的潤澤，有著豐富的蔬菜、水果、花朵以及穀物的栽植，被稱為是「法蘭斯庭園」、「法國穀倉」。梨、桃、蘋果、李、杏、草莓等，不僅只是生產量，其絕佳的品質也廣為人知。

奧爾良內（Orleanais）地區，位於羅亞爾河中游，是以因聖女貞德而聞名的奧爾良為主的區域。皇冠杏仁派Pithiviers（→P.142），即是源自於奧爾良附近的小鎮，因此也以該鎮來命名的。

泰坦反烤蘋果派（→P.98）的發祥地是索隆尼（Sologne）地區和貝里（BERRY）地區，是位於奧爾良內南部，羅亞爾河和謝爾河（Cher River）所挾帶的豐富森林帶。靠近諾曼第的安茹（Anjou）地區的乳業也十分盛行，Crémet d'Anjou就是用新鮮的起司和鮮奶油所製成的甜點。

中部山岳地帶（奧弗涅Auvergne、利穆贊Limousin）

被稱為是中央高原（Massif Central）的山岳地帶，雖然最高峰不到2000m，但夏季較短，氣溫低且多雨。冬季長且嚴寒降雪。斜緩的山型適合畜牧，是Cantal、奧維涅藍紋乳酪Bleu d'Auvergne等A.O.C.起司的製造地區。糕點當中最有名的是在陶器中放入櫻桃，倒下麵粉、雞蛋、牛奶和砂糖的阿帕雷蛋奶液（Appaleil）所製成的clafoutis de Limousin。

東部（隆河流域Rhône、汝拉Jura、阿爾卑斯山脈ALPS）

薩瓦（Savoie）地方或多菲內（Dauphine）地方，是與瑞士和義大利的國境，沿著阿爾卑斯山脈和隆河支流所形成的溪谷，因此是個有著起伏地形風光明媚的地方。穀物及葡萄的栽植以及山岳氣候下所孕育出的興盛畜牧業。這個地區最具代表性的糕點，是利用玉米粉製成的較清淡的薩瓦蛋糕（biscuit de Savoie）、Brioche de Saint-Génix（加上了粉紅色的果仁糖P.349的皮力歐許）等。另外，格勒諾伯（Grenoble）是核桃的產地，多菲內地方的蒙特馬利（montelimar）是以牛軋糖（→P.339）而聞名的城鎮。

勃艮地（Bourgogne）地區，與波爾多並列為葡萄產地，但其主要都市迪戎（Dijon）的黑醋栗利口酒crème de cassis是相當聞名的。里昂地方是以法國第二都市里昂為中心，是以美食為著稱的地區。有相當多的知名餐廳及糕點店，馬郁蘭蛋糕Gâteau marjolaine（→P.202）和柳橙薄塔Galette d'orange（→P.120）就是這些知名店鋪所創作出來的。另一方面，四旬齋前的狂歡節等慶典時，就會做像油炸麻花餅Bugnes（→P.235）這樣簡單的點心。

南部（普羅旺斯Provence、蔚藍海岸Côte d'Azur、
朗格多克—魯西永地區Languedoc-Roussillon）

南法是屬於地中海型氣候，夏天熱而冬天短，溫暖乾燥日照充足。是夏日假期及冬季的避暑勝地。有著畜牧、果樹以及稻米的栽植、葡萄酒（以紅酒為中心）的釀造、香料用的花朵栽培等。傳統的糕點方面，則有普羅旺斯牛軋糖Nougat de Provence（→P.342）、艾克斯普羅旺斯Aix-en-Provence的卡利頌（calisson）（糖漬磨碎的杏仁果和水果，固定成菱形後再淋上糖衣）等糖果，葉形麵包fougasse、pompe等使用橄欖油的扁平狀皮力歐許般的點心麵包。糖漬水果（砂糖糖漬）也是特產之一，糕點中使用了柳橙花蜜、松子、杏仁、橄欖油等特產是其特徵。科西嘉島上則使用栗子粉來製作甜點。被譽為最古老的甜點則是杏仁牛奶凍Blanc-manger（→P.250），是源自於朗格多克—魯西永地區Languedoc-Roussillon的點心。

南西部（大西洋沿岸地區）

因為是海洋性氣候，冬季溫暖年間溫差低，但雨量豐沛。農產品有頂級奶油beurre d'Echiré、波爾多的紅葡萄酒、干邑白蘭地（Cognac）。另外，佩里戈爾（Perigord）的松露雖然很有名，但其同時也和格勒諾伯（Grenoble）並列為著名的核桃產地。也是很適合果樹栽種的地區，蘋果、櫻桃和洋梨、李子等都有栽植。特別是阿讓（Agen）的李子做成李子乾非常有名，將其中間掏空後，加入砂糖做成李子汁之後再裝填回去的蜜李子pruneau fourré是最著名的。傳統的糕點，還有達克瓦茲Dacquoise（→P.199）、波爾多可麗露（Cannelé de Bordeaux）、crème au cognac、pastist、millas、蘋果脆皮派croustade aux pommes、巴斯克地方的巴斯克杏仁蛋糕（Gâteau Basque）等。

普瓦圖夏朗德（Poitou-Charentes）地方，位於羅亞爾河下游的位置，自古以來即是連結巴黎及波爾多的交通要衝。盛行畜牧業，特別是以山羊的飼育最為聞名，有著使用山羊起司的黑乳酪蛋糕Tourteau fromagé（→P.101）。這個地區在8世紀時，擊退了由西班牙進攻而來的薩拉森帝國（SARACEN）之戰，據說就是在當時由薩拉森人傳入了山羊的飼育及起司的做法的。

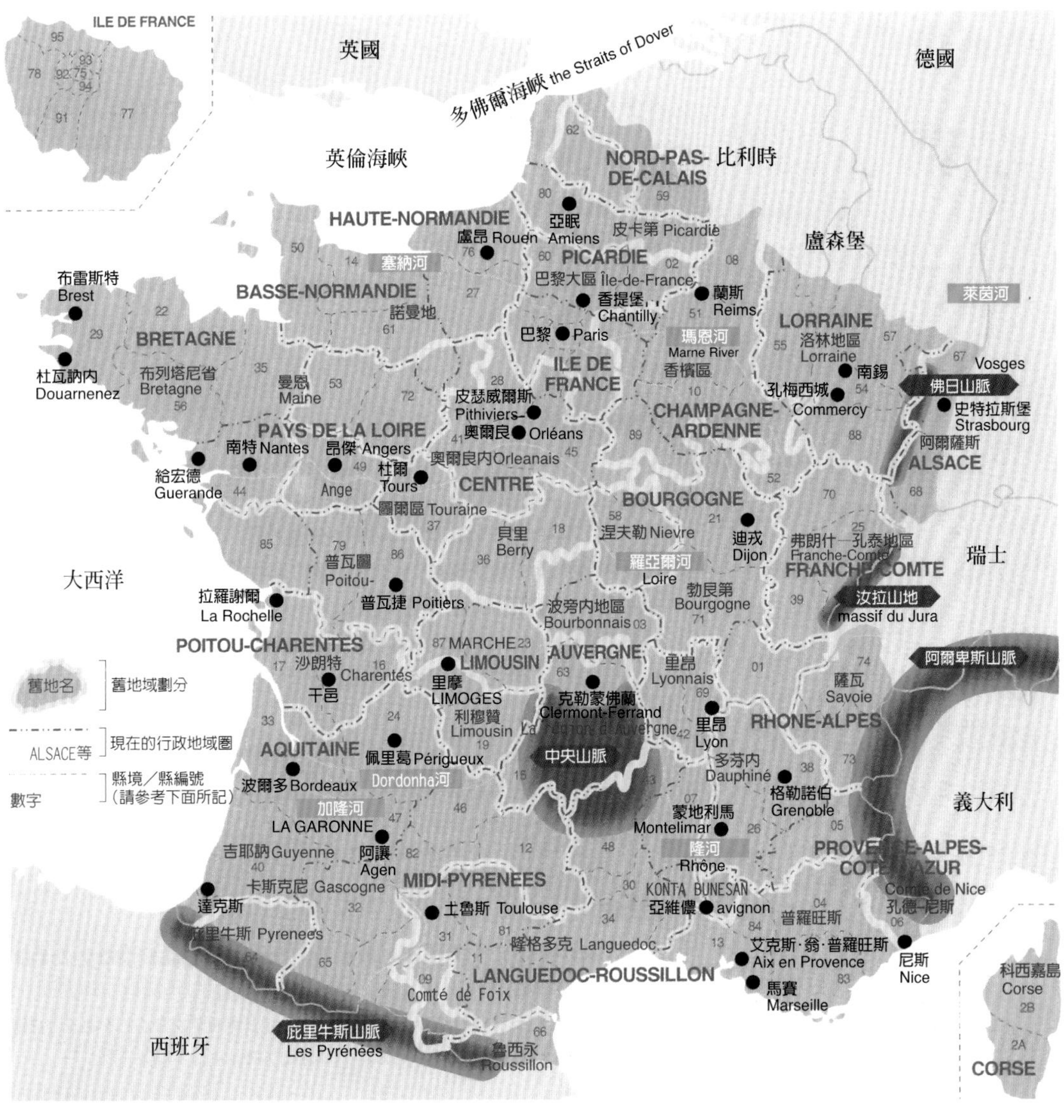

département（縣編號／縣名）

01 AIN
02 AISEN
03 ALLIER
04 ALPES-DE-HAUTE-PROVENCE
05 ALPES（HAUTES-）
06 ALPES-MARITIMES
07 ARDECHE
08 ARDENNES
09 ARIEGE
10 AUBE
11 AUDE
12 AVEYRON
13 BOUCHES-DU-RHONE
14 CALVADOS
15 CANTAL
16 CHARENTE
17 CHARENTE-MARITIME
18 CHER
19 CORREZE
2A CORSE-DU-SUD
2B CORSE（HAUTE-）
21 COTE-D' OR
22 COTES-D' ARMOR
23 CREUSE
24 DORDOGNE
25 DOUBS
26 DROME
27 EURE
28 EURE-ET-LOIR
29 FINISTERE
30 GARD
31 GARONNE（HAUTE-）
32 GERS
33 GIRONDE
34 HERAULT
35 ILLE-ET-LOIRE
36 INDRE
37 INDRE- ET-LOIRE
38 ISERE
39 JURA
40 LANDES
41 LOIR-ET-CHER
42 LOIRE
43 LOIRE（HAUTE-）
44 LOIRE-ATLANTIQUE
45 LOIRET
46 LOT
47 LOT-ET-GARONNE
48 LOZERE
49 MAINE-ET-LOIRE
50 MANCHE
51 MARNE
52 MARNE（HAUTE-）
53 MAYENNE
54 MEURTHE-ET-MOSELLE
55 MEUSE
56 MORBIHAN
57 MOSELLE
58 NIEVRE
59 NORD
60 OISE
61 ORNE
62 PAS-DE-CALAIS
63 PUY-DE-DOME
64 PYRENEES-ATLANTIQUES
65 PYRENEES（HAUTE-）
66 PYRENEES-ORENTALES
67 RHIN（BAS-）
68 RHIN（HAUT-）
69 RHONE
70 SAONE（HAUTE-）
71 SAONE-ET-LOIRE
72 SARTHE
73 SAVOIE
74 SAVOIE（HAUTE-）
75 PARIS
76 SEINE-MARITIME
77 SEINE-DR-MARNE
78 YVELINES
79 SEVRES（DEUX-）
80 SOMME
81 TARN
82 TARN-ET-GARONNE
83 VAR
84 VAUCLUSE
85 VENDEE
86 VIENNE
87 VIENNE（HAUTE-）
88 VOSGES
89 YONNE
90 BELFORT（TERRITOIRE-DE-）
91 ESSONNE
92 HAUTS-DE-SEINE
93 SEINE-SAINT-DENIS
94 VAL-DE-MARNE
95 VAL-D' OISE

※ 96個縣(department)，各將幾個縣統合形成22個行政圈(regions)。
其他還有留尼旺島(Réunion)等四個海外縣D.O.M.：département d'outre-mer、法屬新克里多尼亞(Nouvelle Calédonie)等四個海外領土T.O.M.：territoire d'outre-mer、2個特別自治體Collectivité Départuementale則是散落在西印度群島、北美、南美、印度洋、南太平洋。

麵粉

小麥是最早的栽培作物之一，麵粉是將小麥的種子碾碎，篩出外皮及胚芽，製成的粉末。小麥雖然是屬於稻科植物，但和稻米不同其外皮非常不容易剝落，因此碾磨過製成粉末後，可以除去外皮等難以消化物質的食用法較爲發達。大約在一萬年前就開始將粉狀的麥粉和水揉拌後，在熱石頭上烘烤食用，再搭配上蜂蜜和果實等增加其甜味，就是糕點的起源了。

麵粉的種類

在日本，麵粉並沒有法定的定義及規格。以市面流通的區分而言，可以用蛋白質含量高低依序可分爲高筋麵粉、次高筋麵粉、中筋麵粉以及低筋麵粉，另一方面，以顏色及含胚率來區分時，則可以分爲一等麵粉、二等麵粉、三等麵粉及四等麵粉（含胚率是指外皮、胚芽、靠近胚乳部份的多寡。一等麵粉的顏色最白、光澤最佳，含胚率最低）。

高筋麵粉

粉粒較粗且鬆散。蛋白質含量較高，所以容易產生麩素（gluten），產生的麩素彈力較強，延展性較佳。

＊因容易薄且均勻地散開，因此是適於手粉的使用。另外因具有黏性、適合製作薄且展延性佳麵糰。千層酥基本揉和麵糰（detrempe）、發酵麵糰等。

低筋麵粉

粉粒較細，因此用手握住即會將其固結成塊。蛋白質含量較少，因此不容易產生筋度，麩素之特性較低。

＊適於用在海綿蛋糕、卡士達奶油餡等不太需要筋度的糕點。

中筋麵粉

其性質介於高筋麵粉和低筋麵粉之間。

＊雖然也會用於糕點的製作，但主要是用於烏龍麵等麵點類。

其他粉類

・全麥粉：不除去外皮和胚芽直接碾磨之麵粉。

・法國麵包專用粉：爲了製作法國麵包而開發之製品。

●法國的麵粉

在法國，是依含胚率而制定其規格的。

・type45：精製度最高、最白且非常細緻的粉末，用於糕點製作。

・type55：次於type45，用於糕點、麵包的製作，同時也適用於家庭中的一般用途。

＊蛋白質含量不管哪一種都相當於日本的次高筋麵粉至高筋麵粉之間。但因原料之小麥種類不同，因此其所含蛋白質及澱粉的性質也不相同，無法一概而論地加以比較。

關於麩素

高筋麵粉加水，揉搓至其出現彈性及Q度，用布將其包裹後以水洗並揉搓。待澱粉溶出後，其所剩的物質即是麩素（gluten）。
麵粉加水後會改變蛋白質的特性，進而產生黏度及彈力的「麩素」。成爲麩素的是存在於麵粉中的醇溶蛋白（gliadin）、麥粒蛋白（glutenin）等不溶於水的蛋白質，這些成份吸收了水份後，醇溶蛋白就會形成像是橡膠般的彈力物質，而麥粒蛋白則會形成流動性的黏性物質，製造出網狀般的構造，成爲麵糰的骨架。

雞蛋

依蛋殼的顏色可分爲紅蛋殼及白蛋殼，雖然紅蛋殼有價格較高的傾向，但基本上蛋殼的顏色不同，也不會影響到蛋黃的顏色與其營養價值。蛋殼的顏色是依雞隻的種類不同而有所差異，雖然也會有例外的狀況，但一般而言，毛色是褐色的雞隻所產的蛋是紅色蛋殼，而毛色是白色的雞隻其產的則是白色蛋殼。

雞蛋的構造

殼　11%

蛋白　57%

水狀蛋白：蛋殼的內側及蛋黃周圍黏度較低的蛋白。

濃稠蛋白：黏性較強，較有彈性的蛋白。雞蛋放久之後，就會變成是水狀蛋白。

蛋黃　37%

重量的標準

M尺寸　1個60g（交易規格爲58g以上、未及64g）

殼10g、全蛋50g、蛋黃20g、蛋白30g

＊本書使用的是M尺寸之雞蛋。

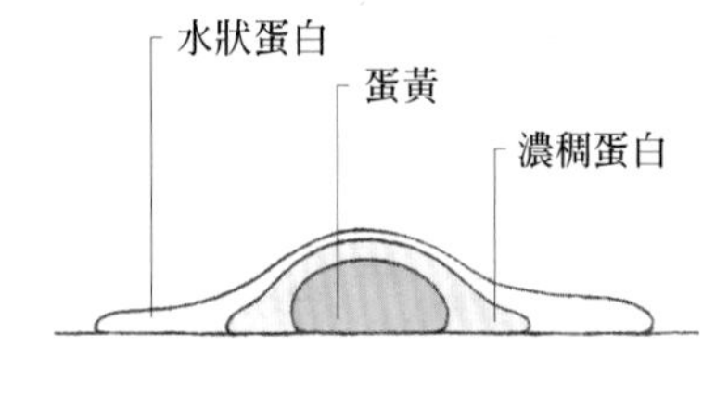

雞蛋的性質及作用

・凝固性：加熱時會有凝固之性質。

蛋白　超過60℃時會成爲半熟狀態，75～80℃時則是完全凝固。

蛋黃　在65℃左右開始凝固，至70℃時幾乎完全凝固。

＊加入砂糖後就不容易凝固。因為砂糖有抑制蛋白質變化的特性。

・發泡性：藉由攪拌將空氣打入其中，製造出氣泡的性質。蛋是糕點製作材料中最容易飽含空氣的。

蛋白　蛋的發泡性主要是依蛋白的作用而產生的。利用攪拌器的攪拌使其產生很多氣泡，接觸到空氣的蛋白質會凝固成膜狀而具安定氣泡之作用。雖然黏性、彈性越強，越不容易產生氣泡，但能夠產生細密安定的氣泡。

＊不容易發泡之條件（產生安定氣泡）：新鮮的蛋（濃稠蛋白較多）、添加了砂糖的蛋（產生黏性、能夠抑制蛋白質的改變）、低溫的蛋（相反地溫度上升時彈力減弱會容易發泡）

蛋黃　因其含有油脂，所以不似蛋白般發泡

＊油脂具有破壞發泡的性質。

・乳化性：蛋黃所含之卵磷脂當中，具有乳化油脂及水份的作用。

加工蛋

乾燥蛋

將液體蛋乾燥後呈粉末狀的物質。有乾燥全蛋、乾燥蛋白、乾燥蛋黃。可以在常溫中保存。

乾燥蛋白，加上指定用量的水份即可如同新鮮雞蛋般使用，但可以在新鮮蛋白中加入蛋白粉末，則用於蛋白霜等可以輔助強化其發泡性。乾燥蛋黃、乾燥全蛋則是用於增加雞蛋風味及增加色澤方面。乾燥蛋白和乾燥全蛋中也有不具發泡性質的種類，可因應用途而選擇。因方便於運輸及貯藏，也被運用於大量生產時。

乾燥蛋

凍結蛋

在剛好不使其凝固之溫度下殺菌（全蛋60℃、蛋白56℃、蛋黃65℃），將殺菌後的蛋液凍結保存。在－15℃以下保存。用冷藏室（0～5℃）來解凍，解凍後和新鮮雞蛋完全相同，所以要注意微生物的繁殖，必須在第二天內完全使用完畢。

・ 凍結全蛋：蛋白和蛋黃均質化後凍結的雞蛋。

・ 凍結蛋黃：糕點製作的凍結蛋黃，加糖20%是一般狀況。蛋黃直接凍結時，蛋白質會加以變化，因此解凍時也無法還原成原來狀態，會是黏度較高的果凍狀。爲防止這種狀況的產生，凍結蛋黃時，會添加鹽或砂糖。蛋黃的風味、乳化力、凝固力以及營養價値都能夠直接保持原狀。

・ 凍結蛋白：通常，解凍時會成爲水狀蛋白，所以雖然容易發泡，但安定性差。因此也製作出了改良此部份的發泡專用凍結蛋白。

＊以上各類1kg，大約相當於20個全蛋、50個蛋黃、32個蛋白。

凍結蛋

砂糖

糕點製作上，主要使用的是純度較高的白砂糖。幾乎是百分之百的蔗糖，沒有特別味道的爽口甜味。雜質較少。是不容易泛潮地鬆散狀態，所以使用前不需要再加以過篩，也比較容易秤重。市面上出售給家庭用的雖然是較不容易溶化的，但在糕點製作上有粒子更細微的白砂糖（粒子大小爲1/6）。

砂糖的性質及其作用

・吸水性（親水性、吸濕性、保水性）：可以有結合水分、加入水分之性質。可以防止烘焙好的糕點過於乾燥，給予其潤澤感。
　防止澱粉老化。
　安定蛋白的發泡性（吸收蛋白質的水分。增加黏性，雖然不容易起泡，但可以使氣泡更爲細密更安定）。
　防止油脂的氧化（奶油等當中所含有的水分與砂糖結合，可以防止空氣之進入）。
　防腐作用（砂糖的濃度變高時，因滲透壓而可以吸收食品的水分，所以保水性強並且不會排掉吸收了的水分。也因此黴菌細菌都不容易繁殖）。
・促進果膠的膠狀化。
・有助於油脂和水份的乳化。
・有助於分離（巧克力粉或其他粉狀的凝固劑等容易吸溼的物質，一旦與砂糖混合後，砂糖會與水分結合，所以不太會有結塊的狀況，也較容易與其他材料混拌）。
・抑制蛋白質的凝固（提高凝固溫度，具有使其緩慢凝固之作用）。
・加熱時與蛋白質共同作用，產生梅納反應（Maillard reaction），增加糕點的著色。也可以增添香氣。
・可以容全溶於水。易與其他材料混拌，均勻整體的甜味。

甘蔗、白砂糖（細）、精製度較低的褐色蔗糖。褐色砂糖當中，精製過程中，某個程度殘留著蔗糖以外的成分，有與粗糖風味近似的，也有精製的砂糖中帶有焦糖風味及色澤的。

砂糖的種類

依原料之分類

・蔗糖（甘蔗）：由栽植於亞熱帶至熱帶地區的甘蔗（稻科）中提煉而成。依其是否含有蜜糖而區分爲含蜜糖及分蜜糖，含蜜糖雖然具有獨特之風味，但精製過純度較高的分蜜糖則與甜菜糖沒有不同。

榨出甘蔗汁 → 濃縮使其結晶 → 遠心分離 → 原料糖（粗糖）之結晶 → 運輸 → 精製

・甜菜糖：由栽植於溫帶至寒帶之甜菜中提煉而成的。甜菜也被稱爲甜菜根、砂糖蘿蔔。

甜菜與北海道所產之甜菜中所提煉的含蜜糖。一般而言，不會由甜菜中提煉含蜜糖的，但這是特別生產出來的。是有著獨特風味，並且含有天然奧利多糖。商品名就是「甜菜糖」。

在日本雖然是以蔗糖為主，但在法國是以甜菜糖的產量較多。甜菜的消費地區與生產地區很近，一般而言都是現地直接精製糖（耕地白糖）。

甜菜糖分溶解液	→	濃縮	→	精製糖液	→	結晶化

依製法分類

分蜜糖（精製糖）

・粗粒糖（幾乎是100%精製的砂糖）……白粗糖（結晶較大）、中粒糖（有著焦糖的呈色）、細砂糖（結晶較細）

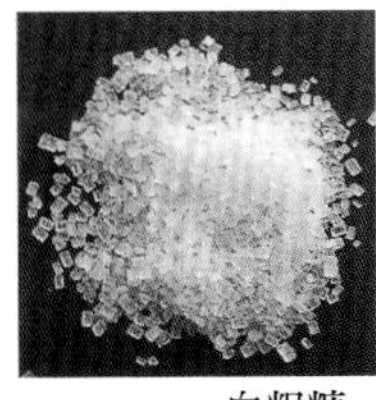
白粗糖

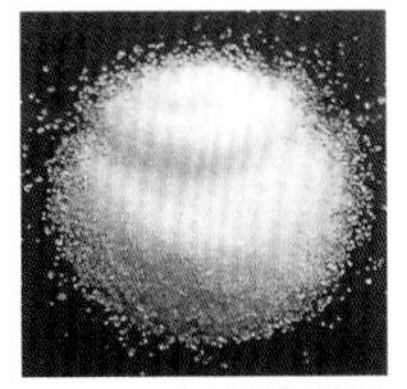
細砂糖（粗）

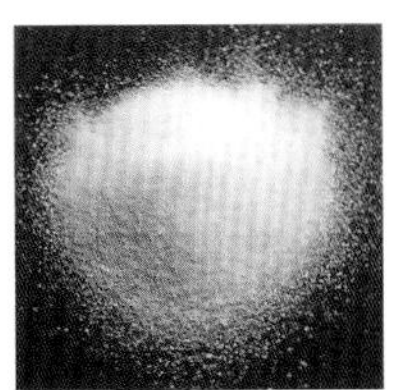
細砂糖（細）

・**車糖（塗上轉化糖液有濕潤感的日本特有之砂糖）**
……上白糖（吸濕性高、烘焙時易呈色）、三溫糖（結晶化時因重覆加熱過程產生焦糖化之褐色）

・**加工糖**

粉砂糖：將高純度的粗粒糖製成微粉末的成品。是為了防潮而添加進玉米粉的製品。是糕點成品專用的，不會吸收濕氣，例如為了使其不容易溶化（不會形成水滴）而在粉砂糖粒子表面加上適當的油脂的防潮糖粉，就是用於糕點完成時。

加工糖粒（sucren en grains）：大且呈粒狀之加工砂糖，用於糕點的裝飾。另外，也是比利時鬆餅所不可或缺的，所以也被稱之為是鬆餅糖。即使是放在麵糰上烘烤，也幾乎不會溶化地留在糕餅上。

方糖：在細白糖上淋上糖液後，壓成固定形狀。每一個的重量都相同，可以節省下秤重的時間。

含蜜糖（分蜜粗糖）

・日本……黑砂糖（甘蔗汁直接熬煮至濃稠，加以凝固而成）、和三盆糖（以傳統製作至某個程度，進行分蜜而製成的淡黃色細密之砂糖）

・法國……sucre roux（粗糖）、cassonade（蔗糖之粗糖）、vergoise（取出甜菜結晶後將殘餘的蜜糖結晶化之物質，有明亮的褐色和較濃的紅褐色）

各種砂糖

楓糖：將濃縮了楓糖樹液的楓糖漿加以乾燥製成的砂糖。明亮的褐色，香味十足。

椰糖：由椰子（砂糖椰子、可可椰子）提煉出來的砂糖。褐色或奶油色，有膏狀和固體狀。因為沒有精製，所以含較多的糖蜜，黏性較強。濃郁而獨特的風味，很適合運用在使用椰子和椰奶時。

在法國中很常見的方糖。是蔗糖，分成白色和褐色兩種。

乳製品

〔乳製品的製造過程〕

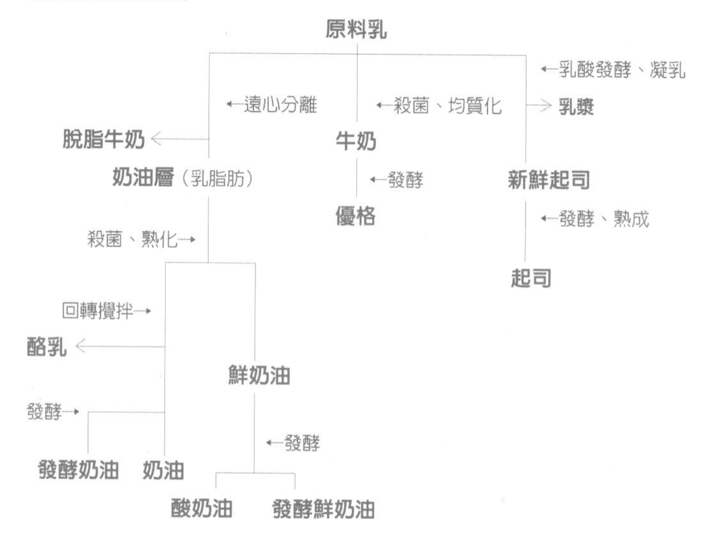

牛奶

是生乳（從牛體直接擠出的）沒有任何添加而僅只加熱殺菌完成的。乳脂肪成分3%以上、無脂肪乳固形成分8%以上。

牛奶的種類

未均質化牛奶：未將原料乳的脂肪球細碎地敲碎使其安定均質（homogenized）之牛乳。

低溫殺菌牛奶：在62～65℃下進行30分鐘殺菌之牛乳。具獨特之風味。一般牛乳之殺菌是超高溫瞬間殺菌（120～150℃、1～3秒）。

添加奶：在生乳中加入脫脂乳或奶油等乳製品以調整乳成分的牛乳。

脫脂奶粉：由生乳中幾乎抽離出所有的乳脂肪，製成粉末者（skim milk）。

鮮奶油（基於食品衛生法之乳製品省令之規格）

奶霜

只以牛乳為原料，乳脂肪成分18%以上，無添加且滿足於衛生基準者稱之為奶霜。乳脂肪成分20～30%以上，是為了咖啡而製造出來的，所以要打發泡時，乳脂肪成分最低必須要用35%以上。45%以上時太容易發泡。業務用的奶霜雖然有各種豐富的種類，但一般依用途大約會分成35～38%的低脂肪及40～45%左右的高脂肪兩種。純乳脂肪的奶霜，會略帶淡黃色，風味及入口即化的口感很好。只是不太能適應溫度變化，所以從購買到使用為止，最好能一貫保持5℃（保存於0～3℃的冷藏室中）以下，在進行打發及擠花作業時的溫度管理也十分重要。一旦超過10℃時，其風味受到影響就無法再回復了。

以乳類或乳製品等為主要原料之食品

在奶霜中添加了安定劑或乳化劑的食品

即使是乳脂肪100%，也不能以「CREAM」來表示，即使風味和「CREAM」沒有不同，但因其添加物而使其更容易保存。

合成奶霜、植物脂肪奶霜

將乳脂肪一部分或是全部替換成植物性脂肪（椰子油、棕欖油、大豆油或是菜籽油）。通常也會添加安定劑等，比較不易劣質化，安定性也會比較好。即使打發泡時間較長也不易分離。顏色較白，和純乳脂肪相較之下較沒有那麼香，適合用於口味較清淡時。

※在法國，液狀的鮮奶油也被稱為crème fleurette，在鮮奶油中加入乳酸菌再稍稍發酵的高濃度發酵鮮奶油（→P.176）稱之為crème épaisse和crème double。酸奶油（→P.115）是在北歐經常被使用的奶霜，是由crème épaisse更進一步發酵而成的，有很強的酸味。

奶油

集中牛乳的乳脂肪所提煉而成的。以遠心分離出牛奶中的奶霜（鮮奶油）和脫脂牛奶，將奶油層加熱殺菌後攪拌，僅只凝集了乳脂肪而製成的。乳脂肪成分在80%以上，水份在17%以下。

奶油的種類

- 發酵奶油：添加乳酸菌使其發酵，所以稍有酸味和獨特的芳香。在歐洲製造的多是這種類型。
- 非發酵奶油：未經發酵製成的。在日本製造的一般都是非發酵奶油。

- 無鹽奶油：無添加食鹽的奶油。標示爲「無添加食鹽」。在糕點的製造上，基本上使用的是無鹽奶油。
- 含鹽奶油：也稱爲加鹽奶油。日本製品中有很多含鹽奶油，鹽份規定在18%以下。

普瓦圖地方的ECHIRE產之奶油beurre d'Echiré。發酵奶油當中，有無鹽奶油、beurre doux和薄鹽奶油beurre demi-sel。

奶油的作用和性質

奶油，有著三項糕點製作時所不能或缺的三項特性。

・可塑性（雖然是固體，但具有可自由調整形狀之柔軟性）

＊奶油可塑性之溫度標示為13～18℃。

・鬆脆性（具可塑性的固形油脂，具有截斷麵粉中呈薄膜展延之筋度的特性。可以賦予糕餅鬆脆的口感）

・綿密性（藉由攪拌時吸收大量的空氣）

＊一旦溶解過的奶油，即使再冷卻凝固，卻無法再度發揮以上特性。

烤箱

一般的業務用烤箱

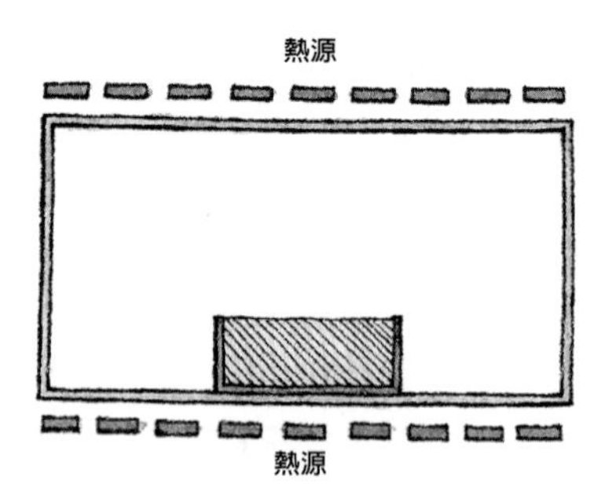

如果熱源的溫度相同時，雖然空氣（上）和鐵（下）的溫度相同，但熱度在空氣中傳導方式較慢，而鐵的傳導方式較快。因熱度的傳導方式不同，底部會較表面更容易烤焦。因此，要將全體烘烤成相同狀況時，必須將下火調弱或是將烤盤重疊墊在底部烘烤。

＊ 麵糰的上面會先乾燥，接下來就會烘烤上色。下火是立即將熱度傳導至模型的麵糰中，乾燥開始烘焙，因為麵糰中含有水分，所以烘烤至完全乾燥上色，需要相當的時間。

使用家用烤箱時（瓦斯、電烤箱）

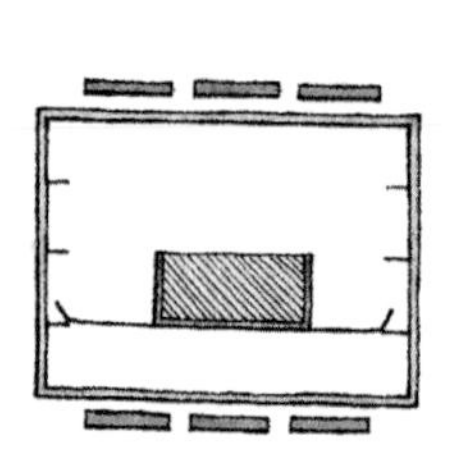

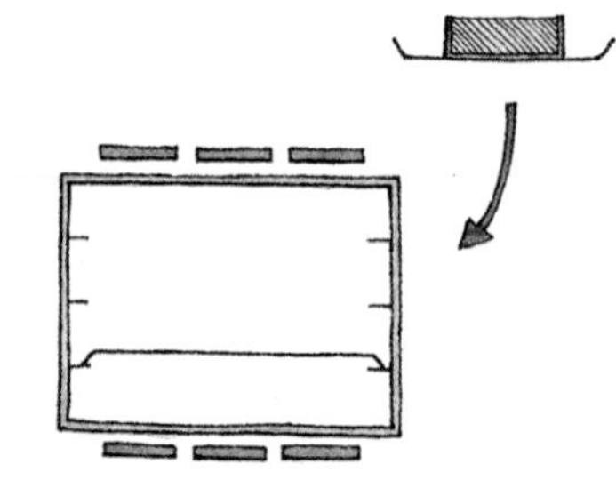

家用烤箱中有分段的設置，稱之爲上段、中段、下段，因應各種用途，放入烤盤的位置也會有所不同。受熱方式會因不同的段位而有差異，上面和下面的熱度，都只會加熱空氣的溫度而已。上火及下火所發出的熱量不一，特別是下火因爲不同於業務用烤箱般與熱源直接接觸，所以沒有預熱烤盤或模型的話，很難將熱源傳導至麵糰。

＊ 只有下方有熱源時也以同樣理論來思考為宜。另外，放入麵糰的烤模下，有時不是使用烤盤而是使用烤網，熱度的傳導方式與沒有烤盤時相同。

爲使熱度能儘可能均勻地傳導至材料上，因此將多餘的盤如圖（右）般地向下放置，並於事前進行預熱。藉由在這個預熱的烤盤上放置裝有麵糰的烤盤或烤模，而使熱度得以均勻傳導至麵糰。另外，家用烤箱般容量較小時，會有熱度一下子充滿烤箱，導致上火過強的傾向。藉由打開烤箱，使烤箱內的空氣流動也可以烘焙出漂亮的糕點。

模型或烤盤用的烤盤紙（SHEET）

要在海綿蛋糕麵糰的烤模或烤盤舖墊時，不使用烤盤紙，而普通紙（不使用螢光劑的紙）或patroonpapier（褐色厚紙）也可以。特別是因爲不希望麵糰的表面留下烘烤的顏色時，使用普通紙或patroonpapier時，烘焙完成時糕點會沾黏在紙張上，烘烤的色澤會留在紙上一起剝離，可以有漂亮的表面。

若不希望糕點的表面被剝離時，可以使用表面加工過，剝離性佳的烤盤紙（papier cuisson）或烤箱油紙。

使用於食品之各種紙

・矽膠樹脂加工耐油紙：薄紙（蠟紋紙Glassine Paper）再加以矽膠樹脂加工的產品，耐熱且表面光滑，麵糰完全不會沾黏。具有不用塗油就可以讓食品多餘的水分（蒸氣）適度地發散之特性。兩面加工的紙張很方便使用。

・蠟紋紙Glassine Paper：科學纖維細密地壓縮而成的半透明且具光澤的薄紙。組織細密，透氣性低。經過加工，具有耐熱及耐油性，多用於糕餅製作。杯子蛋糕或蛋塔用的紙型即是這種紙。具裝飾性，也可用於糕點的包裝。

・防沾紙（Parchment Paper）：將紙張浸泡過硫酸後洗淨，乾燥完成的。不具透氣性，耐水耐油性高。半透明而且薄，但不太有光澤。無臭無味，即使長時間包裹著食品，也不會影響其風味。除了當烤盤墊之外，也用於包裝起司或奶油等。

・石蠟紙（wax paper）：浸透了石蠟的紙。具有耐火防溼性。但不適合長時間加熱。

普通紙

烤盤紙（papier cuisson）

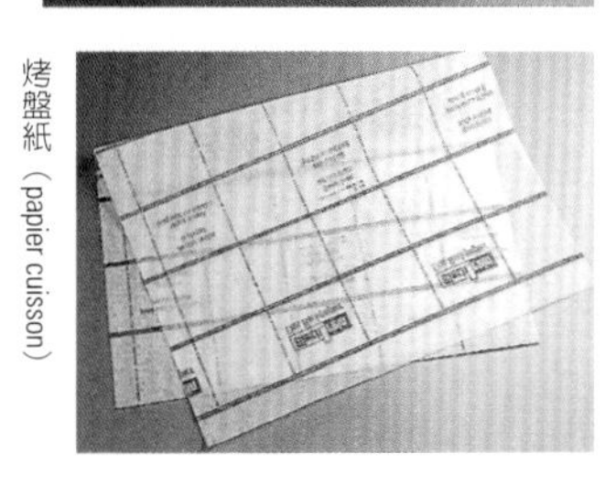

加熱調理用的紙

也被稱為是烘焙紙、烤盤紙。是指具有耐熱、耐水和耐油性的紙張。常用的是防沾紙、矽膠加工耐油紙。

＊販售時，與食品直接接觸之紙張是受到食品衛生法之原料及製造法的規定，禁止使用螢光染料以及許可外之著色料。

烤箱油紙baking sheet

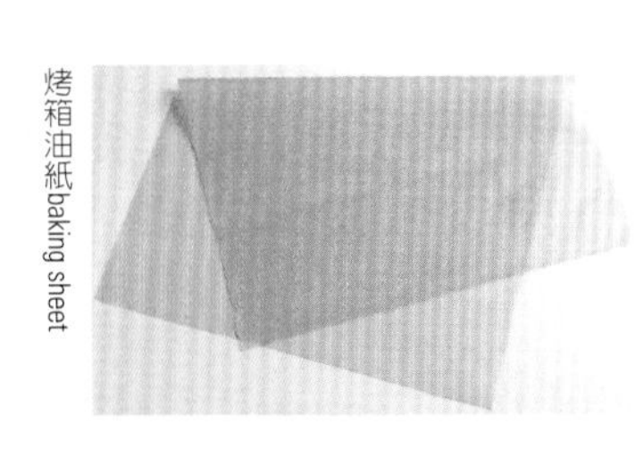

矽膠墊（silpat）

烤箱油紙baking sheet

所指的是厚且牢固，可以重覆使用的。厚且具有彈性如紙張般，還有更厚像墊子的各種樣式。在玻璃纖維進行鐵氟龍加工的產品（耐熱280˚C、耐冷－100˚C）、矽膠墊（silpat）等。

※ silpat　矽膠樹脂性如橡膠般有彈力的墊子之商標。

混拌用具

攪拌器（糕點專用攪拌器） mélangeur,batteur-mélangeur

電動具有攪打、打發、揉搓等各種機能的機器。可以縮短作業時間，力量也很強大所以麵糰和奶油的完成度極佳，品質也有一定的水準。是糕餅店等大量製作生產時所不可或缺之機器。可以替換網（Whipper）、葉片形（pallet）、鉤形（hook）等零件以因應機能變化。另外轉速也可以從低速調整至高速（依機種不同有三段速或五段速）。

* 為防止其飛濺到周圍，在放入材料時，請停止其轉動或將改為低速。
* 攪拌器的攪拌盆很深，所以要不時地停下攪拌，用攪拌器或刮刀將攪拌盆底部的材料翻拌使整體均勻。此外，攪拌盆周圍也會附著上材料，因此基本上這些也都要不時地將其刮入一起攪拌。

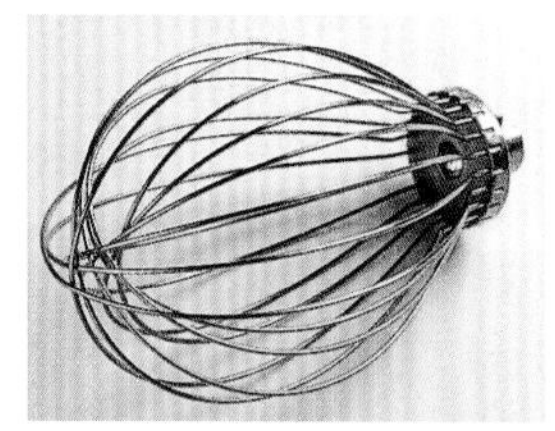
網狀

網狀打蛋器（fouet）

打發氣泡時用的。一邊使材料中充滿空氣一邊攪拌混和時使用的。

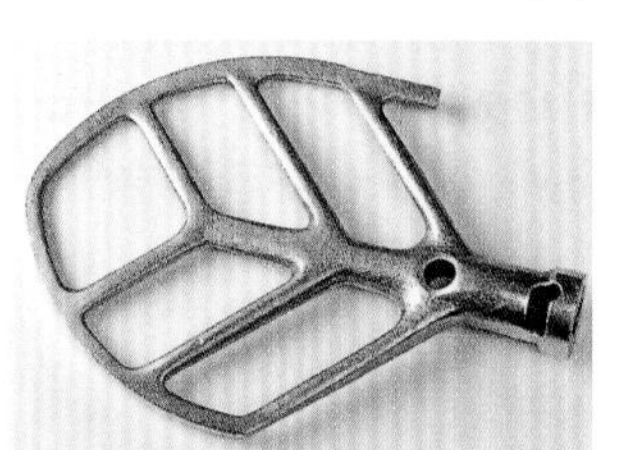
葉片形

葉片形（fouille）

使其不含空氣地拌揉或混拌時使用的。像是派皮等麵糰時。

鉤形（crohet）

攪拌堅硬且具黏性的麵糰時使用的。像是派皮等。

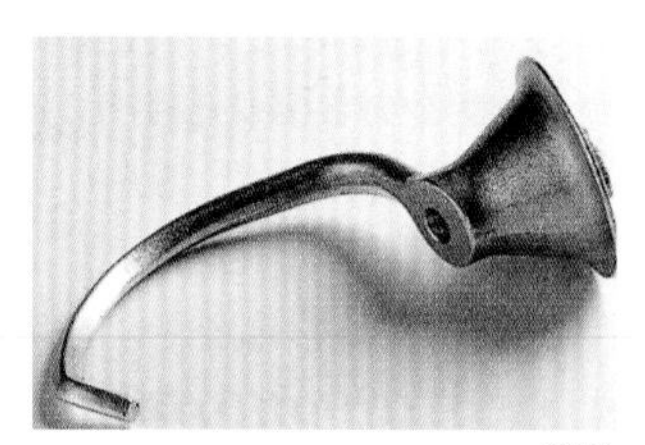
鉤形

打蛋器（fouet）

* 打發氣泡時，打蛋器的長度和攪拌盆（bassine）的直徑相同時，是最容易打發起泡的。

打蛋器

打蛋器會因金屬根數、粗細、硬度而打入空氣的方法也不同。打發氣泡時，有彈性且金屬根數較多者，效率較佳。混拌較硬的麵糰時，金屬較粗且硬度較大者為宜。

打蛋器的握法

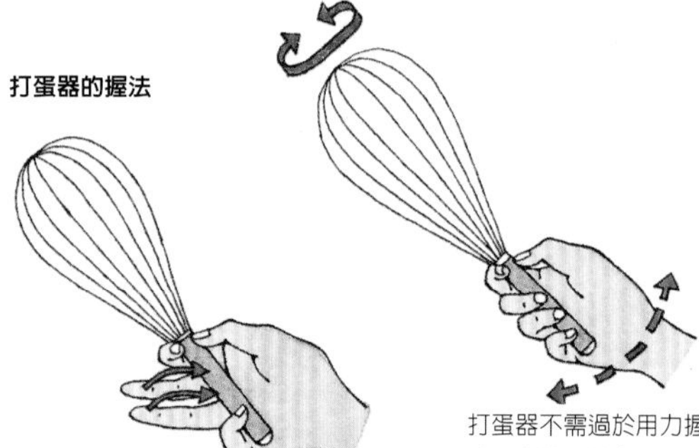

用大姆指、食指和小指一起握住打蛋器的握柄，再以中指及無名指加以輔助固定。

打蛋器不需過於用力握，應該要讓握柄能夠自由轉動地拿著，以手腕關節的柔軟動作來打發氣泡。太過用力牢握時，手腕無法柔軟地轉動，肩膀無謂地過於用力，打蛋器也會無法轉動，而無法好好地打發。

材料確實地混拌但要注意不要讓空氣跑進麵糰當中時

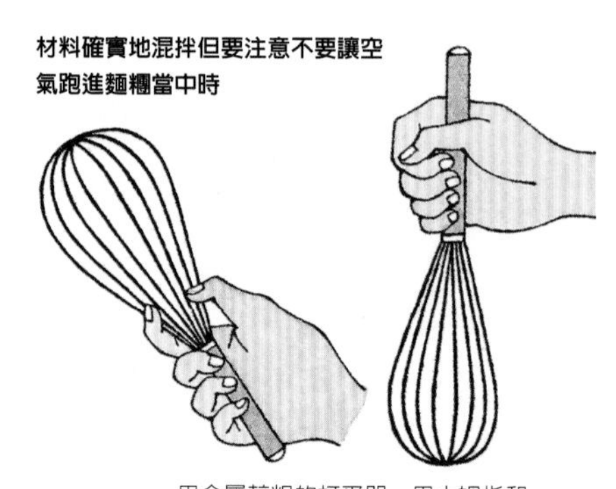

用金屬較粗的打蛋器，用大姆指和食指按壓在金屬圈上攪拌。或是確實地握住握柄地攪拌。

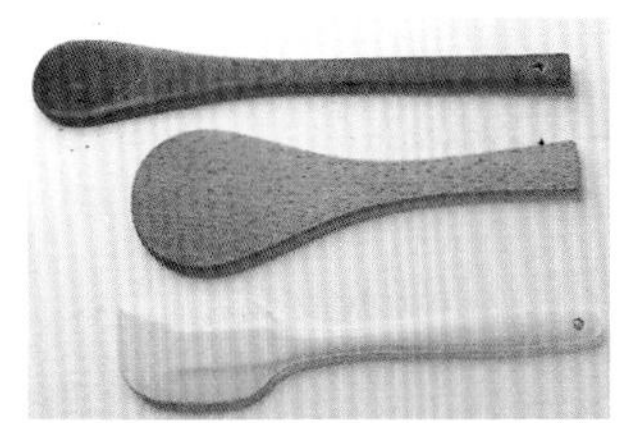
木杓和橡皮刮刀

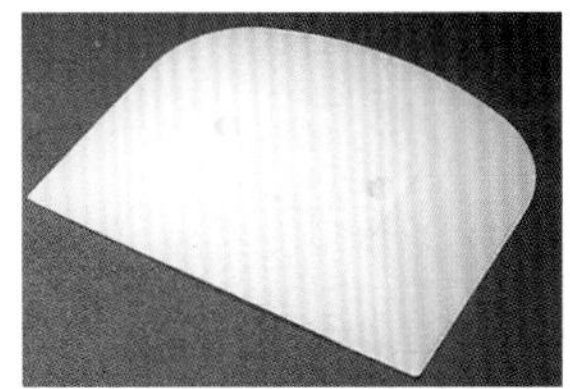
刮板

木杓子（spatule en bois）

除了可以混拌在鍋中加熱的材料之外，在熬煮果醬或奶油餡時也可以使用。先使用扁平狀的杓子較能均勻攪拌到鍋底的每個角落。要均勻地攪散材料時也可以使用。還可用於用力混拌較硬的材料時。

橡皮刮刀（palette en caoutchouc）

＊也稱為maryse

混拌較爲柔軟的材料時使用。因具有彈力所以可以將附著在攪拌盆及鍋子的麵糰刮乾淨。特別注意除非是具耐熱性的材質，否則不可以直接在火爐上使用。

刮板（corne）

是具有彈力的塑膠製板子，是一邊呈半圓形的魚板狀。可分爲圓弧狀和直線部分來使用，可以乾淨地刮下附著在攪拌盆及作業檯上的麵糰或奶油餡。因其寬度比橡皮刮刀大，所以當擠花袋塞住時，可以不影響麵糰或奶油餡地將其推擠出來。另外，揉搓折疊派皮麵糰等的推整時，也可以用刮板將其折起重疊。

計量用具

有效率地量秤

＊記住標準的重量，大約地取出所需之用量放至量秤上，再進行微量調整。

蛋（M尺寸）：蛋白30g、蛋黃20g。

奶油1包、麵粉1匙、砂糖1匙等，以實際使用之材料和器具來記住分量。

＊麵粉過篩過一次，先篩除結塊和雜質，以細微粒子來量秤，之後再過篩一次。過篩後的粉末放入攪拌盆時，粒子容易結塊，在其他材料中不易分散，所以請篩在紙張上面備用。

＊雞蛋一個一個打入容器內，務必確認蛋殼血液等有無混入，同時確認雞蛋新鮮與否後再進行重量的量測（使用）。

量測材料的重量時，除了一向的彈簧式量秤之外，最近用的是可以更快更準確地量測的電子式磅秤。在量測時，要扣除容器（放置材料的容器）之重量，但電子式磅秤可以直接設定會更方便簡單。少量且要求更加精確時，也可以用天平秤來量測。

量杯、量匙是用於量測體積的器具，水在4℃時1立方公分（1ml）等於1g，所以也可用1ml＝1g的方式來換算。

＊ 量杯：1杯＝200ml

量匙：1小匙＝5ml、1中匙＝10ml、1大匙＝15ml

酒類、果汁、牛奶或鮮奶油等液體，大多也同樣以體積來計算，但液體的體積會因溫度而改變，即使體積相同時重量也會略有變化，若要更嚴謹地計算的話，液體也以重量（g）來計算即可。

水以外的物質，體積不等於重量。特別是較硬的物質會有較大的不同，基本上會以重量（g）來計算。

＊例如：在容量200ml的量杯下，一整杯的細砂糖其重量為170～180g。

第2章

海綿蛋糕麵糰、奶油麵糰之糕點

Pâte à biscuit，Pâte à cake

海綿蛋糕麵糰 Pâte à biscuit

蛋糕草莓捲 Omelette aux fraises

水果蛋糕捲 Roulé aux fruits

洋梨夏露蕾特 Charlotte aux poires

法式草莓蛋糕 Fraisier

法式摩卡蛋糕 Gâteau moka

方塊巧克力蛋糕 Tranche au chocolat

吉涅司 Pain de gênes

聖馬可蛋糕 Sanit-Marc

音樂盒蛋糕 opéra

奶油蛋糕 pâte à cake

水果蛋糕 cake aux fruits

南錫法式巧克力蛋糕 Gâteau chocolat de Nancy

馬德蓮 Madeleine

關於海綿蛋糕麵糰

海綿蛋糕麵糰是飽含空氣且有彈性的輕海綿狀組織，要製作這樣的組織時，可以飽含空氣的麵糰材料也是必要的。

糕點製作當中，提到最具飽含空氣特質的就是雞蛋。雞蛋具有很強的打發性及產生氣泡之特性，這就是雞蛋的發泡性。

雖然全蛋也可以飽含空氣，但蛋黃和蛋白分離時也一樣可以飽含空氣。只有蛋白的打發時，因為更能夠飽含大量的空氣，所以也有將蛋黃和蛋白分別打發的製作方法。一般而言，全蛋直接打發稱之為同時打發法，蛋黃和蛋白分別打發之方法稱之為分蛋法。

不管是哪一種製作法，都要使蛋能充分地被打發製造出大量的氣泡，同時要不破壞氣泡，具有安定性的氣泡才是海綿蛋糕製作過程中，最重要的事。

另外，雞蛋不僅是製造氣泡，同時還有熱凝固性，完全擔負起海綿蛋糕之骨架任務。但是雞蛋是緩緩凝固的，因此不能說組織已完成形成。在此，做為海綿蛋糕組織的重要支撐角色之材料，麵粉即是必要之材料。

只是打發的雞蛋中，只加入麵粉的話，氣泡會被破壞掉而無法做出海綿蛋糕。首先雞蛋打發的氣泡必須完成至即使加入麵粉也不會被破壞的狀況，這個條件就是在其中加入砂糖。

藉由加入砂糖，使得雞蛋的氣泡能夠細密且安定，即使加入麵粉也不會破壞打發的氣泡。因此，不管是全蛋打發的狀態，或是蛋白蛋黃分別打發的狀態，打發時都務必加入砂糖。

砂糖除此之外，也是海綿蛋糕中所必備的彈力及濕潤度及甜味的來源，是同持具備多項作用功能的材料。

用雞蛋和砂糖製造出安定的氣泡後，要加入上述的完成糕點組織時所必要之麵粉。麵粉中因含有澱粉質和蛋白質，這些成份都是製成海綿蛋糕之組織時所不能或缺的。

特徵：利用雞蛋的發泡性和具有彈力的輕組織。
製法：雞蛋全蛋打發的製作方法
同時打發法 → Pâte à génoise
蛋黃和蛋白各別打發之製作方法
分蛋法 → Pâte à biscuit

澱粉糊化後才能製造有滑順口感之組織。只是澱粉製造之組織因為非常柔軟，所以光只有如此海綿蛋糕的組織架構仍嫌不足，另一方面蛋白質與其他材料相連結之後，就能建構出堅固的組織（麩素），而確實完成海綿蛋糕之結構。

接著，當麵糰烘烤完成時，因砂糖的作用而使海綿蛋糕的表面得以著色，組織架構能更加固結。保持烘焙完成時麵糰之彈力和適度的濕潤口感的，就是砂糖的作用。如此，由雞蛋、砂糖和麵粉三種材料的結集並各自發揮其特性，正是海綿蛋糕的形成。

●關於海綿蛋糕麵糰的名稱
以同時打發法製成的麵糰稱之為Pâte à gènoise，而以分蛋法製成的麵糰稱之為Pâte à biscuit，用來加以區隔，但biscuit同時也用於海綿蛋糕麵糰之總稱。另外，為了製作出更美味的海綿蛋糕，加入了奶油的麵糰稱之為biscuit au beurre。一般是以同時打發法來製作，因此單純稱之為熱內亞蛋糕génoise的時候也很多。

＊添加了杏仁粉 →杏仁海綿蛋糕biscuit joconde →P.69
＊添加了可可粉 →巧克力熱內亞海綿蛋糕génoise au chocolat →P.63
＊添加了咖啡 →咖啡熱內亞海綿蛋糕 génoise au café →P.57

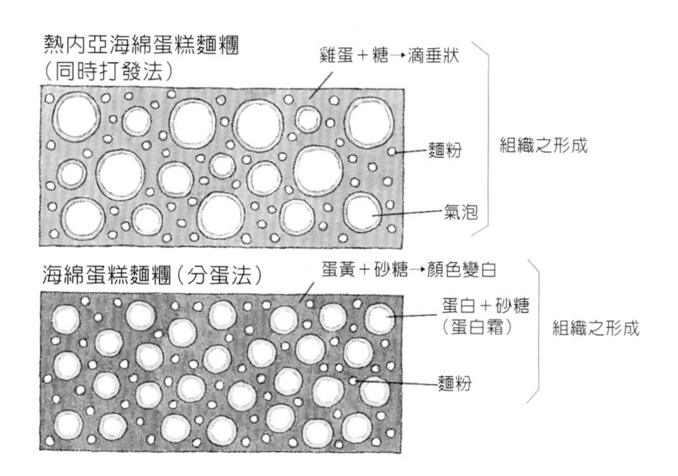

Pâte à biscuit

海綿蛋糕麵糰（分蛋法的海綿蛋糕麵糰）

蛋黃和蛋白分別打發製成的海綿蛋糕麵糰。氣泡不易被破壞，有其硬度，所以也適合於用擠出形狀加以烘烤之糕點。雖然其膨脹性很好，但是質地較不細緻的輕海綿蛋糕。

＊Pâte〔f〕麵糰。粉和水之混拌物質（麵糰）。
糕點之起源是由穀物粉末加水揉合後，烘烤而成的。為了能更加美味，因此添加了雞蛋、砂糖、油脂以及牛奶等，不只是增添了風味更可以製造出不同口感的糕點麵糰。
＊à 做為～用之前置詞。
＊biscuit〔m〕烤（cuit）2次（bis）的意思，所指的是做為遠征或長途航海時之糧食，保存性高的乾麵包。英語當中是餅乾的意思，但在法語中指的是柔軟的海綿蛋糕。

材料 基本配比

蛋黃 60g（3個） 60g de jaunes d'œufs
細砂糖 45g 45g de sucre semoule
蛋白霜 meringue
- 蛋白 90g（3個） 90g de blancs d'œufs
- 細砂糖 45g 45g de sucre semoule

低筋麵粉 90g 90g de farine

＊麵粉過篩過一次，先篩除結塊和雜質，以細微粒子來量秤，之後再過篩一次。
＊過篩後的粉末放入攪拌盆時，粒子容易結塊，在其他材料中不易分散，所以請篩在紙張上面備用。

1 過篩低筋麵粉（→tamiser）

＊雞蛋一個一個打入容器內，需注意不要放入蛋殼及確認雞蛋之新鮮與否。
＊因為蛋白中混入了蛋黃會不容易打發，故千萬要注意不要將蛋黃混入蛋白中。

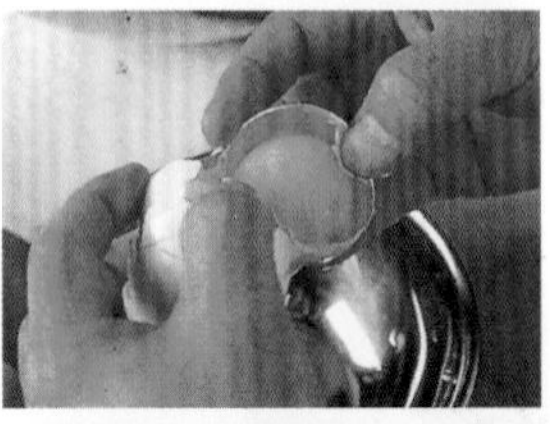

2 分開雞蛋中的蛋黃與蛋白（→clarifier）

＊添加了細砂糖之後，會因其吸收水份而使得蛋黃變硬，所以加入之後必須立刻攪拌。蛋黃一旦乾燥後，溶解性變差而乳化能力也隨之降低。

3 打散蛋黃，加入細砂糖混拌。

4 用打蛋器fouet，將其攪拌至泛白爲止。（→blanchir）

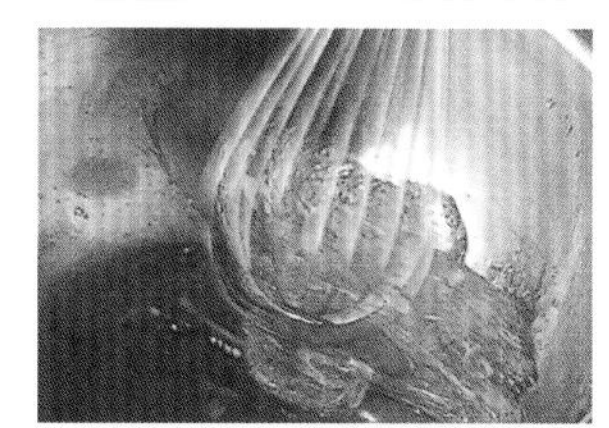

5 製作蛋白霜。蛋白中有稠狀的濃稠蛋白和流動性高的水狀蛋白，所以用打蛋器將其打散至均勻狀態。

6 當蛋白攪打成鬆散狀時，就是開始打發的狀態。（→fouetter）

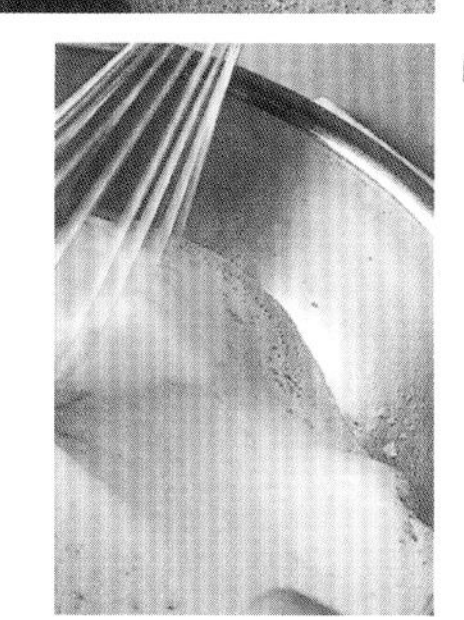

7 當顏色變白且開始膨鬆漲大時，加入少量（用量的1/3左右）的細砂糖。

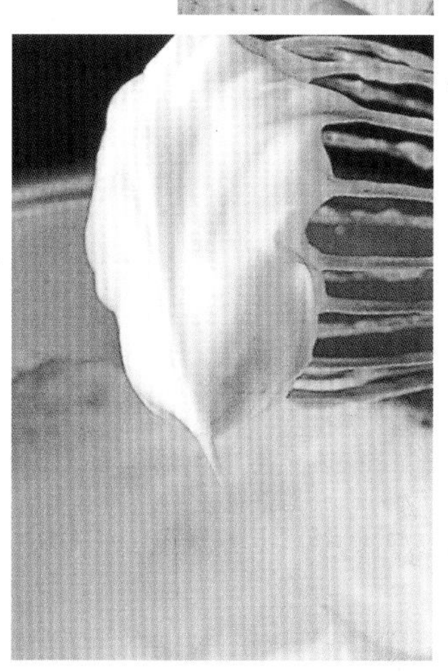

8 將剩餘的砂糖分兩次邊打發邊加入。拉起打蛋器時，蛋白呈現立起尖形時，最後再用力地將全體混拌，使其氣泡可以更加細密緊實（→serrer）。這樣蛋白霜即告完成。

蛋白霜的重點

1.砂糖和蛋白
若蛋白中沒有添加砂糖地打發時，雖然可以很快地出現大的氣泡，但安定性不佳很快地氣泡就會消失。加入砂糖後再打發，氣泡較為細密且安定性高。
只是在一開始就將砂糖完全加入，蛋白會產生黏性及彈性，而不容易打發。另外，完全打發之後再加入大量砂糖，會破壞掉所產生的氣泡。
因此，最好是分成2～3次，邊加砂糖邊打發。（→P.180）

2.脂質和蛋白
脂質會阻礙蛋白的打發。蛋黃中的脂質較多，所以一旦蛋白中混入了蛋黃時，就會對蛋白的打發造成影響。另外，攪拌盆或打蛋器等器具上，一旦沾有油脂時蛋白也會無法打發，所以器具也必須洗乾淨。

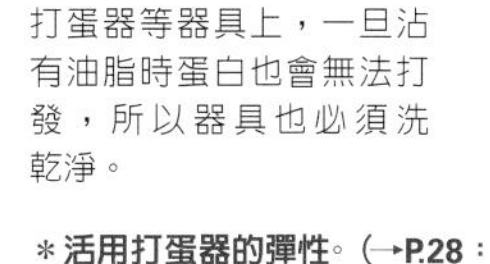

＊活用打蛋器的彈性。（→P.28：打蛋器的基本握法）

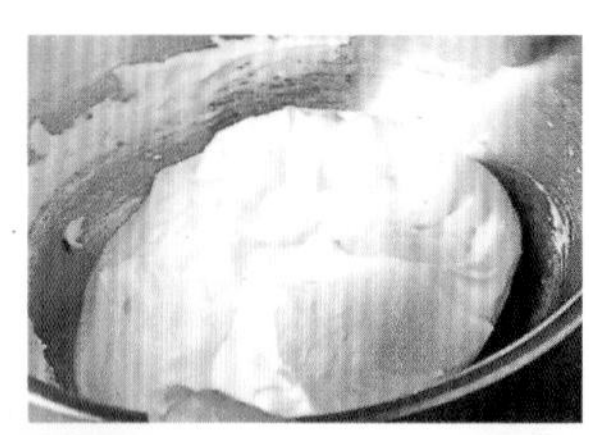

9　取1/3的蛋白霜,加入4的蛋黃中，再用橡皮刮刀palette en caoutchouc將全體拌均。

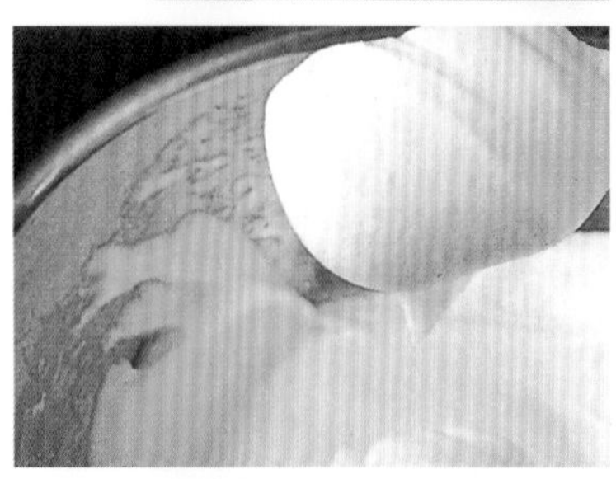

10　再加入剩下的蛋白霜，小心地不打破氣泡以橡皮刮刀從中央切入拌匀全體。

＊邊單手旋轉攪拌盆，邊用橡皮刮杓由中央畫出大大的弧形來混拌。(這是為了使粉類可以更快速均匀地分散開)

11　邊撒入低筋麵粉邊用橡皮刮刀以切拌方式拌勻。

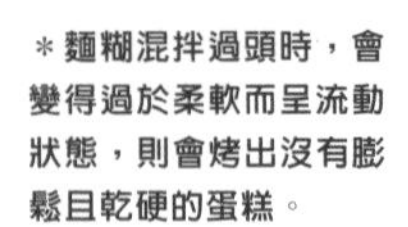

＊麵糊混拌過頭時，會變得過於柔軟而呈流動狀態，則會烤出沒有膨鬆且乾硬的蛋糕。

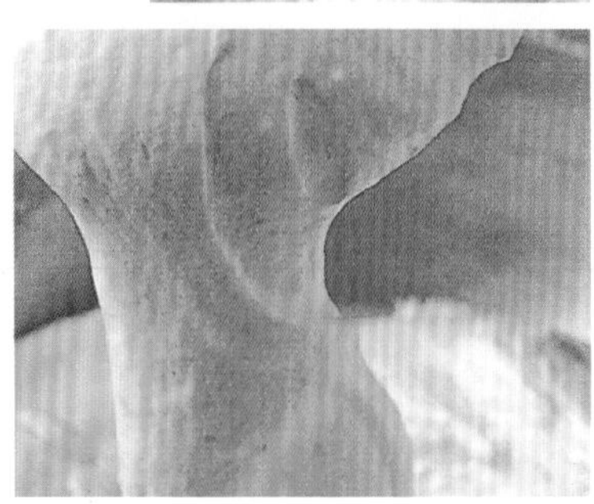

12　拌至粉類完全溶入爲止。麵糊完成時，相較於同時打發法的麵糊，其狀態更均匀但較無光澤。

※爲使海綿蛋糕麵糊完成時能立刻開始烘烤，所以在開始製作麵糊前要先設定、預熱好烤箱的溫度，也要先準備好每種糕點所需要的模型、烤盤以及擠花袋。

Omelette aux fraises
蛋糕草莓捲

看起來像極了蛋捲的蛋糕。用分蛋法製作出來的海綿蛋糕，擠成圓形烘焙，夾上奶油對折而成的蛋糕。這個糕點使用的海綿蛋糕，必須要有烘烤放冷後能夠加以對折的柔軟性。因此砂糖的用量較高，即使放涼後也仍能保持其濕潤和柔軟的配方。
在法國，雖然有雞蛋中添加砂糖攪拌，再加入水果等甜點蛋捲，但使用海綿蛋糕麵糰的蛋糕一般並不常見。

＊omelette〔f〕蛋捲
＊aux ～風、～風味的、添加～的（aux之後的名詞是複數形）

蛋糕草莓捲

材料 直徑11cm蛋糕8個的份量

分蛋法海綿蛋糕 基本配比 Pâte à biscuit

卡士達鮮奶油餡 crème diplomate

- 卡士達奶油餡 320g 320g crème pâtissière（→P.40）
- 櫻桃酒 20ml 20ml de kirsch
- 鮮奶油 300ml 300ml de crème fraîche

草莓 12顆 12 fraises

糖粉 sucre glace

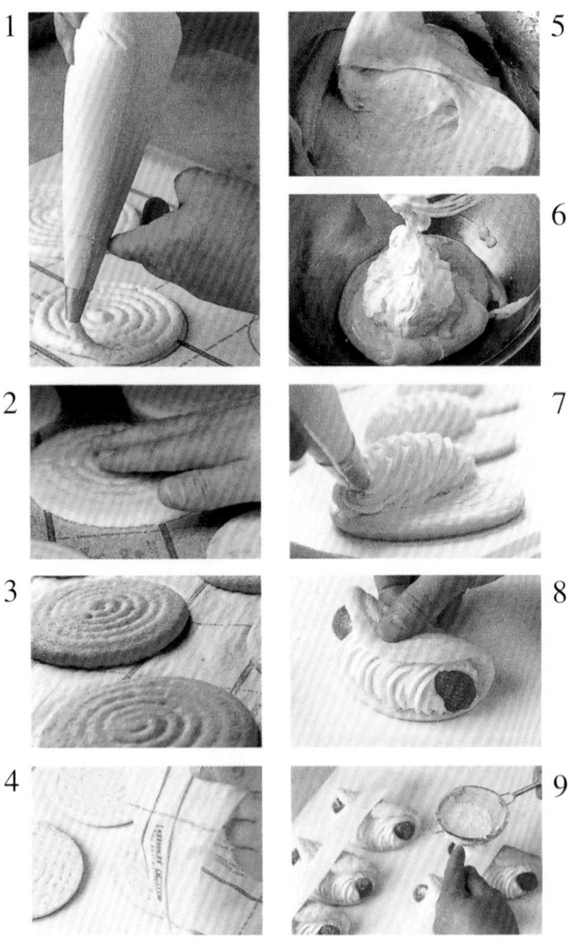

1 2 3 4 5 6 7 8 9

預備動作

・以210℃預熱烤箱。

・準備烤盤。在紙上畫出直徑11公分的圓，做出紙模。在紙模上重疊舖上看得見紙模的模的紙再放上烤盤。

＊烘烤時舖的紙，除了可以舖石蠟紙、烤箱油紙或是烤盤紙等烤箱用的紙類之外，普通紙張（影印用的白色紙）也可以。

＊在擠出麵糰時，若能先畫好了需要的圖形，並將麵糰擠在舖於其上的紙張時，這個紙模就可以重覆使用。

・準備擠花袋（→P.45）。使用直徑9mm的圓形擠花嘴、星型擠花嘴douille cannelée（8齒、直徑8mm）。

・草莓一旦洗過就很容易傷及表皮，所以用擰乾的溼布擦掉髒污。縱向對切。

烘烤麵糰

① 在接上直徑9mm的圓形擠花嘴的擠花袋中放入海綿蛋糕麵糰，擠出直徑11cm的圓渦狀。再拿掉紙模。

＊在擠出圓渦狀時，擠花嘴幾乎是保持直立狀，從稍高的地方像是滴垂般擠出（→dresser）。

② 在以210℃預熱的烤箱中烘烤約6分鐘。麵糰的表面烘烤出了漂亮的顏色時，可以用手掌輕輕試著按壓海綿蛋糕的表面，感覺到其彈性時即可。

＊接觸烤盤的那一面因熱度的傳導較為迅速，所以用兩片烤盤重疊等方法，就可以調節來自下方的熱度，藉以調整麵糰的烘烤顏色。

③ 烘烤完成。

④ 烘烤完成時，立刻翻面到別的紙上，剝除原先舖墊在下方的紙張。剝除下的紙張翻面後舖蓋於其上。在雙面都有紙張的狀態下放涼至常溫。

＊常溫是指觸摸時不冷也不熱的溫度。

＊紙張會吸收溼氣（由海綿蛋糕釋放出的水蒸氣），在慢慢放涼的過程中，水份會適度地再回到蛋糕中，所以海綿蛋糕才會含有適度的溼潤口感，成為易於捲曲的柔軟海綿狀。

製作卡士達鮮奶油餡

⑤將卡士達奶油放入攪拌盆中，用刮杓充分混拌，使其回復到如同熬煮時一樣的滑順光澤，再加入櫻桃酒。

⑥將鮮奶油邊以冰水冰鎮邊攪打至乾性發泡（→fouetter），加入卡士達奶油中，混拌均勻。

＊一旦過度混拌時，鮮奶油的發泡會被破壞，成為鬆垮的奶霜，所以大致翻拌即可。

組合

⑦將卡士達鮮奶油餡放進裝有星型擠花嘴（8齒、直徑8mm）的擠花袋中。擠在海綿蛋糕左半邊，距邊緣1cm左右處（→dresser）。

⑧將草莓放置於奶油之兩端，並將海綿蛋糕對折。

完成

⑨在對折的蛋糕中央放上割好的寬2cm之條狀紙片，再利用茶葉濾網把糖粉篩在蛋糕上。拿掉紙片後，在沒有篩上糖粉處擠上奶油，再放上裝飾草莓。

＊需要草莓蒂來裝飾時，可以用溼布將草莓蒂擦乾淨，務必要注意讓草莓蒂朝上，不要接觸到蛋糕或奶油。

草莓

是薔薇科的多年草本植物。在歐洲是從13世紀開始栽培種植的，路易14世時，由Cantini的農業學者在凡爾賽宮的溫室栽培成功的。現在市面上所有的栽培品種，全部都是從18世紀時從美洲大陸帶入歐洲之草莓所培育出的品種（荷蘭草莓），日本則是從明治時代開始廣泛地培植。
原本是從春季至初夏時節盛產，但現在因加速培育等原因，所以市面上最為盛產之時期為12～4月。除了北海道以外，在幾乎沒有日本國產草莓的7～10月間，則有美國（加洲）草莓的輸入。實際上這些進口草莓雖然可以存放較多天，但尚未完全成熟，因此甜度較低並且較硬。

・TOYONOKA：果粒大，特別具有光澤且顏色鮮艷。甜味高，酸味也恰到好處，香氣十足。
・女峰：果粒稍小，果肉較為結實因此不易傷及外表。香氣、甜度及酸味都恰如其分。
・TOCHIOTOME：果實較女峰大顆，具光澤。酸味較少甜度較高。
・明寶：果粒大，果肉柔軟。表面稍稍帶有橘色系，內部顏色較白。香氣十足。
・愛berry：果粒特別大顆。大小約為一般草莓的兩倍大，所以有的果粒可以大如雞蛋。

＊法式草莓蛋糕Fraisier（→P.52）中，使用味道濃郁且具酸味的草莓，較能與慕司林奶油餡搭配。顆粒不大，形狀相仿者較方便使用。一但水洗後，就容易傷及其外觀，所以用溼布輕輕擦拭即可。

櫻桃酒

將櫻桃打碎後發酵、蒸餾製成的無色透明的水果酒。也是水果白蘭地的一種，也稱為eau de-vie de Kirsch、Kirschwasser。一般的成品酒精成分約為40～45度。

關於酒

・ 釀造酒：葡萄酒、日本酒、啤酒等，使原料發酵製成的酒類。
・ 蒸餾酒：將釀造酒加以蒸餾而成的。以水果為原料的酒類則稱之為白蘭地。由穀物製造的則是威士忌、伏特加、琴酒。由甘蔗製成的則有蘭姆酒等。
・ 混合酒：在蒸餾酒或是釀造酒之中，添加水果、辛香料、香草等以增進其風味並加入糖類的酒。利口酒、梅酒等。

Crème pâtissière

卡士達奶油餡

在日本，英文稱爲卡士達奶油餡custard cream的廣受親睞。pâtissière的由來雖然不是十分清楚，但傳說是17世紀時，將牛奶、雞蛋和麵粉加熱製成濃稠醬汁，因而被稱之爲是pâtissière奶油（當時的糕餅師最主要的工作就是製作麵糰）。到了18～19世紀時，才與奶油泡芙chou à la cème、千層派等糕點同時製作出現在這種甜且滑順的奶油餡。卡士達奶油餡，經常使用在水果蛋塔，以及做爲各種奶油餡之基底。→慕司林奶油餡（→P.53）、卡士達鮮奶油餡（→P.39）、吉布司特奶油餡（→P.172）。英文的卡士達奶油餡，是指混合了雞蛋、牛奶以及砂糖，再加上香料、澱粉類等混拌，熬煮而成的奶油餡，或是蒸烤而成固體狀的糕點，是由中世英語crustade（用雞蛋做成稠狀醬汁混拌於肉類或水果上的派）爲其語源的。在法語中，不使用麵粉的卡士達奶油餡，則稱爲英式奶油醬汁（→P.248）。

＊pâtissier／pâtissière〔m〕／〔f〕糕點店、製作糕點（販售）的人。也可做形容詞用。

材料　基本配比：完成時約為650g
牛奶　500ml　500ml de lait
香草莢　1支　1gousse de vanilla
蛋黃　120g（6個）　120g de jaune d'œufs
細砂糖　150g　150g de sucre semoule
低筋麵粉　25g　25g de farine
卡士達粉　25g　25g de poudre à crème

預備動作
・混合低筋麵粉和卡士達粉，過篩備用。（→tamiser）

＊當牛奶煮至完全沸騰時，表面會產生蛋白質薄膜，因此為避免這種現象，可以不斷地混拌或是注意不要煮到完全冒泡沸騰之狀態。

1　將香草莢直向切開，以刀尖將種籽刮入牛奶中。連香草莢也一起放入，開火加熱至快沸騰。

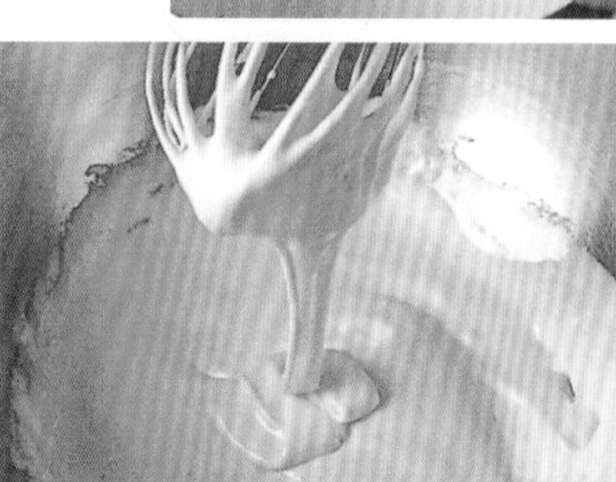

＊藉由充份的攪拌，使得之後加入粉類或牛奶時可以更容易拌勻。
＊打蛋器不要握在握柄而改握在金屬網上。一旦少了彈力之後，就會更容易混拌。（→P.28：打蛋器的基本握法）

2　將蛋黃放入攪拌缽打散，加入砂糖混拌，用打蛋器攪打至顏色發白膨脹起來（→blanchir）。

3　倒入篩過的粉類，以打蛋器充份拌勻。

卡士達奶油製作時應注意之處

・ 用的器具應保持清潔，使用前先噴灑消毒水(酒精消毒液等)。

・ 熱奶油即使放入冷藏庫（7～10℃）中，放置至冷卻為止需要相當的時間，也會較長時間保持在細菌增殖的適溫狀態。所以先用冰水使其快速冷卻後，再放入冷藏庫保存。

・ 在攤在淺盤的奶油餡上包上保鮮膜，除了可以防止乾燥，另一個原因是防止空氣中的各種細菌等掉落。

・ 雖然完成的奶油餡可放置於冷藏庫來保存，但製作量以當日用完為原則。

・ 擠出的奶油餡不再經過加熱時，最好使用拋棄式擠花袋。像海綿蛋糕麵糰使用的，可重覆使用之擠花袋，因為容易產生各種細菌，最好避免使用。

卡士達粉

以麵粉、澱粉、香草等香料、糖類以及黃色色素等配方，開發製出可以快速製作卡士達奶油餡的粉末製品。以Poudre a crème或Poudre a flans之名常見於市面上。雖然只要用牛奶加上這種卡士達粉即可製成奶油餡，但通常在製作卡士達奶油餡的配比中，將其代替部份的麵粉時，可以製作出較不沾黏且口感較為清爽的奶油餡。

卡士達奶油餡的應用

① 改變風味（添加）
- ＋酒（櫻桃酒、蘭姆酒、香橙甜酒等）
- ＋巧克力、咖啡、糖杏仁、開心果泥
- ＋各種香精、檸檬皮、香草（薄荷等）

② 搭配其他奶油餡或材料
- ＋打發的鮮奶油 →卡士達鮮奶油餡
- ＋奶油 →慕司林奶油
- ＋蛋白霜 →吉布司特奶油
- ＋杏仁奶油 →卡士達杏仁餡

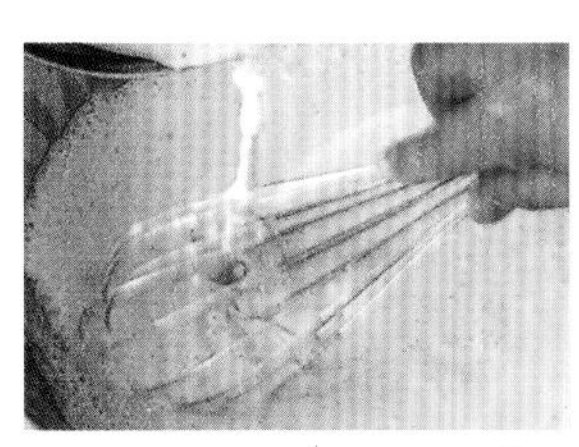

4　少量多次地加入溫熱的牛奶加以拌勻。

＊將牛奶放入預熱的鍋中，可以較快完成，也可以避免多餘的黏性及彈性。

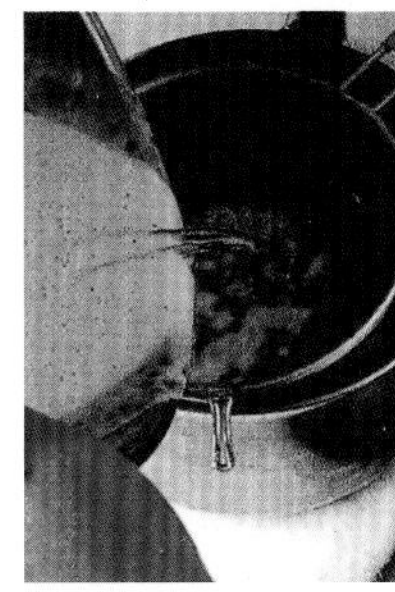

5　邊過濾（→passer）邊倒入鍋中。

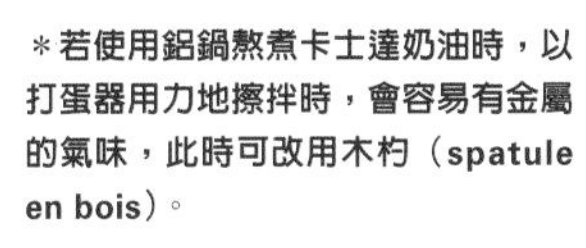

＊若使用鋁鍋熬煮卡士達奶油時，以打蛋器用力地擦拌時，會容易有金屬的氣味，此時可改用木杓（spatule en bois）。

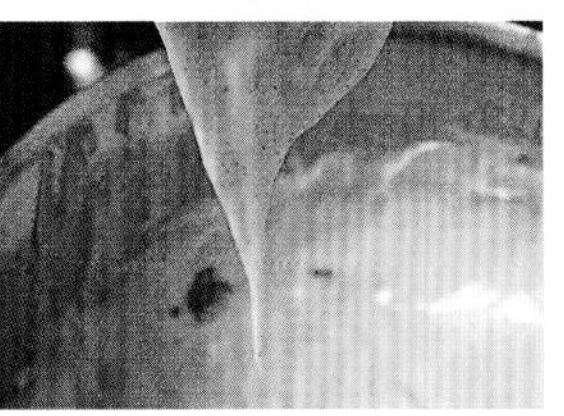

6　以中火加熱，不斷地用打蛋器由底部翻動至沸騰。

＊一旦沸騰後，會突然變得濃稠，所以必須注意不要燒焦地確實持續混拌。當舀起材料時呈流動滴落，並且是具光澤的滑順狀態時，即表示完成。

7 等到黏稠狀態消失，呈流動狀態時，就可以離火了。

＊完成狀態良好的卡士達奶油餡，一旦冷卻時，會呈具有彈性之凝固，不會黏著地可以完全地由淺盤中脫離。使用刮杓混拌，使其回復到滑順的奶霜狀時即可使用。使用打蛋器混拌時，較容易產生結塊。

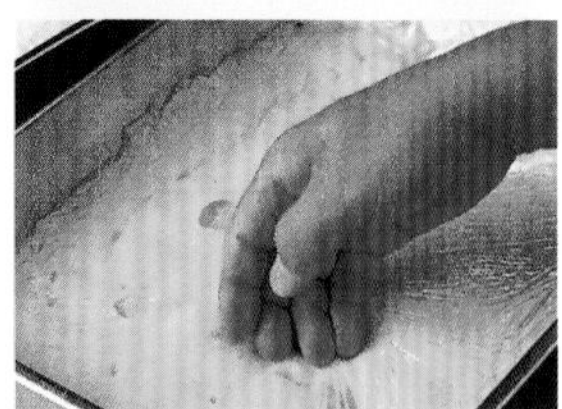

8 薄薄地攤放在淺盤中，表面以保鮮膜完全密合地覆蓋，用冰塊使其快速冷卻。冷卻後保存於冷藏庫。

（如果奶油餡產生了硬塊時，請過濾後再使用）

香草莢（香草豆）

香草莢

蘭科的藤蔓性植物。果實是細長豌豆狀約長15～20cm左右，在尚未成熟還是綠色時摘下，加熱發酵後會產生獨特的甘甜香氣。切開香草莢時，其中含有許多細小的種籽。香氣的主要原因即是來自蘭香素3-甲氧基-4-羥基苯甲醛。

・ 波本香草（V.Planifolia）：產於印度洋西非沿岸的留尼旺島（Réunion）、馬達加斯加島、科摩羅島（Union des Comores）。雖然在印尼也有栽植這種品種，但因其產地不同香氣也有若干的差異性。

・ 大溪地香草（V. Tahitensis）：產於南太平洋的大溪地周圍的小島（Moorea等）。據說在蘭香素的香氣外更見大茴香或麝香的香味。

濃縮香草精 extrait de vanilla

在法文中是濃縮香草精的意思。本書中提到香草精時，即是用這種濃縮香草精。

合成香草香料粉（蘭香素）

用化學合成的具香草香氣的蘭香素。用於糖果等，不需要添加太多水份的時候。

香草精 Vanilla extract（英）

天然的香草精Vanilla essence（英）。將香草莢浸泡在酒精中萃取出香味，過濾而成的褐色液體。也被稱為香草酊。

香草精油 Vanilla Oleoresin（英）

以溶劑（酒精、丙酮等）萃取後，去除溶劑濃縮而成的香氣成份。幾乎所有香草的精油（essence oil）皆屬之。

＊十分普及的「香草精」、「香草油」當中，也有以天然香草為原料製成的，但大部份較便宜的則是由合成香草製成的。合成香料的香氣較嗆，之後比較容易產生膩人的感覺，所以在使用份量上應稍加控制。

香料的種類

・ 水溶性香料（香草精）：以酒精溶化釋出香氣成份。因其易溶於水，所以較容易滲入布丁等含較多水份的材料中。

・ 油性香料（香草油）：以油脂溶化釋出香氣成份。具有溶油性，因此常用於容易滲入含較多奶油的材料中。另外，耐熱性高，也較適合烘烤類糕點。

・ 乳化香料：用乳化劑等將精油或合成香料乳化分散成水溶液。常用於水果的果汁類或冰品的工業生產。

・ 粉末香料：以噴霧乾燥等方法製成的粉狀香料。

Roulé aux fruits
水果蛋糕捲

將海綿蛋糕烤成薄片狀，再捲入水果及奶油的糕點。
烘烤成薄片狀的熱內亞海綿蛋糕（→P.50）也可以做成蛋糕捲。

＊roulé〔m〕 蛋糕捲。rouler捲的意思，是動詞的過去分詞，也可做為形容詞，
也用於「捲成圓筒狀」的意思。

水果蛋糕捲

材料　長30cm兩條之份量
分蛋法海綿蛋糕　基本配比×3　Pâte à biscuit
酒糖液　imbibage
- 糖漿（水2：細砂糖1）　50ml　50ml de sirop
- 櫻桃酒　50ml　50ml　de kirsch

白乳酪奶油餡　crème au fromage blanc
- 白乳酪　300g　300g　de fromage blanc
- 鮮奶油　200ml　200ml de crème fraîche
- 義式蛋白霜　meringue italienne（→P.183）
（以下的份量可製作出100g用量）
  - 蛋白　90g　90g　de blancs d'œufs
  - 細砂糖　180g　180g de sucre semoule
  - 水　60ml　60ml d'eau

草莓　20顆　20 fraises
香蕉　1根　une banana
奇異果　1顆　un kiwi
罐頭水蜜桃片　2片　2demi-pêches jaunes au sirop
糖粉　sucre glace
＊imbibage酒糖液　是可以讓烘烤後的糕點濕潤柔軟，還能增添風味的液體。使用糖漿和酒等製成的，配比可隨個人喜好。

預備動作
- 以210℃預熱烤箱。
- 在烤盤上敷好烤盤紙。
- 準備擠花袋。
- 將水果切成大約1cm左右備用。

1
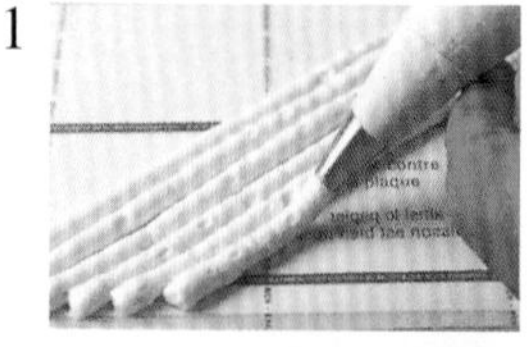
5
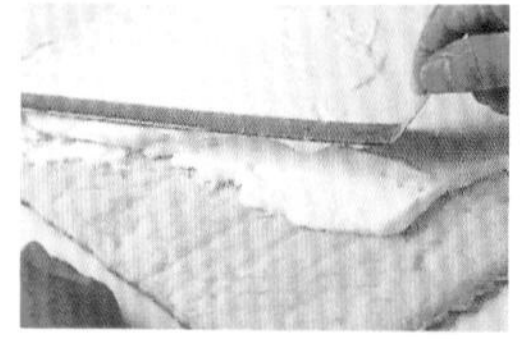
2
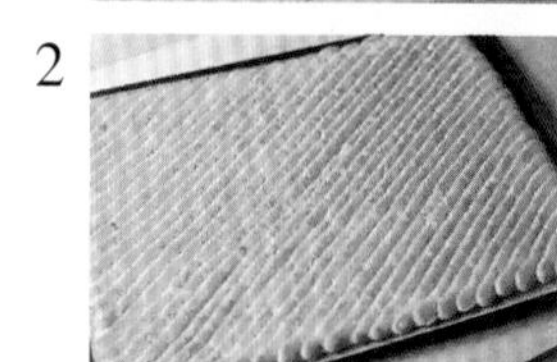
6

3

7

4
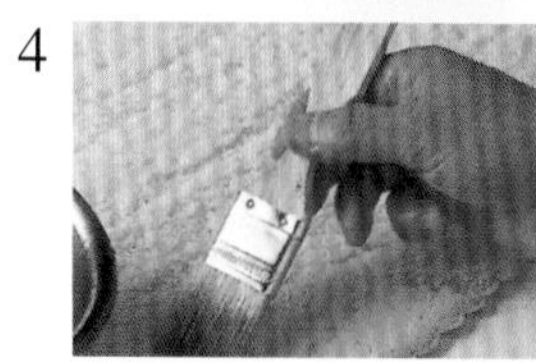
8
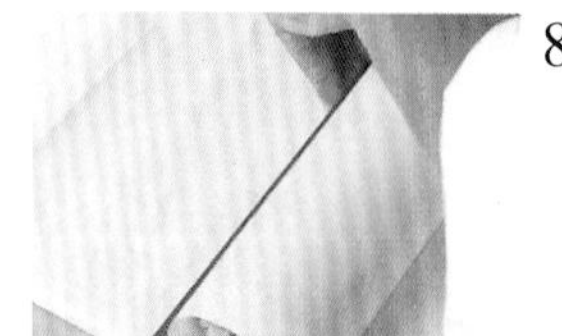

烘烤麵糰
①將海綿蛋糕麵糰放入裝有直徑9cm圓形擠花嘴之擠花袋中，在長30cm、寬35cm的長方形內，斜擠出麵糰。擠花嘴稍稍傾斜，不要離紙張太遠地擠出（→coucher）。
＊首先，先在對角線上擠出一條麵糰，沿著其旁邊繼續朝自己前方的三角型填滿麵糰。烘烤後會膨脹起來，所以在麵糰間稍留間隙也可以。擠滿自己前方之後，將紙張轉向再擠出另一個區塊。
②放入以210℃預熱的烤箱中，烘烤7分鐘。烘烤完成後立刻剝除紙張，並以紙張蓋住放涼。

製作白乳酪奶油餡
③用打蛋器將白乳酪攪打至柔軟，再加入打發至與其硬度相同的鮮奶油混拌。最後，加入義式蛋白霜（→P.183）混合拌勻。
＊義大利蛋白霜可以調整口感及甜味（減低配比量）。

組合
④在紙上放置海綿蛋糕，用刷子塗抹上酒糖液（→imbiber）。
⑤以抹刀（palette coudée）塗上奶油餡。
⑥將水果散放於奶油餡上。
＊是由自己前方開始捲起的，所以蛋糕捲起的最後幾公分的位置，就不要放置水果地空下來。
⑦使用紙張，由自己面前開始向前捲動蛋糕。
⑧蛋糕捲至最後的捲口處朝下，上方覆蓋上紙張，在紙張上放置長尺並沿著尺地將下方的紙抽出，完成蛋糕捲。放入冷藏室。

完成
使用濾網篩撒糖粉，再分切成塊。
＊切刀以熱水溫過使用，每切過一次後，就要擦乾淨再用熱水溫熱後再用。

擠花袋poche的準備及擠法

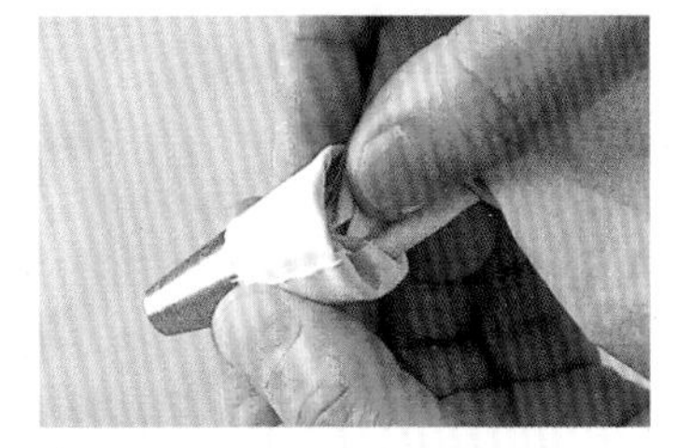

1 擠花袋前端配合擠花嘴較大端之直徑剪開。將擠花嘴塞入袋口後，扭轉2～3次再押入擠花嘴中。

2 將袋口上方反折。

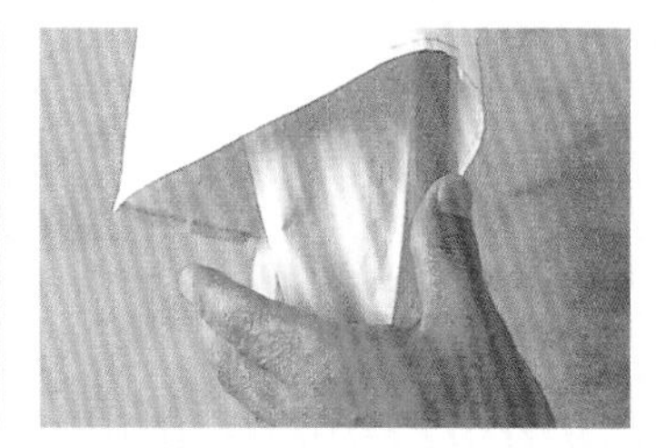

3 把手伸進反折的部分，以大姆指和食指間的虎口來撐住反折的部份。

4 以刮板將奶油、麵糰等挖起來放入袋中。

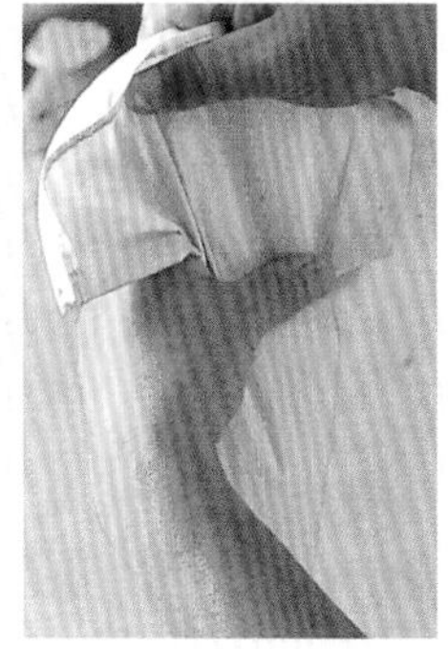

5 將反折的部份翻回，握住袋口，將麵糰（或奶油）往擠花嘴方向推擠。

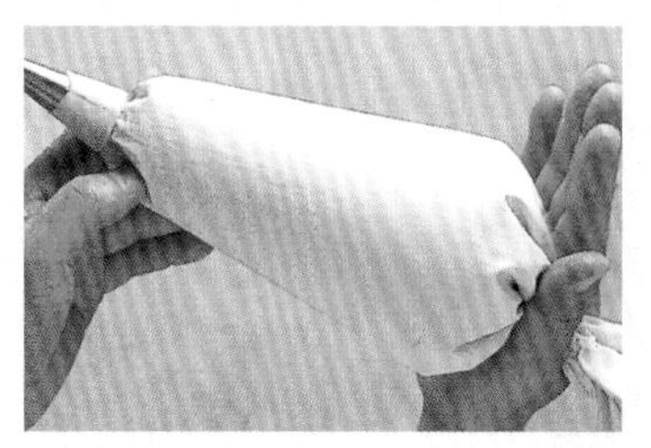

6 將放有材料的部分向上擠，以較靈活的那隻手的虎口確實握緊，擠花嘴朝上。

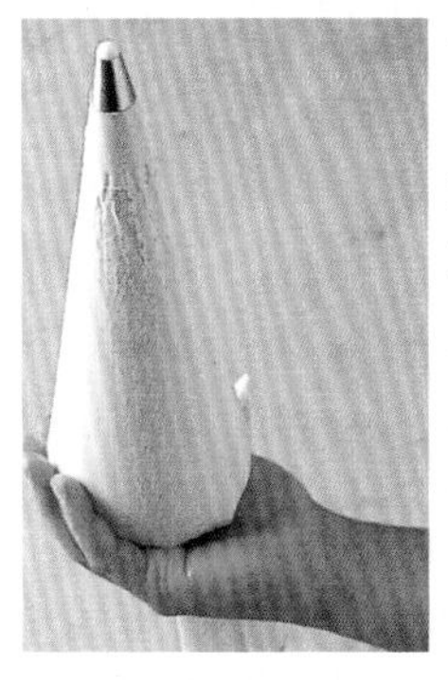

7 拉出塞在擠花嘴的部份。以較靈活的手扭擠擠花袋，使材料能確實地被擠至擠花嘴前端，使擠花袋呈現飽滿的狀態。

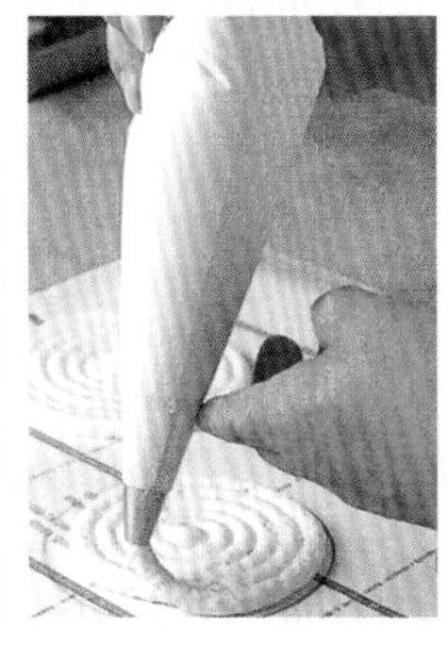

8 用另一隻手的姆指和食指輔助擠花嘴，用較靈活的手握拿般地擠出。每次擠出時都要扭轉擠花袋，務使擠花嘴和擠花袋可以經常保持飽滿狀態。

白乳酪

和鄉村乳酪及奶油乳酪一樣，都是法國起司的一種。正如其名「白乳酪」般地是純白的奶霜狀，在法國，同時也是新鮮乳酪的代名詞。是將牛乳以乳酸發酵後凝固而成的，僅只脫去少量的水份即完成的製品，因沒有經過熟成，所以沒有特殊的味道。雖然有像優酪乳般的酸味，但是更具溫和濃郁的口感。

Charlotte aux poires

洋梨夏露蕾特

模型的周圍貼上海綿蛋糕，中間填滿巴巴露亞等，冷卻後凝固的夏露蕾特，其製法據說是19世紀的安東尼・卡瑞蒙（Antoine Carême）（1783～1833。法國廚師兼糕點師）所完成的。在這之前的夏露蕾特的外側都是用海綿蛋糕或是麵包，中間則是填入水果果醬般的材料，烘烤而成的溫熱糕點，首創於義大利宮廷，據說是以喬治三世（1738～1820年）的王妃夏露蕾特而命名的。夏露蕾特的意思，是邊緣飾有花邊的緞帶或蕾絲的仕女帽子。

材料 2個直徑21cm、高4.5cm的蛋糕
分蛋法海綿蛋糕基本配比×2 Pâte à biscuit
糖粉 sucre glace
洋梨巴巴露亞餡 bavaroise aux poires
- 洋梨汁 300ml 300ml de purée de poire
- 蛋黃 120g 120g de jaunes d'œufs
- 細砂糖 60g 60g de sucre semoule
- 板狀明膠 3片（1片3g） 3 feuilles de gélatine
- 洋梨白蘭地 30ml 30ml d'eau-de-vie de poire
- 鮮奶油 300ml 300ml de crème fraîche
- 糖煮洋梨 4片 4 demi-poires au sirop

糖煮洋梨 6～8片 6 à 8 demi-poires au sirop
鏡面果膠 nappage
開心果（裝飾） pistaches

※ 巴巴露亞餡bavaroise 就是巴巴露亞。填入夏露蕾特當中等被當做蛋糕的奶油餡來使用時，多半會稱之為巴巴露亞奶油餡或是巴巴露亞餡。

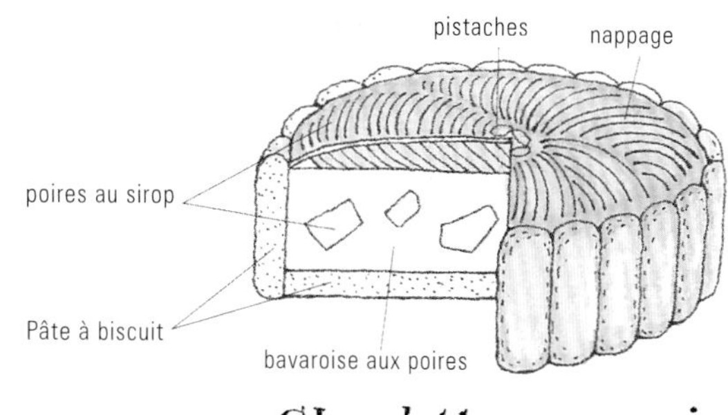

Charlotte aux poires

1

3

2
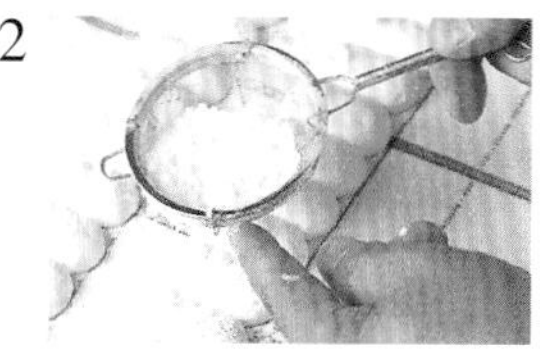

預備動作

・以200℃預熱烤箱
・在烤盤上舖上紙模，上面再覆以看得到紙模的紙。在紙模上畫出兩個直徑19公分的圓形，以及和烤盤一樣寬的4.5公分之平行線兩組。
・準備擠花袋（→P.45）
・將4片糖煮洋梨切成1.5～3cm的塊狀。
・開心果燙水剝除外皮切片備用。
・板狀明膠以冰水浸泡還原。浸泡至柔軟後擰乾水份備用。

＊浸泡冰水時，如果三片同時放入的話會沾黏在一起，而無法均勻地將其浸泡還原，所以必須一片片地浸泡。

烘烤麵糊

① 將海綿蛋糕麵糊放入裝著直徑13mm的圓形擠花嘴之擠花袋中，緊鄰相連地擠出長4.5cm的棒狀使其呈帶狀（需要63cm長的帶狀兩條）。用擠花嘴按壓麵糊般地擠出較擠花嘴直徑粗的棒狀。其餘的麵糊，則放進裝著9mm直徑的圓形擠花袋中，擠出兩片直徑爲19cm的渦狀圓形（→dresser）。

＊帶狀的麵糊是要裝飾在夏露蕾特的側面的，因此為了能有漂亮相連的形狀，所以要在麵糊狀態最好時先行擠出。

② 在擠成帶狀的麵糊上輕撒上糖粉，稍稍放置待糖粉溶化後，再次撒上。這個作業需重覆2～3次。

＊經烘烤後，這些溶化了的糖粉會呈現珍珠般粒狀的固體，在表面形成特殊質感（→perlage）。

③ 在預熱200℃的烤箱中烘烤10～15分鐘。烘烤時墊在下方的紙張不需剝除，並且在烘烤面再覆蓋上紙張，於常溫中冷卻。將冷卻後剝除了紙張的帶狀海綿蛋糕插放在環狀蛋糕模中，再舖上切成環型模底部大小之圓形海綿蛋糕（→chemiser）。

環狀蛋糕模 cercle à entremets
無底的環狀模。在用於製作圓形蛋糕或烘烤麵糊時。

4

5

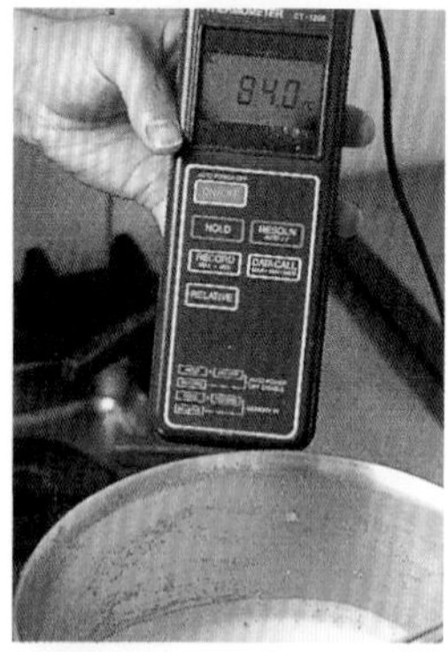

6

7

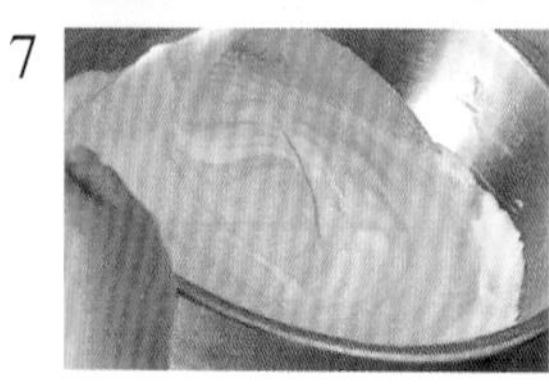

8

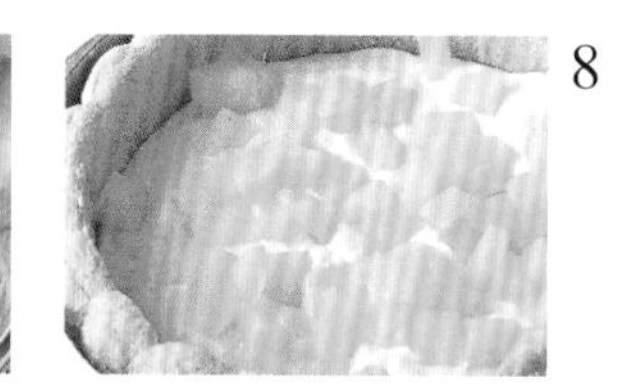

9

10

製作洋梨巴巴露亞餡

④將蛋黃放入攪拌盆中攪打，加入細砂糖混拌，用打蛋器攪打至膨脹顏色變白（→blanchir），再加入煮沸過的洋梨汁。

⑤倒入鍋中加熱，一邊攪拌一邊加熱至82～84℃。

＊沒有溫度計時，一邊混拌材料一邊熬煮，至鍋緣開始沸騰時即離火。

⑥離火之後，再加入已還原的明膠。

⑦過濾（→passer）至攪拌盆中，稍加冷卻，待材料開始變稠時加入洋梨白蘭地。再與打發鮮奶油混拌。

＊鮮奶油打發至6分＝以打蛋器拉起時，鮮奶油會緩緩流下之程度。

組合

⑧在舖上海綿蛋糕的模型中，倒入一半的巴巴露亞餡，再散放入切好的糖煮洋梨。

⑨再倒入其餘的巴巴露亞餡，將表面平整後，放入冷藏庫冷卻固定。

＊也可以在巴巴露亞餡中，均勻地拌入切好的糖煮洋梨丁後，再倒入舖有海綿蛋糕的模型中。

⑩ 將6～8片糖煮洋梨，切成薄片後平舖於烤盤，用噴鎗烤出焦色，並排地擺放在冷卻了的巴巴露亞餡表面。

完成

用刷子刷塗上鏡面果膠，再用開心果裝飾其上。脫去環狀蛋糕模。依個人喜好可以在側面海綿蛋糕上裝飾蝴蝶結等緞帶。

＊鏡面果膠是加入10%左右的水，煮沸至完全溶化後使用。

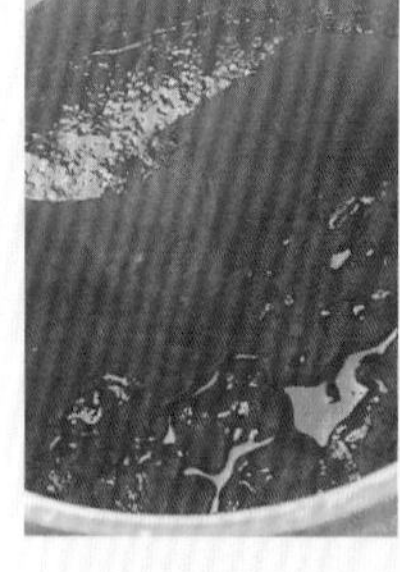

鏡面果膠

為了展現光澤及保護糕點表面時，塗在糕點表面的材料。以杏桃和砂糖熬煮而成果醬狀，所以果膠濃度很高。也有由紅醋栗等紅色果實所製成的紅色鏡面果膠（nappage rouge）。nappage neutre是無色透明的鏡面果膠，不使用水果，而是在水裡加入果膠、砂糖以及麥芽材料製成的。

明膠

為凝固果凍或巴巴露亞等冰品時，所使用的凝固劑之一。以熱水提煉出牛或豬骨或皮層的膠原蛋白，精製後乾燥而成的透明物質。有板狀及粉狀兩種製品。明膠吸水之後加入其他材料，加熱至50～60℃時就會溶解。加了明膠的材料一旦冷卻後，會凝固成柔軟、有黏性及彈性的狀態。（→P.246：關於凝固劑）

糖煮洋梨

材料

洋梨 3個 3 poires
檸檬（切成1cm厚的圈狀）1片 1 rondelle de citron
香草莢 1根 1 gousse de vanilla
糖漿（細砂糖1：水2） sirop
水 400ml 400ml d'eau
細砂糖 200g 200g de sucre semoule

製作方法

①削去洋梨的皮，將洋梨對切，去核。
②將洋梨、糖漿、香草莢1根、以及檸檬薄片1片，一起放入可以密封的耐熱性塑膠袋中（開口部有二層的）。
③將密封的袋子直接放入剛沸騰的熱水中，煮40～60分鐘。
④稍冷卻後，放入冷藏庫保存。

洋梨
薔薇科梨屬的西洋梨之果實。日本的梨當中，果肉的細胞木質化的石細胞較多，這樣的梨會帶來梨肉較粗的口感，但洋梨的特徵，就是細緻滑順的果肉，以及入口即化的口感和香甜。這樣的特徵，就是不待完全成熟即先行採收，在一定的溫度下保存，經由這種稱之為追熟處理的作業程序所產生的。在法國是在7月中至次年4月左右為產期，各種品種都會上市，但在日本上市的是稱之為La-France的品種為主，也有栽植Bartlett、Le Lectier等品種。

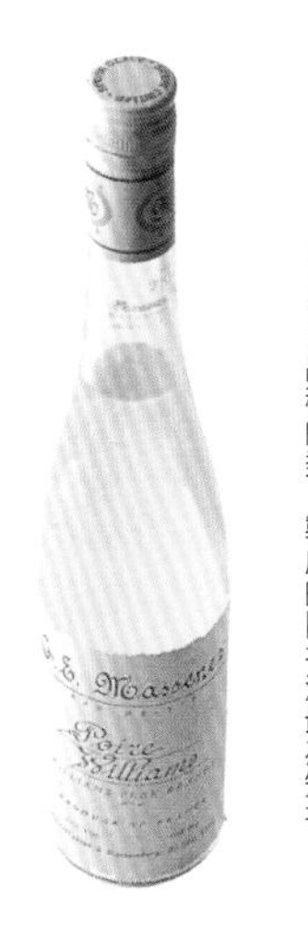

洋梨白蘭地
將洋梨的果實打碎後發酵，蒸餾後做為無色透明的水果白蘭地。特別是以香氣絕佳的Poire Williams品種的梨，製成的同名酒最為知名。

基本麵糰

Pâte à génoise

熱內亞海綿蛋糕麵糰（同時打發法的海綿蛋糕麵糰）

全蛋直接打發的同時打發法，是加入了奶油的海綿蛋糕麵糰。同時打發法的麵糰，相較於分蛋法的麵糰，其特徵在於氣泡較少，潤澤度較夠也較細密。因爲具有柔軟的流動性，所以不是用擠花袋擠出烘烤，而是放入模型或倒入烤盤中烘烤。

添加了奶油製成的海綿蛋糕麵糰，大部分都會用同時打發法來製作。因爲添加了奶油，所以口味上較爲濃郁，適合搭配奶油餡等濃重口味的餡料。

＊génoise〔f〕 海綿蛋糕的一種。Gênse（義大利的熱內亞Genova）的形容詞génois是女性形容詞。

材料 基本配比

蛋 150g（3個） 150g d'œufs
細砂糖 90g 90g de sucre semoule
低筋麵粉 90g 90g de farine
奶油 30g 30g de beurre

預備動作

・低筋麵粉過篩備用（→tamiser）。
・奶油隔水加熱融解備用。
・逐一將雞蛋敲開，並放入大攪拌盆中(可免去碎蛋殼及腐壞的蛋)。

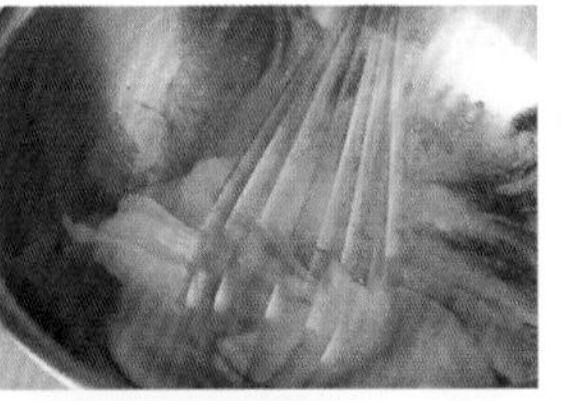
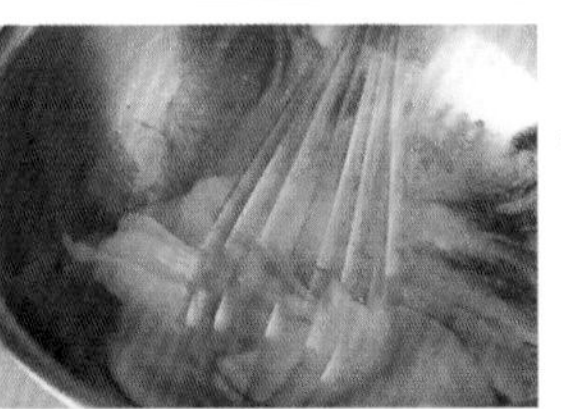

＊全蛋雖然比較不容易打發，但一旦溫度較高就會因其失去彈性，表面張力變差就容易打發。所以雞蛋在相當於人體肌膚的溫度（38℃左右）時，是最容易打發的。

1　輕輕地將雞蛋扛散，加入細砂糖隔水加熱（→bain-marie）。

＊雞蛋一旦失去了彈性，所產生的氣泡安定性也較低，氣泡容易被破壞。因此具有可以安定打發氣泡之砂糖，要在最初時就加入。

2　以打蛋器攪打至雞蛋的彈力消失，變成鬆散的狀態。變成這個狀態時表示材料的溫度是相當於人體肌膚之溫度。

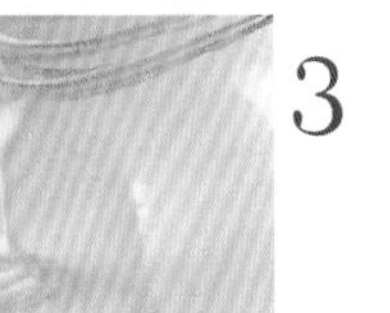

＊如果邊隔水加熱邊打發時，雞蛋的彈力會完全破壞，而打出的氣泡不具安定性且粗糙。烘烤完成後，因其氣泡的粗糙而蛋糕容易變成中央下陷的形狀。

3　停止隔水加熱，並開始打發。在攪打時雞蛋會回復常溫，攪打的材料也會變白、氣泡變得細密。必須打發至以打蛋器拉起蛋液時，是黏稠地保持某個幅度後，才緩緩滑順地流下來，並且可以暫時保持其流下之形狀，之後形狀才漸漸消失。樣的狀態稱之爲緞帶狀（→ruban）。

＊務必要等打發的蛋液回復至常溫之後才加入低筋麵粉。因為蛋液的溫度較高時，氣泡的安定性較低。
＊邊篩入低筋麵粉，一邊要轉動攪拌盆，在攪拌盆的材料上以圈狀切拌方式混拌麵粉（材料的量少、攪拌盆較淺時。如圖1）。
＊以機器攪打製作時，因材料的量較多，攪拌盆也較深，所以如圖1地來切拌時，低筋麵粉無法均勻地混入全部的材料當中。邊旋轉麵糰邊用洞杓（ècumoire），由材料的底部以舀起翻拌方式來混拌材料（圖2）。

4 邊撒入低筋麵粉，邊以木杓spatule enbois或橡皮刮刀paletteen caoutchouc以較大的切拌動作，仔細地混拌至粉類完全溶入材料之中。

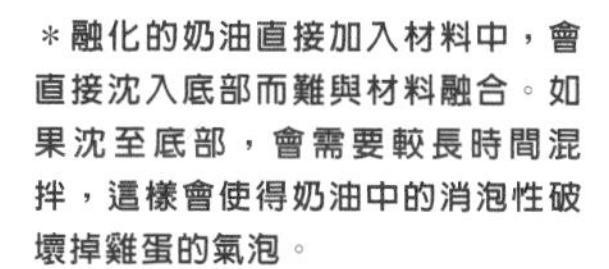

＊融化的奶油直接加入材料中，會直接沈入底部而難與材料融合。如果沈至底部，會需要較長時間混拌，這樣會使得奶油中的消泡性破壞掉雞蛋的氣泡。

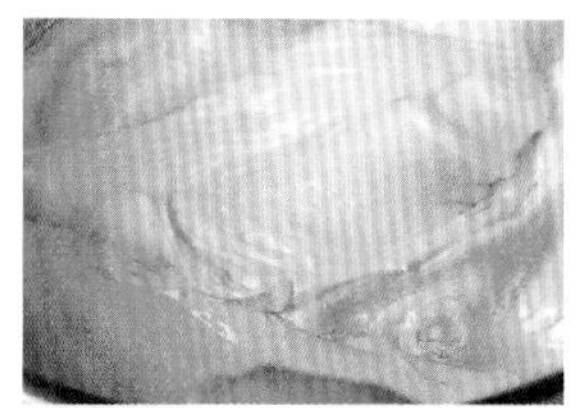

5 溶化了的奶油倒在刮刀上，再均勻地拌入材料全體之中，由底部開始以較大的切拌動作加以拌勻。

＊一旦奶油沒有完全融合材料中而有所殘留，烘烤後，殘留的部分就會變成黃色的麵糰硬塊。

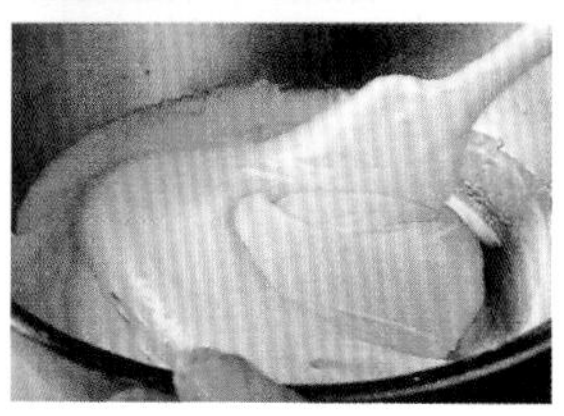

6 儘可能快速地使奶油溶入材料中。

※爲使海綿蛋糕麵糰完成時能立刻開始烘烤，所以在開始製作麵糰前要先設定、預熱好烤箱的溫度，也要先準備好每種糕點所需要的模型、烤盤以及擠花袋。

圖1
刮杓由攪拌盆的對面向著自己身體方向，以畫圈的方式切拌邊轉動邊拌勻。

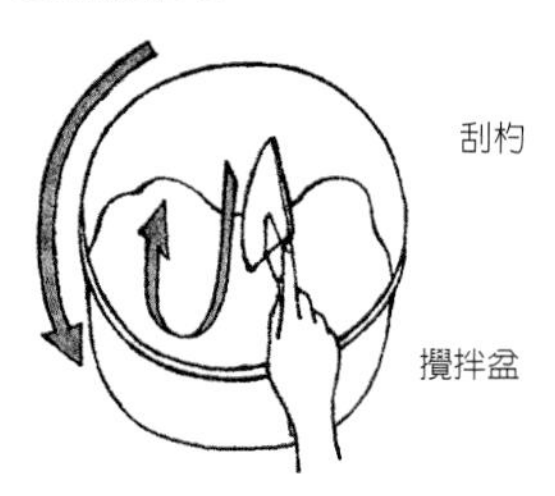

攪拌盆朝自己的方向轉動

圖2
小心不破壞氣泡地用洞杓斜插入底部，像是要舀起麵糰般地混拌。

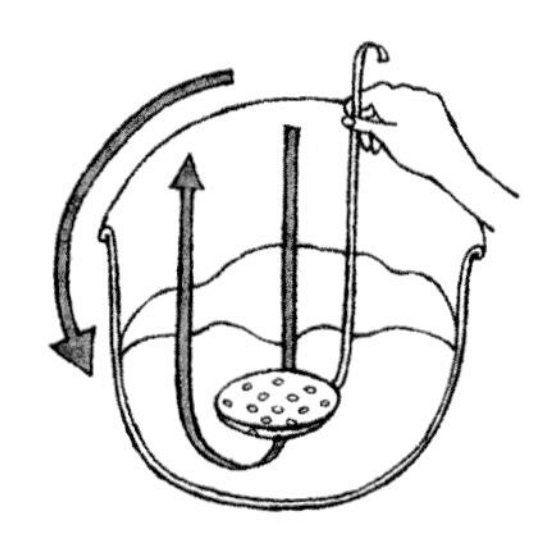

攪拌盆朝自己的方向轉動

添加奶油時的要訣

在材料中添加了奶油可以增加其風味，但油脂會有破壞氣泡的特性（消泡性）。因此熱那亞海綿蛋糕中，奶油是在材料製作過程的最後才加入，並且快速又不破壞氣泡地加以混拌，並迅速地放入烘烤是非常重要的。

為了使奶油可以充份快速地混入材料中，使用加熱融化了的奶油。這是因為奶油的溫度一旦降低，會失去流動性，也會不容易混入材料。

融化了的奶油，如果在拌入材料時無法保持其流動性，就沒有意義了。即使奶油的融化溫度號稱是人體肌膚的溫度，但溫度會隨著季節及器具等條件的不同而改變。

特別是室外溫度較低的冬季時，攪拌盆及材料溫度應該都會隨之降低。這個時候如果奶油的溫度只加至人體肌膚溫度左右，那麼一經使用，在加入材料的瞬間奶油的溫度就會降低，而失去其流動性，難以完全溶入材料中，如此氣泡就會遭到奶油的破壞。此時，奶油的融化溫度應該要略略提高。

Fraisier

法式草莓蛋糕

在日本，只要提到使用草莓的糕點，首先想到的就是草莓奶油蛋糕，但在法國，一般而言想到的都是濃郁的慕斯林奶油餡、海綿蛋糕以及草莓組合而成的法式草莓蛋糕。表面舖上了一層高雅的粉紅色糖杏仁膏，塞滿草莓的蛋糕斷面，是其特徵。

＊Fraisier〔m〕 以植物而言，即為意指草莓的單字。

材料　18×18、高4.5cm的正方形 1個的份量

熱內亞海綿蛋糕麵糰 基本配比 Pâte à génoise

酒糖液 imbibage

- 糖漿（水2：細砂糖1）60ml 60ml de sirop
- 香橙甜酒 30ml 30ml de Grand Marnier

慕斯林奶油餡 crème mousseline

- 卡士達奶油餡 370g 370g de crème pâissière（→P.40）
- 奶油餡 190g 190g de crème au beurre（→P.60）

草莓（小）400g 400g de fraises（→P.39）

杏仁膏 200g 200g de pâte d'amandes

食用色素（紅、綠、黃）clolrant（rouge、vert、jaune）

奶油（烤模用）beurre

糖粉（手粉用）sucre glace

＊mousseline〔adj.〕（糕點、奶油等）清爽、滑順。是指柔軟的毛織物的女性名詞。

1

2

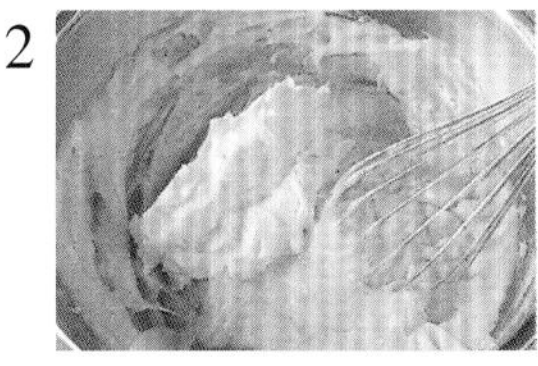

3

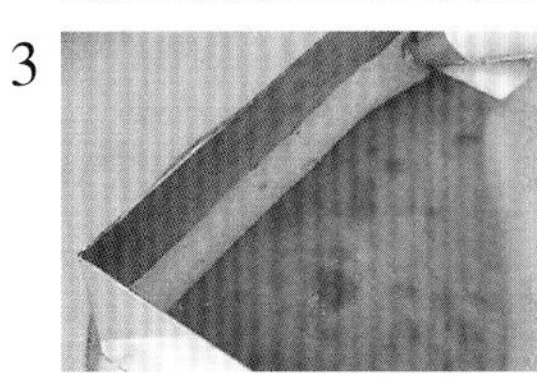

4

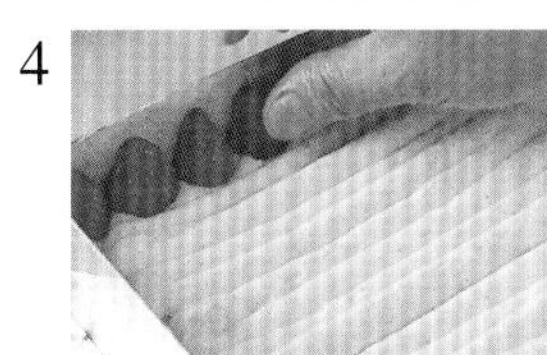

5

6

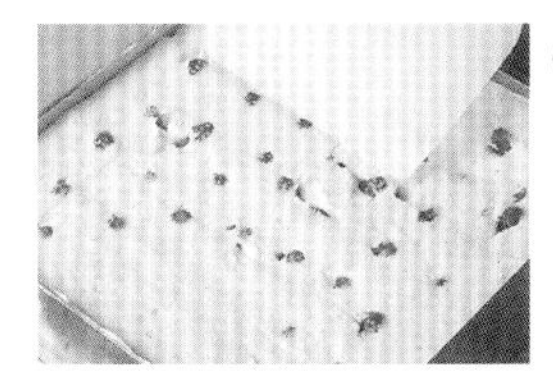

7

烘烤蛋糕

①將紙張舖在40×30cm的烤盤上，倒入熱內亞海綿蛋糕的材料，用200℃預熱好的烤箱烘烤約10分鐘。至完全散熱後，配合模型將其切成2片18cm的正方形。在薄薄地塗上奶油的模型中，放入一片熱內亞海綿蛋糕，再塗上酒糖液（→imbiber）。

＊在模型中塗上奶油，是為了方便脫模，同時也是為了防止草莓的酸味釋出模型的金屬味道。

＊如照片上呈烘烤色澤的烘烤面朝上地舖上熱亞內蛋糕，⑦當中上面的那片蛋糕，則是將烘烤面朝下，也可以平衡斷面的顏色。

製作慕斯林奶油餡

②將卡士達奶油餡用刮刀拌至滑順狀態後，少量地加入奶油餡，再以打蛋器將其攪打至滑順狀態。

＊一旦加入奶油餡之後，卡士達奶油餡可能會產生顆粒。像這種分離的狀況，可以取少量的材料隔水加熱至使其滑順後，再陸續少量加入產生分離之材料，以打蛋器混拌均勻即可。

＊雖然在奶油餡中少量地陸續加入卡士達奶油餡，比較不會產生分離的狀況，但在卡士達奶油餡中加入奶油餡的作法，奶油餡比較能嚐出其濃郁口感。

組合

③將慕斯林奶油餡放入裝著直徑13mm擠花嘴的擠花袋中poche à douille unie，擠入模型中。

④將10多個草莓縱向對切，切口貼在模型側面排列放好。

＊草莓已經先用溼布擦乾淨備用。

⑤整顆的草莓，則像是埋入奶油餡般地均勻地將其放入排列，之後再於草莓間隙中擠上奶油餡。

⑥在間隙中，不要含有空氣地將奶油推平。

⑦放上另一片的熱內亞海綿蛋糕，塗上酒糖液（烘烤面朝下）。蓋上保鮮膜放入冷藏庫中冷卻，固定奶油。

慕斯林奶油餡

是以卡士達奶油餡為基底製作而成。基本上，將卡士達奶油餡的1/2～2/3量之奶油打發至呈柔軟的奶霜狀，使其飽含空氣，再加入卡士達奶油餡中。在此奶油被換成是以義大利蛋白霜為基底的奶油餡，更可以展現其清爽的風味。有適度的黏性，對於草莓這種含水量較高的水果與蛋糕的搭配上，還具有使其黏合的作用。

8
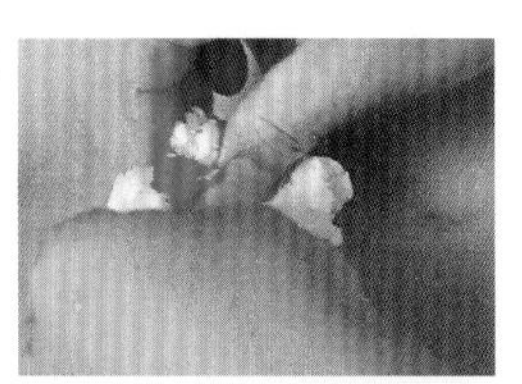

9
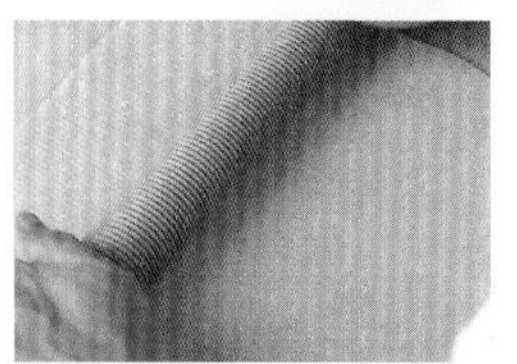

10

11
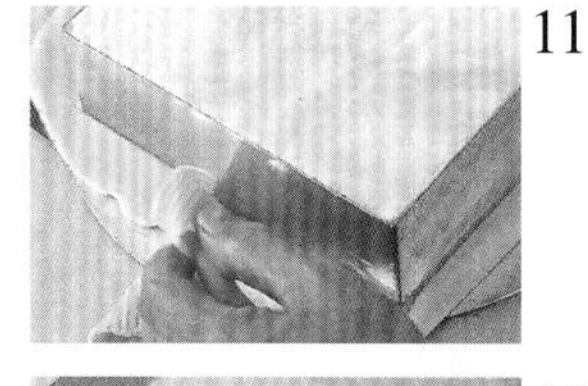

12

準備杏仁膏

⑧杏仁膏用食用色素染成粉紅色。

＊取部份杏仁膏，以紅色色素著色，邊加入其他杏仁膏邊調整顏色。

⑨邊用糖粉當作手粉地撒上，邊以擀麵棍推展使其變薄，推展成正方形。用直條圖紋的擀麵棍rouleau cannelé擀出直條紋。

完成

⑩在冷卻固定的⑦之表層，薄薄地塗上其餘的慕斯林奶油餡，用擀麵棍捲起杏仁膏，注意不使空氣進入吻合地覆蓋在其表層。

⑪用板子覆蓋在表面翻轉蛋糕後，再切除多餘的杏仁膏。

⑫側面以噴鎗加熱後，脫模。再同樣覆蓋在板子上，翻轉使其正面朝上，用杏仁膏做出玫瑰花(請參考右頁)的裝飾。

香橙甜酒

用柑橘和甘邑白蘭地為基底所釀造出來的利口酒。法國的香橙甜酒，是Lapostolle公司在1880年時所釀造出來的。苦橙皮浸泡在白蘭地的新酒當中，蒸餾而成的，同時也促進干邑白蘭地的熟成，之後過濾並增添甜味。即使加熱其香氣也不會消失，是最大的特徵。

食用色素

是可以用於食品的著色原料。用於維持色調，同時還可以賦予食品更促進食欲的色彩。有以紅色2號等為代表的石油化學色素，以及以植物和昆蟲等天然材料萃取出的色素（紅花色素、胭脂蟲色素(Cochineal)等)。

鋁箔紙板carton

使用於蛋糕架台上的金色或銀色之厚紙板。只要墊在組裝的蛋糕下方，可以不破壞蛋糕形狀也能方便移動。在以環狀模固定慕斯、巴巴露亞時，也可以墊在下方來使用。

杏仁膏裝飾加工（玫瑰花）→P.139

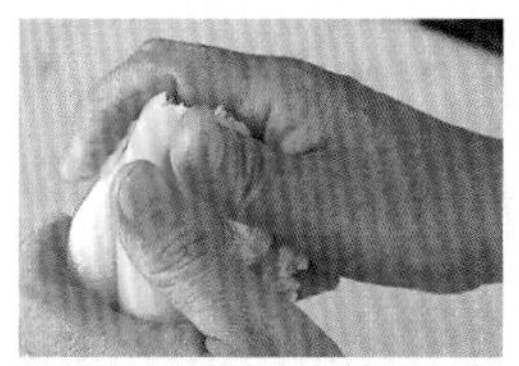

1 將染成白色及粉紅色的杏仁膏混合成如大理石紋般。

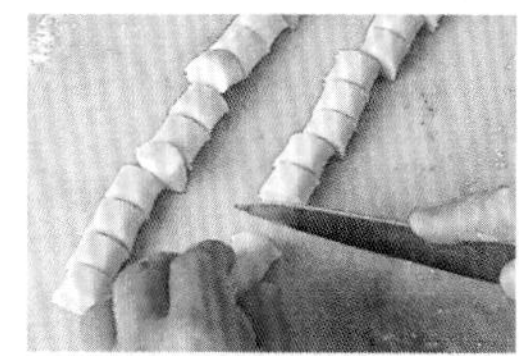

2 將杏仁膏搓成棒狀，再將其依等份分切。

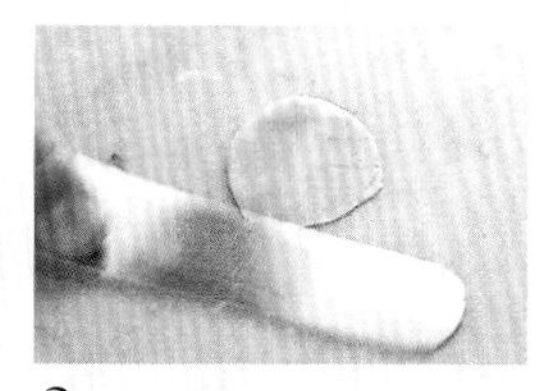

3 一塊塊用抹刀palette推壓成花瓣。要推壓得比花房處更薄。

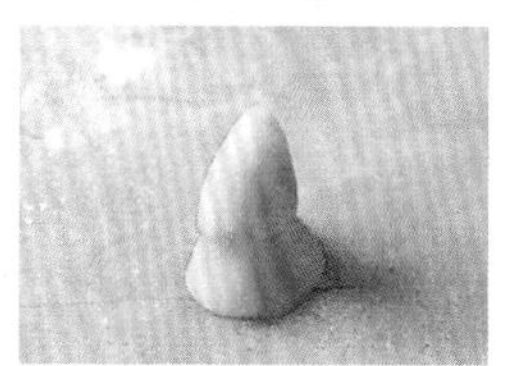

4 另外做出玫瑰花的花芯。

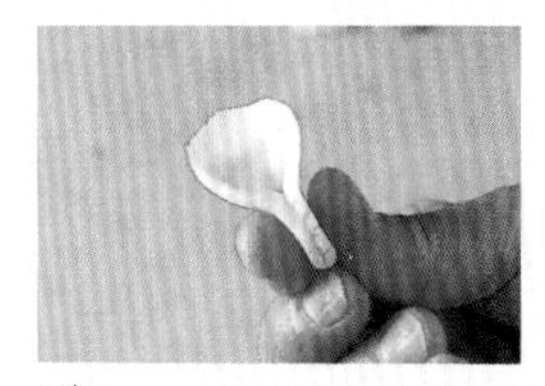

5 用手捏住3的花瓣中的花芯處。

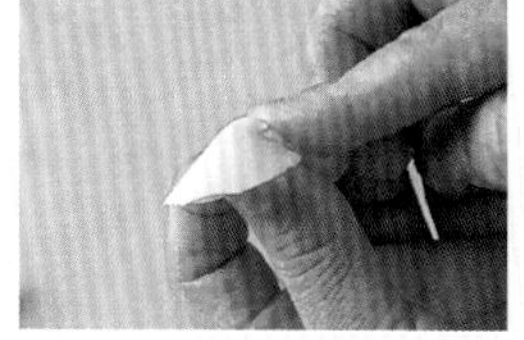

6 將捏住的部份折至一側並彎曲花瓣。

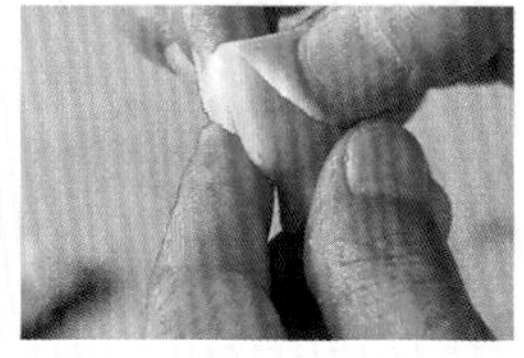

7 將6的花瓣覆蓋在花芯的上面。

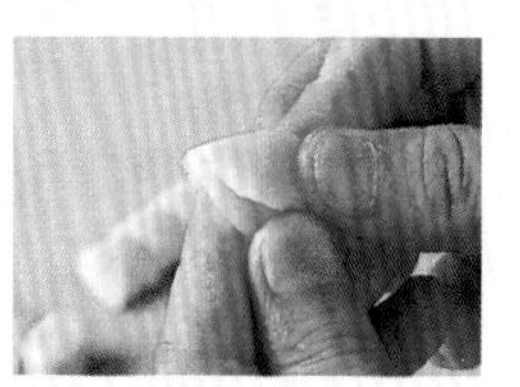

8 確實地捏住花芯的部份。重覆5~8的步驟，要有三片左右的花瓣包覆在花芯的周圍。

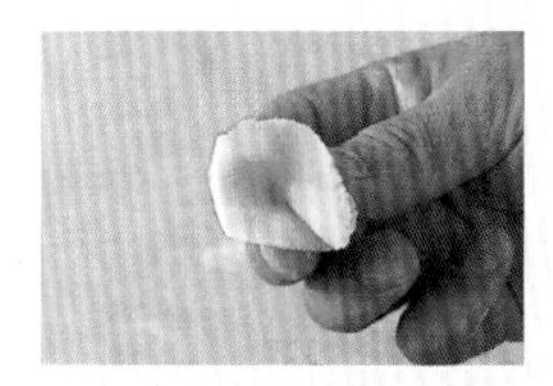

9 花瓣的外緣，要向外側打開，和5相同地要捏住花芯處。

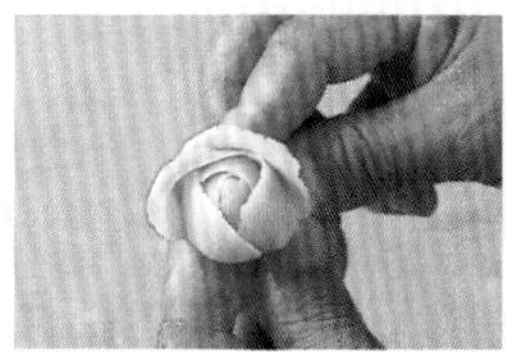

10 貼覆在8的上面，重覆9、10的步驟貼上3~4片花瓣。

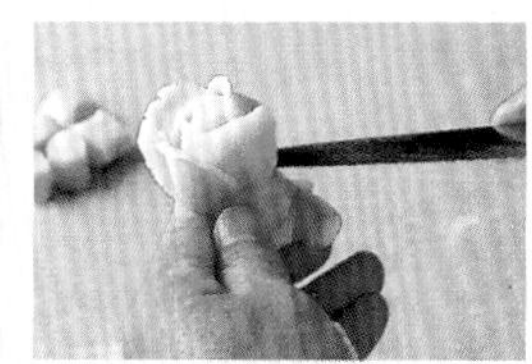

11 將玫瑰花的底部以刀子切平。

12 完成玫瑰花飾。

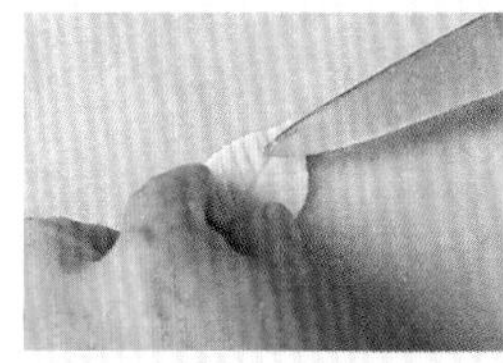

13 用染了綠色的杏仁膏，製作玫瑰花的莖葉。染色時，請使用食用色素的綠色和黃色來調整顏色。

14 玫瑰花再組合上莖葉。

Gâteau moka
法式摩卡蛋糕

是法式糕點中，使用熱內亞海綿蛋糕，最具代表性之一。就像日式西點中最具代表性的是「草莓奶油蛋糕」一樣，在日本，熱內亞海綿蛋糕搭配上鮮奶油的組合也是普遍最受到歡迎的，但在法國，巧克力蛋糕搭配傳統的奶油餡才是主流。奶油餡的塗法、擠花方式的基本工夫，如果能好好地熟記的話，就可以自由搭配使用了。

＊moka〔m〕　是咖啡豆的品種名稱。以重度烘焙的加啡豆泡出的濃郁咖啡，製作咖啡風味的蛋糕。是由面對紅海的葉門共和國港口Moka而得名。阿拉伯半島雖然號稱是咖啡栽培的起源，其歷史可以追溯至西元前。半島南端的港口摩卡，在16世紀時，就是以咖啡輸出港而繁榮聞名。

材料　直徑21cm的蛋糕 1個的分量

咖啡熱內亞海綿蛋糕 Pâte à génoise au café
（基本配比＋咖啡）
- 蛋　150g（3個） 150g d'œufs
- 細砂糖 90g 90g de sucre semoule
- 低筋麵粉 90g 90g de farine
- 奶油 30g 30g de beurre
- 即溶咖啡 5g 5g de café soluble
- 熱水 5ml 5ml d'eau chaude

咖啡奶油餡 crème au beurre au café
- 奶油餡 400g 400g de crème au beurre（→P.60）
- 即溶咖啡 5g 5g de café soluble
- 熱水 5ml 5ml d'eau chaude

酒糖液 imbibage
- 糖漿（水2：細砂糖1） 75ml 75ml de sirop
- 蘭姆酒 60ml 60ml de rhum

咖啡豆巧克力（裝飾） 10個 10 grains de café
圓形巧克力（裝飾） 10片 10 disques de chocolat
開心果（裝飾） pistaches

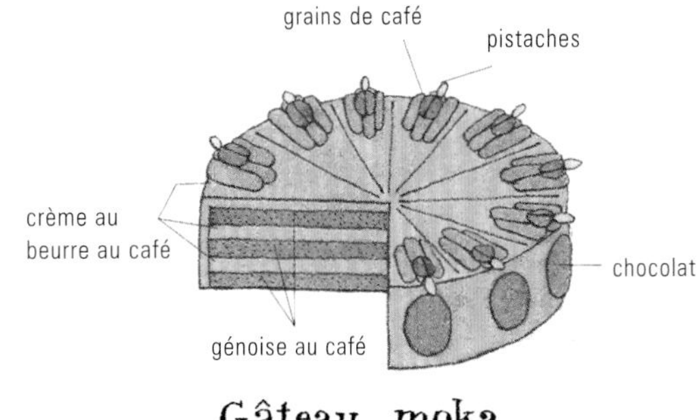

1
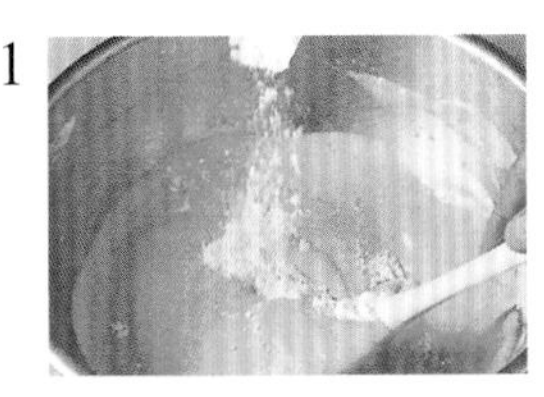

2
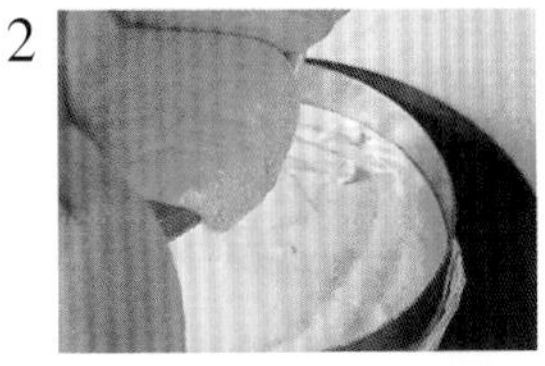

3

4

5

預備動作

・將即溶咖啡（熱內亞海綿蛋糕用、奶油餡用）各以其所需份量泡好備用。
・先在蛋糕用的環狀模中舖好紙（→P.59）
・以180℃預熱烤箱

製作咖啡熱內亞海綿蛋糕並烘烤

①在全蛋中加入細砂糖，打發（→P.50：熱內亞海綿蛋糕1～3）至緞帶狀（→ruban），拌入泡好的咖啡。再依序加入低筋麵粉、融化了的奶油（→P50熱內亞海綿蛋糕4～6）

②倒入模型中，在調理檯上輕敲，以排出大型氣泡中的空氣。

③放入180℃預熱的烤箱中，烘烤約25分鐘。
＊大約開始有了烘烤顏色時，可以用指腹按壓看看呈中間圓弧隆起的中央處。按壓有彈力感時，即是完成了烘烤，可以將蛋糕取出來。如果還稍嫌不足時，按壓時會有沈陷感並且會留下手指的痕跡。

④烘烤完成的蛋糕，請將其連同烤模一起重重地敲放桌面，給蛋糕一點點外力的衝擊，然後將蛋糕連同烤模一起倒扣在熱的烤盤上，約30秒。再將其翻回正面放涼。拿掉紙張並將刀子沿烤模邊緣插入，以方便脫模。在蛋糕的兩側放置1cm的方形鐵棒，沿著鐵棒切由下往上地將蛋糕切成三片。在最上面的蛋糕片上，有著烘烤色的部份過濾成蛋糕屑（miette）。
＊藉由給予海綿蛋糕體的衝擊，而使其可以散發出多餘的水份，使得蛋糕體的質地平均，蛋糕組織也可以更紮實。
＊藉由倒扣的動作使其表面平整。

咖啡豆巧克力
做成咖啡豆形狀的巧克力。不止是形狀，有的是帶有咖啡的風味，或是用真的烘焙過的咖啡豆再淋上巧克力外層的咖啡巧克力。

製作咖啡奶油餡 crème au beurre au café

⑤將泡好的咖啡加進奶油餡中，混拌至均匀。
＊當奶油餡較硬時，可以用隔水加熱法來調整其硬度。

6

7

8

9

10

11

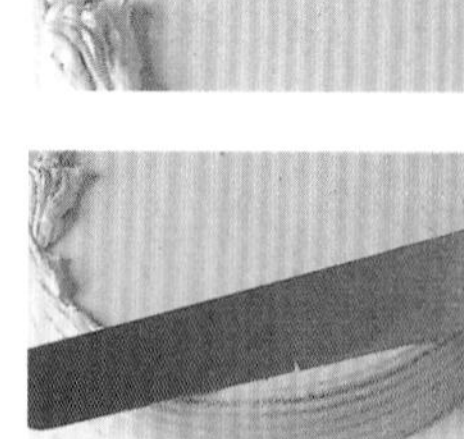

12

13

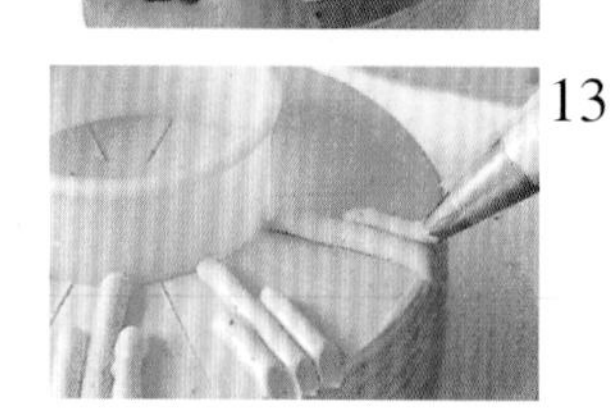

組合

⑥將一片熱內亞海綿蛋糕片放在旋轉台上，用刷子塗上酒糖液（→imbiber）。接著在蛋糕的中央放上1/3的奶油餡，再將奶油餡塗抹均勻。並將塗出側面的奶油餡刮除。

＊以食指按壓在抹刀的金屬部份，讓前端的感覺可以傳遞至指尖。
＊一邊將旋轉台朝逆時鐘方向轉動，一邊左右地大幅揮動抹刀，奶油餡由自己的面前以推壓的方式均勻地塗抹至一定的厚度。

⑦放上第二片熱內亞海綿蛋糕片，水平地輕輕從上方按壓。溢出的奶油餡則以按押方式推向側面，並於第二片蛋糕片上塗抹酒糖液。

⑧與⑥相同地將奶油抹平至一定的厚度，再放上第三片蛋糕片並塗上酒糖液。將剩餘的奶油餡的一半，均勻塗抹於蛋糕上。

⑨其餘的奶油餡則均勻平整地塗抹於側面。

＊在塗抹側面的奶油餡時，抹刀可以握得近一點，只使用尖端來塗抹。旋轉台和抹刀各以不同的方向轉動，將側面的奶油餡滑順平整地塗均勻。

⑩以半圓梳狀刮板peigne à décor畫出圖案。

＊半圓梳狀刮板與蛋糕的角度如果呈直角的話，會挖刨到奶油餡。所以就像塗奶油餡一樣，半圓梳狀刮板與蛋糕呈傾斜的角度，這樣才可以畫出漂亮的紋路。

⑪在進行側面的平整作業時擠向表面的奶油餡，以抹刀將其向中央刮除。

⑫用分切器做出塊狀記號。

⑬擠出其餘的奶油餡，再用開心果、咖啡豆以及烘焙上色了的蛋糕屑來裝飾。

開心果

漆科的落葉木。原產於中亞至西亞一帶。被食用的歷史，自古開始即有，已經可以知道在史前時代，以狩獵、天然果實為食物，就已經有摘取天然野生的開心果食用。白且硬的外殼當中，有著薄薄綠膜的種子，由外殼中剝出的種子，可以做為裝飾，也可以做成開心果泥來使用。綠色越深越好。

照片左邊：剝好的果實　　右邊：帶皮的果實

抹刀 palette

抹刀的握法及選用方法

抹刀的握法是輕輕握著，再以食指輔助地按壓在金屬刀面上，讓前端的感覺可以傳遞至食指。

抹刀傳遞而來的感覺，會因抹刀的金屬部份的堅硬程度有所不同，因此選擇適合自己的硬度也是十分重要的。

長崎蛋糕專用刀

日本獨有切長崎蛋糕專用的刀子。刀刃特別長且薄。用波形鋸齒刀切時，容易切出海綿蛋糕體的碎屑，使用長崎蛋糕專用刀就可以切得平整漂亮。

模型的準備

〔在有底的模型上鋪紙法〕

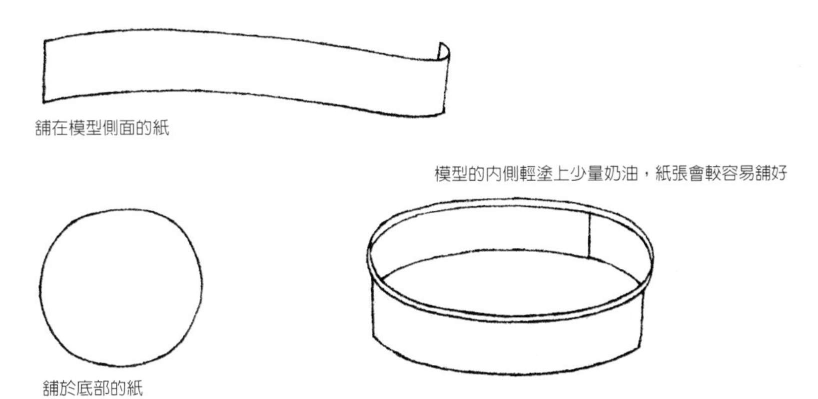

〔在糕點用環狀模型上鋪紙法〕

1. 在環狀模型底部鋪上一大張紙，再將周圍多餘的部分沿著模型點線的部分折起來（圖1）。
＊這時模型中不要塗上奶油或其他油脂。在烘烤時材料會沾黏在模型上，直接將其冷卻，即可防止其縮小，是最大的優點。
2. 完成（圖2）。

圖1

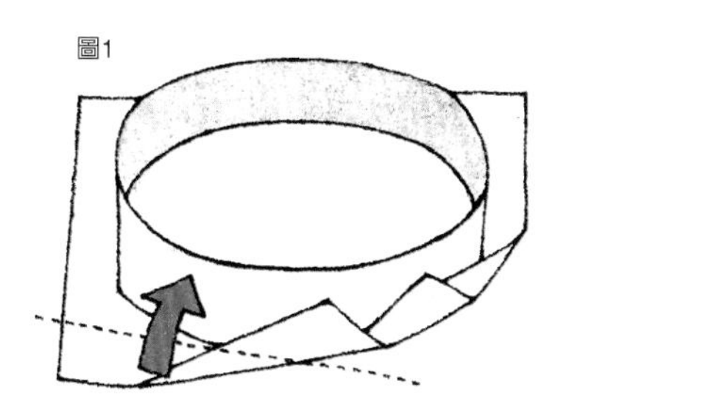

圖2

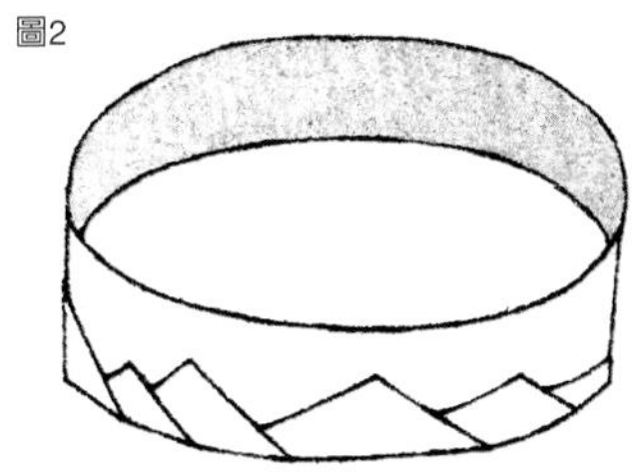

〔在有底部的模型上塗奶油、撒手粉的方法〕

1. 在有底部的模型上完全均勻地塗上乳霜狀的奶油（圖1）。
2. 再篩入高筋麵粉，之後再振落多餘的粉類（圖2）。

圖1

圖2

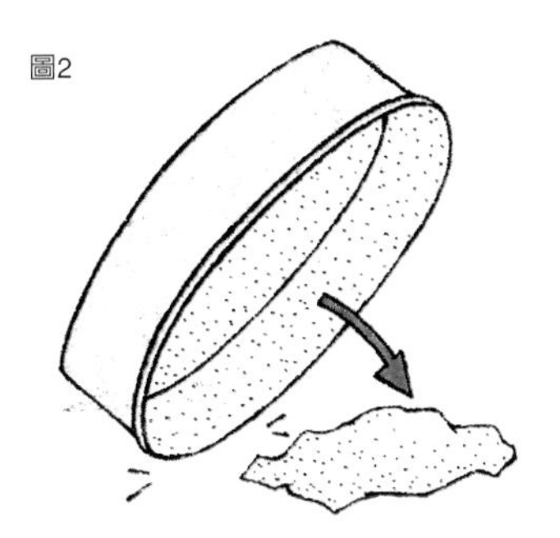

基本的奶油餡

crème au beurre

奶油餡

本來只是奶油加上砂糖，調成甜味，但籍著加入了許多入口即化的功夫，使得各種製作方法應運而生。在19世紀時，首先由Antonin Carême製作出來，接著由Escoffier（→P.14）使其有長足飛躍式的進展。在摩卡、法式草莓蛋糕、音樂盒蛋糕、樹幹蛋糕等這些法國最具代表性的糕點中，這種奶油餡是最不可或缺的。奶油餡當中，依其製作方法不同，風味、硬度以及顏色也會因而不同。在此介紹的除了以義式蛋白霜為基底的奶油餡之外，還有以炸彈麵糊為基底之奶油餡（→P.188），還有以卡士達奶油餡為基底的（→P.53）奶油餡。

＊crème au beurre　奶油餡

材料　基本配比：完成時約為750g

奶油 450g 450g de beurre

義式蛋白霜 meringue italienne（→P.183）

- 蛋白 120g（4個） 120g de blancs d'œufs
- 細砂糖 20g 20g de sucre semoule
- 糖漿 sriop
  - 水 60ml 60ml d'eau
  - 細砂糖 180g 180g de sucre semoule

預備動作

・將奶油放置於室溫中軟化備用。

＊在添加糖漿時，網狀攪拌器mélangeur以中速來攪拌。用高速來攪打時，糖漿會飛散到攪拌盆的周圍。

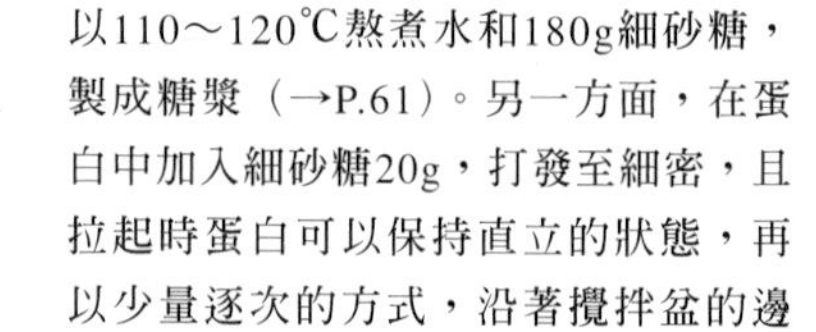

1　以110～120℃熬煮水和180g細砂糖，製成糖漿（→P.61）。另一方面，在蛋白中加入細砂糖20g，打發至細密，且拉起時蛋白可以保持直立的狀態，再以少量逐次的方式，沿著攪拌盆的邊緣加入糖漿。

＊待糖漿完全加入後，改以高速攪打至糖漿與蛋白完全結合，再回復中速攪打。過度打發時，氣泡會被破壞並且會有水份分離的狀況，所以必須多加留意。

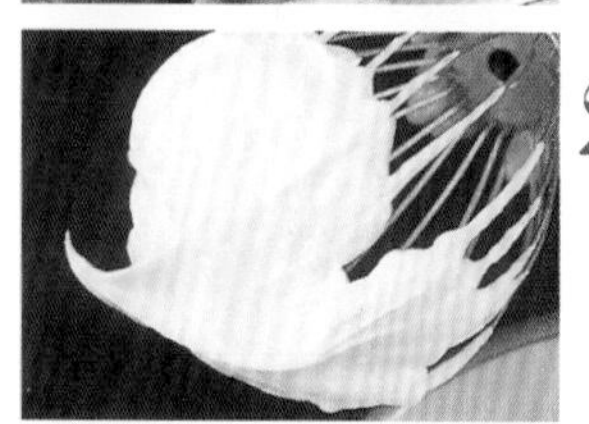

2　攪打至熱度消失時，就是打發完成的時候。義式蛋白霜即告完成。

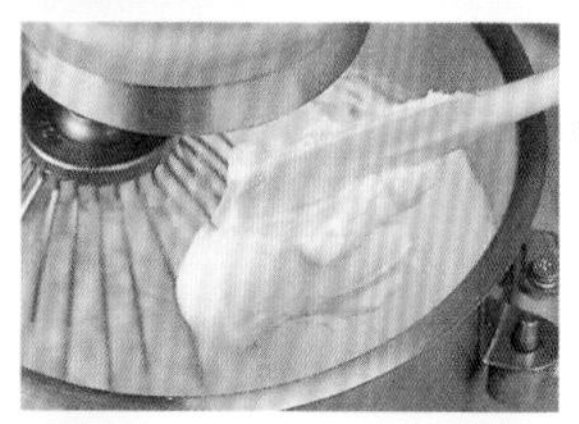

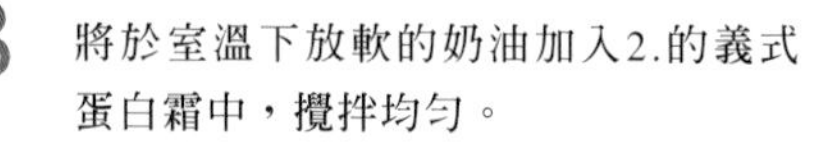

3　將於室溫下放軟的奶油加入2.的義式蛋白霜中，攪拌均勻。

＊即使在常溫下也不容易溶化，容易保持形狀，但另一方面，則是沒有入口即化的口感。適合以擠花袋擠出形狀加以應用。顏色較白，因此用於染色使用時呈色較佳。與使用蛋黃製成的奶油餡相較之下，口味較清淡。

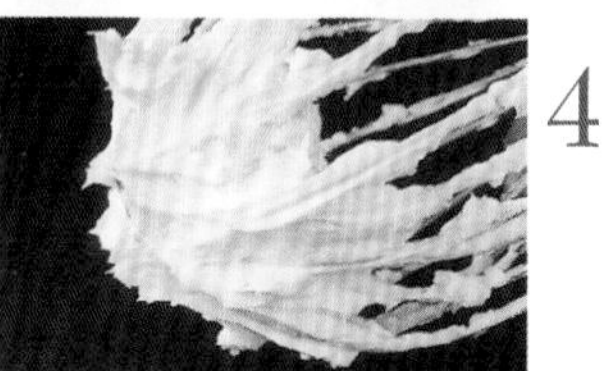

4　攪打至變得滑順、出現光澤時，奶油餡就完成了。

糖漿的溫度及狀態

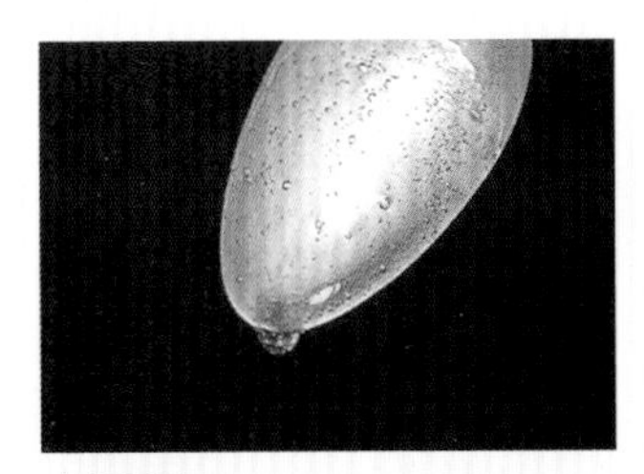

100℃
nappé
將湯匙浸泡到糖漿中時，會薄薄地附著於湯匙表面。呈水滴狀的滴落。

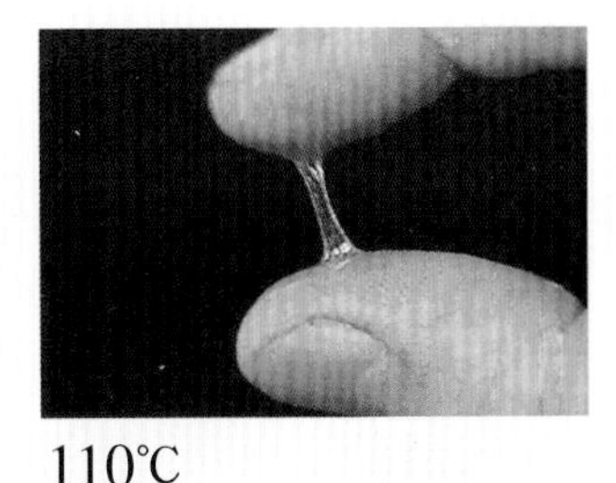

110℃
filé
用姆指和食指尖沾取糖漿，再快速地過冰水時，兩指間會形成糖絲。

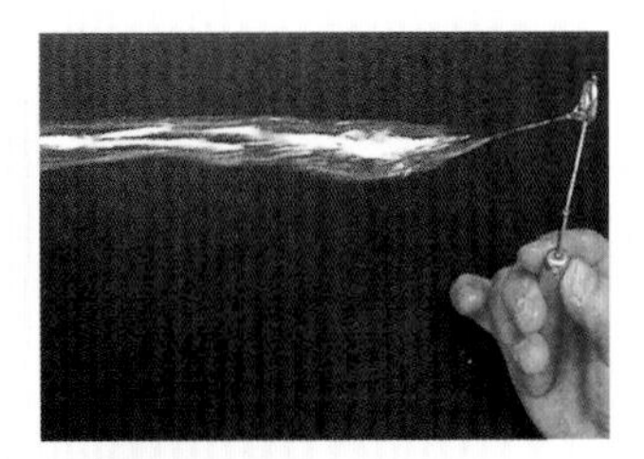

115℃
soufflé
用巧克力專用叉（圓形）沾取糖漿，吹氣時，糖漿就會形成氣泡。

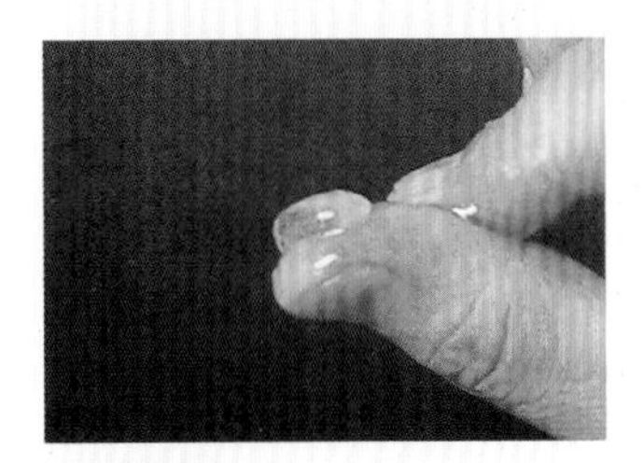

120℃
petit boulé
與110℃時一樣，以指尖沾取時，圓形的糖漿是柔軟可被壓成扁平狀的。

130℃
grand boulé
同樣地以指尖沾取時，可以形成一個漂亮的糖球。

140℃
petit cassé
以指尖沾取時，會成為一片板狀。無法形成圓球彎曲起來。

150℃
grand cassé
以指尖沾取時，會成為硬梆梆的板狀。很容易會折斷。

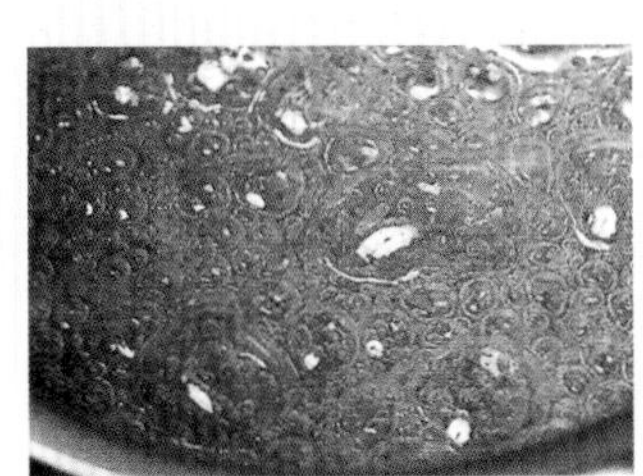

160℃
caramel clair
變成淡黃色的焦糖。

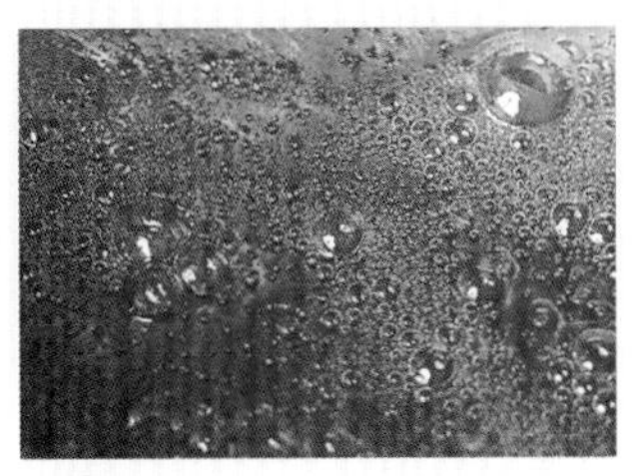

170℃
caramel brun
褐色的焦糖。

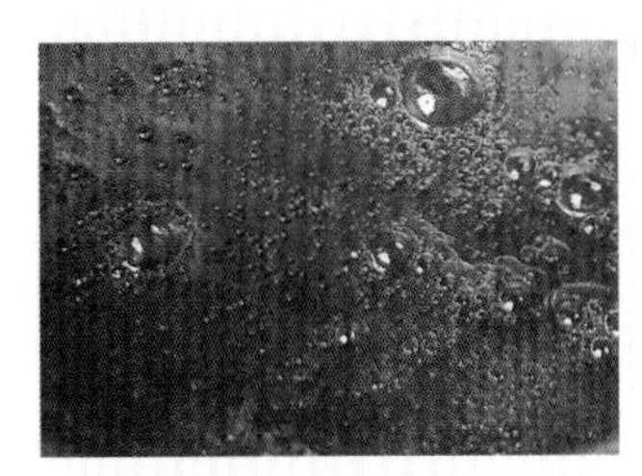

180℃以上
濃重的焦糖色，甜味也消失了。

（熬煮糖漿時的注意事項）

・　準備乾淨的厚銅鍋、刷子和水。至120℃時，糖液會飛濺至鍋壁上，所以用沾了水的刷子將其撥入鍋中繼續熬煮。

・　為了防止砂糖的再度結晶，不要用木杓攪拌或晃動鍋子。另外，基於相同的原因，也請不要於中途將火轉弱。保持糖漿表面的冒泡滾動狀態。火一旦變小，表面就會開始產生糖化現象。

・　避免再結晶化及燒焦，熬煮時瓦斯的火不要大過鍋底。

Tranche au chocolat
方塊巧克力蛋糕

基本上奶油餡和蛋糕的風味相同，就可以取得協調。製作與甘那許搭配的巧克力口味蛋糕時，基本配比當中加入可可粉，而減去同等份量的麵粉即可。這裡製作的是方型的蛋糕，所以是將麵糰倒入烤盤中烘焙而成，同樣的麵糰也可以倒入圓形蛋糕模來烘焙。

＊tranche〔f〕 薄片。片狀。在這裡指的是切成四邊形的片狀蛋糕。

材料 9×36cm的長方型 1個的分量

巧克力熱內亞海綿蛋糕 Pâte à génoise au chocolat

- 蛋 150g（3個） 150g d'œufs
- 細砂糖 90g 90g de sucre semoule
- 低筋麵粉 75g 75g de farine
- 可可粉 15g 15g de cacao en poudre
- 奶油 20g 20g de beurre

酒糖液 imbibage

- 糖漿（水2：細砂糖1）75ml 75ml de sirop
- 蘭姆酒 60ml 60ml de rhum

甘那許 ganache （→P.65）

- 鮮奶油（乳脂肪成分38%） 100ml 100ml de crème fraîche
- 巧克力（可可亞成分56%） 100g 100g de chocolat

甘那許奶油餡 ganache au beurre

- 鮮奶油（乳脂肪成分38%） 250ml 250ml de crème fraîche
- 巧克力（可可亞成分56%） 250g 250g de chocolat
- 奶油 100g 100g de beurre

可可粉 cacao en poudre

金箔（裝飾）feuille d'or

※ 糖漿是等比的水和砂糖一起完全煮沸後冷卻備用的。

1

2

3

4

5

6

預備動作

- 在40×30cm的烤盤上舖上烤盤紙。
- 以200℃預熱烤箱

製作並烘烤巧克力熱內亞海綿蛋糕

①將低筋麵粉和可可粉用打蛋器一起混和後，過篩（→tamiser）。

②參考基本的熱內亞海綿蛋糕的做法（→P.50），將全蛋及細砂糖打發至緞帶狀（→ruban），將①的粉類邊過篩邊用刮杓以切拌方式混拌均勻。

＊可可粉的油脂成分容易破壞打發的氣泡，所以要迅速地加以混拌，在還殘留少許粉類時即可加入融化奶油。

③將溫熱的奶油以倒在刮杓上的方式，轉動地拌入材料全體之中。用刮杓從攪拌盆的底部以畫圓的方式將奶油拌入全部的材料之中。混拌至粉類完全與材料溶合。

④將材料倒入烤盤上，使其表面平整後，放入以200℃預熱的烤箱之中，烘烤約10分鐘。烘烤完成後，剝除烤盤紙，再將紙張覆蓋在蛋糕上放涼，切成3條寬9cm的帶狀。

製作甘那許及甘那許奶油餡

⑤準備甘那許。甘那許奶油餡和甘那許一樣，是以鮮奶油和巧克力混合而成的，先散熱後冷卻成奶霜狀。加入柔軟的奶油後，再以打蛋器攪打拌勻。

＊奶油放置至與甘那許的柔軟度相同。

組合

⑥在長方形的板子上放置1片巧克加熱內亞海綿蛋糕，塗上酒糖液（imbiber）。

7

8

9

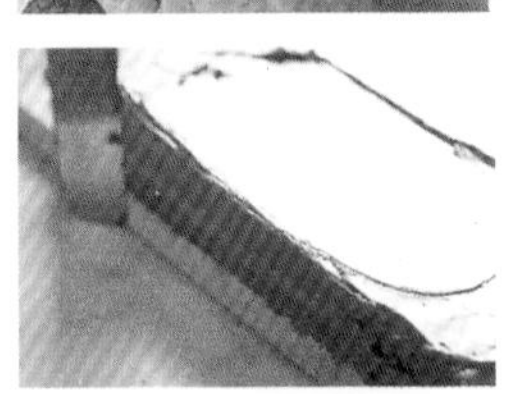

10

11

12

13

⑦取1/3的甘那許奶油餡，平整地攤塗在蛋糕上，並將溢出測邊的奶油刮除整平。

⑧放上第二片蛋糕片，輕壓蛋糕表層調整形狀，再塗上酒糖液。重複步驟。

⑨蛋糕全部塗上甘那許奶油餡，連側面都充分平整地塗勻。

⑩再平整蛋糕的表面。

⑪再次平整蛋糕的側面，然後放入冷藏室冷卻固定。

＊上面溢出的奶油餡，則用上而下將其切至側面，移動抹刀來整平側面。

完成

⑫在表面，每隔4cm就以抹刀切出區塊，將柔軟的甘那許放入裝有直徑7mm擠花嘴的擠花袋中，用甘那許在蛋糕表面擠出框框。

⑬撒上可可粉，在⑫的框框中擠上以隔水加熱至更柔軟的甘那許，再用金箔加以裝飾。

基本奶油餡

Ganache

甘那許

是將巧克力和鮮奶油乳化後的奶油餡。鮮奶油就是水分中乳脂肪之油滴分散開呈乳化的狀態。在這樣的狀態下，巧妙地溶入了巧克力的可可油，就可以製作出滑順口感的奶油餡。甘那許除了可以搭配海綿蛋糕和糕點之外，也被使用於塔類糕點gamiture、巧克力球的中央餡料。
甘那許，是愚鈍、馬下顎的意思，此名稱用於巧克力奶油餡的同義詞，是在20世紀之後的事，據說其語源是法國西南部的方言，「在泥濘中勞苦步行」的意思就是ganacher的動詞語源。

材料　基本配比：完成時約為400g
巧克力（可可成分56％）　200g 200g de chocolat
鮮奶油（乳脂肪成分38％）　200ml 200ml de crème fraîche

預備動作

・巧克力切碎備用

1 加熱鮮奶油至沸騰，放入切碎的巧克力。

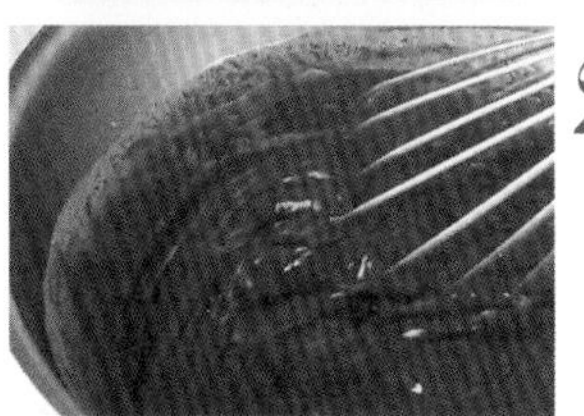

2 用打蛋器輕輕地攪拌巧克力和鮮奶油，使其可以滑順地融合在一起。

3 過濾（→passer）並倒入淺盤中，表面覆上保鮮膜。

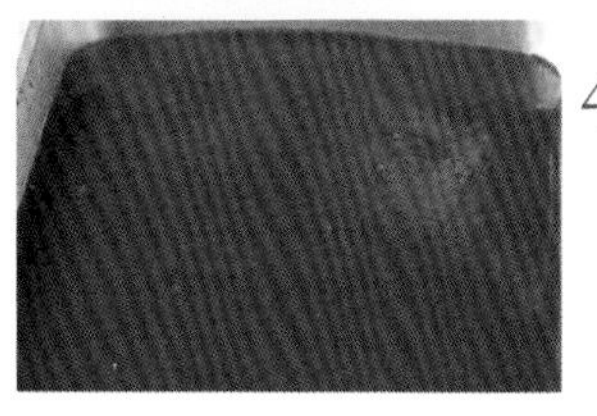

4 先降溫後，再放入冷藏庫中冷卻固定。若產生分離狀況時，取少量的分離狀態之甘那許，加入少量新鮮的鮮奶油，使其乳化。之後，再逐一少量地將分離的甘那許加入拌勻。

＊ 巧克力和鮮奶油都是高脂肪含量，表面會浮出溶化的脂肪。待煮沸過的鮮奶油稍涼之後，再加入巧克力，就可以防止脂肪的分離。另外，也可以使用乳脂肪成分或可可成分（等別是可可奶油）含量較低之製品。

Pain de gênes

吉涅司

要讓海綿蛋糕更添美味時，可以加入取代麵粉的杏仁粉，做出的吉涅司就是杏仁海綿蛋糕。吉涅司是添加杏仁粉的海綿蛋糕中，最古典的一款糕點，以海綿蛋糕來看，是奶油份量較高的。可以與奶油餡等搭配組合，但因杏仁及奶油的風味濃郁，所以大部份都會直接食用烘烤完成的蛋糕來。雖然有點易碎，但其口感較清爽。

＊Pain de Gênes　Gênes是義大利熱內亞的法文名稱，直接翻譯原文的意思就是「熱內亞的麵包」。據說是在1800年，法國包圍熱內亞時，所命名的。當時包括熱內亞的北義大利一帶，都是法國領地。另有一說法是被包圍的熱內亞人，都食用杏仁以延續生命，故而將以命名。

材料　直徑20cm（底部17cm）×高4.5cm的吉涅司模2個的分量

蛋　175g 175g d'œufs
蛋黃　40g 40g de jaunes d'œufs
細砂糖 250g 250g de sucre semoule
杏仁甜酒 35ml 35ml d'amaretto
蛋白霜 meringue
┌ 蛋白　65g 65g de blancs d'œufs
└ 細砂糖 20g 20g de sucre semoule
杏仁粉 195g 195g d'amandes en poudre
玉米粉 120g 120g de fécule de maïs
奶油 125g 125g de beurre
杏仁片 amandes effées
奶油（模型用） beurre

1

2

3
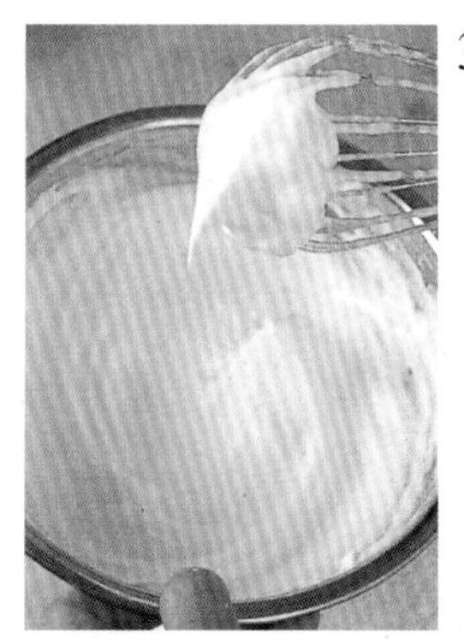

4

5
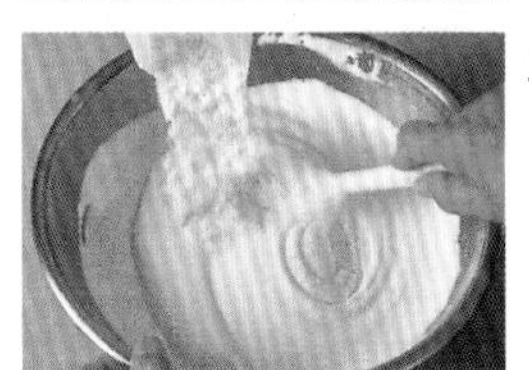

預備動作

・ 在模型中塗上放軟的奶油，並於底部放上杏仁片，放入冷藏室使奶油可以凝固。
・ 將杏仁粉與玉米粉混合過篩。
・ 以隔水加熱法融化奶油。
・ 雞蛋逐一打至攪拌盆中。將必要分量之蛋白及蛋黃分開，蛋黃與全蛋放至同一攪拌盆。
・ 以180℃預熱烤箱。

製作吉涅司

①全蛋和蛋黃一起混合打散，加入細砂糖，打發至呈細密泛白且膨脹的緞帶狀（→ruban）。
＊是緞帶狀（ruban）也是接近泛白（blanchir）的狀態。

②加入杏仁甜酒，攪拌至全體均勻。

③製作蛋白霜。將蛋白打散，打發至變白且鬆軟膨大時，加入砂糖。其餘的砂糖則分兩次，邊加入砂糖邊打發，攪打至拉起打蛋器時，蛋白可以保持直立的狀態，最後再用磨擦方式攪拌，使整體的氣泡得以更加綿密緊實（→serrer）。

④在②的材料，加入1/3③的蛋白霜混拌。之後，再加入其餘的蛋白霜，確實地加以拌勻。

⑤加入混拌過篩完成的杏仁粉及玉米粉，用刮杓仔細地攪拌至粉末完全消失。
＊因為沒有添加麵粉，所以組織的形成狀態也較弱，確實仔細的混拌，如果沒有製作出材料間的連結組織，材料有可能會因而過於緊實縮小。

模型的準備
左：吉涅司模型 moule à pain de Gênes
圓碟模型manqué rond，側面有溝槽紋型manqué rond cannelé的稱為吉涅司模型。以這種烤模來烘焙，也是吉涅司的特色之一。
右：圓碟模型manqué
側面並非垂直狀，而是具開口且稍淺的海綿蛋糕模型。

6

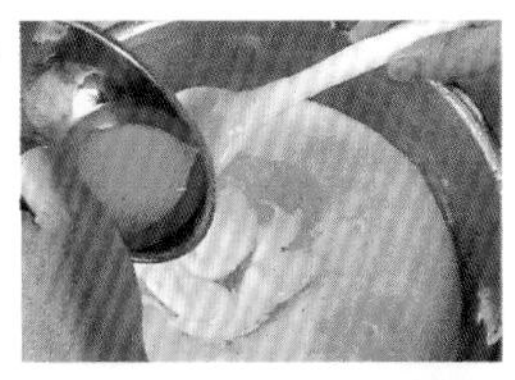

8

7

⑥加熱融化了的奶油淋倒在刮杓上廣泛地加至全體材料中，快速地以切拌方式拌勻。

將奶油吉涅司倒入模型中烘烤

⑦將材料倒入模型至八分滿，在工作檯上輕輕敲叩，使材料可以均勻地分布於模型中，並且可以打掉較粗大的氣泡。

⑧放入以180℃預熱之烤箱中烘烤30～35分。脫模，在網架上冷卻。

杏仁甜酒

以杏核為原料製成的利口酒。有著杏仁般的風味。發源於北義大利。將杏核打碎後發酵蒸餾，再將各種香料萃取成液體之後，與酒精混合而成的。待其熟成後添加糖漿製成的產品。

玉米粉

玉米澱粉。是澱粉中產量最多的。粉末的粒子很細且均勻。在澱粉中是很不容易泛潮的。65～76℃是其糊化溫度，黏性高，糊化之後的安定性也很好。在日本經常用於烹調料理的太白粉，現在是以馬鈴薯的澱粉製成，粒子較大，糊化後透明度較高。

杏仁

薔薇科。春天會開出類似櫻花的花朵。果實與杏或桃相同，中央有覆蓋著厚殼的果核。果肉少，果核中的種子即是一般所稱的杏仁果。苦杏仁因含有對人體有害之成分，所以只萃取其香氣成分，主要使用於香料上，為食用而栽植的則是甜杏仁。

義大利是有名的杏仁產地，其中西西里（西西里島）產的最廣為人知。雖然形狀扁平且大小不太均勻，但充滿香氣、風味濃郁且甜味十足。與苦杏仁配種之後，產出的是香氣更好的品種。具代表性的品種是Parma Girgenti、Tuono等。

西班牙的杏仁，品種雖然也很好，但香味較嗆略帶苦味，具有獨特的風味。代表性的品種有marcona（顆粒圓且略帶苦味但味道豐富）、Planeta（扁平且顏色較白）。

美國因進行大規模栽植，大約占了世界杏仁產量的7成。即使是在日本，市面上販售最多，顆粒大小最均勻的就是產自美國加州。品種方面有Nonpareil、Carmel等。和歐洲產的相較之下，雖然有甜味但香氣較低。

（照片左上起依順時針方向為西班牙產、西西里產、加州產、義大利產）

＊糕點製作上最常用的堅果中，有整顆杏仁、杏仁片、杏仁粒、杏仁粉，可以直接使用或放入170℃左右的烤箱中烘烤後使用。整顆的杏仁如果剝除外皮再保存，會比較不容易氧化，所以可以因應需求用熱水汆燙剝除外皮使用。另外，也可以加工製成杏仁糖粉（→P.70）、杏仁膏（→P.319）、糖杏仁（→P.125）使用。

Pâte à biscuit Joconde

杏仁海綿蛋糕

杏仁海綿蛋糕的奶油配比和一般的奶油蛋糕（熱內亞海綿蛋糕）幾乎相同，只是大部份的麵粉改成杏仁粉，所以仍有海綿蛋糕的濕潤柔軟，同時蛋糕還散發出杏仁的濃郁香味。這樣的蛋糕即使是用於搭配濃郁奶油的糕點，風味也足以搭配，並且不損及糕點整體的平衡度。是用途很廣泛的蛋糕。

＊Joconde〔f〕 指的即是達文西之著名肖像畫「蒙娜麗莎」。（據說是以佛羅倫斯的名流Dell Joconde的夫人麗莎為模特兒）。義大利自古以來即是杏仁的知名產地，所以使用杏仁做出的糕點中常會出現與義大利相關的名字。

材料 基本配比

蛋 170g 170g d'œufs
杏仁糖粉 250g 250g de tant pour tant（T.P.T.）
麵粉 30g 30g de farine
蛋白霜 meringue
┌ 蛋白 120g 120g de blancs d'œufs
└ 細砂糖 25g 25g de sucre semoule
奶油 25g 25g de beurre

預備動作

・將杏仁糖粉與低筋麵粉混合後，用較粗的網篩過篩備用。
・以隔水加熱融化奶油，並保持其溫熱狀態。
・在烤盤中舖上烤盤紙。
・如果在烤盤中塗上少量的奶油的話，紙張比較不會滑動。
・用210～220℃預熱烤箱。

＊用手混拌至溶入後，使用網狀攪拌器mélangeur高速地攪拌。

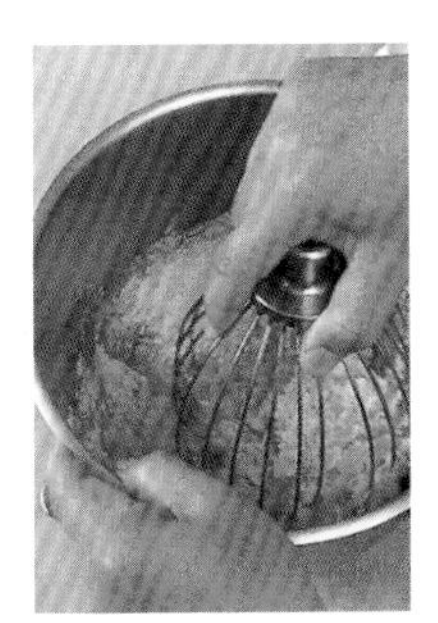

1 在蛋液中加入過篩後的粉類，攪拌至呈現泛白且膨脹的狀態。

＊在打散了的蛋白中加入細砂糖，打發至照片中的狀態。

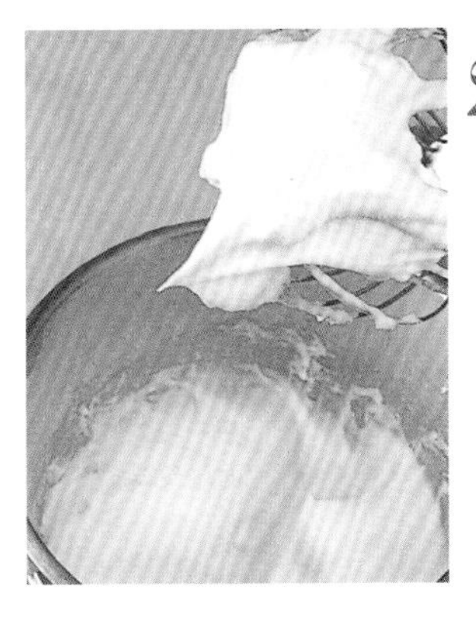

2 製作蛋白霜。

＊蛋白霜完成後，立即與材料1拌勻是很重要的。

3 將蛋白霜加入1的材料當中，大動作地以切拌方式混拌。

4 蛋白霜與全部材料混合後，將熱奶油淋在刮杓使其能加在全部材料上，迅速地切拌均勻。

＊烘烤杏仁海綿蛋糕時，為減緩底部的傳熱，基本上會重疊兩個烤盤，以210～220℃來烘焙。烘烤完成後，剝除烤盤紙並將紙張覆蓋在蛋糕上，待其冷卻。

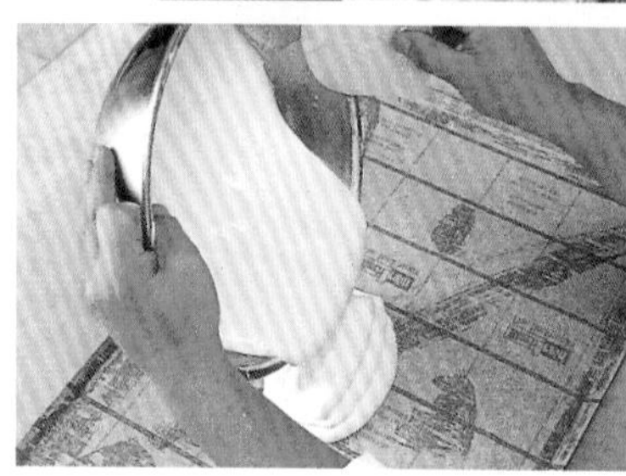

5 材料完成。均勻地倒入烤盤中烘烤。

杏仁糖粉

杏仁與砂糖等量地混合研磨成粉狀的糖粉。也可以用杏仁粉加上量的砂糖來使用。杏仁糖粉Tant pour tant的意思就是1：1，等量的意思。使用帶皮的杏仁所製成的稱之為tant pour tant brut（左邊照片）。

Sanit-Marc
聖馬可蛋糕

是一款重疊著具飽足感的雙層奶油，再夾上杏仁海綿蛋糕的糕點。在海綿蛋糕的表面撒上砂糖烤焦，可以增添口感及略有帶苦的風味。

＊Sanit-Marc聖馬可。是書寫新約聖經中「馬可福音」的聖者。

聖馬可蛋糕

材料　40×30cm的長方型 1個的份量

杏仁海綿蛋糕 基本配比 Pâte à biscuit Joconde

炸彈糊 Pâte à bombe

- 蛋黃　160g　160g de jaunes d'œufs
- 細砂糖　25g　25g de sucre semoule
- 水　80ml　80ml d'eau

鮮奶油巧克力香醍 crème chantilly au chocolat

- 牛奶　150ml　150ml de lait
- 巧克力（可可成分56%）　300g　300g de chocolat
- 鮮奶油（乳脂肪成分45%）　600ml　600ml de crème fraîche

鮮奶油香草香醍 crâme chantilly à la vanilla

- 炸彈糊　150g　150g de pâte à bombe
- 香草莢　1/2根　1/2 gousse de vanilla
- 香草精　少量　un pen d'ectrait de vanilla
- 板狀明膠　10g　10g de feuille de gélatine
- 鮮奶油　600ml　600ml de crème fraîche

細砂糖 sucre semoule

＊炸彈糊：蛋黃＋熱糖漿→打發

1

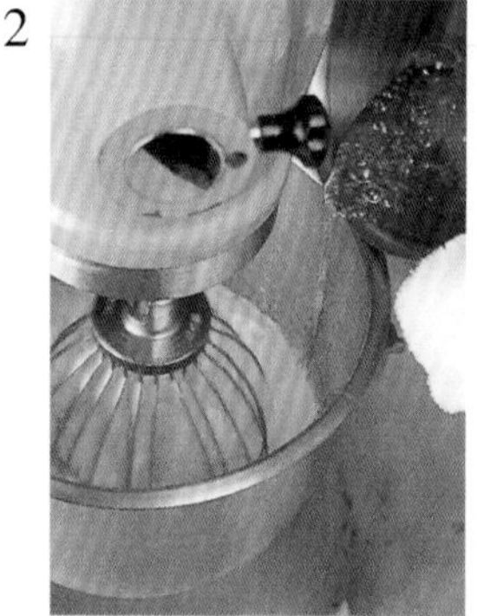
2

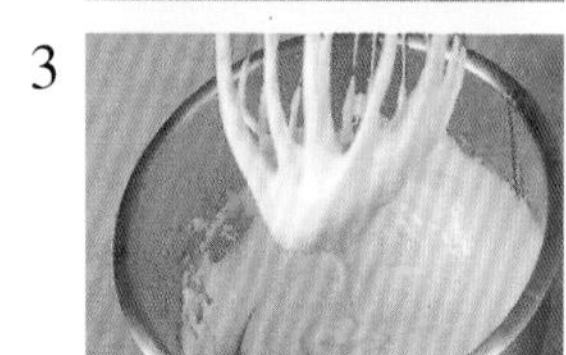
3

4

5

6

7

預備動作

・將板狀明膠浸泡於冰水中，使其還原柔軟。

烘烤蛋糕

①將杏仁海綿蛋糕材料倒入40×60cm舖有烤盤紙的烤盤中，以抹刀平整其表面。底部重疊上兩個烤盤，放入以210～220℃預熱的烤箱中烘烤10分鐘。烘烤完成時，剝除紙張，並覆蓋於蛋糕上，以上下夾著紙張的狀態下冷卻。等完全冷卻後切成一半。

製作炸彈糊

②用打蛋器fouet仔細地將蛋黃攪打至顏色泛白。另一方面將細砂糖和水一起放入鍋中，以115～117℃熬煮。邊攪打蛋黃，邊以少量逐次地加入熱糖漿。

③攪打至熱度完全發散，打發至呈緞帶狀（→ruban）。炸彈糊即告完成。

④將炸彈糊薄薄地塗在一片對切的杏仁海綿蛋糕上，塗抹在未著烘烤色的那面，之後放置於冷藏庫風乾。

製作鮮奶油巧克力香醍

⑤將切細的巧克力加入沸騰的牛奶中。

⑥用打蛋器將鮮奶油打發至固狀，一次加入⑤熱材料當中，快速混拌即完成鮮奶油巧克力香醍。

⑦在對切的另一片蛋糕的烘烤面上，以擠花袋（使用裝著直徑13mm擠花嘴的擠花袋poche à coquille unie）擠出鮮奶油巧克力香醍，以抹刀將表面抹平。

＊可以將奶油餡放置於冷藏庫中使其不致過於柔軟。

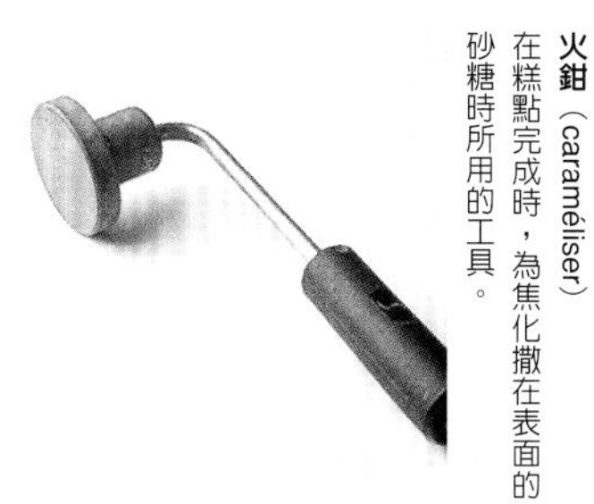

火鉗（caraméliser）在糕點完成時，為焦化撒在表面的砂糖時所用的工具。

8
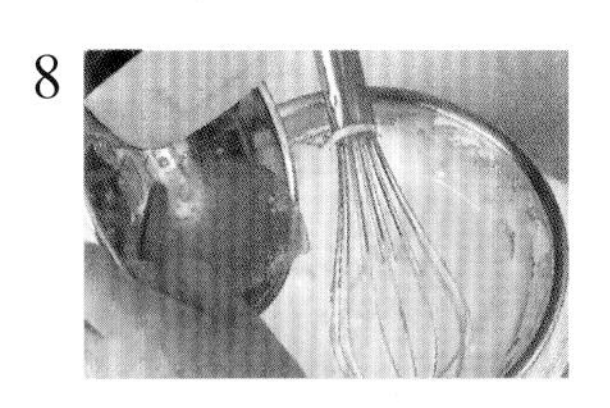

12
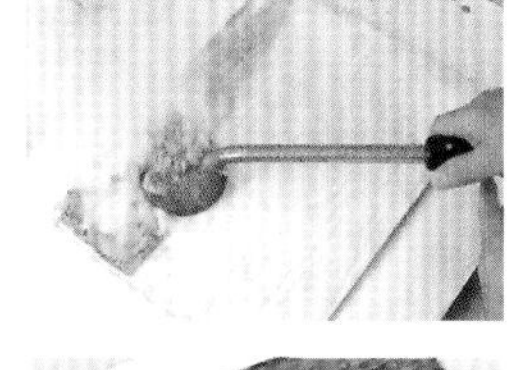

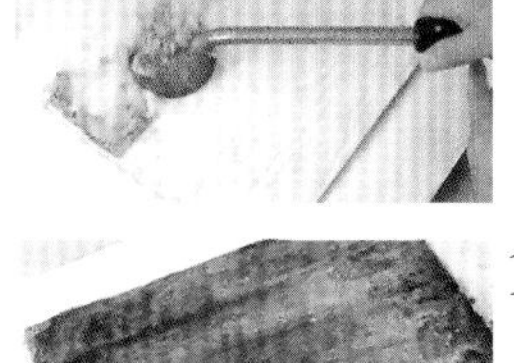

9
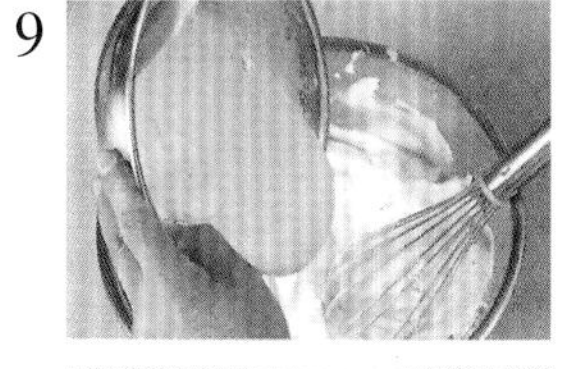

13

10
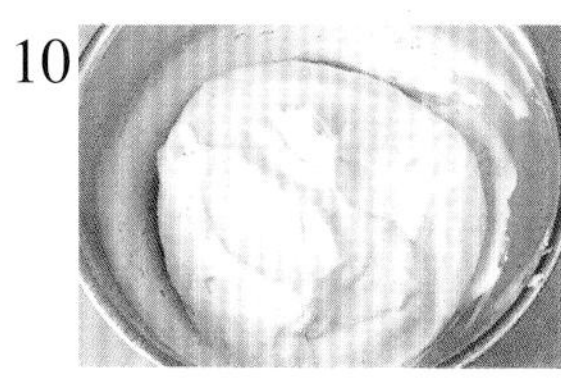

14

11
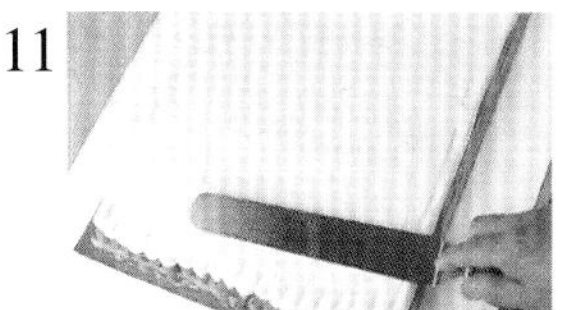

15

製作鮮奶油香草香醍

⑧在150g的炸彈糊中加入1/2根香草莢和香草精。加入擰乾了的還原板狀明膠，以隔水加熱法溶解加入。

＊若加入明膠後的炸彈糊變得較為凝固時，可用隔水加熱的方式使其恢復滑順狀態。

⑨鮮奶油打發至6～7分時，取少量加入⑧的材料中混拌。之後，用拌匀後的材料加入其餘的鮮奶油之中混拌至均匀。

＊硬度與巧克力奶油餡相同。

⑩完成了鮮奶油香草香醍。

蛋糕的組合

⑪將鮮奶油香草香醍擠在⑦的奶油餡上（使用與⑦相同直徑的圓形擠花嘴），以抹刀將表面抹平後，放至冷藏庫冷卻固定。

⑫在④的杏仁蛋糕片的炸彈糊上撒上細砂糖，以熱的火鉗（→caraméliser）燙烤出焦色。

⑬重覆3～4次，使表面呈現漂亮的焦糖色。

＊必須注意不要讓砂糖過度焦化，否則會變成黑色。

⑭在焦糖表面蓋上紙張，再利用板子等工具，將其翻面，以溫熱的切刀切成適當的大小。

＊如果在焦糖面上直接切下的話，會將表面的焦糖切裂，所以才需要翻面切。

⑮將焦糖面朝上地放在⑪的材料上，將切口對齊分切成小塊。

opéra

音樂盒蛋糕

在20世紀中期，巴黎歌劇院附近的Dalloyau糕點店，首先製作出來販售的流行糕點。澆淋了巧克力的滑順表面，以甘那許寫出「opéra」，並飾以金箔的糕點。

材料 20×30cm 1個的分量

杏仁海綿蛋糕 基本配比 Pâte à biscuit Joconde

咖啡酒糖液 imbibage
- 咖啡 300ml 300ml de café
- 細砂糖 30g 30g de sucre semoule
- 咖啡精 少量 un peu d'ectrait de café

甘那許 ganache（→P.65）
- 巧克力（可可亞成分56%） 225g 225g de chocolat
- 鮮奶油（乳脂肪成分38%） 225ml 225ml de crème fraîche

咖啡奶油餡 crème au beurre au café
- 奶油餡 300g 300g de crème au beurre（→P.60）
- 即溶咖啡 10g 10g de café soluble
- 熱水 10ml 10ml d'eau chaude

覆淋用巧克力 pâte à glacer（→P.35）

巧克力片（裝飾） chocolat

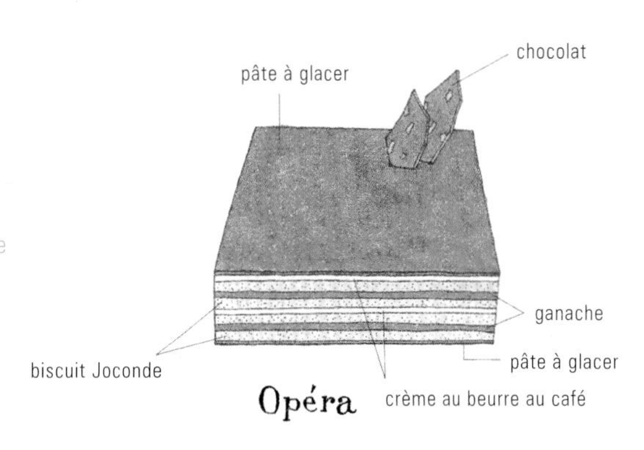

1

2

3

4
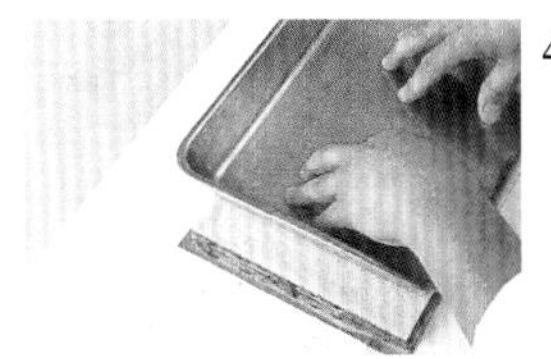

5

6

原木狀擠花嘴
douille à bûche de Noël
平板的擠花嘴，單側或兩側有刻紋。單側有刻紋的也被稱為單側紋擠花嘴。

蛋糕及奶油餡的預備動作

・將杏仁海綿蛋糕材料倒入舖好烤盤紙的40×60cm之烤盤中，以抹刀平整其表面。再以210～220℃預熱的烤箱烘烤10分鐘。烘烤完成時將紙張剝除，將其覆蓋在蛋糕上，以上下皆有紙張的狀態下放涼。待完全放涼之後，成切4等分。

＊不需要重疊兩個烤盤，用一個烤盤來烘烤，之後的咖啡糖液會較容易滲透吸收。

・製作甘那許。

・製作咖啡奶油餡。製作義式蛋白霜和奶油餡，再加入泡好的即溶咖啡即可。

組合

①將覆淋用巧克力切細後隔水加熱，塗在切成1/4的巧克力海綿蛋糕的烘烤面上。放入冷藏庫中冷卻固定，以厚紙片覆蓋並將其反轉翻面。

＊當覆淋用巧克力以隔水加熱時，要注意不要讓蒸氣或水份進入巧克力中。

②在①的杏仁蛋糕上仔細充份地塗抹上咖啡酒糖液（→imiber）。

＊以指尖按壓杏仁蛋糕時，咖啡酒糖液會滲出來的狀態。

③將甘那許放入裝有原木狀擠花嘴的擠花袋中，擠出後再用抹刀平整其表面。

④將第二片的杏仁蛋糕以烘烤面朝下地放上去，用淺盤等輕壓使其表面平坦。在杏仁蛋糕上仔細充分地塗上咖啡酒糖液。

⑤將咖啡奶油餡放入與③相同擠花嘴的擠花袋中，擠在④的材料上，並將表面抹平。

⑥依序放上第三片杏仁蛋糕、甘那許及第四片杏仁蛋糕，在杏仁蛋糕上充份地塗上咖啡酒糖液。最後擠上咖啡奶油餡，表面用抹刀抹平表面，待其冷卻固定。

＊覆上保鮮膜，再壓上烤盤放入冷藏庫中冷卻固定。冷卻到糕點的中間都完全固定，最後淋上覆淋巧克力，就可以立即固定形成漂亮的外觀。

7

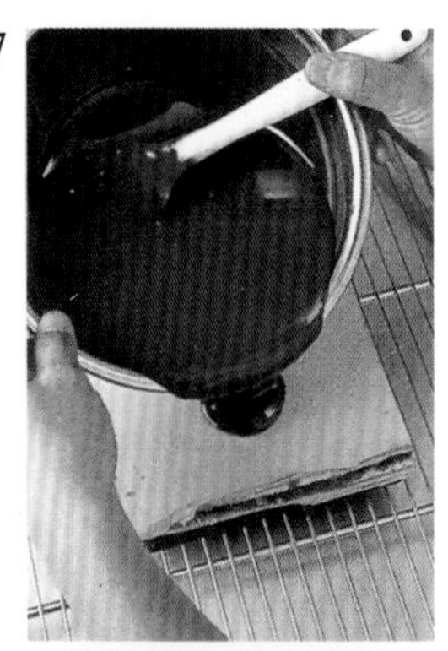

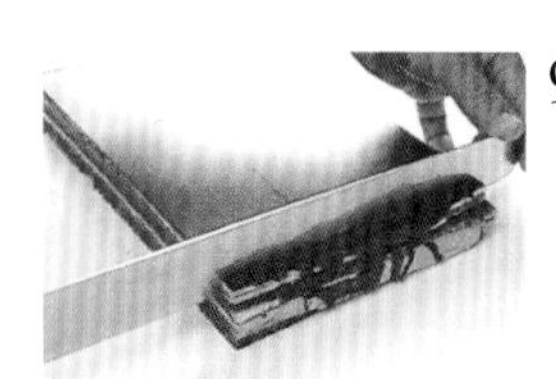

9

⑦放在網架上，在整體的表面澆淋上溶解了的覆淋用巧克力。

⑧抹刀向同一方向抹平，迅速地撥下多餘的巧克力。提起網架輕輕地振動，甩掉多餘的覆淋巧克力，使其表面更加平整均勻。

⑨用溫熱的刀子切下四邊，修整形狀。再裝飾上巧克力片。

8

咖啡精
萃取的咖啡和焦糖製成。用少量即可增添咖啡的風味及顏色。相較於即溶咖啡，香氣更濃，顏色偏紅。

關於奶油麵糰

到目前為止介紹的海綿蛋糕，是利用雞蛋的發泡性，使其烘烤成富含空氣的海綿般鬆軟狀態。但是使用過多奶油時，雞蛋的氣泡會因油脂的消泡性而被破壞，無法烘烤出柔軟膨鬆的蛋糕。

相反地，在奶油麵糰中，活用較高的奶油份量，利用奶油乳霜滑順（藉由攪拌而使其飽含空氣）的特性。因此，才能夠克服不能利用雞蛋發泡性的惡劣條件，製作出雖然不似海綿蛋糕般柔軟膨鬆，但卻有著更細密更具奶油獨特風味的蛋糕。

因為奶油的脂肪含量較高，所以可以做出濃郁且別具風味的美味糕點。

這種蛋糕在法國稱之為奶油蛋糕pâte à cake，就是直接使用英文單字的cake。但英文中cake，從海綿蛋糕以至於餅乾、磅蛋糕等，以麵粉為主要材料烘烤而成的糕點，幾乎都可以稱做cake，但在法文中，cake，主要是指磅蛋糕，特別是指加了葡萄乾等水果或糖漬水果的水果蛋糕。

法文當中，不加水果的磅蛋糕稱之為1/4法式磅蛋糕（quatre-quarts），其名字中1/4的由來，就是麵粉、雞蛋、砂糖以及奶油四種材料，都使用均等的量。磅蛋糕的名字也同樣的，是各材料使用1磅而由此命名。

奶油蛋糕的製作方法

奶油蛋糕的製作方法中，大致可分爲糖油法及粉油法。

糖油法（同時打發法）

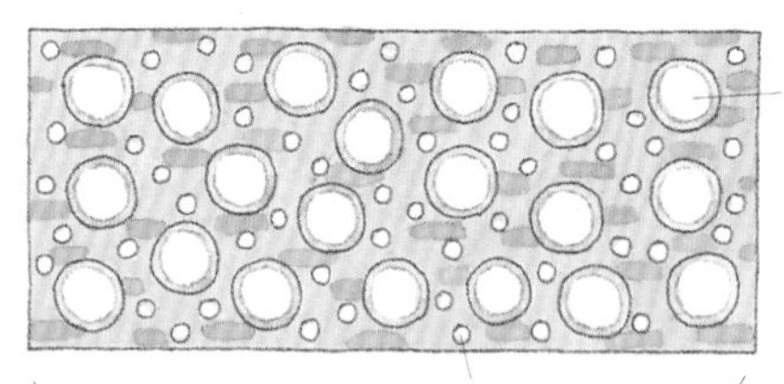

P.79的水果蛋糕是以加入全蛋的方法來製作。奶油與空氣結合組織中充滿氣泡。

〔糖油法〕

糖油法是將奶油攪打至呈乳霜狀，再加入糖混拌。含有大量空氣的乳霜狀油脂中，加入砂糖，雖然可以藉著油脂中所具的少量水分溶解砂糖，但大部分的砂糖會殘留在油脂中。可以藉由再度攪拌，使砂糖分散，進而飽含更多的空氣，增加麵糊的體積，而成爲狀態良好的蛋糕。

奶油和砂糖混拌後，再少量逐次地加入雞蛋。雖然油脂本來就缺乏親水性，但因分散了的砂糖具親水性，而使雞蛋分離，乳化。因此藉著添加麵粉來製成具安定性的麵糊。

糖油法中，雞蛋的加入方法，有分成全蛋加入的同時打發法和蛋黃與打發的蛋白（蛋白霜）各別加入的兩種方法。

糖油法（分蛋打發法）

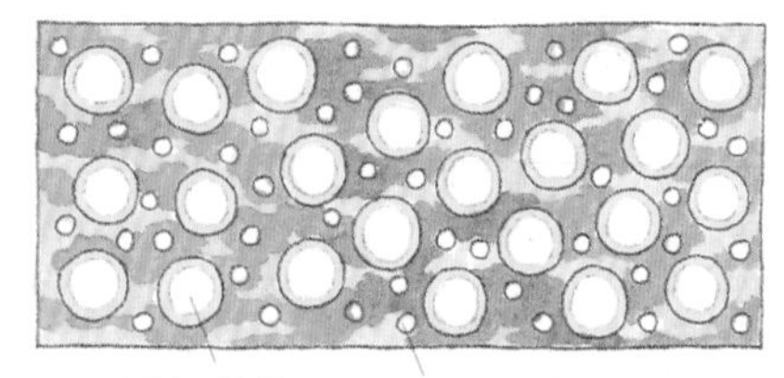

奶油中飽含空氣之同時，蛋白霜中也充滿著空氣。因此，比起加了全蛋的作法，會更有輕盈的口感，可以烘烤出更脆的糕點。相當於P.82南錫法式巧克力蛋糕Gâteau chocolat de Nancy的作法。

〔粉油法〕

粉油法是攪拌奶油至柔軟的乳霜狀，之後先加入麵粉混拌。雞蛋和砂糖攪打至緞帶狀，讓油脂與麵粉的混合物可以一點點少量地加以混合，來製作麵糊。與其說奶油中含有氣泡，不如說打發至緞帶狀的蛋及砂糖中，所含的氣泡還更多。

這種製作方法，粉類與油脂確實地混拌，所以當加入雞蛋時，水分會被粉類所吸收，油脂和雞蛋就會不容易分離，麵糊的銜接性較好（一旦分離時分量會變少烘烤出來也較硬）。只是因爲粉類與雞蛋水分無法如糖油法般強而有力地結合，所以烘烤後的風味較有粉類的感覺，也會有較脆的口感。蛋糕體本身也較爲細密。糖油法及粉油法，都是利用油脂的乳霜特性，使麵糊飽含空氣，再利用雞蛋中的水分烘焙膨脹而成的。只是相對於粉類的用量，油脂和雞蛋的用量較少時，就無法順利地膨脹起來，所以有必要借助膨鬆劑。

粉油法

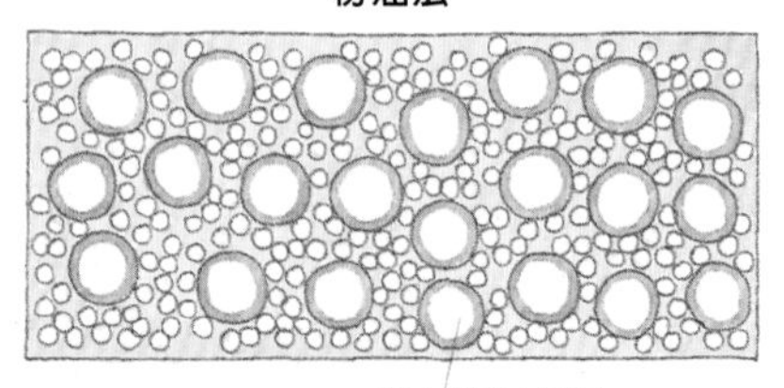

P.85的馬德蓮Madeleine是以ALL-IN-ONE的方法來製作的（這次的配比，也可以用糖油法或雞蛋奶油法）。ALL-IN-ONE的方法是將全部的材料混合攪拌，所以不需要利用油脂乳霜狀特性。因此，有藉助膨鬆劑之必要，這樣製作方法適合大量生產的時候利用。

cake aux fruits

水果蛋糕

是用蛋糕中最基本的磅蛋糕配方，其中再加入水果乾做成的水果蛋糕。也可以簡單地稱之爲磅蛋糕。

＊cake〔m〕　水果蛋糕。

水果蛋糕

材料　20×7.5cm、高7.5cm的磅蛋糕模型2個的分量

奶油蛋糕 pâte à cake

- 奶油 250g 250g de beurre
- 細砂糖 250g 250g de sucre semoule
- 雞蛋 250g 250g d'œufs
- 低筋麵粉 250g 250g de farine
- 檸檬皮（磨碎）3個 zeste de 3 citrons
- 香草精 適量 extrait de vanilla

糖漬水果、葡萄乾 合起來共450～500g 450 à 500 de fruits confits et raisins secs

蘭姆酒 rhum

杏桃果醬 confiture d'abricots

糖漬水果（裝飾） fruits confits

奶油（烤模用） beurre

模型的準備
烤模薄薄塗奶油，再鋪烤盤紙。

1

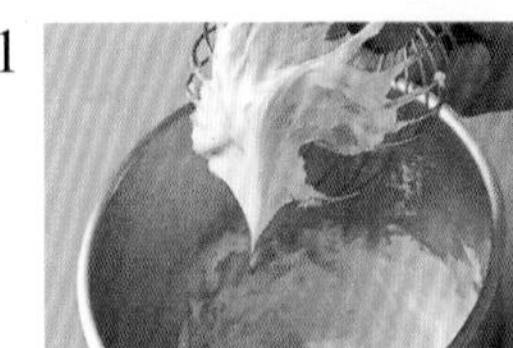

2

3

4

5

6

預備動作

・放入麵糰的糖漬水果切成與葡萄乾相同大小。糖漬水果和葡萄乾至少要用蘭姆酒浸泡2～3天。

・太乾或糖份太多時，可以用熱水汆燙，擦乾水分後再加以浸泡。

・檸檬洗乾淨，只刮下黃色的表皮碎屑來使用。

・從冷藏庫中取出雞蛋和奶油，放在常溫中備用。

・以160℃預熱烤箱。

製作奶油蛋糕

①奶油在室溫中放至呈柔軟的膏狀時，再攪拌成乳霜狀。

＊不可以使用剛從冰箱取出的硬奶油，必須使用放於室溫中的柔軟（以手指按壓時會留下指印的程度），呈乳霜狀的奶油。因考慮到接下來加入的材料會使奶油變硬，所以會希望此時的奶油可以是16～20℃左右的柔軟程度。

②逐次少量地加入細砂糖拌匀，以磨拌方式混拌。

＊要不時地停下攪拌器mélangeur，用刮杓由底部翻拌。

＊一次加入所有的細砂糖時，會吸收掉奶油中所含的水份而，變得難以攪拌，使得空氣不容易被打進來（乳霜性變差）。此外也會影響細砂糖的分散狀態，造成烘焙完成時的表面斑點。雖然為了提高分散性及溶入性，也可以改用糖粉，但無論如何，使其飽含空氣及分散地加以攪拌是非常重要的。

③雞蛋打散，逐次少許地加入。每次加入的蛋液與原材料充分混合後，才能再加入蛋液。

＊雞蛋放置於常溫中。冰冷的雞蛋加入材料時，奶油會變硬，而失去乳霜般的特性，更嚴重時，會有乳化的油脂（奶油）與水分（雞蛋）分離的狀態。如果室外溫度較低時，可以稍稍溫熱後再使用。

＊雞蛋打散後使用時，蛋黃會因乳化作用而與其他材料有良好結合。

④加入檸檬皮及香草精。

⑤篩入低筋麵粉，用刮杓充分混拌至粉類完全吸收爲止。

＊但混拌過度，會有阻塞的狀況而烘烤出硬蛋糕。

⑥在蛋糕麵糰中加入蘭姆酒醃漬的糖漬水果和葡萄乾，充分混拌。

7

10

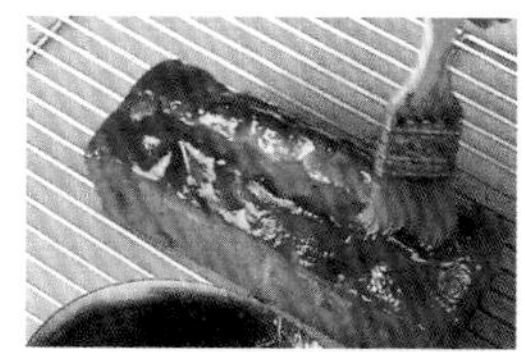

8

11

9

⑦將奶油蛋糕麵糰各半地放進模型中，在調理檯上輕輕敲扣使表面均勻平整。

⑧以預熱160～170℃的烤箱烘烤25分鐘。待表面稍有烘烤色且有薄膜狀出現時，為使其能排出水分用刀子在蛋糕麵糰的中央處畫出紋路。

⑨再以同樣溫度烘烤35分鐘。待其完全膨脹且中央的紋路也裂成漂亮裂紋，且裂紋處也有漂亮的烘烤色時，即告完成。脫模，並左右交替地橫放使其冷卻。

＊完成後，若放在烤模上冷卻，蛋糕會縮小而裂紋也會因而縮小阻塞。

＊想要有酒香及溼潤度時，可以在喜好的酒類中加入糖漿，趁剛烤好時將其滲入蛋糕中。

⑩在杏桃果醬中加入少量的水，加熱使果醬和水融合為一。待蛋糕放涼後剝除紙張，並於表面塗抹上杏桃果醬。

⑪裝飾用的糖漬水果切成適當的大小，加以裝飾。

糖漬水果

砂糖醃漬的水果。需要時間使糖漿能夠滲入水果當中，將水果中的水份替換成糖漿。如果直接加熱糖漿中的水果，就會製成濃濃水果風味的糖漿。柑橘類等的外皮、櫻桃、白芷等都是經常被使用的。

蘭姆酒

是甘蔗製成的蒸餾酒。搾出的甘蔗汁（或是萃取了砂糖結晶的糖蜜）用水加以稀釋，發酵、蒸餾而成的。在17世紀時，是盛產甘蔗的西印度群島，做為製糖的副產物而誕生的。酒精濃度從40度至70度間的烈酒。依蒸餾或熟成方法的不同，其風味及顏色也會因而改變，顏色有白色、金色以及深咖啡色等，另外風味也可以分成輕淡、一般以及濃烈。製作糕點時，通常會使用濃烈的蘭姆酒。較濃重的褐色、香味強烈且擁有複雜濃重的風味。經常用於醃漬葡萄乾、李子乾以及糖漬水果等。

杏桃果醬（→P.140）

杏桃是具有強烈酸味的果實，也富含果膠，所以經常被加工做成果醬。杏桃果醬，塗在糕點表面，可以帶來光澤、防止糕點乾燥。因為有著恰到好處的酸味，所以與糕點甜味的搭配十分協調。只是現在市面上販售的幾乎都是杏桃風味的鏡面果膠。雖然鏡面果膠的風味及顏色不如杏桃果醬，但其透明度及凝固力卻優於果醬。

葡萄乾

乾燥的葡萄。是將成熟的無子葡萄乾燥製成。一般稱之為葡萄乾的有褐色的（美國產的湯普森無子葡萄乾）、蜜糖色的Sultana葡萄乾、黑色小顆的currant葡萄乾（也被稱為Corinthians或currents）等。

Gâteau chocolat de Nancy
南錫法式巧克力蛋糕

是法國東部洛林地區主要都市南錫的傳統巧克力蛋糕。南錫是15世紀以美食家所聞名於世的斯坦尼斯瓦夫一世 Stanislaw（→P.13）的宮殿構築之地，也以領主城堡爲核心，民居圍繞外有城牆的形式而興盛。

材料　直徑18cm的庫克洛夫模型2個的分量

麵糰 pâte

- 奶油 450g 450g de beurre
- 巧克力（可可成分56%） 450g 450g de chocolat
- 蛋黃 240g 240g e jaunes d'œufs
- 蛋白霜 meringue
  - 蛋白 270g 270g de blancs d'œufs
  - 鹽 1小撮 1pincée de sel
  - 細砂糖 60g 60g de sucre semoule
- 榛果糖粉 450g 450 de T.P.T. noisette
- 低筋麵粉 150g 150g de farine

奶油（模型用） beurre

榛果粉（烤模用） noisettes en poudre

糖粉 sucre glace

＊ tant pour tant noisette 是榛果與砂糖同樣比例，以磨碎機研磨而成的粉末。
也可以用榛果粉與糖粉混合成。

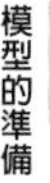

在模型中塗上奶油，撒上榛果粉後甩掉多餘的粉末，放入冷藏庫冷卻固定奶油。

預備動作

- 將榛果糖粉與低筋麵粉混拌過篩。
- 準備擠花袋poche（→P.45）。
- 以170℃預熱烤箱。

1

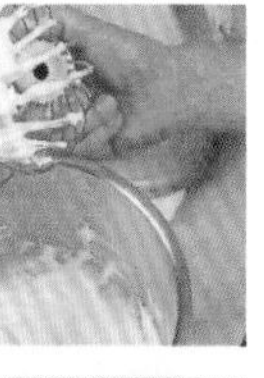

2

3

4

5

6

① 將奶油放置在室溫中至膏狀，再將其攪打成乳霜狀。

② 將巧克力切碎，以40℃左右隔水加熱使其融化。把變軟的奶油加入融化的巧克力當中。

③ 確實攪拌，使其成爲飽含空氣的緞帶狀。

④ 加入蛋黃，確實混拌。

＊只加入蛋黃時，因蛋黃具有乳化力，所以一次全部加入也沒關係。

⑤ 在蛋白中加入鹽和部分的細砂糖，打散並打發。

⑥ 一邊加入其餘的細砂糖一邊攪拌至蛋白可立起之程度。爲能攪打出細密紮實的蛋白霜，以手握打蛋器fouet，用全身的力量以磨拌方式來完成（→serrer）。

7

8

9

10

11

12

⑦將蛋白霜加入④的材料中，全體大致混拌。

⑧在蛋白霜未完全混拌時，倒入過篩完畢之粉類。

⑨混拌至蛋白霜完全與粉類合而爲一，至看不見蛋白霜及粉類。

＊過度混拌時，蛋白霜的氣泡會被破壞，烘烤成無鬆軟感覺的硬蛋糕。

⑩將麵糰分成兩份倒入預備好的模型中。

＊因模型較深且有溝槽，因此使用擠花袋較能使麵糰均勻遍布於烤模中。

⑪在調理檯上輕輕敲叩，使麵糰能均勻遍布於烤模，再將其表面刮平使其平整。

⑫放入以170℃預熱的烤箱中烘烤50分鐘。脫模後，放置在網架上至完全散熱爲止。冷卻後篩上糖粉。

榛果

是樺木科的樹木果實。日文名字稱為榛樹果。雖然在日本與北美有其原有品種，但以食用來栽培的主要種類是西洋榛果和Lambert・Filbert。香氣十足且具有甘甜纖細的風味。含有大量的脂質，也可以萃取榛果油。是像橡果一樣將硬殼剝開後，剝出裡面的果實，放入200℃的烤箱中烘烤數分，剝除茶色的薄膜後使用。和杏仁果相同常以粉末來使用。在歐洲，風味絕佳氣味強烈的皮埃蒙特（Piemonte）產的最受歡迎。照片上方：皮埃蒙特（Piemonte）產（烘烤過的）、右下：土耳其產（新鮮、連皮）；左下：西西里產（新鮮、連皮）

Madeleine
馬德蓮

馬德蓮是起源於洛林地區的commercy。中央膨脹起來的圓鼓形狀正是馬德蓮的特徵。

材料　馬德蓮模型約50個的分量。
雞蛋 250g 250g d'œufs
細砂糖 250g 250g de sucre semoule
蜂蜜 50g 50g de miel
轉化糖 20g 20g de sucre inverti
檸檬皮（磨碎的檸檬皮） 2個份 zeste de 2 citrons
低筋麵粉 250g 250g de farine
打泡粉 4g 4g de levure chimique
奶油 250g 250g de beurre
奶油（模型用） beurre
高筋麵粉（模型用） farine de gruau

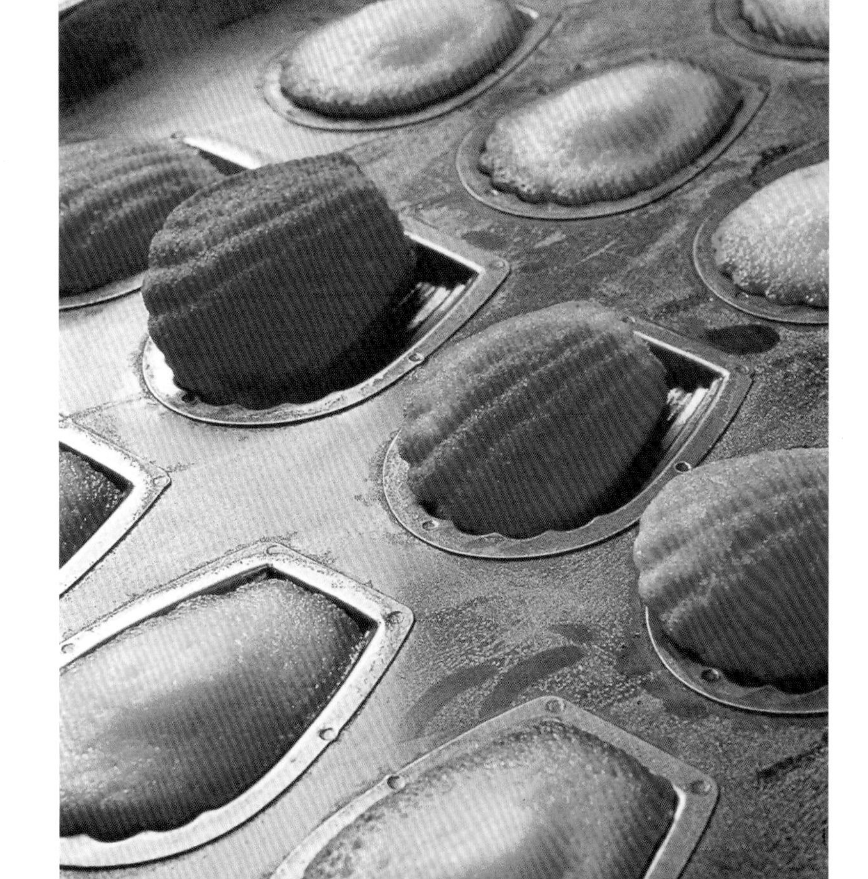

馬德蓮

1, 2

6, 7

3

8

4

9

5

10

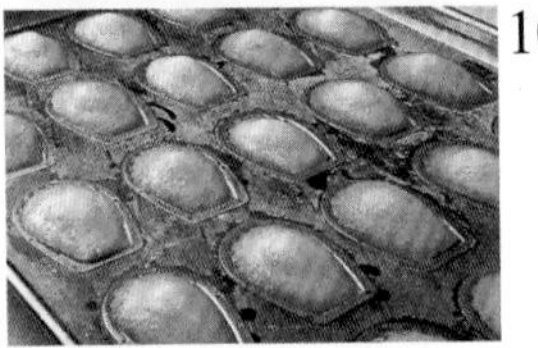

預備動作

・在塗滿奶油的模型上撒上高筋麵粉，並扣出多餘的麵粉。放置於冷藏庫中固定奶油（→tamiser）。

・以隔水加熱（→bain-matie）融化奶油。

・僅刮下檸檬表面的黃色檸檬皮。

・準備兩台烤箱，各以230～240℃及160～170℃預熱。

＊無法準備兩台烤箱時，先以160～170℃烘烤。

製作麵糰

①以打蛋器打散蛋及細砂糖並加以混拌。

②切斷蛋的彈性，攪打至呈鬆散狀態。

③加入蜂蜜及轉化糖，充分拌勻。

④加入檸檬皮混拌均勻。

⑤加入完全過篩的粉類，邊轉動攪拌盆邊充分混合。

⑥加入融化了的奶油。

⑦充分拌勻。攪打至拉起打蛋器時，材料可以滑順地落下。暫時放置於冷藏庫中醒麵並調整擠出時的硬度。

完成烘烤

⑧將材料放入裝有直徑約13mm圓形擠花嘴的擠花袋中，擠至預備好的模型中。

⑨放進預熱230～240℃的烤箱中烘烤約5分鐘。使接近模型邊緣的部分能烘烤出淡淡的烘焙色，麵糰表面有鼓起的薄膜狀。

⑩移至以160～170℃預熱的烤箱中，烘烤約15分鐘。

＊用高溫將其表面烘烤至固定後，再降低溫度烘烤中間內部。鼓起有著相當厚度的中央部分烘烤的速度較慢，所以當熱度傳導至中央時，就可以使麵糰膨脹而使中央隆起了。

⑪烘烤完成後，脫模，放置在舖有紙張的板子上冷卻。

＊馬德蓮很柔軟並且很容易傷及糕點的表面，所以不要放在網架上冷卻。並且鼓起的中央部分也很容易沾黏在紙張上面，所以至其冷卻為止都要將鼓起的正面朝上放置。

膨脹劑

對水份及熱度反應而產生二氧化碳，具有使材料得以膨脹之特性的化學物質（食品添加物）。

・小蘇打：單純的碳酸氫鈉膨脹劑。經加熱分解，產生二氧化碳。在高溫中產生二氧化碳。單獨使用無法完全二氧化碳化，而會殘留有鹼性物質，因此與麵粉中的類黃酮產生反應使麵糰稍帶黃色。

・泡打粉：小蘇打為基本，加入調整PH的酸性劑（酒石酸氫鈉或明礬等）和玉米粉類的合成膨脹劑。容易在材料中散開，同時可以調整PH及二氧化碳的產生，還除去了小蘇打特有的苦味以及烘焙時容易出現的泛黃現象。雖然有速效型及慢速型，但無論是哪一種，都是加了水之後就開始產生反應的，所以不適合長時間醒麵之材料，一旦添加之後就必須快速完成。另外，在保存上如果泛潮其效果就會消失。用於業務上的，就有各式各樣特質之製品，大部份是用於烘烤製品，像是與材料混拌開始，到放進烤箱烘烤等高溫為止，都能不斷地產生二氧化碳的類型，可以增進烘焙時的著色也可以調整PH成弱鹼性。若是用於蒸烤之製品，則可以在短時間內產生二氧化碳，可以形成氣泡較粗大的膨漲，用於油炸製品時，可以調整反應溫度及速度，使其不吸入油脂地快速酥脆油炸。

蜂蜜

比砂糖更久遠，遠在歷史記錄前就開始使用的天然甜味。蜜蜂的飼育也在西元前3000年前左右就開始了。蜂蜜是蜜蜂將花蜜中所含有的蔗糖，經由其體內分泌的酵素轉化成葡萄糖及果糖而貯存於蜂巢。含有維生素（B1、B2、B6、泛酸等）、礦物質（鈣、鐵、鉀、磷等）以及酵素。
可以感覺到強烈的甜度以濃郁的風味。也有些會感覺到酸味及澀味。因具有保溼性因此使用於烘烤的糕點時，可以使完成的糕點具有濕潤的口感。另外也可以使糕點更容易呈色。

依蜜蜂採集花蜜的花種，而使蜂蜜各具不同的風味。顏色也有金黃色、琥珀色等各式各樣，一般而言顏色較深者，含有較多胚芽和礦物質成分。在日本，有很多像蓮花、相思樹、酢醬草等不具特別氣味的蜂蜜，但在歐洲，則是偏好較具個性風味的蜂蜜。另外，不止是花蜜，像是以油蟲等吸食樹液之昆蟲的分泌物為其蜜源的蜂蜜，就被稱之為甘露蜜。

蜂蜜的糖度非常高，約為80%左右，因其含水份較低，所以保存性佳，不太會有腐壞或長霉菌的狀況。但因是過飽和溶液，所以長時間放置後會有葡萄糖變白的結晶化現象產生。另外，放置於15℃以下的低溫之中，會加速其結晶化。花粉等不純物質越多，也越容易產生結晶。凝固了的蜂蜜，雖然能用隔水加熱的方法來溶解還原，但成分也會因而被破壞，所以需注意加溫不要超過60℃。

＊可用砂糖的半量，或視糕點種類全部以蜂蜜來替代使用，但甜味也會因此而不同，所以可以視個人的喜好來酌酌調整。另外，和砂糖不同的是，因為蜂蜜中已經含有水份了，所以必須要減少其他液體的用量。或是為了使烘烤的呈色能更漂亮，必須要考量到可能須要降低烤箱的溫度，以及可能會影響材料的膨脹而必須添加使用泡打粉等狀況。

＊酢醬草、相思樹（洋槐）、蓮花等蜂蜜，因其風味溫和可以與任何材料搭配。樅樹、松樹、栗樹等蜂蜜顏色較深濃，也具有較強烈的氣味。薰衣草及柳橙等蜂蜜則各有其花香味。

＊油菜花、酢醬草的蜂蜜因含有較多葡萄糖，所以容易結晶。因此有很多時候一開始就已經呈現細細結晶略白的乳霜狀。相思樹蜂蜜的果糖含量較高，以不容易結晶。

轉化糖

砂糖（蔗糖）分解成葡萄糖和果糖的製品。和砂糖相較之下，其甜度及濃郁度更高，具有防止製品乾燥以及使砂糖不易再結晶的作用。

第3章

揉搓派皮之糕點

Pâte à foncer、Pâte sucrée、Pâte sablée

餅底脆皮麵糰 Pâte à foncer

櫻桃塔 Tarte aux cerises

泰坦反烤蘋果派 Tarte Tatin

黑乳酪蛋糕 Tourteau fromagé

甜酥麵糰 Pâte sucrée

焦梨派 Flan aux poires

法式檸檬小塔 Tartelette au citron

法式松子塔 Tartelette aux pignons

法式塔皮麵糰 Pâte sablée

弗羅倫丹焦糖杏仁餅乾 Florentin sablé

柳橙薄塔 Galette d'orange

巧克力磨坊蛋糕 Moulinois

關於餅底脆皮麵糰

餅底脆皮麵糰是舖於塔模之麵糰的總稱。一般而言，不具甜味，可以用於糕點也可用於烹調的基本揉搓派皮麵糰稱之為餅底脆皮麵糰，而配比中含較多砂糖的甜味揉搓派皮麵糰稱之為甜酥麵糰或法式塔皮麵糰來加以區別。

揉搓派皮麵糰也稱為派皮麵糰（brisée：破碎），烘烤出的糕點香脆且具有入口即化、入口即碎的特性，這是最理想的狀態。

派皮麵糰的基本，雖然是用麵粉加水揉搓而成的基本揉和麵糰（détrempe），但因其易溶於口，所以在製做麵糰時，必須小心地不要形成麩素（麵粉的蛋白質與水結合時所產生的黏性及彈性之物質，烘烤時變硬就會讓入口即化的口感消失）。

揉搓派皮麵糰，是利用奶油儘可能地分散麵粉加以製成的。像這樣因為有介於麵粉及水分子間的奶油粒子，使得麵粉和水分之間無法緊密結合，因而抑制麩素的形成，所以可以烘烤出酥脆的口感。 ＊**奶油的作用即稱為阻絕性**。

餅底脆皮麵糰當中，為了使油脂可以完全均勻分散在粉類當中，以雙手將冷卻固體形狀的奶油和麵粉，仔細地揉搓混合至鬆散的粉狀感覺（sablage）。接著使水分（水、蛋）完全滲入粉類當中，以重疊般地將其整合，不用力揉搓地使麵粉能夠吸收水份，因此能抑制麩素的形成。

只是，若在製作過程中奶油溶化並失去其可塑性時，就無法均勻分散於材料之中，因而無法發揮其阻絕作用，所以為了不使麵糰的溫度過於升高，材料都預先放置於冰藏庫，並儘快作業是最重要且必須的。

餅底脆皮麵糰

奶油

麵粉＋蛋黃＋冷水＋鹽→部分麩素

麵粉＋奶油→粉狀sablage

蛋黃＋冷水

基本麵糰

Pâte à foncer

餅底脆皮麵糰

使用食物調理機的話，可以更快速更簡單地製作。

＊foncer　舖於模型的麵糰

材料　基本配比

低筋麵粉 250g 250g de farine

奶油 125g 125g de beurre

蛋黃 20g（1個） 20g de jaune d'œufs

鹽 1小撮（約1～1.5g） 1 pincée de sel

水 60ml 60ml d'eau

手粉（高筋麵粉） farine de gruau

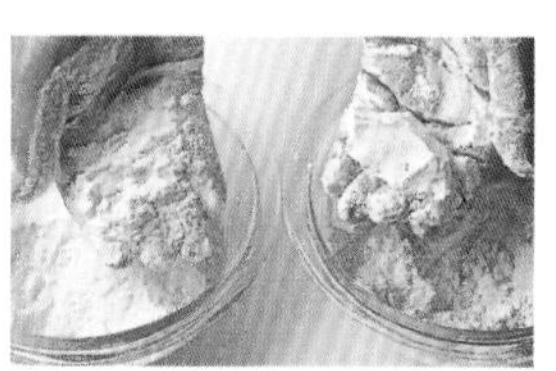

手粉，基本上使用高筋麵粉。因為粒子較粗大，所以可以撒得薄且均勻。

照片右：低筋麵粉。因其粒子較細，所以用力握住後會形成固體的硬塊。左：高筋麵粉。粒子較粗，呈現鬆散狀態。

預備動作

・過篩低筋麵粉（→tamiser）。

・所有的材料都放置在冷藏庫中備用。

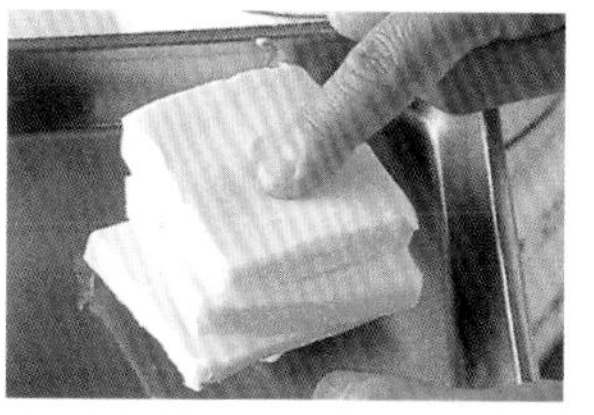

1　使用以手指按壓，也幾乎不會留下指印之硬度的奶油。

2　將低筋麵粉與切碎的奶油放入食物調理機（→cutter）打碎。

〔以人力操作時〕

在低筋麵粉中，放入儘可能切碎之奶油，以刮板切拌。

＊sablage：油脂與粉末的揉搓混合，使其呈現鬆散狀態。

3　攪打至奶油分散於低筋麵粉中，看不見且材料呈鬆散狀爲止。

〔以人力操作時〕

若有大塊的奶油時，即用手指壓薄，並以兩手使其分散揉入麵粉之中。

4　打散蛋黃並加入鹽和水後，倒入3的材料中。

5　攪拌至材料合而爲一。

〔以人力操作時〕

使全部的材料與低筋麵粉混合，呈鬆散狀。

＊手粉，使用粒子較粗的高筋麵粉時，可以撒得薄且均勻。

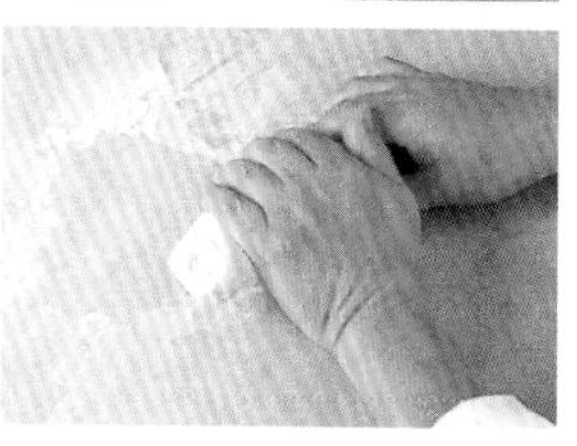

6　取出放置於工作檯上，撒上手粉後，用雙手輕輕揉搓。

〔以人力操作時〕

取出放置於工作檯上，以刮板將麵糰切分，將切開的麵糰重疊後再以手按壓。重覆如此動作至麵糰全體合而爲一。待麵糰大致合而爲一時，用兩手輕揉使其平整。

7　用塑膠帶包妥，將其以較扁平的形狀靜置於冷藏庫中。靜置至麩素變差以及麵糰被展延出來的部分收縮還原爲止。

派皮的推展方式

〔圓形的推展方式〕

①

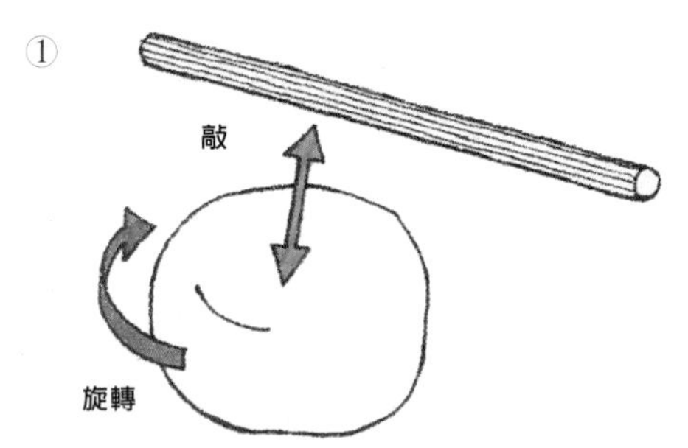

將搓成圓形的麵糰，邊轉動邊以擀麵棍輕敲，一邊調整麵糰的硬度一邊轉動使其成為圓盤狀。

②

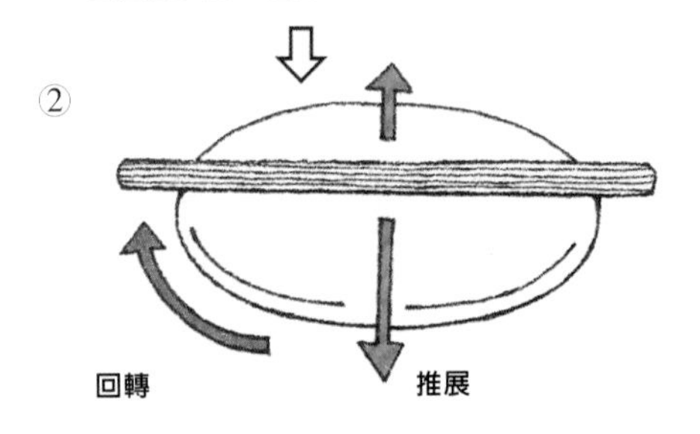

一邊轉動麵糰，一邊每個角度都以擀麵棍推轉2～3次，以使其推展成圓形。這樣邊推邊轉動，除了推展成圓形之外，也同時能讓麵糰不致沾黏至工作檯上。如果麵糰沾黏在工作檯，要仔細地撒上手粉來作業。

〔四角形的推展方式〕

＜餅底脆皮麵糰＞

將麵糰整理成四角形後靜置。之後再以擀麵棍輕敲，調整麵糰的硬度後再加以推展。

＜甜酥麵糰、法式塔皮麵糰＞

以擀麵棍輕敲靜置過的麵糰以調整其硬度，輕輕地將其揉成圓柱體。

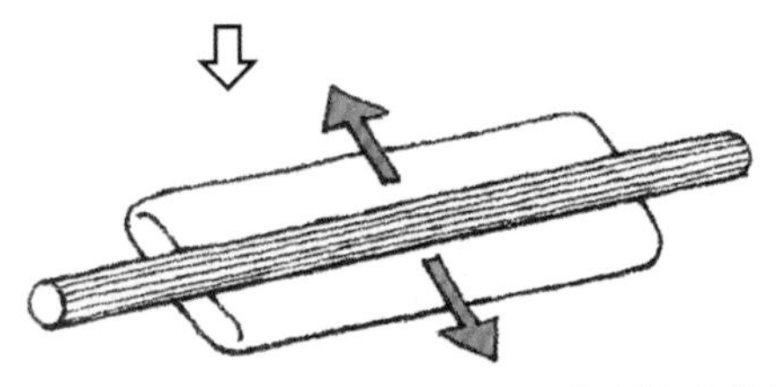

用擀麵棍輕敲糰，將形狀調整成適度的四方形。前後轉動擀麵棍。

◎ 在推展麵糰前

在推展麵糰前，會因麵糰的種類不同，像是麩素已形成的麵糰（餅底脆皮麵糰）、利用油脂的可塑性製成的麵糰（甜酥麵糰、法式塔皮麵糰）等，而在推展前會有不同的操作。

餅皮脆皮麵糰般已形成麩素的麵糰，在某個程度完成其形狀時，就必須靜置以切斷麩素的彈性。靜置過後的麵糰會較容易推展，在某個程度已完成形狀時，不需要再力於麵糰之上，所以可以減少烘烤時的收縮，可以讓烘烤後的口感更酥脆。

利用奶油的可塑性製成的甜酥麵糰和法式塔皮麵糰，因過於柔軟時也易進行作業，所以麵糰放置於冷藏庫中冷卻固定。之後輕輕地加以揉搓，即可容易完成其形狀。但因對溫度的變化較爲敏感，所以必須注意操作。

◎ 推展麵糰

推展方法，不管是哪一種都沒有特殊不同。依所製作的方法而推展，需製成圓形則推展成圓盤狀，需推展成四方形時，則可將其推展成四方型或圓柱體（請參考左圖）。而必須多加注意的是，像派皮般較高含油量的麵糰，爲了使油脂不致溶化，儘可能快速地在溫度較低處進行作業。

◎ 推展麵糰的工作檯

雖說工作檯以大理石製爲佳，但大理石的表面因加工成滑順的狀態，所以麵糰也很容易與之密合。因此要記得不時地撒上手粉，否則麵糰就會容易沾黏在大理石上。在木製的工作檯作業時，因有木質的凹凸不平，所以麵糰不易黏著，可以較方便麵糰的推展。只是木製工作檯必須要注意衛生方面的問題，使用後殘留的粉末及水分要仔細地清理乾淨，並充分地加以乾燥。

Tarte aux cerises

櫻桃塔

製作塔類糕點時，依中間填入的材料（garniture），有時必須在塔模中舖上材料先行烘烤。使用液體狀（appareil）、水份較多的柔軟奶油餡時，麵糰會較不容易烤熟，因此常常必須先行烘烤派皮。

櫻桃塔

材料　直徑24cm的塔模 2個的份量

餅底脆皮麵糰 基本配比 Pâte à foncer

香脆屑 streusel

- 奶油 60g 60g de beurre
- 細砂糖 60g 60g de sucre semoule
- 低筋麵粉 60g 60g de farine
- 杏仁粉 60g 60g d'amandes en poudre
- 鹽 1小撮（約1～1.5） 1 pincée de sel
- 香草莢 1/2根 1/2 gousse de vanilla

阿帕雷蛋奶液 appaleil

- 蛋 100g 100g d'œufs
- 蛋黃 40g 40g de jaunes d'œufs
- 細砂糖 100g 100g de sucre semoule
- 杏仁粉 125g 125g d'amandes en poudre
- 低筋麵粉 30g 30g de farine
- 蛋白霜 meringue
  - 蛋白 60g 60g de blancs d'œufs
  - 細砂糖 25g 25g de sucre semoule
- 奶油 90g 90g de beurre

酒漬櫻桃 garniture

- 櫻桃（冷凍）600g 600g de grottes surgelées
- 細砂糖 150g 150g de sucre semoule
- 櫻桃酒 50ml 50ml de kirsch

糖粉 sucre glace

手粉（高筋麵粉）farine de gruau

打孔滾輪 pic-vite

在推展好的麵糰刺上小孔的道具。

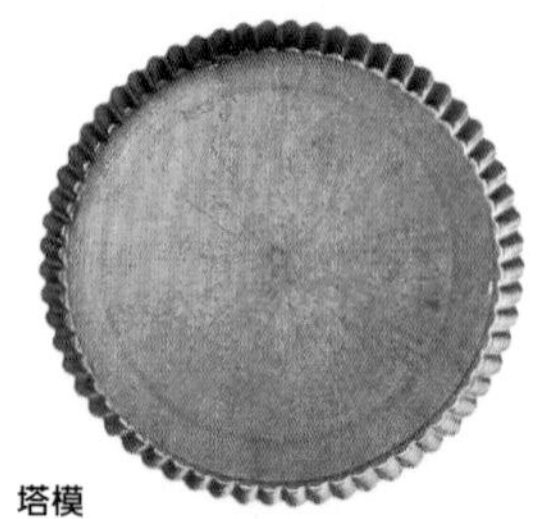

塔模

moule à tarte（tourtière cannelée）

淺盤狀烤模。有分成底部可拆卸及不可拆卸的，還有的是邊緣沒有溝槽的形狀。

1

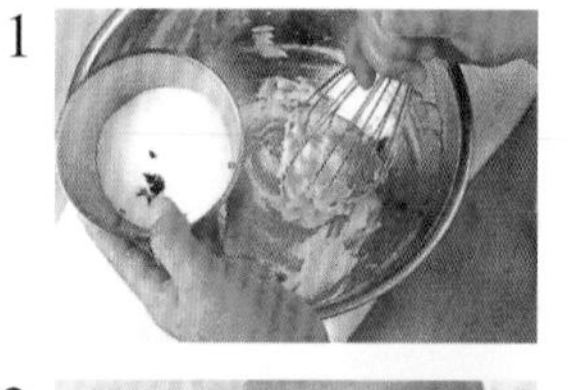

2

3

4

5

6

7

預備動作

・將用於香脆屑及阿帕雷蛋奶液的杏仁粉和低筋麵粉分別過篩備用。

・阿帕雷蛋奶液當中所用的奶油以熱水隔水加熱融化備用。

製做香脆屑

① 以打蛋器fouet將奶油攪打至柔軟，再加入細砂糖、香草籽以及鹽混拌。

＊將香草莢打開僅刮入香草籽。

＊細砂糖一次全部加入時，奶油會變得不易攪動，因此分少量逐次加入。

② 加入杏仁粉及低筋麵粉，如重疊般地將其拌至合而爲一。

③ 當粉類與奶油大致拌勻時，用手拿取少量麵糰握住，以奶油和粉類能夠合而爲一。

④ 兩手以搓拌方式將其搓成適度大小的鬆散狀。

＊因為奶油溶化時，就會溶入形狀之中，所以之後再放入冷凍庫中冷卻固定形狀。

準備櫻桃餡

⑤ 在鍋中放入冷凍櫻桃及砂糖。

⑥ 加熱至沸騰。

⑦ 沸騰後熬煮片刻後，熄火，加入櫻桃酒浸泡。

＊浸泡一晚即可。

8

9

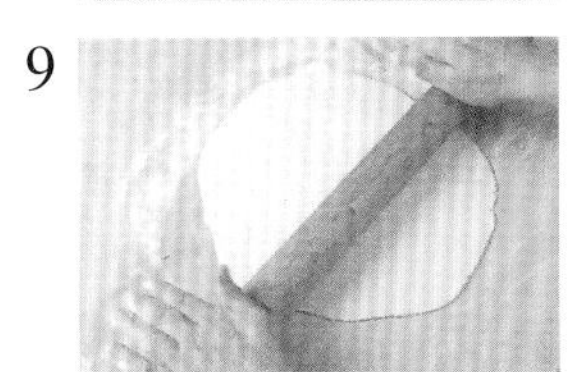

10

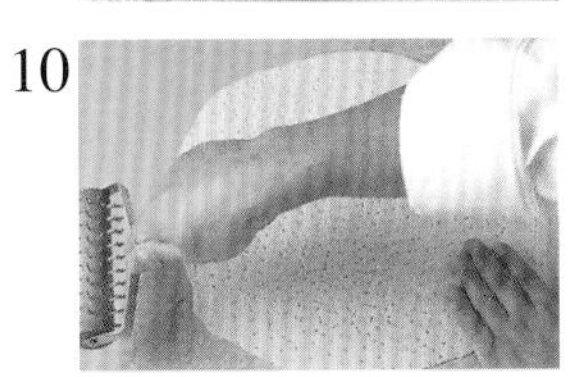

11

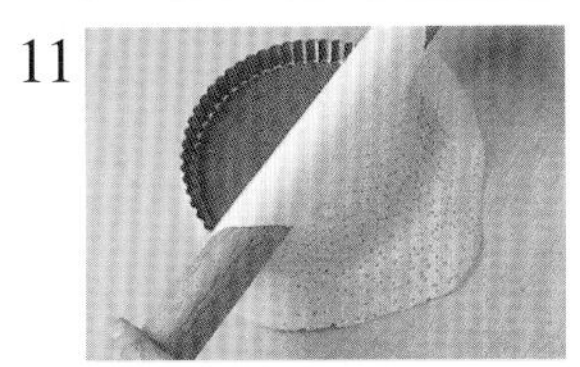

12

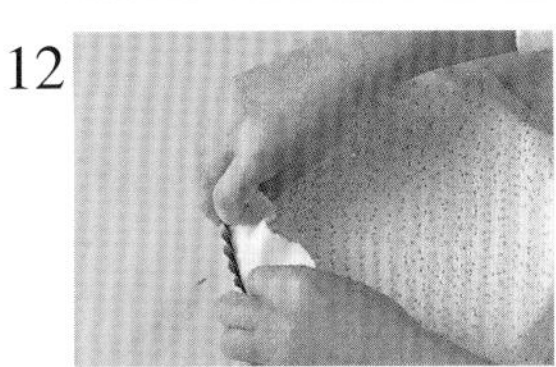

13

14

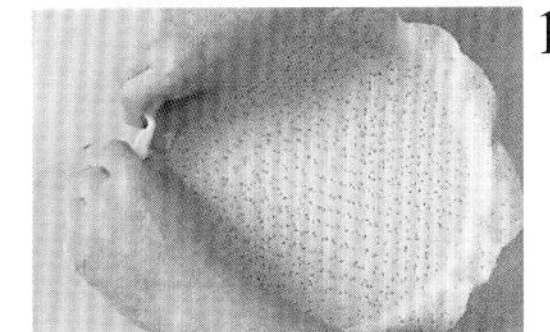

15

16

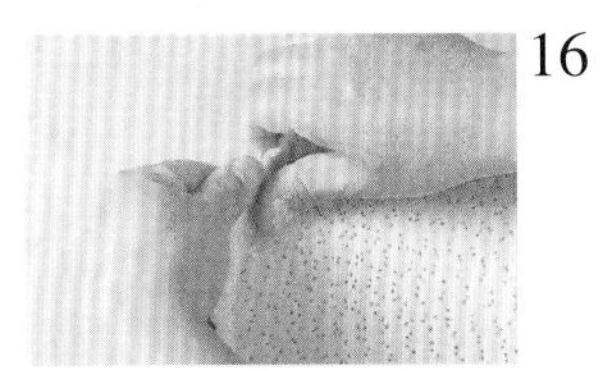

17

18

麵糰舖入模型中（→foncer）

⑧將手粉撒在工作檯及麵糰上，邊轉動麵糰邊以擀麵棍輕輕敲叩至形成圓盤狀。

＊以均匀敲平麵糰的中央及外側為原則地敲叩推展麵糰。如果用搓揉方式就會產生麩素，則麵糰烘烤後會縮小變硬。

⑨邊些微地轉動麵糰，一邊用擀麵棍地將麵糰推成圓形（→abaisser、étaler），推展的大小需較烤模更大。

＊雖然只用手掌來推擀麵棍，但擀麵棍上的重心及力道必須平均。以指尖或手掌根部來推壓，如果擀麵棍以斜向加重推壓時，就會產生厚度不均匀的狀況（→P.97）。

＊旋轉麵糰使其可以形成漂亮的圓形，但要謹防麵糰沾黏在工作檯上。（→P.92）

⑩用刷子刷去多餘的手粉，以打孔滾輪在麵皮全體滾出小孔。（→piruer）

＊刺出的小洞，可以讓烘烤時的熱氣及空氣蒸發出來，使麵糰可以貼合在塔模不會膨起。

＊在舖進烤模前先行滾出小洞會比較方便。或是舖進烤模後，用叉子刺出氣孔小洞也可以。

⑪用擀麵棍將麵糰捲起蓋在烤模上。

⑫將麵糰放置在烤模上，同時用姆指將麵糰按壓至底部的角落以及沿著側面邊緣按壓麵糰。

⑬按壓側面及底部邊緣之麵糰，以食指側面確實地將麵糰按壓與烤模完全吻合。

⑭側面烤模邊緣也確實按壓，使麵糰貼合烤模。

⑮在烤模上轉動擀麵棍，切除多餘的麵糰（→ébarber）。

＊也可以用手掌按壓烤模邊緣，以切落多餘的麵糰。

⑯以單手的姆指壓按側面的麵糰，同時另一手的姆指則是從上壓住，避免麵糰的溢出，使麵糰和烤模可以完全密切貼合。之後靜置於冷藏庫。

烘烤餅皮（→cuire à blanc）

⑰在麵糰的上方舖上紙張，並壓上重石。放入預熱180℃的烤箱，烘烤至邊緣呈淡淡烘烤色爲止。

⑱拿掉重石及紙張後，再放入烤箱中烘烤至全體呈淡淡的烘烤色。

櫻桃（cerise）

薔薇科。大致可分為果實較甜可直接食用的甜櫻桃（西洋櫻桃）以及酸味較重不適合直接食用的酸櫻桃（櫻桃）。

酸櫻桃主要用於加工品，做為糖漬櫻桃、利口酒或蒸餾酒等的原料。gtiotte、amarelle也是法國酸櫻桃的總稱，也是最具代表性的酸櫻桃品種。酸味強烈且顏色鮮艷，以糖漿熬煮，經常用於糕點中。

在日本則以冷凍、罐裝以及酒漬等製品進口。

甜櫻桃則分為guigne和bigarreau兩種系統。日本國產的則有佐藤錦、拿坡里、高砂，一般的美國櫻桃是市面上常見的pink、Lambert，無論哪一種都屬於甜櫻桃。

19

20

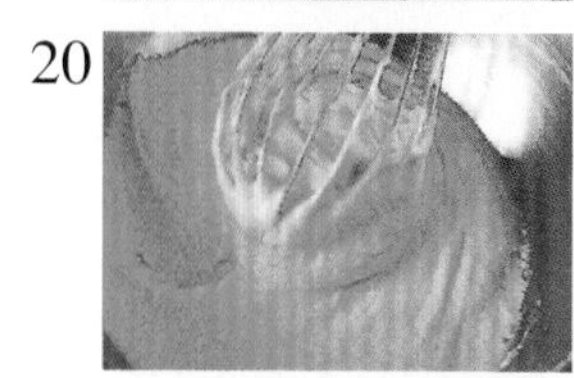

21

22

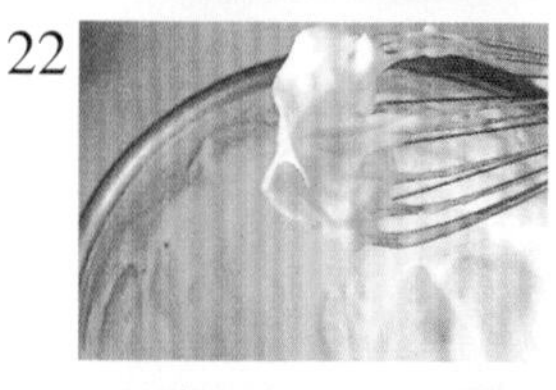

23

24

25

26

27

28

製作阿帕雷蛋奶液

⑲混合蛋液及蛋黃，打散加入細砂糖。再加入低筋麵粉和杏仁粉。

⑳打蛋器以磨拌方式攪打。

㉑製作蛋白霜。蛋白打散後，分2～3次加入砂糖，打至發泡。

㉒爲確實地製作出綿密的蛋白霜，最後再用力地以打蛋器攪拌緊實綿密完成的蛋白霜（→serrer）。

㉓將蛋白霜加入⑳的材料中，混拌均勻。

㉔將融化的奶油淋至刮杓加至全體材料之上，迅速地混拌均勻。

烘烤完成

㉕在烘烤完成的塔皮上，倒入少量的阿帕雷蛋奶液，散放上酒漬櫻桃。

㉖再倒入阿帕雷蛋奶液至可以完全覆蓋櫻桃的程度，之後平整表面。

㉗最後在表面上覆蓋上香脆屑，放入預熱180℃的烤箱烘烤40分鐘。

㉘烘烤完成後，脫模冷卻，全部完成後再撒上糖粉。

擀麵棍的使用方法

〔展延時的注意事項〕

＊邊適量地在工作檯、麵糰及擀麵棍上撒上手粉邊進行作業。

正確的擀法：

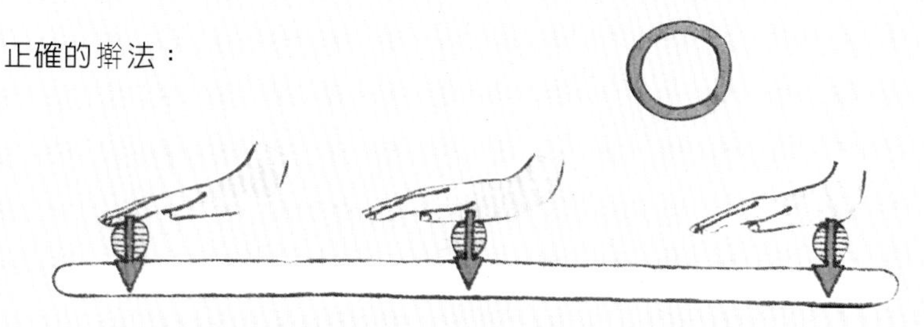

在展延麵糰時，手與肩同寬，重心放在擀麵棍的正上方朝向自己的方向轉動，即可推展出均勻的麵皮。即使移動擀麵棍，但手指、手腕等的位置不變，也就是將重心垂直地放在擀麵棍的上方是非常重要的。

錯誤的擀法：

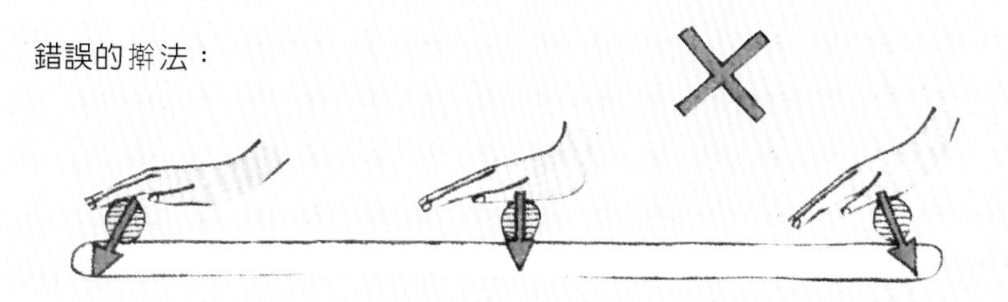

擀麵棍在手指及手腕處，各以推出（左圖）或拉近（右圖）般地使重心與麵糰呈斜角方向時，加諸於麵糰的力量不同，麵糰就會被推成圓長的形狀（有時甚至麵糰還會隨之移動）此時，就無法推展出漂亮的麵糰，而使麵糰變形。

Tarte Tatin

泰坦反烤蘋果派

20世紀初期，索隆尼（Sologne）地區的Lamotte-Benvron有對經營飯店及餐廳的泰坦姐妹，而以其名命名的派。據說有一次在烘烤塔餅時，不小心翻錯面而製作出來的，但像這樣與一般塔餅相反烘烤的塔派，在索隆尼（Sologne）地區至奧爾良內地區都是自古相傳的糕點，也可以用洋梨來製作。

材料　直徑24cm的銅鍋（或是碟型模型）　2個的份量

餅底脆皮麵糰　基本配比×2/3　Pâte à foncer
蘋果　24～26個（1個約175g）　24 à 26 pommes
焦糖　caramel
┌ 細砂糖　300g　300g de sucre semoule
└ 奶油　200g　200g　de beurre
香草莢　2根　2 gousse de vanilla
細砂糖　300g　300g de sucre semoule
奶油　200g　200g　de beurre
細砂糖（完成時使用）　sucre semoule
手粉（高筋麵粉）　farine de gruau

1
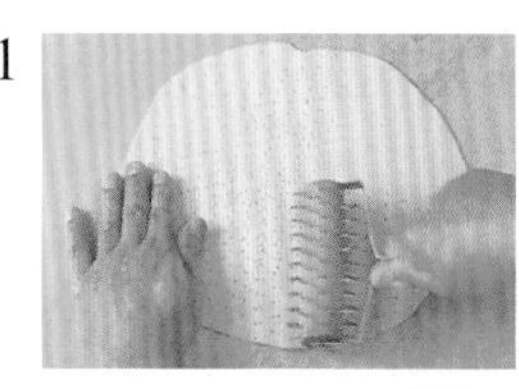

2
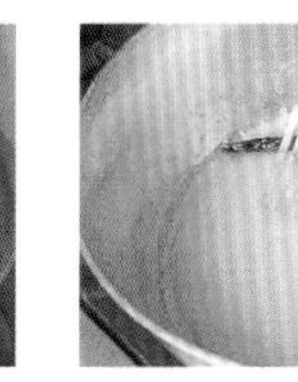

3

4

5

6

7

8

9

推展麵糰

①將餅底脆皮麵糰推展成比銅鍋的口徑再稍大一點的圓形（→abaisser）、刺出透氣小孔（→piquer）、靜置在冷藏庫。

用焦糖香煎蘋果

②蘋果去皮，對半縱切去果核備用。在平底鍋中將焦糖用的細砂糖逐次加入使其溶化。

③待其熬煮成焦糖狀時，再加入奶油溶解。

④放入蘋果拌炒。

⑤雖然沒有必要煮至蘋果中間熟透的程度，但蘋果表面必須都均勻地著上漂亮的焦糖色。

＊拌炒的蘋果份量必須要比放入銅鍋的份量還多。

蘋果的加溫

⑥在銅鍋中（或碟狀模型中）加入香草莢及200g的奶油，加以溶解，再加入300g的細砂糖。

⑦不時地加以混拌，使砂糖溶化。

＊砂糖溶化之後會形成淡淡的顏色，並將其加熱至液體狀。

⑧焦糖煎過的蘋果以同方向爲軸心地仔細並排於鍋中，加溫並不斷地搖晃鍋子加熱蘋果。

＊無法排入鍋中的蘋果，則放入溫熱至160℃的烤箱中保溫，鍋中的蘋果使其不燒焦地加熱，並當蘋果的水份蒸發掉之後，鍋中出現空隙時，可不斷地以保溫於烤箱中的蘋果補足。

＊熬煮的湯汁過多時，可以先將汁液倒到別的鍋中熬煮，之後再倒回來。

⑨煮至湯汁完全收乾，且蘋果通體呈現焦糖色時，離火。

＊雖然一開始時表面會出現白濁的湯汁，但隨著蘋果的熬煮至熟透時，顏色也會變透明。

圓碟模型　manqué
泰坦反烤蘋果派用的銅製碟狀模型。
側面並非垂直狀，而是上方稍呈廣口之形狀。如果沒有時也可以用銅鍋。

10

11

12

13

14

覆蓋上麵糰後烘烤

⑩將推展成薄片的麵糰覆蓋在上方，切落多餘的麵糰(→ébarber)。

⑪放入以200℃預熱的烤箱烘烤35分鐘。

＊也有另外烘烤餅底脆皮麵糰的方法。用這個方法時，⑨的蘋果則直接冷卻後放入冰箱。將餅底脆皮麵糰配合泰坦塔模的底部切下，放入預熱180℃的烤箱中另行烘烤。將蘋果取出鍋子放置在烤好的餅皮上，再一起翻面。

⑫放涼，並放置於冷藏庫中一夜使其冰涼並固定。加熱鍋底，押著餅皮地轉動。

⑬待鍋內的蘋果可以一起轉動時，用厚紙等覆蓋於其上，再翻面由鍋中取出。

＊可以用表面塗滿了杏桃果醬的厚紙來覆蓋翻面。

⑭在表面撒上細砂糖，再用加熱的火鉗焦糖化(→caraméliseur)，使砂糖著上焦糖色。

蘋果

薔薇科。現在栽植的蘋果原產於高加索。食用的歷史源自古老的希臘神話時代，當時蘋果被認為是治癒萬病之黃金，此外，聖經中具象徵意義的伊甸園中，智慧樹之果實即是蘋果。富含鉀及多酚聚合體及食物纖維（果膠）等具維持健康之成分，也是水果中最廣為食用的。使用於糕點時，多用於加熱後，因此果肉緊實較有酸味的品種較常被使用。在法國neinette系列的品種肉果緊實，即使加熱後果肉也仍結實美味。在日本，幾乎所有的品種都被改良為可直接食用，所以酸味較低、柔軟多汁，用於糕點上確實有相當的問題產生。紅玉或國光等過去一直以來的品種，是比較適合於糕點製作的。

Tourteau fromagé

黑乳酪蛋糕

是以山羊乳酪聞名的普瓦圖（Poitou）之地方糕點，也被稱之為Tourteau poitevin。起源於19世紀，因高溫烘焙而使得表面燒焦變黑是最大特徵。

黑乳酪蛋糕

材料　直徑15cm、深4cm的淺盤模型　2個份

餅底脆皮麵糰（基本配比完成的麵糰）300g 300g Pâte à foncer

阿帕雷乳酪蛋奶液 appareil au fromage

- 山羊的新鮮乳酪 195g 195g de fromage frais de chèvre
- 細砂糖 105g 105g de sucre semoule
- 鹽 1小撮（約1.5g）1 pinncée de sel
- 蛋黃 120g 120g de jaunes d'œufs
- 檸檬皮（磨細末）1.5個 zeste de 1.5 citrons
- 低筋麵粉 50g 50g farine
- 玉米粉 50g 50g de fécule de maïs
- 蛋白霜 meringue
  - 蛋白 180g 180g de blancs d'œufs
  - 細砂糖 90g 90g de sucre semoule

手粉（高筋麵粉）farine de gruau

※ 檸檬皮 使用已製成的粉末製品時，使用1大匙多一點。

Tourteau專用模型

moule à tourteau（assiette à tourteau）

呈稍淺的圓缽狀。

1
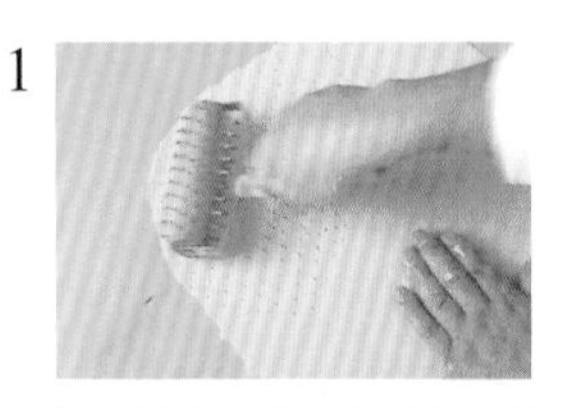

2

3
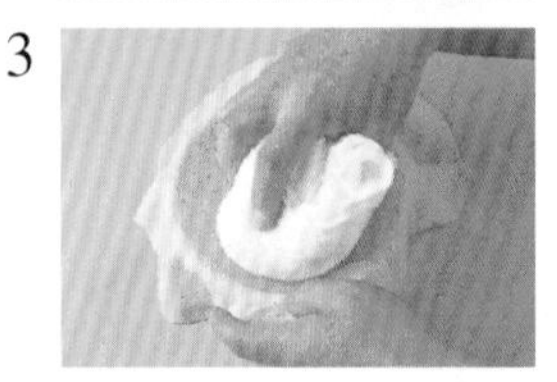

4

5
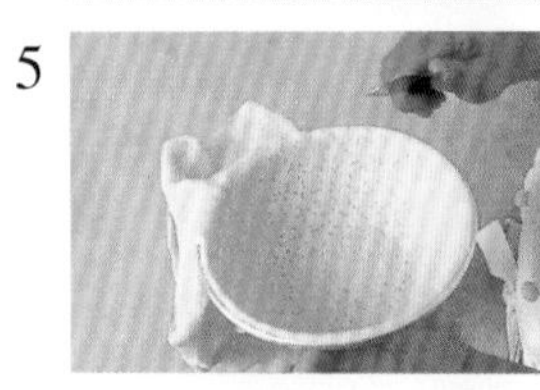

6

7

8

9

10

11

12

預備動作

・在模型中薄薄地塗上奶油（用量之外）。

・低筋麵粉和玉米粉混合過篩備用。（→tamiser）

將麵糰舖在模型中

① 將餅底脆皮麵糰擀成約1mm厚的薄圓形（→abaisser），刺出氣孔（→piquer）。

② 將麵糰對折成四分之一後放上模型。

③ 打開麵糰，注意不使其產生皺摺地攤開，以圓形的布巾按壓使其與模型吻合。

④ 麵糰完全與模型貼合後，放入冷藏室中靜置。

⑤ 切去多餘的麵皮。（→ébarber）。

製作阿帕雷乳酪蛋奶液

⑥ 將起司攪打成乳霜狀，加入105g的細砂糖和食鹽，充分混拌。

＊如果乳酪的水份過多時，先用布包妥後放置一天即可。

⑦ 加入蛋黃攪拌至呈滑順狀態。

⑧ 加入檸檬皮及粉類拌勻。

⑨ 在蛋白中加入90g的細砂糖打發，製作出稍軟的蛋白霜。

＊當拉起蛋白時其尖角稍呈彎曲狀即可。過度打發，在烘焙時會膨脹得很高，但接下來就會沈陷下來。

⑩ 將蛋白霜加入⑧之中。

＊蛋白霜全體拌勻即可。如果過度混拌的話，會使其氣泡消失，烘烤時就無法膨起了。

烘焙

⑪ 將阿帕雷乳酪蛋奶液倒入其中，平整其表面。

⑫ 放入以250℃預熱的烤箱中烘烤15分鐘，至表面呈焦黑色。再快速地將其移至200℃的烤箱中繼續烘烤35分鐘。冷卻後脫模。

＊烘烤途中，若打開烤箱的話，會導致沈陷，所以烘烤至完全膨起並上色為止都不能打開烤箱。

檸檬皮、柳橙皮（粉末）
只將檸檬或柳橙的表皮(有顏色的部分)磨下製成的商品。沒有添加著色顏料和香料的天然製品。用於添加麵糰或奶油的香氣。可保存，又方便使用。

山羊乳酪
fromage de chèvre
製造後2週內上市的成品稱之為新鮮乳酪（如圖）。水分較多，顏色白且滑順。乳脂肪成份高達45%以上，有著山羊奶特有的濃郁風味。隨著逐漸熟成，酸味和濃郁風味也會隨之增加，並且水份也會隨之減少。表面會自然產生霉菌覆蓋，製造後的12～14週，就會形成弱碎的固體狀。也有的種類會在表面撒上灰使其熟成。在法國普瓦圖地方等羅亞爾河流域被稱為是山羊乳酪的發源地，有很多著名的產地。

關於甜酥麵糰

甜酥麵糰（sucrée：甜的，添加了砂糖的），不添加水份，所以不容易產生麩素（彈力、黏性），成為酥脆且易溶於口的派皮。另外，因為添加了砂糖，所以很容易烘烤出漂亮的焦色。

甜酥麵糰是利用奶油的可塑性製造出來的麵糰。所謂的可塑性就是像黏土般，可以藉由外力而自由地塑造出各種形狀之特性，在13～18℃是最容易發揮的狀態。具有可塑性的奶油加在麵糰中，被推壓開，使其形成麩素而在烘烤後會有酥脆的輕盈口感。這就稱為酥脆性。

一般的甜酥麵糰，是以在奶油具有可塑性的狀態下，拌入砂糖，再加上雞蛋混拌成crémer（crémer：在油脂中加入砂糖、雞蛋，以手或機械將其混拌呈乳霜狀）的方法來製造。

藉由混拌奶油和砂糖，將奶油中的砂糖分散，利用糖份的吸水使雞蛋（水份）可以溶入於油脂中。在此加入麵粉時，因無法與水分直接結合，因此不至產生麩素。

沒有麩素，所以也沒有彈力及黏性，麵糰之間的黏結性也不高。在此進行揉搓（fraiser）（也稱之為fraser。用手掌將麵糰以推壓的方式來揉搓），使粉類可以完全溶入材料中。同時加入材料，確認將所有的材料完全混拌。待其均勻地混拌全體溶合為一時，將麵糰放入冷藏庫中冰至固定。

甜酥麵糰

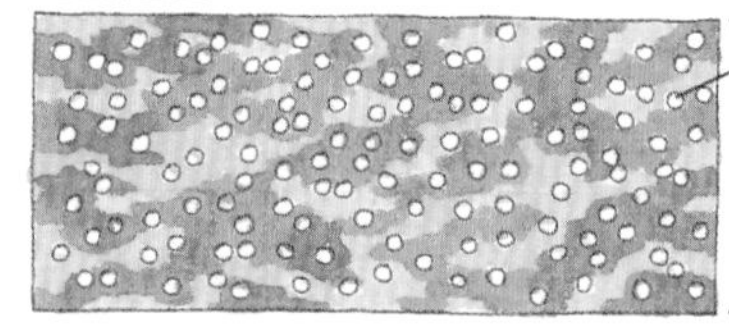

基本麵糰

Pâte sucrée

甜酥麵糰

材料　基本配比

奶油　125g　125g de beurre
糖粉　100g　100g de sucre glace
雞蛋　50g（1個）　50g dœuf
鹽　1小撮（約1～1.5g）　1 pincée de sel
低筋麵粉　250g　250g de farine
手粉（高筋麵粉）　farine de gruau

預備動作

- 將低筋麵粉過篩備用（→tamiser）。
- 除了奶油以外的材料，全都放進冷藏庫冰涼。
- 使奶油具柔軟性。

＊具可塑性（可自由改變形狀）狀態（13～18℃）。

＊因其中不含空氣，所以不需要打蛋器以葉片形（→P.28）攪拌即可。

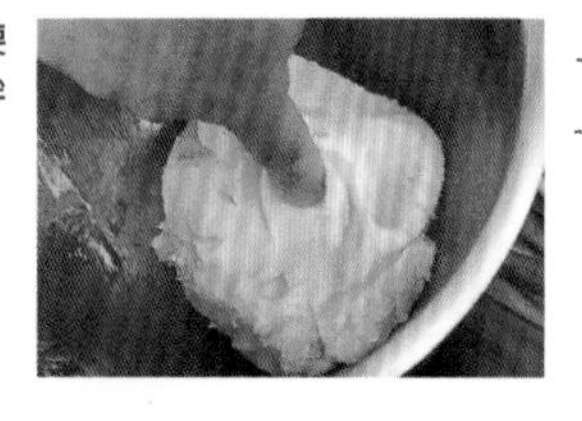

1　將柔軟的奶油放入製作糕點專用攪拌器mélangeur中，攪拌至整體爲均勻的硬度。

＊藉由砂糖及奶油充份混拌，使得後來加入的雞蛋能更加容易混拌（砂糖的吸水性→P.22）。

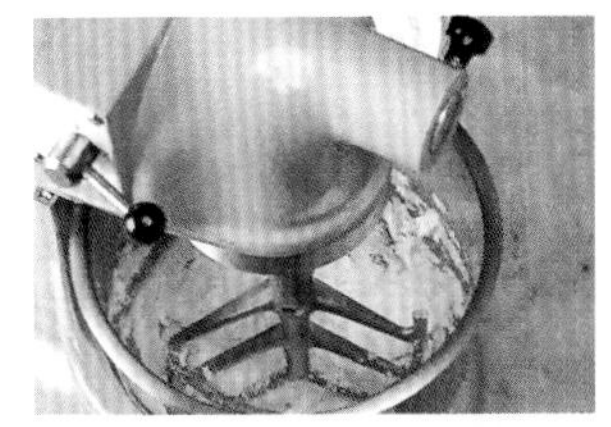

2　加入糖粉，攪拌至均勻溶入材料中。

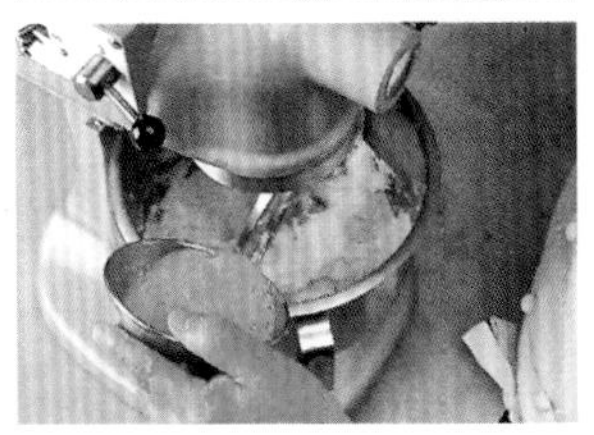

3　在打散的雞蛋中加入食鹽，再將蛋汁分次少量地加入2的材料中。

4　攪拌至當奶油和蛋的水份呈乳化狀態即可。

5　在工作檯上放置低筋麵粉，將麵粉的中央空出來，使麵粉像圍牆般地形成圈狀（→fontaine）。在中央放入4的材料。

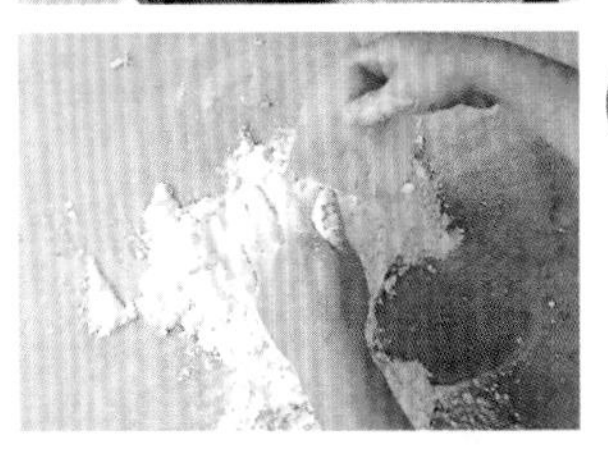

6　以刮板corne將周圍的粉類撥至中央，再以手掌按壓。

7　重複折疊作業至粉類完全混拌，整合成麵糰。

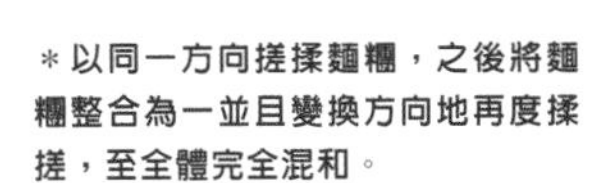

＊以同一方向搓揉麵糰，之後將麵糰整合為一並且變換方向地再度揉搓，至全體完全混和。

8　用手掌將麵糰以少量推壓的方式，推壓在工作檯上。待確認材料完全混拌後，使材料整體能同質均勻（→fraiser）。

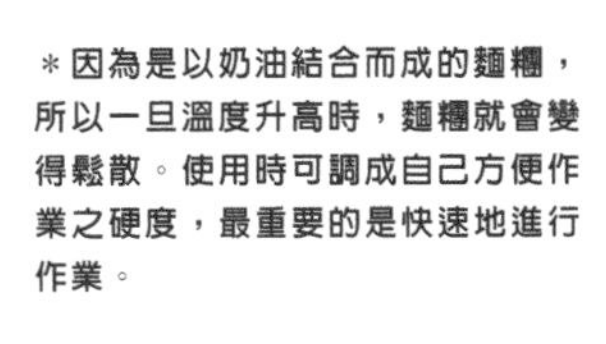

＊因為是以奶油結合而成的麵糰，所以一旦溫度升高時，麵糰就會變得鬆散。使用時可調成自己方便作業之硬度，最重要的是快速地進行作業。

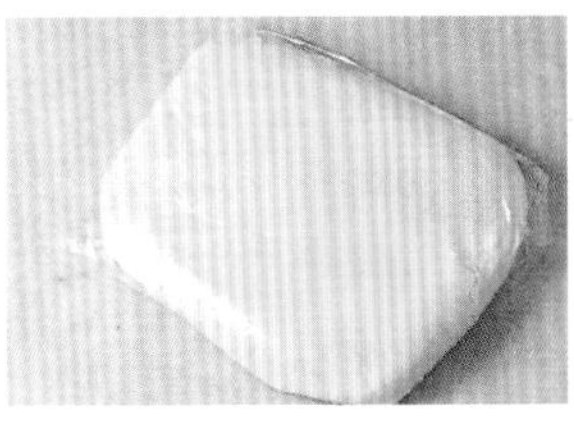

9　用塑膠袋包裹後，將其形狀調整成扁平狀，放至冷藏庫冷卻固定。

Flan aux poires

焦梨派

Flan是指在圓型模中舖上麵糰，填入材料後烘烤而成的糕點。現在雖然被認爲是與塔餅相同，但原來的flan的糕點是以奶油餡爲主體的意思。其歷史久遠，在14世紀初，就已經有了tarte或flan的名稱了。使用洋梨、蘋果等當季水果的tarte或flan，是法國人最喜愛的糕點。

＊flan〔m〕，是舖上卡士達奶油餡（雞蛋、牛奶和砂糖混拌而成的材料）後烘烤成扁平狀的糕點（卡士達布丁的一種）。同樣地使用阿帕雷蛋奶液的圓形塔餅。是一種常見的糕點。

材料　直徑20cm、高2cm的環型塔模　2個的份量
甜酥麵糰　基本配比 pâte sucrée
杏仁奶油餡　基本配比 crème d'amandes（→P.109）
糖煮洋梨　6片 6 demi-poires au sirop（→P.49）
鏡面果膠 nappage
開心果（裝飾）pistaches
糖粉 sucre glace
奶油（模型用）beurre
手粉（高筋麵粉）farine de gruau

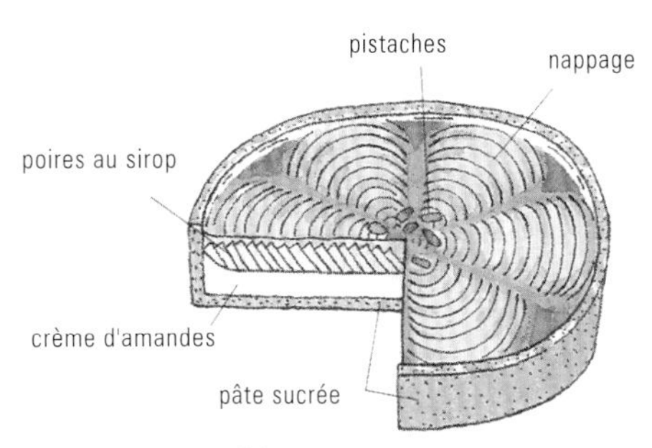

Flan aux poires

1
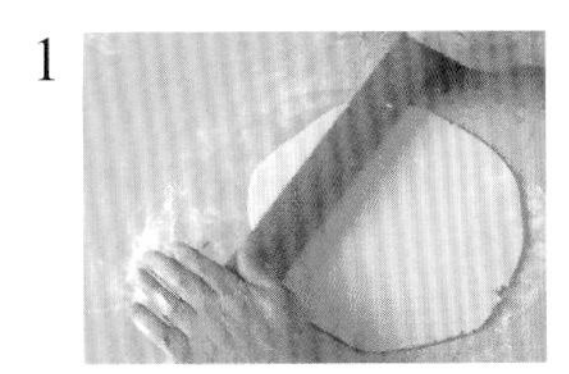

2

3
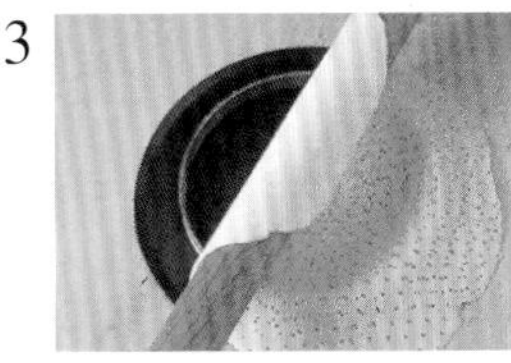

4
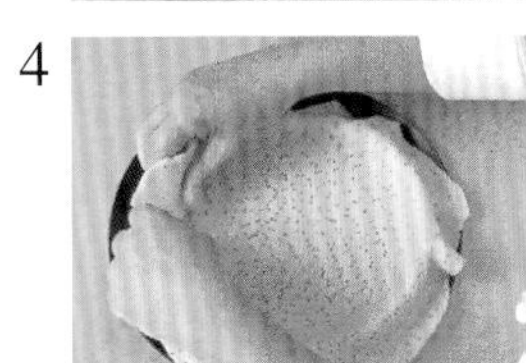

5
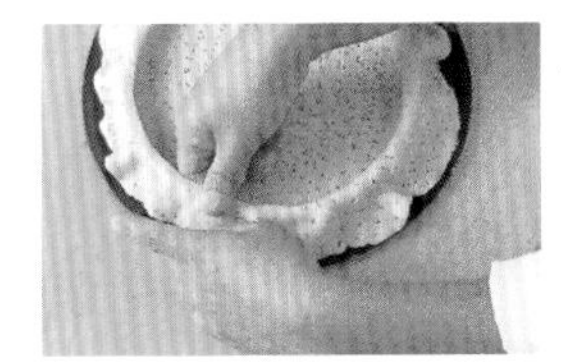

6
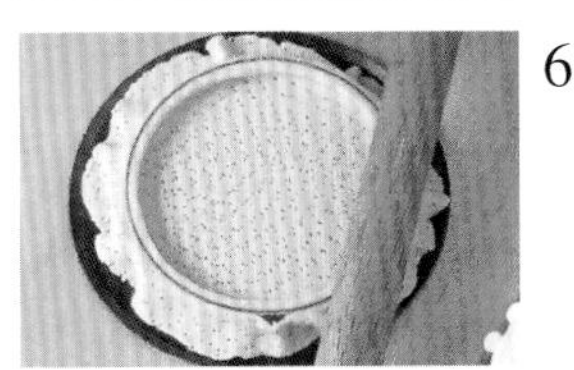

7

預備動作

・在環型塔模上薄薄地塗上奶油。

將麵糰擀壓後舖在模型上（→foncer）

①在工作檯及麵糰上撒上手粉，以擀麵棍輕敲甜酥麵糰以調整其硬度。輕揉麵糰使其呈圓形狀，壓平後，邊擀平麵糰邊旋轉，使其擀壓成較模型稍大的圓形（→abaisser）。

＊甜酥麵糰是由奶油製成的麵糰，所以較為脆弱，很快地擀壓時可能會造成表面的裂痕。首先將其揉搓至適當的硬度，以回復可塑性（→P.92）。

＊也不要擀壓得太薄。

②在表面刺出排氣孔（→piquer）。

③在淺盤模型tourtière上放置塗抹了奶油的環型塔模，再覆蓋上擀好的麵皮。

④將露出在模型外的麵皮提起，使其能確實落入模型內側中，並輕輕按壓模型的底部及側面，並且用食指側面按壓麵皮使其能貼合至角落。

⑤側面的麵皮高度也不能是剛好的高度，而應該是要使麵糰稍微預留突出，多餘的麵皮則是向外按壓。

⑥切除多餘的麵皮（→ébarber）。

⑦將側面預留突出的麵皮，稍稍按壓在模型邊緣使得烘烤後麵皮不會掉落。放入冷藏庫裡靜置。

環型塔模 cercle à tarte
塔餅用的環狀模。邊緣反折呈圓形邊的淺平環狀模型。因為沒有底部，常與烤盤（也經常使用稱為tourtiere的圓形模）一起組合使用。

8

10

9

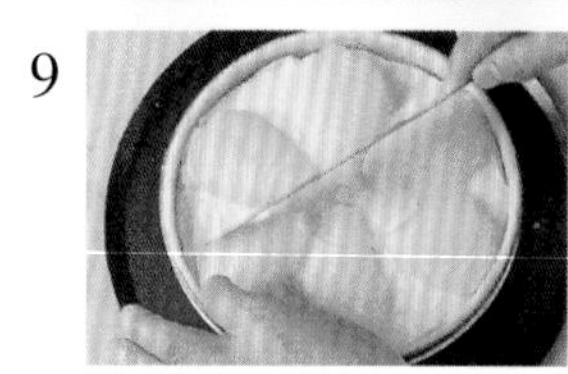

11

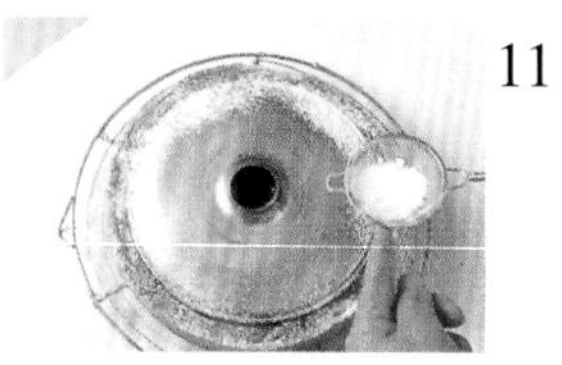

烘焙

⑧由冷藏庫中拿出靜置的麵皮，再次按壓使其與模型貼合。擠入杏仁奶油餡，用刮板corne平整表面。

⑨將切成2～3mm的水煮洋梨切片平鋪在奶油餡上。

⑩放入以180℃預熱的烤箱中烘烤40分鐘。烘烤完成立即用抹刀劃過派及環型模之間。冷卻後脫模，塗上鏡面果膠。

＊藉由以抹刀劃過派及環型模之間，使得空氣進入其中，這樣即使派餅冷卻後也不會再沾黏在模型上。如果派餅無法脫模時，再度將模型放入烤箱中加熱，再重新以抹刀劃過。

⑪將酥皮模（Vol-au-vent）放上（→P.121），撒糖粉裝飾上開心果。

＊鏡面果膠中加入10％左右的水分，使其沸騰完全溶化後使用。

Crème d'amandes

杏仁奶油餡

杏仁奶油餡就是杏仁奶油的意思。
常會裝填至派餅或塔餅中，經烘焙後食用。

材料 基本配比
奶油 100g 100g de beurre
糖粉 100g 100g de sucre glace
雞蛋 100g（2顆）100g d'œufs
杏仁粉 100g 100g d'amandes en poudre

預備動作
・將奶油、雞蛋放置於常溫中。
・將杏仁粉過篩。

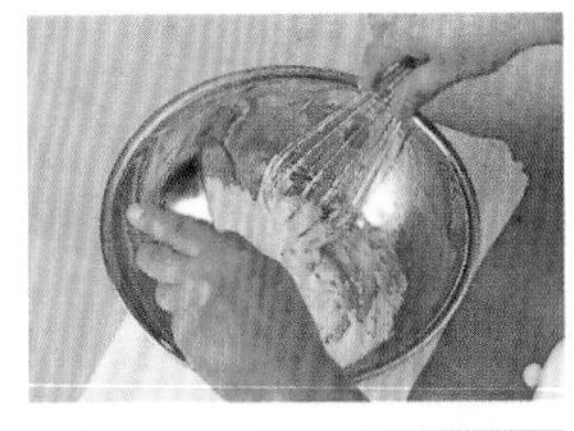

1 將奶油攪打至油膏狀般柔軟，糖粉分2～3次加入，充分攪拌均勻。

＊過度混拌時，會造成奶油分離，進而造成雞蛋與奶油分離的狀態。

2 打散的雞蛋逐次少量地加入，均勻混拌。當每次蛋液與材料完全混和之後，再逐次加入。

3 加入杏仁粉，將粉末整體大致地混拌至材料中。

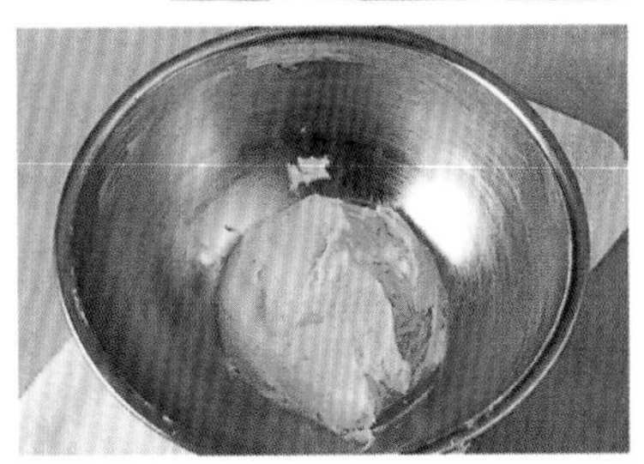

4 完成的狀態。

Tartelette au citron
法式檸檬小塔

檸檬塔或檸檬小塔的表面，以蛋白霜來裝飾，其實不是法式風格，應該是受美國檸檬派影響，但微酸的檸檬奶油和甜甜的蛋白霜組合，也是十分完美和諧的味道。
製作法而言，小塔及奶油是個別完成後組合在一起的。小塔餅的麵糰種類以及填入的阿帕雷蛋奶液、奶油餡、水果或堅果都可以自由調整搭配，但需要考慮依材料組合不同而有單獨烘塔餅，或將完成的奶油餡一起烘烤等製作方法。

＊Tartelette〔f〕 小型塔餅。

材料　直徑6cm的淺盤塔模12個份量

甜酥麵糰 基本配比 pâte sucrée

阿帕雷檸檬蛋奶液 appareil au citron

- 蛋 150g 150g d'œufs
- 細砂糖 150g 150g de sucre semoule
- 卡士達粉 15g 15g de poudre à crème
- 檸檬汁 90ml 90ml de jus de citron
- 奶油 120g 120g de beurre

義式蛋白霜 meringue italienne （→P.183）

- 蛋白 120g 120g de blancs d'œufs
- 細砂糖 20g 20g de sucre semoule
- 糖漿 sirop
  - 水 70ml 70ml d'eau
  - 細砂糖 220g 220 g de sucre semoule

糖粉 sucre glace

手粉（高筋麵粉）farine de gruau

淺盤塔模 millasson
開口稍大的淺圓形小塔模

1
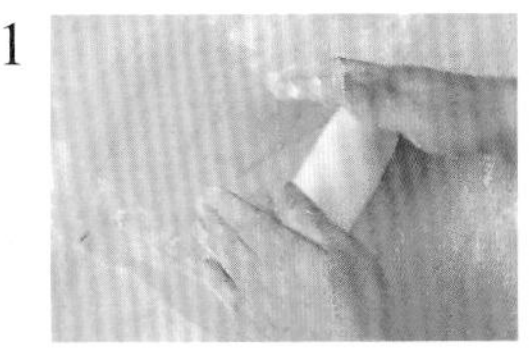

2
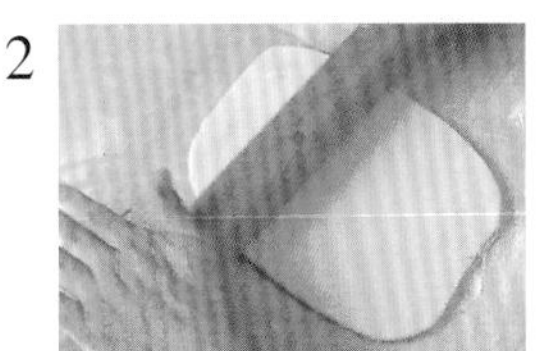

3
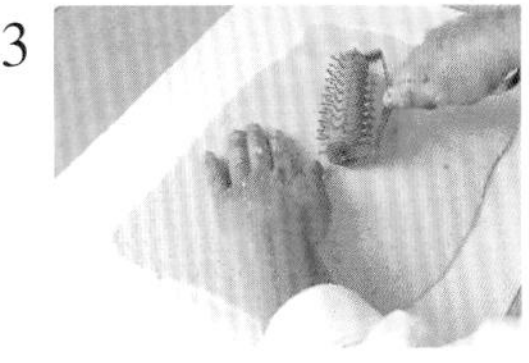

4
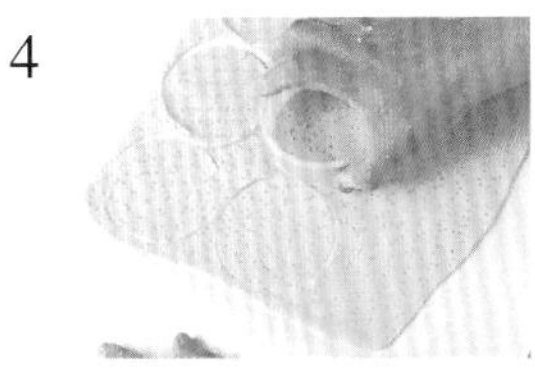

5
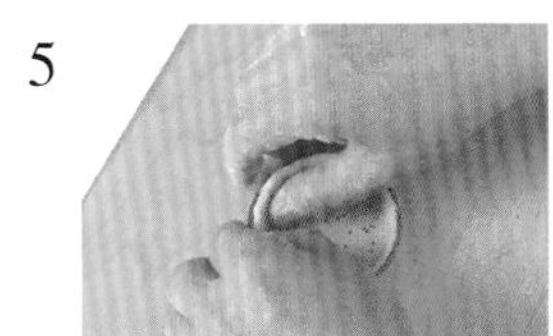

6

7

8

9

10

將麵糰擀壓後舖在模型上（→foncer）

①以擀麵棍輕敲甜酥麵糰以調整其硬度，輕輕揉搓使其成爲圓柱體。

②邊撒上手粉邊將其擀壓成3mm的厚度（→abaisser）。

③攤放在紙張上（因爲要印模，所以將麵皮舖在紙張上會比較容易取下），刺出排氣孔（→piquer）。

＊若麵糰變得柔軟，可放置於冷藏庫中冷卻固定。

＊若是要填入水分較多的液體，一般不會刺出排氣孔。

④以直徑8cm的印模emport-pièce，印出圓形麵皮。

⑤在模型上放上麵皮，以兩手的手指按壓麵皮周圍，像要將麵糰折入模型般按壓進去。在模型的底部和側面以兩手的姆指按壓舖平麵皮。放置冷藏庫靜置。

＊必須留意手指的痕跡留在麵皮上會使其厚度不同，烘烤時就會造成烤色不均勻的狀態。

⑥再次輕壓舖好的麵皮，麵皮與塔模貼合，切除多餘的麵皮（→ébarber）。

烘烤塔皮

⑦在麵皮上舖上紙張並放上重石，以180℃預熱的烤箱烘烤。

⑧待麵皮的邊緣呈淡淡烘烤色時，拿掉重石，使內側也烘烤成同樣的烘焙色。立刻脫模冷卻備用。

＊當麵皮烘烤完成時間不同時，依序先取出烘出漂亮顏色的塔餅。

製作阿帕雷檸檬蛋奶液

⑨將鍋中放入打散的雞蛋、砂糖、卡士達粉充分混拌，加入檸檬汁拌勻。加入切成小塊的奶油。

⑩加火混拌至沸騰。待煮出光澤滑順後，再熬煮至產生濃度時即告完成。

11

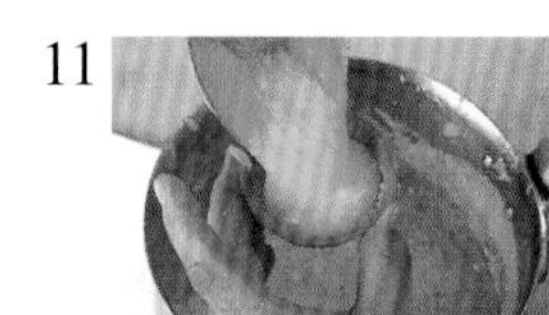

12

13 **加入阿帕雷檸檬蛋奶液，完成**

⑪ 在阿帕雷檸檬蛋奶液尚未冷卻時，倒入烘烤完成的塔皮至八分滿，待其冷卻凝固。

⑫ 製作義式蛋白霜。將糖漿的材料加在一起，以110～120℃熬煮，另外在蛋白中加入20g的細砂糖打發至拉起時呈堅挺角度。將熬煮好的熱糖漿，以少量方式加入打發的蛋白中，打發至熱度完全消失爲止。

14

＊如果過度打發，會變得太乾，所以當打發後，至熱度消失為止時可用低速來攪打。

⑬ 用裝有星形擠花嘴douille cannelée（8齒、直徑6mm）的擠花袋poche，將義式蛋白霜擠在阿帕雷檸檬蛋奶液上。

⑭ 在表面撒上糖粉，以上火較強的250℃烤箱將蛋白霜烤上焦色。

檸檬和萊姆

citron／lime、citron vert

橘科的柑橘類。無論哪一種都原產於印度。檸檬是12世紀左右，中世十字軍從巴勒斯坦帶回去的，被廣泛栽植於西班牙起的地中海沿岸。因長途航海欠缺維生素C，而受到重視，在15世紀，由哥倫布傳進美洲大陸。

果汁中含有檸檬酸，具有殺菌、恢復疲勞及幫助消化蛋白質的作用。另外含有抗壞血酸（維生素C）、生育醇（維生素E）以及類黃酮等抗氧化物質。果汁中還有可以防止蘋果變黃等防止氧化的作用。

果皮含有大量的果膠、芳香精油（檸檬精油、檸檬醛），果醬或糖漬檸檬皮、還可作為精油及利口酒的原料。雖然磨下的新鮮果皮屑可以增添烘烤糕點的香味，但希望使用的果皮屑是沒有經過防腐劑處理的。雖然有很多從美國的輸入品，但在日本國內瀨戶內海沿岸地區也有栽植。

萊姆比檸檬小，成熟時會呈現淡黃色，但都會在綠色時採收。酸味比檸檬強，有獨特的香味。一般稱之為萊姆的，通常是指墨西哥萊姆（果實較小，也被稱為黃萊姆），其他還有大溪地萊姆（果實較大）、酸味較少的甜萊姆。

Tartelette aux pignons
法式松子塔

加了焦糖芳香的松子果仁塔餅。在甜酥麵糰的應用中，加上了杏仁粉烘烤成小塔皮，倒入阿帕雷蛋奶液烘烤，再加上烘焙好松子的組合。松子是在普羅旺斯及朗格多克、庇里牛斯山等法國西南地區，自古以來就經常用於糕點的材料。

法式松子塔

材料　直徑7cm小塔 12個

杏仁甜酥麵糰 pâte sucrée aux amandes
- 奶油 125g 125g de beurre
- 糖粉 100g 100g de sucre glace
- 蛋黃 20g 20g de jaunes d'œufs
- 蛋 50g 50g d'œuf
- 鹽 1小撮（2g） 1 pincée de sel
- 低筋麵粉 200g 200g de farine
- 杏仁粉 50g 50g d'amandes en poudre

全蛋汁（全蛋打散後之金黃蛋汁） dorure

焦糖松子 pignons caramélisés
- 松子 300g 300g de pignons
- 水 60ml 60ml d'eau
- 細砂糖 500g 500 g de sucre semoule
- 蜂蜜 30g 30g de miel

阿帕雷蛋奶液 appareil
- 蛋黃 75g 75g de jaunes d'œufs
- 細砂糖 75g 75 g de sucre semoule
- 酸奶 150g 150g de crème aigre
- 鮮奶油（乳脂肪成分48%） 225ml 225ml de crème fraîche
- 香草莢 2根 2 gousses de vanille
- 牛奶 150ml 150ml de lait
- 蘭姆酒 15ml 15ml de rhum

糖粉 sucre glace

手粉（高筋麵粉） farine de gruau

※Pâte sucrée aux amandes 杏仁甜酥麵糰　添加了杏仁風味的甜酥麵糰。

1

2
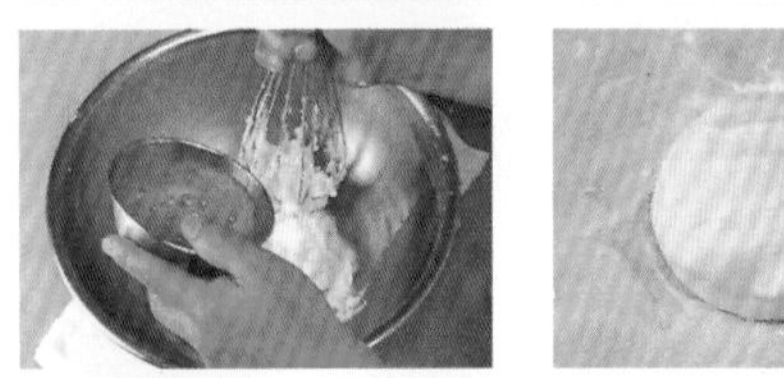

3

4

5

6
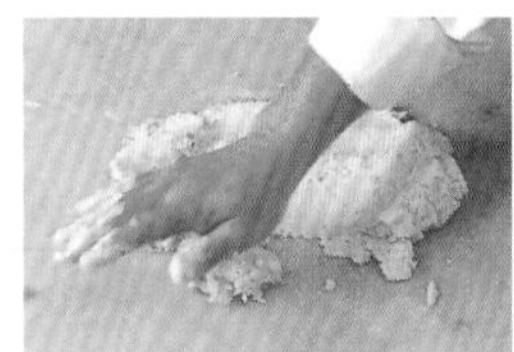

7

8

9
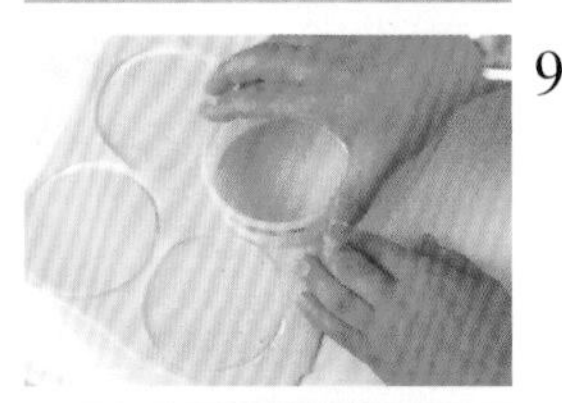

10
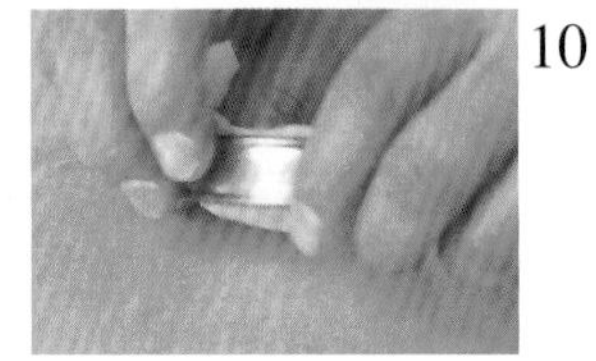

預備動作

・將低筋麵粉和杏仁粉混合過篩備用。

・使奶油變柔軟。
＊具可塑性（可以自由變化形狀）之狀態（13～18℃）。

・將香草莢縱向剝開，泡進鮮奶油之中（漬泡一個晚上香味滲入即可）。

製作杏仁甜酥麵糰

①攪拌變柔軟的奶油，使其硬度均一後，加入砂糖後仔細拌均。

②在打散的蛋黃和雞蛋中加入食鹽，再少量逐次地加入①中，拌勻。

③加入過篩後的粉類。

④以刮板corne將粉類由周圍撥向中央，整合成一個麵糰。

⑤將麵糰折疊般地重疊並重複操作，直至粉類完全拌入材料中，整合成一個麵糰。

⑥將其取出放在工作檯上，並用手掌搓揉（→fraiser）。

⑦撒上手粉，用雙手輕揉使其成爲完整的麵糰。

⑧將麵糰按壓成扁平狀後，用塑膠袋包起來，放置冷藏庫冷卻固定。

將麵皮舖進模型中（→foncer）

⑨以擀麵棍輕敲麵糰以調整其硬度，輕揉使其揉成麵糰後，擀壓成2mm厚度的麵皮。靜置於冷藏庫醒麵，再以直徑9cm的印模印出形狀。

⑩將麵皮依環型模的形狀舖入其中。將模型稍稍提起，使麵糰能夠有垂下來的感覺。如此才能將麵糰漂亮地舖入底部的角落。放置在紙張上，靜置於冷藏庫之中。

11

17

12

18
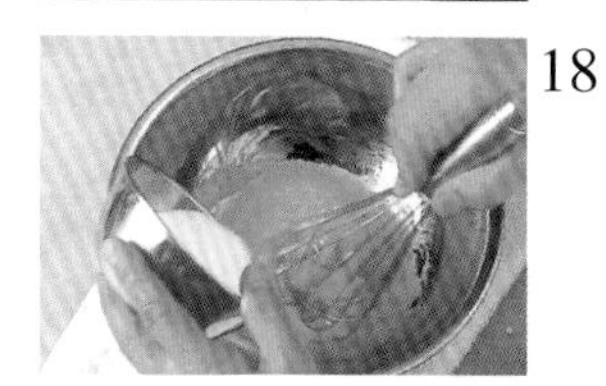
13

19

14

20

15

21

16

22

預備動作

⑪ 切除多餘的麵糰（→ébarber）。

烘烤塔皮

⑫ 在麵皮上蓋上紙張放入重石，以預熱180℃的烤箱烘烤。

⑬ 當邊緣開始上色後，拿掉重石，在內側的麵皮上塗上蛋汁，以其能烘烤出焦色。

＊一旦塗上蛋夜後，塔皮就能夠成為十分紮實的盒狀，即使加入水份較多的奶油餡等，也可以長時間保持塔皮的酥脆。

製做焦糖松子

⑭ 在鍋中加入水、細砂糖以及蜂蜜，使其沸騰。

⑮ 放入松子，待其沸騰後再熬煮約1分鐘。

⑯ 用漏杓取出松子，以切拌方式將松子平舖攤放在墊有矽膠墊的烤盤上。

⑰ 以180℃預熱的烤箱烘烤至呈焦糖色（→caraméliser）。

＊途中以木杓子均勻地加以混拌至著上焦色為止。最開始仍會感覺到其黏性，但接下來就漸漸呈現酥脆鬆散狀。

製作阿帕雷蛋奶液

⑱ 在蛋黃中加入細砂糖混拌。

⑲ 加入酸奶繼續混拌。

⑳ 將鮮奶油與牛乳混合，將刮出種子的香草莢浸泡於其中使其能吸收香氣（儘可能在前晚將香草莢浸泡於其中，在冷藏庫靜置一晚。）。加入⑲當中混拌。再加入蘭姆酒後過濾（→passer）。

倒入阿帕雷蛋奶液後再度烘烤

㉑ 待烘烤的塔皮冷卻後，倒入阿帕雷蛋奶液。再以200℃預熱的烤箱中烘烤10～15分鐘。稍涼放入冷藏庫中冷卻固定。

＊若烘烤後塔皮仍為熱熱的狀態就倒入阿帕雷蛋奶液的話，會形成其中的空隙。

㉒ 脫模，放上焦糖松子，撒上糖粉。

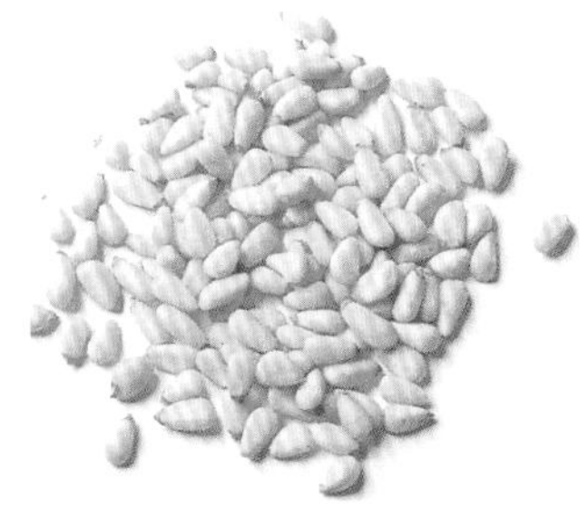

松子

朝鮮松（Pinus koraiensis）、義大利松（Pinus pinea）、台灣赤松、墨西哥松（松子）等這些松樹當中都有種子可食用。在中國被稱之為是仙人靈丹般，有著豐富的脂肪、蛋白質、鐵質、鈣、維生素B1、B2以及維生素E等。使用在糕點製作，也用於煎烤餅乾或蛋白杏仁餅。

酸奶

在鮮奶油中加入乳酸菌使其發酵而成，酸味強烈。與鮮奶油或乳酪奶油等濃郁風味的材料搭配，可以讓糕點有更爽口的風味及輕爽的口感。與柑橘類的慕斯也十分搭配。在日本，主要是以高脂肪成分（40%左右）的產品為主。在俄羅斯、中、東歐以及英、美、荷蘭等都經常被使用。

關於法式塔皮麵糰

比餅底脆皮麵糰Pâte à foncer以及甜酥麵糰Pâte sucrée更酥脆的派皮麵糰，就是法式塔皮麵糰。多為砂糖、雞蛋以及奶油配方，烘烤成入口即化酥脆、絕佳風味為條件，除了和甜酥麵糰相同地能夠做為塔餅的底部外，還可以印模等烘烤成法式甜餅gâteaux secs（餅乾）。

雖然是製作法式塔皮（sabler：將油脂和粉類搓揉使其成為鬆散狀，再加入雞蛋及砂糖。），但同時也是製做crémer（crémer：在油脂中加入砂糖、雞蛋，以手或機械將其混拌呈乳霜狀，再加上雞蛋及粉類）。另外在麵糰中如果加上泡打粉，會更膨鬆地漲大而更具鬆脆的口感。

sablée，是有著豐富的奶油及雞蛋風味，酥脆口感的烘烤小點心。法式塔皮麵糰Pâte sablée，雖然指的是sablée用的麵糰，但風味更好所以廣被使用。即使說是要做餅乾（sablée），但是用於形容烘烤成而的成品，仍是像砂（sable）一般鬆脆易碎的狀態因而得名。

法式塔皮麵糰

奶油

均質化

麵粉＋泡打粉＋砂糖＋食鹽

↑

蛋

基本麵糰

Pâte sablée

法式塔皮麵糰

材料 基本配比

低筋麵粉 250g 250g de farine

泡打粉 2.5g 2.5g de levure chimique

糖粉 125g 125g de sucre glace

奶油 125g 125g de beurre

雞蛋 50g（1個）50g d'œuf

鹽 1小撮（1.5g）1 pincée de sel

手粉（高筋麵粉） farine de gruau

預備動作

・低筋麵粉和泡打粉混拌過篩（→tamiser）。

・材料全都放入冷藏庫中冷卻。

＊奶油必須使用以指頭按壓時也幾乎不會留下指印之硬度。

1 混合過篩的粉類和糖粉，再加上切成小塊的奶油放入食物調理機cutter中。

＊使用食物調理機時，可以更快更好地製作出麵糰。如果以手工作業時，使用刮板corne，將奶油切成小塊，撒上粉類，再以手掌按壓在工作檯上的方式加以搓揉，使其成為鬆散的狀態。

2 將奶油散放至粉類當中，直至看不見並混拌至成鬆散狀態爲止（→sabler）。

3 將蛋打散後加入食鹽。加入2的材料中。

4 攪打至蛋汁融合於所有材料之中。

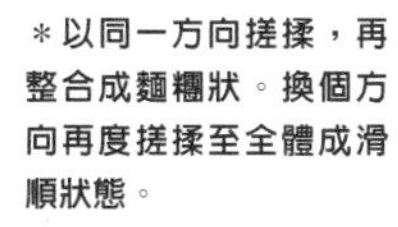

＊以同一方向搓揉，再整合成麵糰狀。換個方向再度搓揉至全體成滑順狀態。

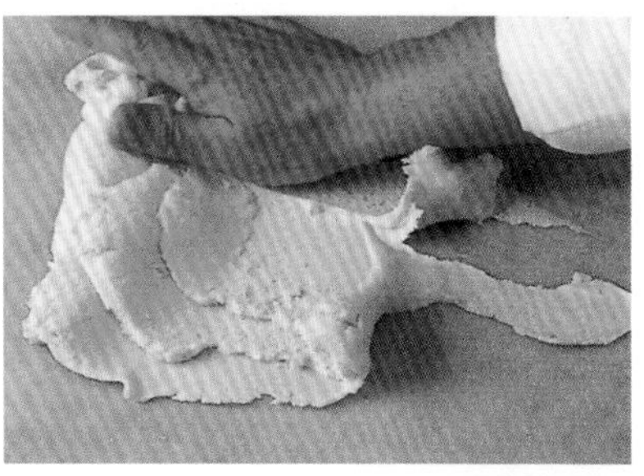

5 取出放置於工作檯上，再少量逐一地在工作檯上以手掌推壓。確認所有的材料是否完全混拌，成均質狀態（→fraiser）。

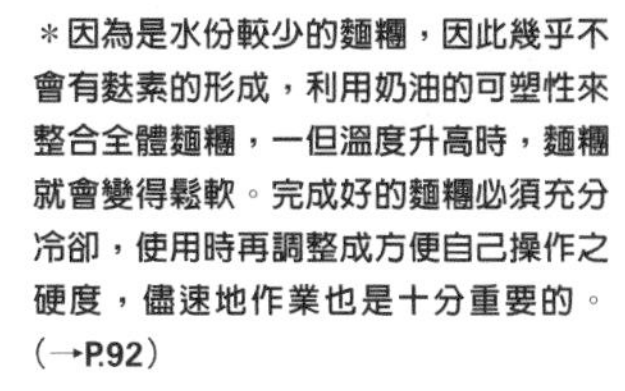

＊因為是水份較少的麵糰，因此幾乎不會有麩素的形成，利用奶油的可塑性來整合全體麵糰，一但溫度升高時，麵糰就會變得鬆軟。完成好的麵糰必須充分冷卻，使用時再調整成方便自己操作之硬度，儘速地作業也是十分重要的。（→P.92）

6 撒上手粉，以兩手輕揉使其呈麵糰狀。用塑膠袋包妥，呈扁平狀後放入冷藏庫冷卻固定。

Florentin sablé

弗羅倫丹焦糖杏仁餅乾

弗羅倫丹是指薄薄地烘烤杏仁牛軋糖，裡側沾有巧克力的小點心。
這是與法式塔皮麵糰組合應用的糕點。

＊Florentin〔adj〕佛羅倫斯風（florence）的形容詞。男性名詞中，使用杏仁果的佛羅倫斯風糕點名稱。

材料 40×60cm烤盤一盤的分量
法式塔皮麵糰 基本配比×2 Pâte sablée
阿帕雷蛋奶液 appareil
鮮奶油（乳脂肪成分48%） 200ml 200ml de crème fraîche
- 蜂蜜 100g 100g de miel
- 麥芽糖 100g 100g de glucose
- 細砂糖 300g 300 g de sucre semoule
- 奶油 200g 200g de beurre
- 杏仁片 300g 300g de d'amandes effilées

調溫巧克力（或覆淋巧克力）couverture ou pâte à glacer
開心果 pistaches
手粉（高筋麵粉）farine de gruau

1

2

3

4

5

6

7

8

9

10

預備動作

①輕揉放在冷藏庫冷卻固定的法式塔皮麵糰。將其擀成烤盤大小（→abaisser），刺出排氣孔（→piquer），舖放在烤盤上。
＊若要擀成長方形時，可先將其揉成圓柱形後再擀開（→P.92）。

②放入預熱180℃的烤箱約20分鐘，烘烤成淡淡烘焙色時，放涼。
＊麵糰烘烤後會略為縮小，若與烤盤間產生間隙時，考慮到之後將倒入的阿帕雷蛋奶液，此時可以用擀成條狀的麵糰，將間隙加以填滿。

③在鍋中放入鮮奶油和蜂蜜、麥芽糖、細砂糖以及奶油後加熱。

④以木杓spatule en bois邊混拌邊使其融化，熬煮至110℃。
＊與熬煮糖漿時相同，110℃時以手指沾取時，會產生糖絲狀（filé→P.61）。以湯匙沾取熬煮的糖漿，待其稍涼後，以手指沾取來確認狀態。

⑤熄火，加入杏仁片。

⑥蛋奶液趁熱地倒至法式塔皮上，再以抹刀平整其表面。

⑦放入預熱180℃的烤箱中烘烤25分鐘，至表面烘烤成漂亮的焦糖色爲止（→caraméliser）。烘烤完成後取出放涼，待表面變硬後再拿出。
＊在周圍以刀子劃過，覆上矽膠墊翻面，將其從烤盤上脫模拿下來（也可以直接分切）。

⑧覆上紙張再度翻面，切分成小塊（切成短邊2cm、長邊4cm、高9cm的梯型）。

⑨兩端沾上調溫巧克力。
＊調溫巧克力經過調溫後使用（→P.356）。也可以將覆淋巧克力溶化後使用。

⑩在調溫巧克力凝固前，撒上切碎的開心果。

Galette d'orange
柳橙薄塔

不使用模型製成的塔餅風糕點。在法國研修時，曾在里昂的Bernachon店中學習到製作方法。玻璃紙包妥後繫上蝴蝶結的優雅包裝，讓我不禁回憶起心動的感覺。

＊Galette〔f〕扁圓形的烘焙糕點。

材料　直徑18cm大小2個份

法式塔皮麵糰　基本配比 Pâte sablée

搭配材料 garniture

- 柳橙果醬 50g 50g de marmalade d'orange
- 糖漬柳橙皮 50g 50g d'écorce d'orange confite

阿帕雷蛋奶液 appareil

- 杏仁糖粉 T.P.T. 160g 160g T.P.T.
- 低筋麵粉 20g 20g de farine
- 蛋白 130g 130g de blancs d'œufs
- 細砂糖 30g 30 g de sucre semoule

糖粉 sucre glace

糖漬柳橙皮（裝飾）écorce d'orange confite

※糖漬柳橙皮　是使用法國Savant公司製造的軟質柳橙皮。是為了增添柳橙果醬的濃郁風味而加入的，所以如果只有乾燥的硬果皮時，也可以省略。

※杏仁糖粉T.P.T.　是將等量的杏仁及砂糖一起碾磨成粉。也可以用等量的杏仁粉及糖粉混合使用。

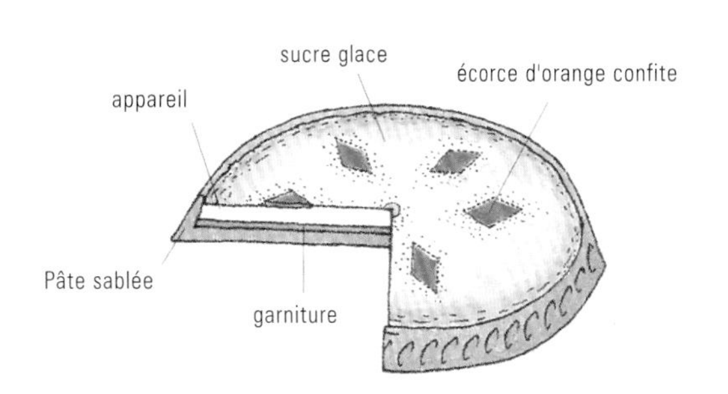

Galette d'orange

酥皮模 Vol-au-vent

圓盤狀模型。有直徑10～25cm左右的各式種類。放置在擀平的派皮麵糰或烘烤好的海綿蛋糕上，在其周圍插入刀子，切成所需大小之圓模。Vol-au-vent是指在附有蓋子的圓形派餅中填入材料的料理名稱，而同時也是派餅麵皮印模時所需的道具，故此命名。

1

2

3

4

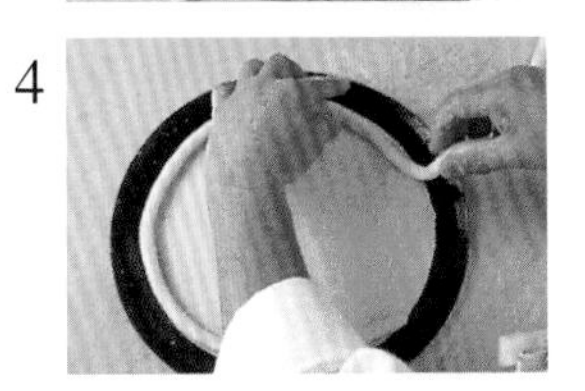

5

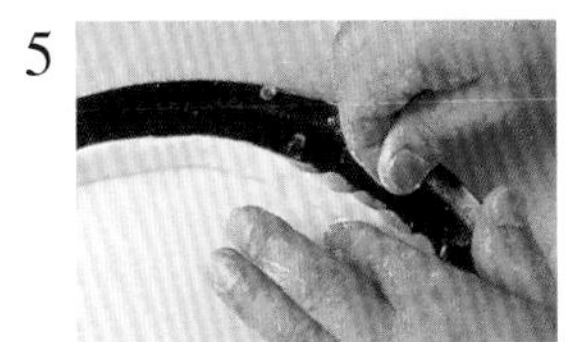

6

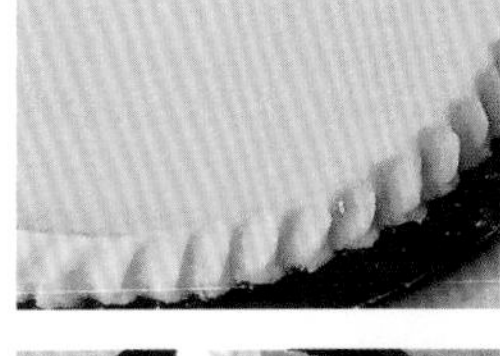

7

8

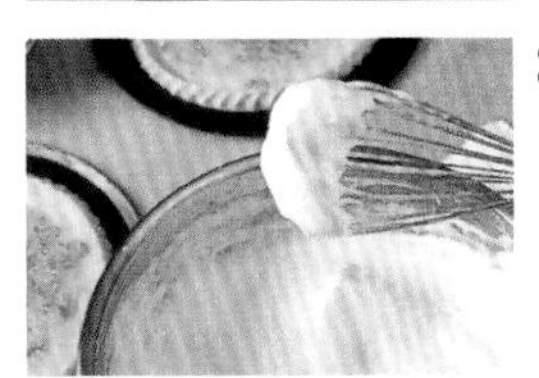

9

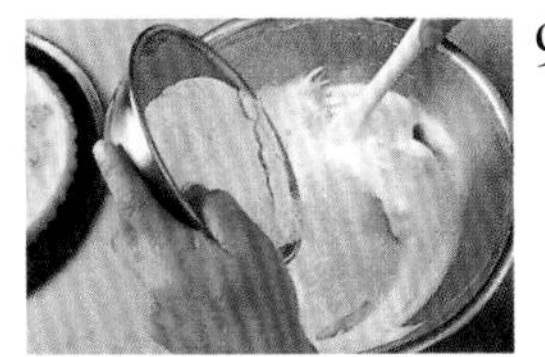

預備動作

・將阿帕雷蛋奶液中所需的杏仁糖粉與低筋麵粉混合，以較大網目的網篩過篩備用。

＊也可僅將杏仁粉用網目較粗的網篩過篩。

製作麵糰的形狀

①將冷藏庫中冷卻凝固的法式塔皮麵糰重新揉搓後，將其分成兩等份的圓形。再各擀壓成直徑約20cm的圓形（→abaisser），將淺盤模型tourtière放置在上面。

②以直徑18cm的酥皮模來印模，切出麵皮的形狀。

③將切剩的麵皮擀成粗1cm的棒狀。

＊當麵糰變軟不容易擀開成形時，再放入冷藏庫中冷卻固定。

④在圓形麵皮的邊緣輕輕塗抹清水，再將棒狀的麵糰條黏著於麵皮邊緣。

⑤彷彿是製作牆壁般地以指尖將麵糰推起，內側以手指輕輕按壓，外側則用手指抓起麵糰做出邊緣的裝飾（→pincer）。

⑥邊緣的裝飾完成後，即放入冷藏庫冷卻固定。

⑦將切碎的糖漬柳橙皮加入搭配材料的柳橙果醬中，塗在底部麵皮上。

製作阿帕雷蛋奶液

⑧打散蛋白，加入細砂糖打發至拉起蛋白時其尖角呈直立狀態。最後，再用力攪拌全體，製成紮實的蛋白霜（→serrer）。

⑨在蛋白霜中加入過篩後的杏仁糖粉和低筋麵粉，充分混拌。

10

11

12

13 **烘烤完成**

⑩ 在 ⑦ 中倒入阿帕雷蛋奶液，用刮杓平整表面。

⑪ 撒上糖粉待其溶化後，重覆2～3次。

＊烘烤完成時，之前溶化的糖粉會凝結成珍珠狀的粒狀固體，製造出表面質感（→perlage）。

⑫ 以糖漬柳橙皮加以裝飾，放入180℃的烤箱中烘烤30分鐘。烘烤完成後，立刻將抹刀palette劃入塔皮和淺盤模型之間，待完全冷卻後移至網架。

＊烘烤完成時，塔皮仍為柔軟狀態，所以此時移動時會使塔皮破裂。

＊藉由將抹刀palette劃入塔皮和淺盤模型之間，使空氣進入其中，待塔皮冷卻時就不會沾黏在模型上了。

糖漬柳橙皮

糖漬果皮是將柑橘類的果皮以砂糖醃漬，所以主要是以柳橙、檸檬等果皮來製造。果皮以糖漿來醃漬，糖漿的濃度逐漸升高，而浸透壓會使糖份充分地滲入果皮之中，因此可以醃漬出柔軟的果皮。切碎後加入麵糰或奶油中，可以增添風味，也用於裝飾。

果醬

將柑橘類的果皮切絲後，加入果汁、果肉和砂糖一起熬煮而成的果醬。柳橙是最常使用的。柑橘類的果皮因含有大量的精油所以香氣特別強烈。另外，表皮下的白色部分，含有大量的果膠，若不除去這個白色部分加以使用，完成的成品會有獨特的苦味。可以和杏桃果醬一樣使用於糕點完成時。果醬Marmalade原為葡萄語的橘子果醬（marmelada）而來的，原是用砂糖熬煮marmelo（像花梨一樣形狀具有香氣且含大量果膠的水果）的果肉成為含果肉的濃稠狀，變硬後成為果凍的食品。後來才運用於各種水果上。法文中的Marmalade是指含果肉的濃稠果醬，但現在大部分是特別用於柑橘類的果醬。在日本農林規格（JAS）中，規定Marmalade是使用20%以上柑橘類水果及果皮製成的產品。

Moulinois
巧克力磨坊蛋糕

在法式塔皮麵糰的應用中，添加了可可亞的巧克力風味。這裡是烘烤成圓形，且夾著奶油餡的糕點，但也可以烘烤成塔餅（或是小塔餅）形狀。

* Moulinois〔adj〕 Moulin（風車、水車等製粉機器）的形容詞。

巧克力磨坊蛋糕

材料　直徑16cm蛋糕 2個分

巧克力法式塔皮麵糰 Pâte sablée au chocolat

- 低筋麵粉 250g 250g de farine
- 可可粉 8g 8g de cacao en poudre
- 榛果糖粉 130g 130g de T.P.T. noisette
- 奶油 165g 165g de beurre
- 雞蛋 50g 50g d'œuf
- 鹽 1小撮（1～1.5g）1 pincée de sel

杏仁奶油慕斯 mousse au beurre au praliné

- 奶油 250g 250g de beurre
- 糖杏仁 60g 60g de praliné
- 義式蛋白霜 用量為以下所記之一半 meringue italienne

巧克力奶油慕斯 mousse au beurre au chocolat

- 甘那許 ganache（→P.65）
  - 巧克力（可可亞成分56%） 65g 65g de chocolat
  - 鮮奶油（乳脂肪成分48%） 65ml 65ml de crème fraîche
- 奶油 100g 100g de beurre
- 義式蛋白霜 用量為以下所記之一半 meringue italienne

義式蛋白霜 meringue italienne （→P.183）

- 蛋白 120g 120g de blancs d'œufs
- 水 90ml 90ml d'eau
- 細砂糖 250g 250 g de sucre semoule

可可粉 cacao en poudre

糖粉 sucre glace

金幣巧克力（裝飾）médaillon de chocolat

手粉（高筋麵粉）farine de gruau

＊榛果糖粉tant pour tant noisette　使用等量的榛果和砂糖一起碾磨而成之粉末。也可以用榛果粉和糖粉混合使用。

1

2

3

4

5

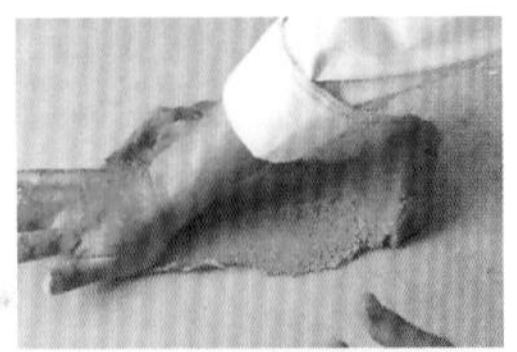

6

7

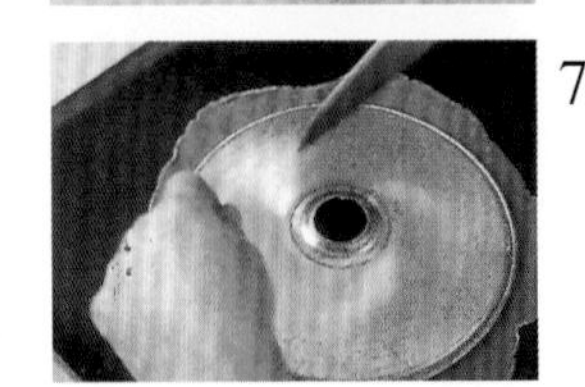

預備動作

・將低筋麵粉及可可粉混合過篩備用（→tamiser）。

・將巧克力法式塔皮麵糰的材料全部放置於冷藏庫中冷卻備用。

＊奶油必須使用以指頭按壓時也幾乎不會留下指印之硬度。

製作烘烤巧克力法式塔皮麵糰

①將混合過篩的低筋麵粉、可可粉以及榛果糖粉一起放入食物調理機中攪打。加入切成小塊的奶油繼續攪打。

②攪打至奶油完全消失在粉類當中，呈現鬆散狀爲止(→sabler)。

③將雞蛋打散，加入食鹽溶化後，加入②的材料中。

④攪拌至材料全部融合爲一。

⑤取出放置在工作檯上，以手掌來推壓(→fraiser)。

⑥撒上手粉，以兩手輕輕將其揉成麵糰。放入塑膠袋中壓成扁平狀，放置冷藏庫中冷卻固定。

⑦以擀麵棍輕敲以調整麵糰之硬度，將其分成6等份。將6等份各別擀壓後，以酥皮模印模（1個蛋糕用3片麵皮）。以預熱180℃的烤箱烘烤15分鐘，置於網架上放涼備用。

8

9

10

11

12

13

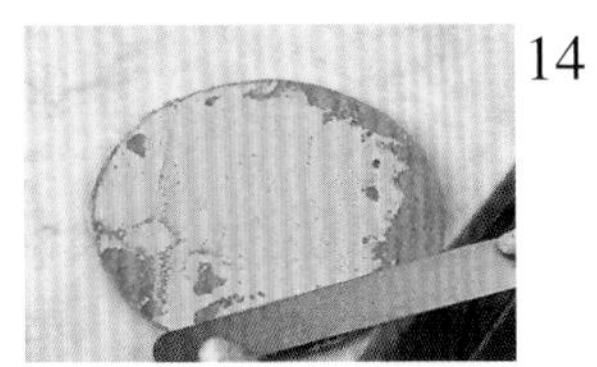
14

15

製作杏仁奶油慕斯

⑧以打蛋器（→fouet）攪打放置於室溫中至柔軟的奶油。再加入呈現光滑狀的糖杏仁。

⑨加入義式蛋白霜（→P.183），不破壞氣泡地將其大致混拌均勻。

製作巧克力奶油慕斯

⑩製作甘那許。以打蛋器攪打放置於室溫中至柔軟的奶油，加入甘那許。

⑪加入義式蛋白霜，不破壞氣泡地將其大致混拌均勻。

組合

⑫待法式塔皮冷卻後，將4片各交替地擠入2種慕斯。

⑬將兩種重疊後，放入冷藏庫冷卻固定。

⑭剩下的2片塔皮，則在平坦面上薄薄地塗上剩餘的巧克力奶油慕斯，將塗了奶油的那面朝上，在⑬的材料上各覆上一片。

⑮表面上撒上可可粉和糖粉，以巧克力金幣加以裝飾。

糖杏仁（praliné 帕林內）

也稱之為pralin。是將杏仁果淋上糖漿，煮成焦糖狀之同時也加熱了杏仁果。將這樣的杏仁果碾磨成粉末狀，或是將其壓碎成膏狀。有著堅果的香味和焦糖隱約的苦味。添加在奶油及餡料之中，可以增加香氣和濃郁的風味，也可以成為巧克力球的中芯餡料。也有榛果製成的或是杏仁果和榛果混和製成的。暫時放置後表面會浮現出油脂，因此必須仔細混拌後再用。

＊praline是杏仁果上淋上糖衣的糖果名稱，所以請不要混而為一。（→P.349）

第4章

折疊派皮之糕點

Feuilletage

粉包油法 feuilletage ordinaire

反轉法 feuilletage inversé

速成法 feuilletage à la minute

糖衣千層派 Mille-feuille glacé

皇冠杏仁派 Pithiviers

愛之泉 Puits d'amour

拿坡里修頌 Chausson napolitain

焦糖千層 Feuilletage sucré

巧克力千層酥派 Feuilletage au chocolat

巧克力薄荷千層 mille-feuille chocolat à la menthe

關於千層酥派（Pâte feuilletée）

派皮麵糰，是在粉類當中加入油脂，製造出鬆脆且易溶於口的餅皮狀態。

使其不產生麵粉加水後會產生的麩素，所以先用奶油與麵粉混拌揉搓後，即成為餅底脆皮麵糰，不加水以油脂揉搓麵粉製成的麵糰還有甜酥麵糰及法式塔皮麵糰，將這些折疊而成即稱之為折疊派皮麵糰。

相對於此，千層酥派即是在形成麩素的基本揉和麵糰（detrempe）中，重疊上奶油層，麵糰越薄所烘烤成的薄薄派皮也越多層，烘烤完成更具入口即化的口感。

Feuille就是紙片、葉片等意思，也表示許多薄層相疊的意思。

＊feuilletage〔m〕 Pâte feuilletée〔f〕折疊派皮麵糰。
＊détrempe〔f〕detrempe。麵粉中加水、鹽等混拌而成的麵糰。生麵糰。

麵粉＋水＋鹽→基本揉和麵糰（detrempe）
奶油

粉包油法 feuilletage ordinaire
以正統方法製造的普通的千層酥派。以麵粉、鹽和水製成的基本柔和麵糰(detrempe)，包裹住奶油，將其擀壓成帶狀並折疊。烘烤完成時，入口即化，是折疊派皮之製品中不可或缺的。但當其包裹住水分較多的材料時，因吸水性不佳，所以麵糰的中央會成為一片口感不好的板狀。

麵粉＋水＋鹽→基本揉和麵糰（detrempe）
麵粉＋奶油

反轉法 feuilletage inversé
inversé就是相反的意思，和普通千層酥派不同，相反地是將奶油與麵粉混合後，包住稍軟的基本揉和麵糰（detrempe）後折疊製作。因奶油中所含有的水份被混拌進去的麵粉所吸收了，所以奶油與麵糰的溶合較少，烘烤完成時的完成度及入口即化程度更佳。如焦糖千層Feuilletage sucré（→P.149）就是利用此種麵糰。

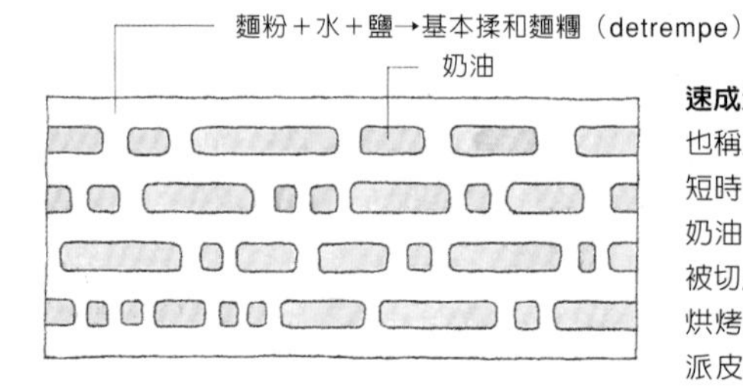

速成法 feuilletage à la minute
也稱之為快速折疊派皮Feuilletage rapide。不管是à la minute或rapide都是指短時間內完成的意思，也就是快速折疊派皮的意思。在麵粉中加入切成小塊的奶油、鹽和水，混拌後製成麵糰，並將其擀壓成帶狀加以折疊。奶油層就會被切成小段了。

烘烤完成時，可以膨鬆脹大有鬆脆的口感，但口感稍硬也較不溶於口。折疊派皮與普通千層酥派中間的性質相同，所以即使搭配了水分較多的奶油或水果，其口感也不會消失。

＊不需另外製作基本揉和麵糰(detrempe)來包住奶油，靜置時間也可以不用很長，製作後如經長時間的放置，膨鬆的口感會變差，所以應儘早使用完畢。

※黃色是奶油，白色是基本揉和麵糰(detrempe)。

feuilletage ordinaire

粉包油法

*ordinaire〔adj〕普通的

材料 基本配比

基本揉和麵糰 détrempe

- 低筋麵粉 250g 250g de farine
- 高筋麵粉 250g 250g de farine de gruau
- 鹽 10g 10g de sel
- 冷水 250ml 250ml d'eau froide
- 奶油 80g 80g de beurre

奶油 370g 370g de beurre

手粉（高筋麵粉） farine de gruau

預備動作

・將低筋麵粉和高筋麵粉混拌後過篩備用（→tamiser）。

・將材料冰涼。室溫較高時，也可以將麵粉放在冷藏庫中冰涼。

製作基本揉和麵糰

*在此加入奶油，減弱基本揉和麵糰的黏性及彈力，完成時才會有良好的口感。

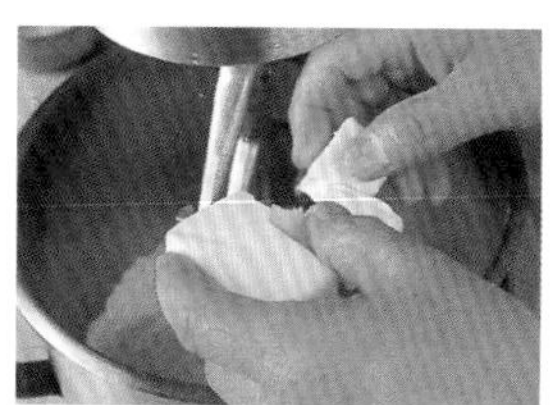

1 將混合過篩後的高筋麵粉和低筋麵粉一起放入攪拌盆中，將奶油（50g）剝成小塊加入其中。在糕點專用攪拌器mélangeur上裝上葉片型（→P.28）攪拌器來攪打，至奶油與麵糰均勻混拌。

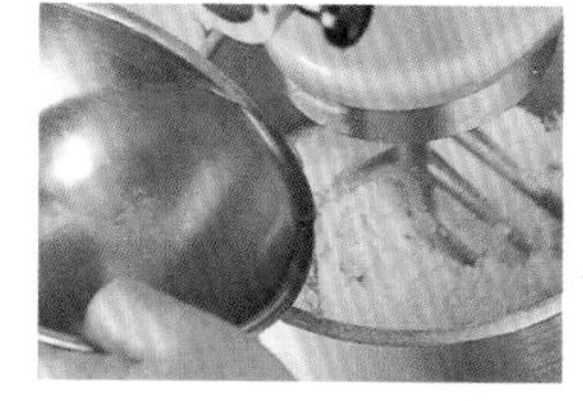

2 將鹽溶於冷水，均勻地灑入整體拌勻。

*在此即使無法將麵糰整合為一，但只要水分能滲入材料中即可。

3 當粉類中的水分完全被吸收，呈鬆散狀態時，將其取出攪拌盆放在工作檯上（麵糰的硬度請調整成較耳垂稍硬的狀態）。

*靜置是為了減弱在揉搓時所產生的麩素之黏性（彈性、韌性）。充分靜置後會較容易進行擀壓作業。

*室溫較高時可以放置在冷藏庫，冬季則在室溫下即可。之後包覆奶油不會使其溶化的程度即可。麵糰過度冷卻，即使靜置也無法減弱麩素的韌性。

4 將取出的麵糰整合爲一，在表面劃出十字形狀。放入塑膠袋中，靜置於陰涼處約1小時。需靜置至以手指按壓時，麵糰上的手指痕跡不會彈回來爲止。

以基本揉和麵糰來包裹奶油（→beurrage）

＊奶油變得太軟時，請再放回冷藏室冰冷。用基本揉和麵糰包住時，奶油與基本揉和麵糰的硬度相同是最理想的（圖1）。形成具有黏性，滑順且易於擀壓的狀態。

5　在剛從冷藏庫中剛取出的冷硬奶油（400g）上撒手粉，以擀麵棍輕敲奶油，以調整奶油內外之硬度，並將其調整成20cm的正方形。

〔折疊時的注意重點〕
＊折疊幾次時，可以用指印來做記號。
＊麵糰擀壓時就會產生麩素，奶油也會變得柔軟，所以折疊成三折的動作重覆兩次時，就應該放回冷藏庫靜置。
＊手粉的高筋麵粉可以視狀況而適度使用。

6　將基本揉和麵糰放置在撒有手粉的工作檯上，從切了十字的位置向四方擀壓開。將其擀壓成比奶油大的正方形，奶油以交錯方向放置上去。

7　將麵糰的對角接合連結起來。

8　四角都在中央連結完成。

＊要注意疊合部分的麵糰不可以較其他部分厚，接合處的麵糰，用手捏起使其接合，兩側以手指將其捻薄。以奶油同樣厚度的基本揉和麵糰，將奶油包起。

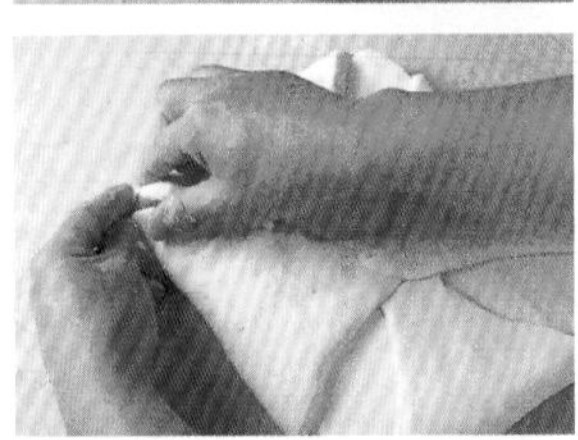

9　彷彿要將奶油的四角完全包裹起來一樣，從下方將麵糰向上提至包住奶油，麵糰接合處則以手指捏起黏結使其完全包合在一起（沒有間隙地完全密合）。

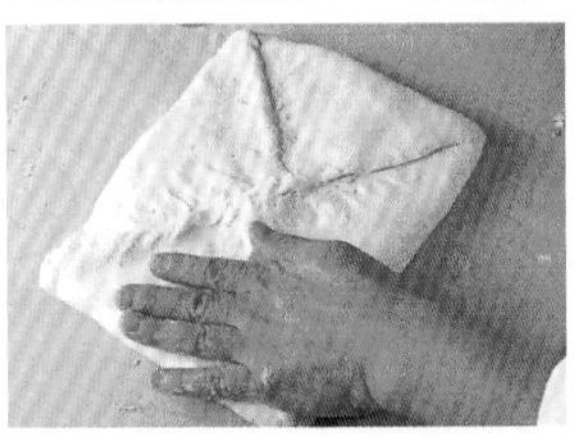

10　當所有的接合處都完全密封後，用擀麵棍輕敲全體，使麵糰和奶油可以完全貼合在一起。

將奶油折疊起來（→tourage）
兩次的三折疊，重覆三次（共計折疊6次）

11　麵糰由自己的前面及對向邊緣前端內側處按壓擀麵棍，按壓出凹槽（圖2-1）。

＊將重心均勻地加在擀麵棍上，以均勻的力量將其推成一致的厚度（→P.97）。

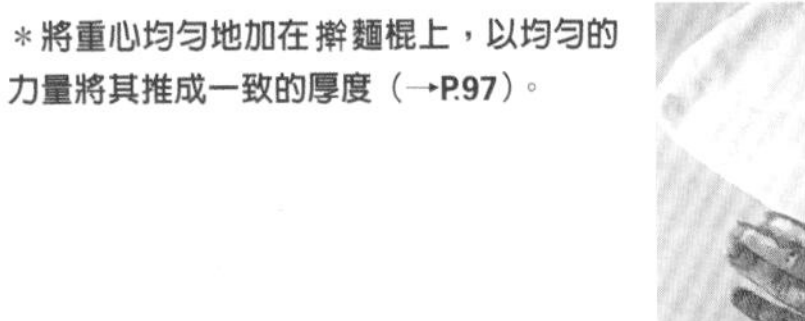

12　從麵糰的中央向著兩端的凹槽處前後擀壓麵糰。待麵糰擀壓至某個程度時，再由兩端較厚處向中央擀壓（圖2-2）。

折疊方法

折疊麵糰會因折疊的次數而影響到麵糰的膨脹、口感以及入口即化的感覺。為了能做成自己喜愛的狀態，可以折疊成三折、折疊成兩折（對折）或折成四折，折疊的次數不同而烘烤後的層次也隨之產生變化。

※ 四折

一端以適當的長度翻折，將剩下的部分對折，接著再將全體對折。

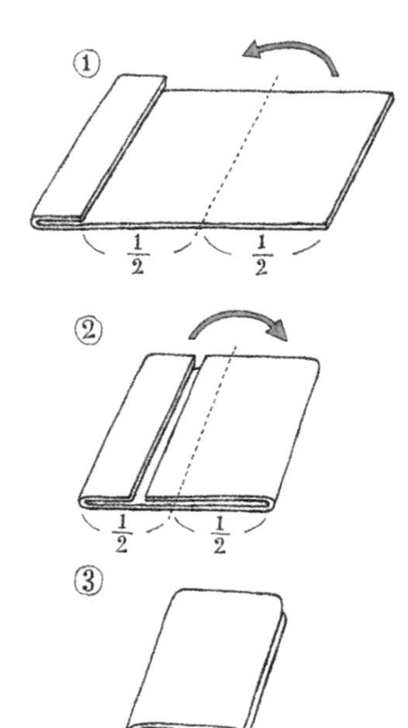

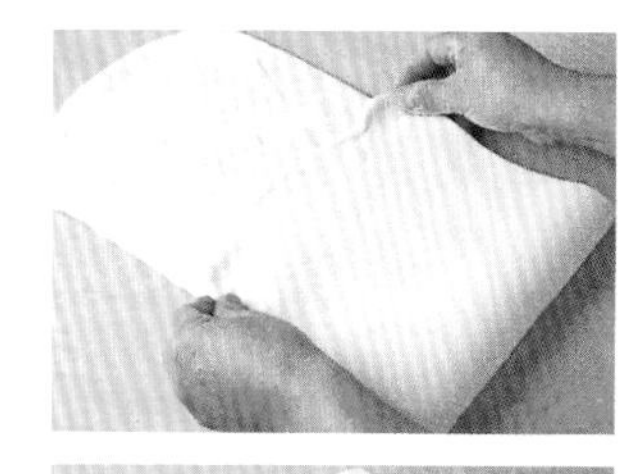

13 從包裹著奶油的狀態擀壓成約為3倍之長度，由身前向前折疊，折邊處以擀麵棍輕壓。

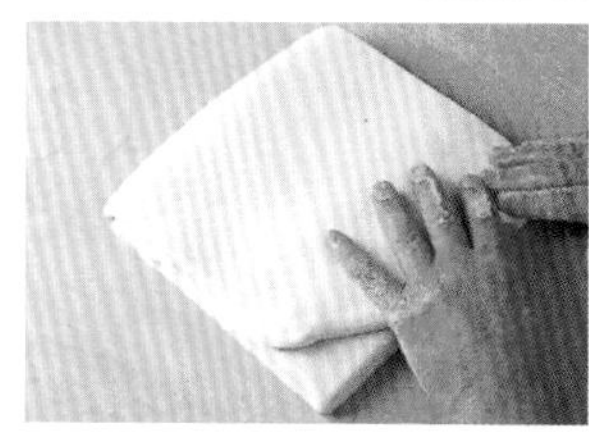

14 將剩餘的長度，由對向朝自己的方向折疊，使其成為三折的狀態。折邊處以擀麵棍輕壓使其完全密合，以擀麵棍輕敲使整體能相互貼合（完成第一次的三折疊）。

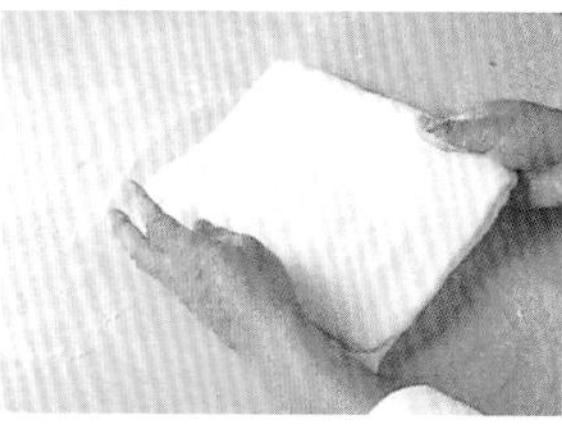

15 將麵糰旋轉九十度。為防止麵糰的偏移，一樣先用擀麵棍在身前及對向內側按壓出凹槽，擀成像第一次的三折疊一樣長。

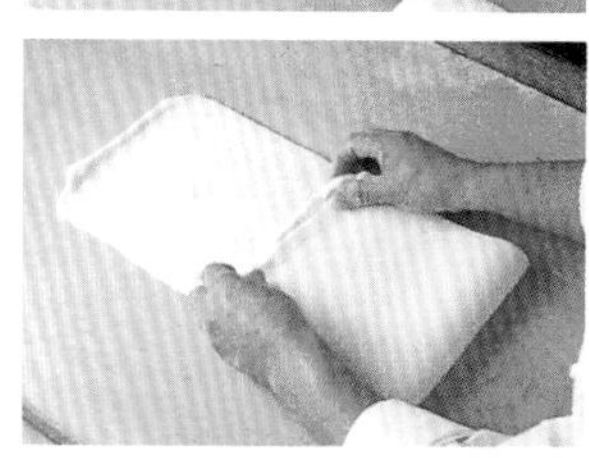

16 與13、14同樣地進行三折疊的作業（第二次的三折）。

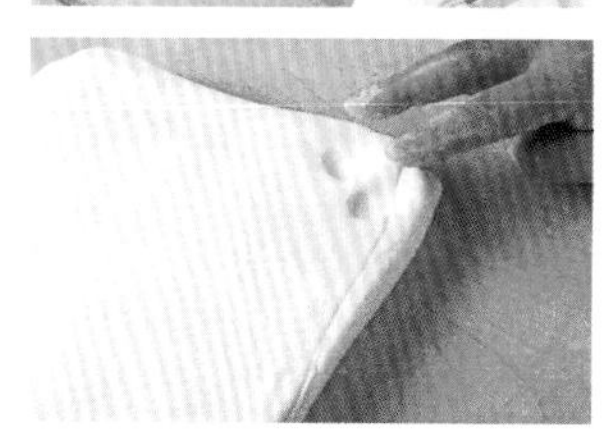

17 用塑膠袋包妥麵糰，放入冷藏庫中充分靜置（1個鐘頭以上）。再次重覆15、16作業，三折疊的動作共需進行6次。放入冷藏庫時，每次都要在麵糰的邊緣上按下折疊次數的指印。

圖1

〔基本揉和麵糰和奶油硬度相同時〕

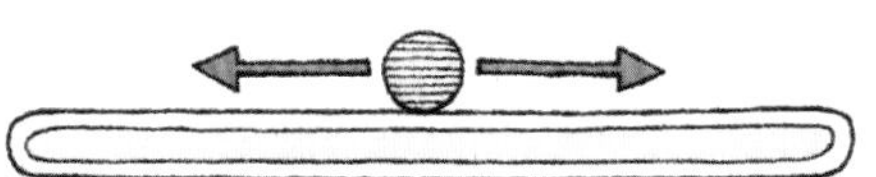

若基本揉和麵糰與奶油有相同的硬度，則推動擀麵棍擀壓時，以同樣的時間即可將奶油和基本揉和麵糰同時均勻地擀壓開。

〔基本揉和麵糰較硬而奶油較軟時〕

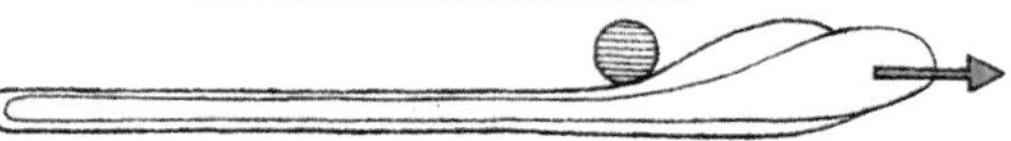

當奶油比基本揉和麵糰柔軟很多時，和基本揉和麵糰相較之下，奶油的延展性較大，可能就會壓破基本揉和麵糰而使奶油露出基本揉和麵糰之外，無法形成漂亮的層次。

〔奶油較硬而基本揉和麵糰較軟時〕

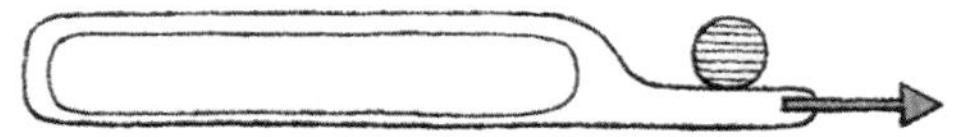

當奶油太硬而無法被擀壓時，只有基本揉和麵糰被擀壓出來，無法形成奶油層，也無法形成折疊派皮的組織。

圖2-1

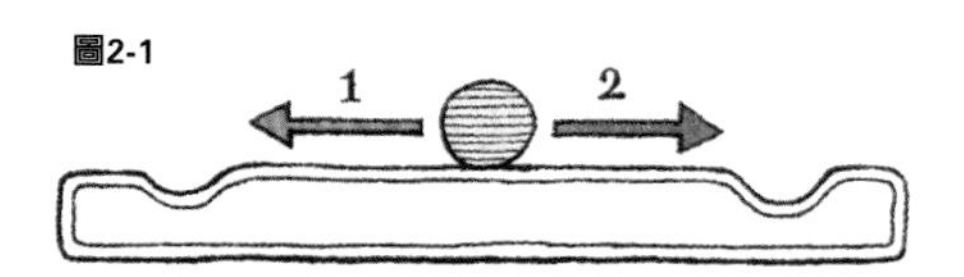

圖2-2

為不使基本揉和麵糰的邊緣破裂奶油外露，因此在擀壓前先在麵糰的兩端按壓出凹槽。由中央向兩端擀壓時，直接用力地向兩端擀壓，奶油可能會突破基本揉和麵糰露出來，所以由兩端的奶油處向中央推壓。依此順序推壓，就不會有奶油露出的情況並可以保持基本揉和麵糰包覆著奶油的狀態。

feuilletage inversé

反轉法

＊inversé inverser（相反）的過去分詞形，也是倒反的，翻轉的意思。

材料 基本配比

奶油 450g 450g de beurre
低筋麵粉 120g 120g de farine
基本揉和麵糰 détrempe
- 低筋麵粉 225g 225g de farine
- 高筋麵粉 225g 225g de farine de gruau
- 鹽 10g 10g de sel
- 冷水 300ml 300ml d'eau froide

手粉（高筋麵粉）farine de gruau

預備動作

・混合低筋麵粉及高筋麵粉，過篩備用（→tamiser）。
・材料冰涼備用。室溫高時，麵粉也應放於冷藏庫冰涼。

1 在冷硬的奶油上，加入低筋麵粉（120g）搓揉至完全混合。使用刮板corne，將周圍的粉類不斷地撥入，彷彿重疊般地將粉類拌入。

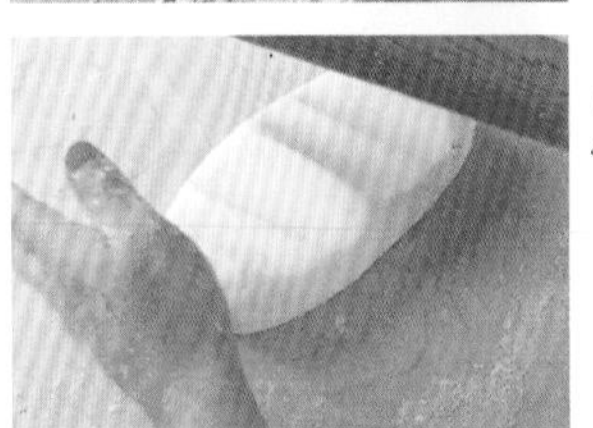

2 輕輕將其整合成麵糰後，以擀麵棍輕敲，並將其調整成四角形（18×26cm）。

3 放至冷藏庫冷卻固定。

製作基本揉和麵糰

4 將食鹽溶於冷水中，加入混合過篩後的高筋麵粉及低筋麵粉中，以製作糕餅專用攪拌器中的葉片型攪拌器攪打。

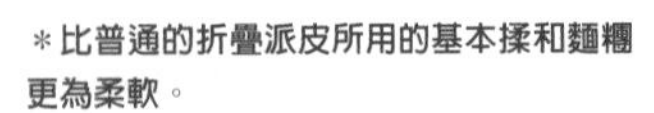
＊比普通的折疊派皮所用的基本揉和麵糰更為柔軟。

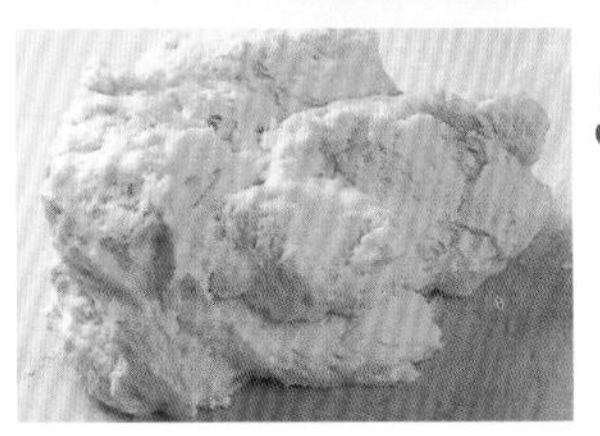

5 當水分完全滲入粉類當中，所有的材料也幾乎可整合爲一，輕撒上手粉後，將麵糰取出放置於工作檯上。

6 揉搓至麵糰變得滑順的狀態爲止，之後放置於冷藏庫充分靜置減弱其韌性（約1個鐘頭以上）。

〔折疊時的注意重點〕

＊折疊幾次時，可以用指印來做記號。

＊麵糰擀壓就會產生麩素，奶油也會變得柔軟，所以折疊成三折的動作重覆兩次，就應該放回冷藏庫靜置。

＊手粉的高筋麵粉可以視狀況而適度使用。

用奶油包覆基本揉和麵糰進行三折疊作業

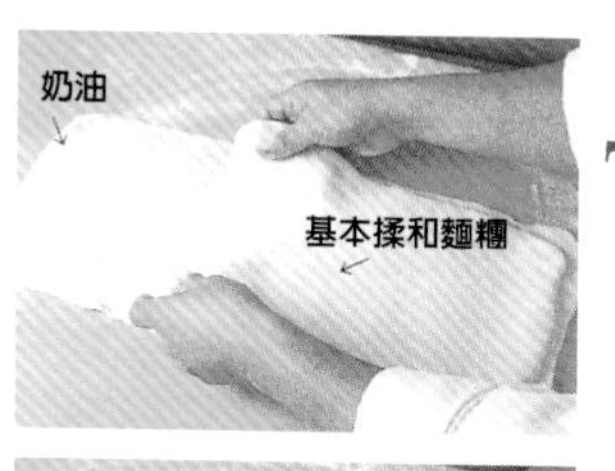

7 將8的奶油擀壓成3倍長的帶狀，基本揉和麵糰則擀壓成奶油長度的2/3。將基本揉和麵糰放置於奶油上方，於身前對齊。

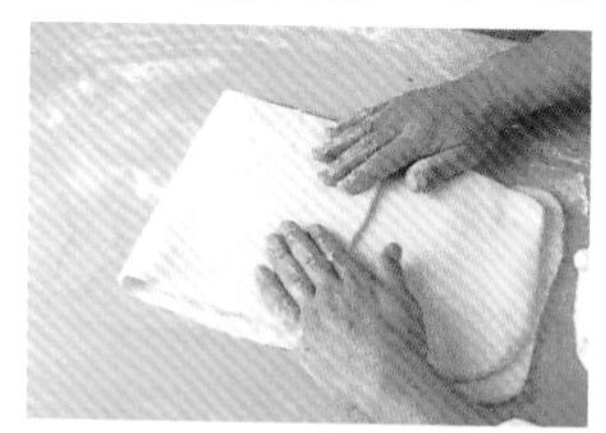

8 從遠方將奶油折向身前，將奶油側面重疊的部份密封起來包妥住基本揉和麵糰。

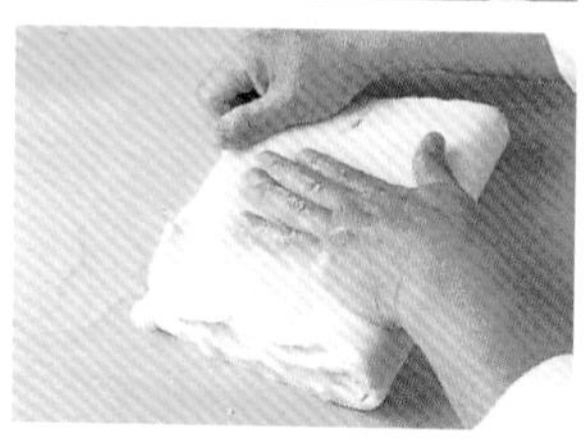

9 將身前的奶油向前疊放，同樣地將捏起奶油的部分將其密封起來（第一次的三折）。

＊因奶油會變軟，因此必須快速進行作業。

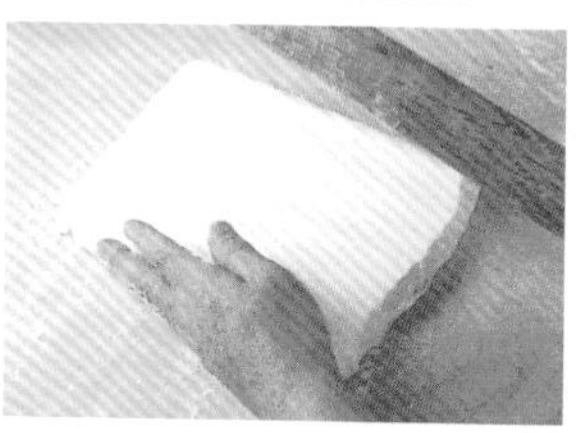

10 將麵糰旋轉九十度，在表面上輕撒上手粉，以擀麵棍輕敲使材料貼合。

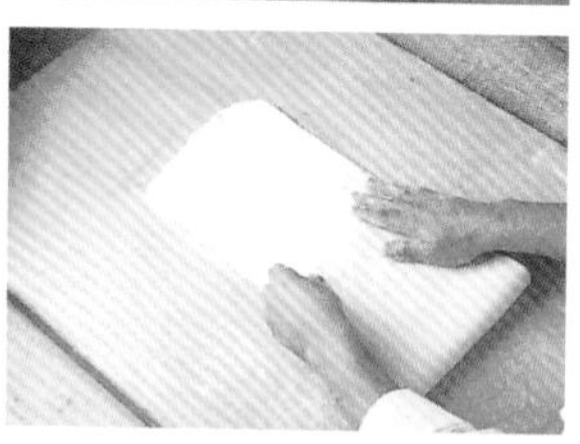

11 將長度擀壓成3倍長，再將其折疊成三折（第二次的三折）。

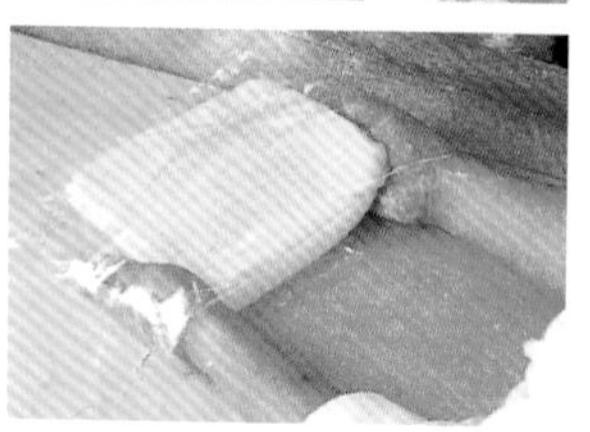

12 以塑膠紙包妥，放置於冷藏庫中靜置約1個鐘頭以上。和普通的千層酥派一樣進行兩次三折後，重覆三次，共進行六次三折。

feuilletage à la minute (Feuilletage rapide)

速成法（快速折疊派皮）

＊minute〔f〕 分、極短的時間、瞬間。
＊rapide〔adj〕 快速、迅速。

材料　基本配比

高筋麵粉　250g　250g de farine de gruau
低筋麵粉　250g　250g de farine
鹽　10g　10g de sel
冷水　250ml　250ml d'eau froide
奶油　450g　450g de beurre
手粉（高筋麵粉）　farine de gruau

預備動作

・ 混合低筋麵粉及高筋麵粉，過篩備用（→tamiser）。
・ 材料冰涼備用。室溫高時，麵粉也應放於冷藏庫冰涼。

1　在混拌過篩完成的高筋及低筋麵粉中，加入切成2cm左右大小的冷硬奶油，使其沾滿粉類。

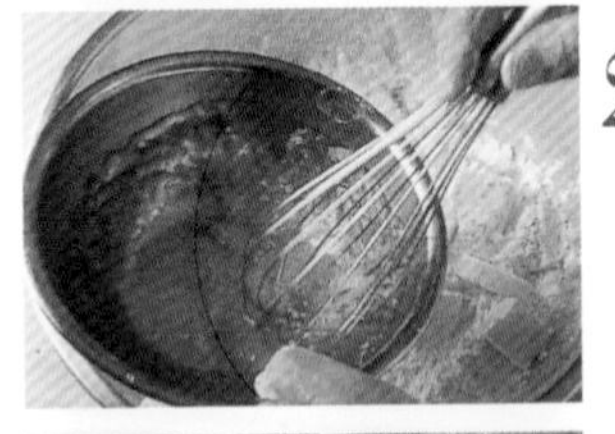

2　將食鹽溶化在冷水中，均勻澆淋在1的材料上。

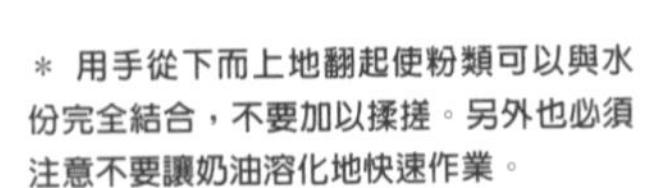

＊ 用手從下而上地翻起使粉類可以與水份完全結合，不要加以揉搓。另外也必須注意不要讓奶油溶化地快速作業。

3　整體大致翻拌使粉類與水份得以結合。

＊奶油即使仍為塊狀亦無妨。

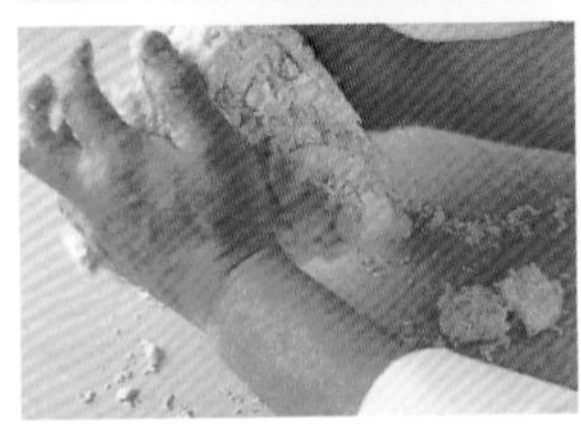

4　當大略成形時，取出放置於工作檯上，以手按壓使其成糰。將形狀加以修整後，以塑膠袋包妥，放置於冷藏庫靜置30分鐘。

千層酥派的由來

回顧千層酥派的歷史，可追溯至法國第14世紀初，最早是以gasteaux feuillés的糕點名稱留下記錄。據說這種糕點是像千層酥派一樣以層次烘烤而成的糕點，但詳細的作法並未流傳下來。

在17世紀中期的糕點製作書籍中，記載的派皮作法幾乎是與現代的製作方法相同，千層酥派或折疊派皮的名詞，也是從那個時候開始使用的。

由存留下的資料來看，最開始製作千層酥派的人，雖然不能確定是哪一位特定人物，但關於其由來，確是有其小小的原由傳說。

其中之一是，以法國古典主義的風景畫家而聞名的克勞德．洛蘭（Claude Lorrain）（1600～1682）在年輕時，曾經以糕點師傅的身份研修，創新出來的作法。在做好的派皮麵糰上忘了放入奶油，只好將其包在派皮中烘烤後變成如此層狀的美味，據說是由失敗中偶然創作出來的糕點。

另一個傳說是孔代親王（prince de Condé）家的糕點師傅Feuillet所創做出來的，feuilletage與Feuillet的名字很相似，所以據說是由此而來，也是相當有趣的故事。

使用千層酥派的糕點，像皇冠杏仁派（Pithiviers）中間包著杏仁奶油，是自古以來即有的點心，據說是在18世紀時，以Pithiviers村莊之名創作出來。

〔折疊時的注意重點〕

＊折疊幾次時，可以用指印來做記號。

＊麵糰擀壓時就會產生麩素，奶油也會變得柔軟，所以折疊成三折的動作重覆兩次時，就應該放回冷藏庫靜置。

＊手粉的高筋麵粉可以視狀況而適度使用。

5 撒上手粉，以擀麵棍輕敲，並將其形狀調整成四角形（18×26cm），再將四角形之長度擀壓成3倍長的帶狀。

6 由身前往對向折疊，剩下的麵皮再疊向自己方向，呈三折疊的狀態(第1次的三折)。

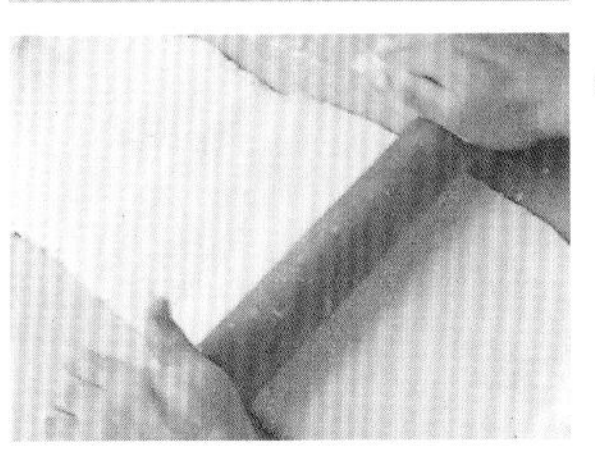

7 將麵糰旋轉90度，再擀壓成帶狀。

8 再次進行三折疊的作業，放入冷藏庫靜置約1個鐘頭（第二次的三折）。和普通的千層酥派一樣進行兩次三折後，重覆三次，共進行六次三折。

Mille-feuille glacé
糖衣千層派

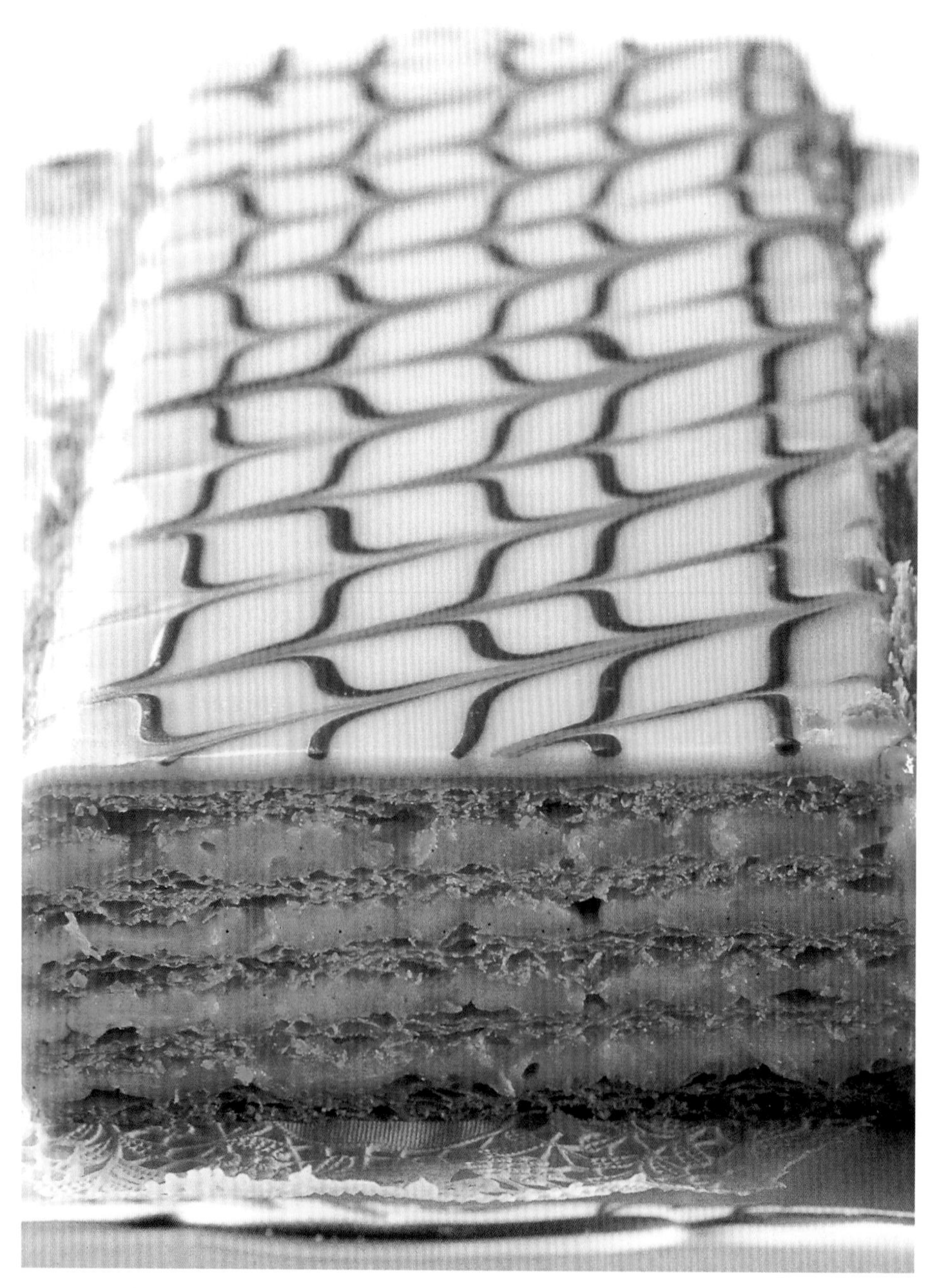

使用折疊派皮麵糰的代表糕點。在美國也被稱爲是拿坡里派。

由很多片薄薄的折疊派皮，以奶油及派皮堆疊而成的糕點。

＊Mille-feuille〔m〕千層（多數）葉片的意思。

＊glacé〔adj〕澆淋糖衣（風凍等）。

材料 寬9cm×長40cm的長條 2條分

千層酥派 基本配比 feuilletage

卡士達奶油餡 crème pâtissière（→P.40）

- 牛奶 1公升 1L de lait
- 香草莢 1根 1 gousse de vanille
- 蛋黃 240g 240g de jaunes d'œufs
- 細砂糖 300g 300g de sucre semoule
- 低筋麵粉 60g 60g de farine
- 卡士達粉 60g 60g de poudre à crème

杏桃果醬 confiture d'abricots

風凍 fondant

可可漿 pâte de cacao

糖漿（砂糖1：水1）sirop

手粉（高筋麵粉）farine de gruau

＊普通的千層酥派用速成法、反轉法都可以。

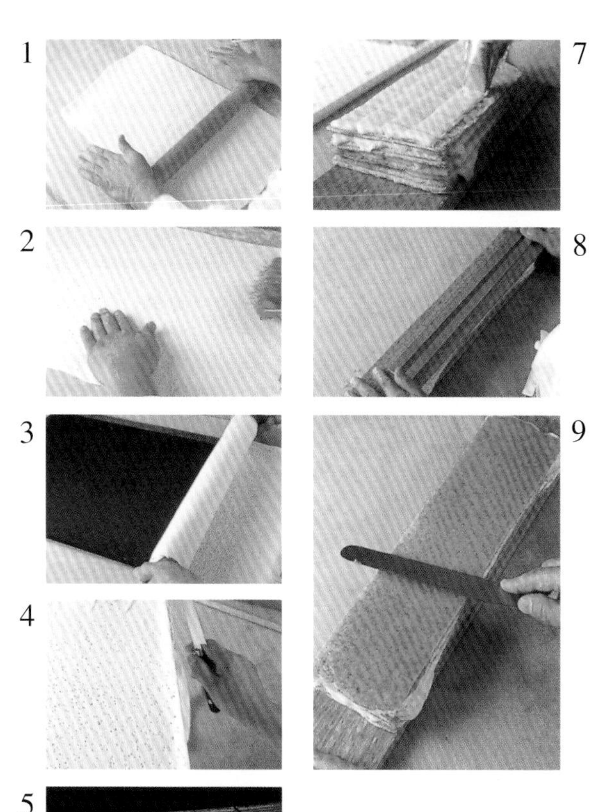

烘烤麵糰

①將折疊派皮（六次三折疊）分成兩等分，各將其擀壓成比40×60cm的烤盤稍大的長方形（→abaisser）。

②刺出排氣孔（→piquer）。

＊若能確實地刺出排氣孔的話，就不會有長圓狀的鼓起。

③放置在塗了水的烤盤上，放入冷藏庫靜置約1個鐘頭。

④切除多餘的麵皮。（→ébarner）。

⑤放入預熱200℃的烤箱烘烤約30分鐘。烘烤時若麵皮有浮起狀態時，將網架放置於麵皮上輕輕按壓，用重量使其不要過於浮起。

⑥烘烤至表面呈金黃色，且確定中間也已經烘烤完成，置於網架上放涼。

＊因派皮很薄，所以為了使其冷卻時不致於反捲翹起，在派皮上也放置網架會比較好。

組合

⑦將派皮切分成寬9cm長40cm的形狀。一片派皮可分切成6片，所以一個千層派使用5片，其餘的將其切碎（→miette）。擠出卡士達奶油餡，交錯地層疊而上。

⑧最上面的第五片派皮，平坦面朝上，再壓放上板子，放入冷藏庫中冷卻固定。

⑨塗上熬煮過的熱杏桃果醬。靜置至果醬放涼完全固定爲止（固定之後才塗上風凍）。

＊藉由塗抹果醬可以平整派皮的表面。

＊杏桃果醬熬煮至冷卻時不會黏手的狀態再使用。否則當風凍澆淋上去時，會與杏桃果醬混在一起而變得不漂亮。

10

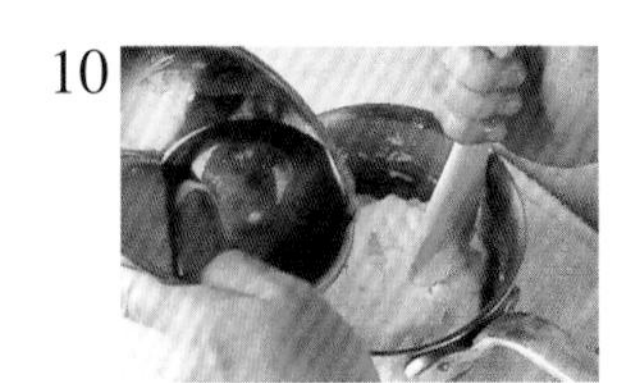

11

12

13

14

15

16

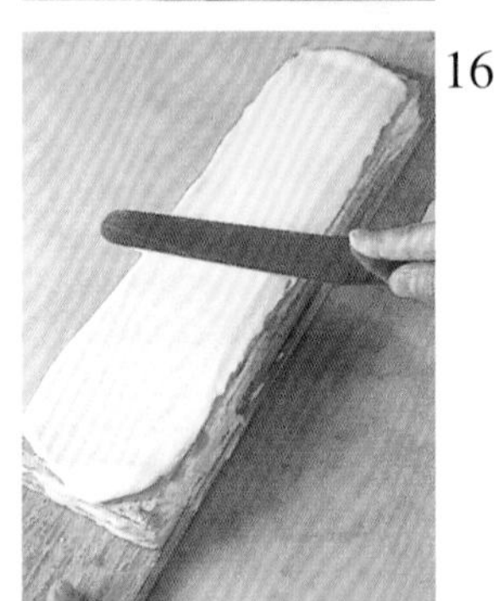

17

18

19

預備風凍

⑩將風凍用手攪拌至全體呈滑順狀態。將風凍放入鍋中，逐次少量地加入糖漿攪拌。

⑪將其硬度調節至拉起時，會立即垂落下來，垂落下來之形狀可以暫時維持之狀態。

⑫以約40℃的溫度隔水加熱。不使其過於柔軟地調整硬度至於澆淋於糕點上。

＊將鍋壁上的風凍以刮板刮落，防止糖化（再結晶化）。

＊加熱至人體溫度時，垂落下的痕跡會立刻消失，此時的柔軟度即可。

⑬取少量⑫的風凍至其他容器，將以隔水加熱溶化了的巧克力塊加入。

⑭再加入糖漿。

⑮調整成與白色風凍相同的硬度。

＊首先，將風凍調整成可使用之硬度後，再加入巧克力。加入巧克力之後會變硬，所以必須再加入糖漿加以調整硬度。

完成

⑯等⑨的果醬固定後，塗上⑫的白色風凍。

⑰立刻將⑮的巧克力風凍以細線形狀擠上去。

⑱以竹籤勾畫出羽毛箭的模樣。首先用竹籤在同一方向上，以等距劃出線條。接著再以另一個方向，同樣以等距劃出線條，即可完成羽毛箭的圖案了。放置至風凍變硬為止。

⑲抹去側面突出的奶油餡，撒上miette（⑦中將多餘的派餅切碎的碎片）。

風凍的處理

風凍在使用前，要先拿出放至工作檯上，揉搓成滑順狀。再依其用途及所需之硬度添加糖漿攪拌，加溫至人體肌膚溫度（40℃）時的硬度，即可澆淋在糕點上。若加溫至人體肌膚溫度時，仍稍硬可以添加糖漿來調整，反之過於柔軟時，可以再補進風凍來調整。風凍的加溫與調整硬度，可藉由少量的溶解而使砂糖的結晶大小一致，溫度下降再結晶化時，會變得細緻，而產生光澤。過度加熱時，溶解的結晶會變粗，也會失去光澤，成為口感不佳的風凍，所以請不要加熱至40℃以上。

風凍

材料

白粗粒糖 1kg 1kg de sucre
麥芽糖 250g 250g de glucose
水 300ml 300ml d'eau

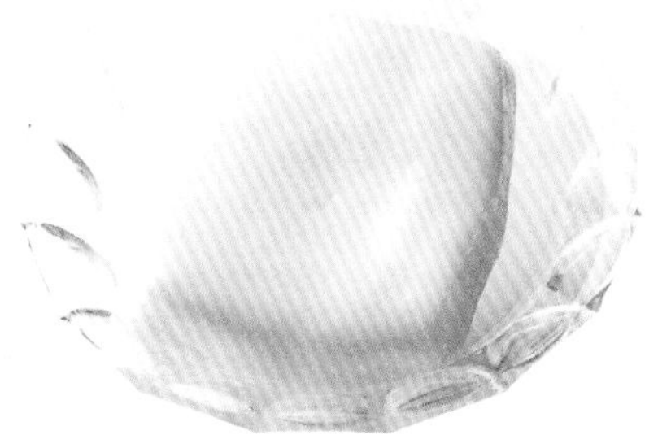

將熬煮的糖漿加以攪拌，使其形成細緻的結晶，成為白色膏狀的物質。煮得過度濃稠之糖漿冷卻時，會因砂糖過度飽和再加上攪拌的衝擊而形成白色結晶。乳霜狀有著入口即化的口感，做為糕點表面的糖衣來使用。也可以用洋酒、咖啡香精、巧克力等來增添風味以及變化顏色。
雖然也可以自己製作，但工業製品因有含添加物，所以較為安定也較容易保存。保存時可以用保鮮膜包妥，或是放入容器內表面再覆以糖漿，就比較不會乾燥。

①在鍋中放入水、白粗粒糖及麥芽糖熬煮至116～118℃。
＊也可加入香草莢。只是完成時會殘留下香草的黑色種籽。
＊白粗砂糖比細砂糖的結晶稍大，精製度相同。沒有特殊的甜味，即使溶化熬煮也不會產生混濁的狀況，經常用於風凍或製糖時。

②在大理石的工作檯上，以塗了沙拉油的鐵棒barre（→P.334）圍成一個框框，將①的糖漿倒入框框中。

③將糖漿表面輕輕噴霧，靜置放涼。
＊噴霧是為了防止其表面的結晶化。

④待稍涼後取下鐵棒，用木杓子擦拌凝固得像麥芽糖的糖漿。

⑤待全體顏色偏白時，要更用力地攪拌使其變成像蠟。待其凝固得像蠟一樣時，再切成小塊加熱。

⑥經由碾磨機可以使其更細碎，放入密閉容器內保存。

碾磨機broyeuse
粉碎碾磨機。有櫛狀的切片和兩支滾輪，可以粉碎杏仁果等，將其碾磨成細粉的機器。也用於製造杏仁糖粉和糖杏仁。可以藉著調整滾輪的間隔以改變粉末的粗細，也可以碾磨壓榨成膏狀。

麥芽糖（水飴）
由澱粉質製成的黏液狀糖。有以酸來分解澱粉的酸糖化飴和利用澱粉分解酵素之酵素糖化水飴。葡萄糖（glucose）、麥芽糖（maltose）和葡聚糖等，和其他的奧力多寡糖呈混合狀態，依其分解方法及程度，而其特性及甜味也因而不同，一般而言，甜味是砂糖（蔗糖）的一半。具有黏稠性、非晶質性（不析出結晶之特性）、保溼性等，在製作糖果時，增加糖漿的黏性，使其不容易破碎，防止糖或風凍的再結晶化或糖化。另外烘烤糕點時，也會為了使麵糰更具潤澤度而添加。

杏桃果醬 (→P.81)
confiture d'abricots

果醬，是爲了保存水果而想出來的保存法，糖度如果在60～70%以上時，裝進煮沸消毒好的瓶中密封，即可在常溫下長時期保存。

杏桃
杏。薔薇科的果實。果皮上有細細毫毛，果肉為橘色、柔軟且酸甜。在水果當中富含胡蘿蔔素。中心有個硬殼包著的果核（種子），其中裡面白色的部分就稱之為杏仁。有著和杏仁果類似的香氣，多使用於香料或醫藥。也是杏仁甜酒（amaretto）等利口酒的材料。在日本，信州等地雖然有栽植，但新鮮的果實很容易損壞，所以不太容易在市面上看到，多半都是罐裝或果醬等加工品。也有從美國以冷凍食品輸入的商品，可以用於果醬或糖漿等。另外，也可以將乾燥的杏桃果（杏桃乾）abricot sec還原，以糖漬的方式使用於水果蛋糕等糕點。

材料　基本配比
杏桃（切半後除去種子）1kg　1kg d'abricots
砂糖　800g　800g de sucre
水　300ml　300ml d'eau

1
在銅製的缽盆中放入杏桃和砂糖混拌，放置大約一天左右，至釋出水份為止。

2
加水後開大火熬煮，以木杓spatule en bois邊混拌邊熬煮。

3
待煮至沸騰時，除去浮渣。
＊如果是使用冷凍的杏桃，可以直接以冷凍狀態來使用。新鮮的杏桃，則可以削皮去核之後使用。

4
輕輕地熬煮至其果肉柔軟散開為止。
＊加熱會釋放出水果中的果膠（→P.335），果膠的作用可以幫助果醬的膠化。

5
以蔬果過濾器過濾。
＊moulinette：旋轉式過濾器

6
將過濾後的果汁倒回缽盆中，以104～106℃來熬煮。
＊做為鏡面果膠，需要濃度時，在基本配比外，應該再加入1～2小匙的果膠會比較好。

銅製的缽盆 bassine à blanc
法文是蛋白用的缽盆之意，在打發蛋白時，使用銅製的缽盆，可以讓蛋白的打發狀況更好，所以才以此命名。即使是直接加熱也沒有問題，因熱傳導極佳，所以在製作糖漿或熬煮果醬、製作果仁糖等都可使用。因銅鍋的底部角落處容易燒焦，所以這種缽盆的底部是製成圓形，使其中的材料方便拌勻。

紙捲擠花袋的作法

紙捲擠花袋，是用於描繪細線或小點等細緻圖案，或是僅只擠出少量時才會使用。將奶油餡、巧克力以及風凍等填入，再將前端切下擠出。

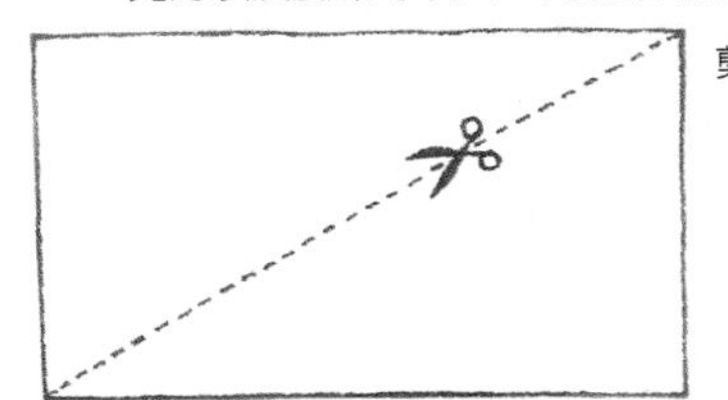

準備長寬比為2：3之長方形紙張（牛皮紙或烤盤紙也可以）。沿著對角線剪開成兩個直角三角形。長邊捲起後即為擠花袋尖尖的擠花嘴，所以一定要俐落平整地剪裁。

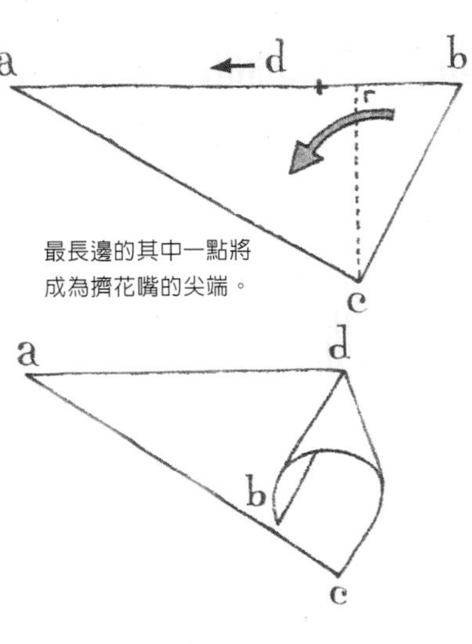

最長邊的其中一點將成為擠花嘴的尖端。

以d為中心將bc與ac重疊地捲成圓錐狀。一旦有單層紙張的部分，擠花袋會很容易破裂，所以，捲起後都應該要有兩層紙張重疊。因其前端為針尖般的細小，所以為了不讓紙張滑動，最後要好好地將其固定住（捲完時應該會形成三層的紙捲）。

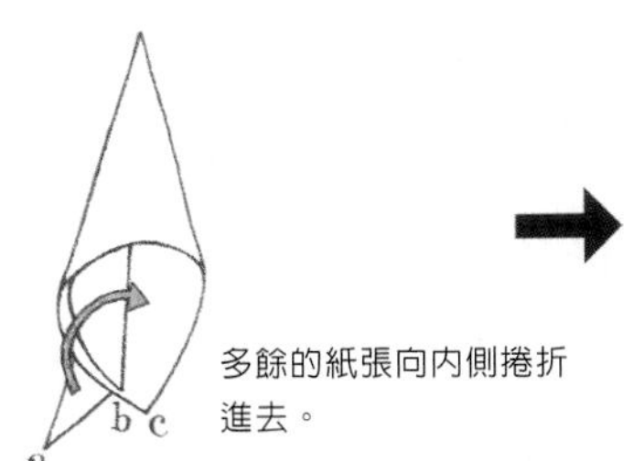

多餘的紙張向內側捲折進去。

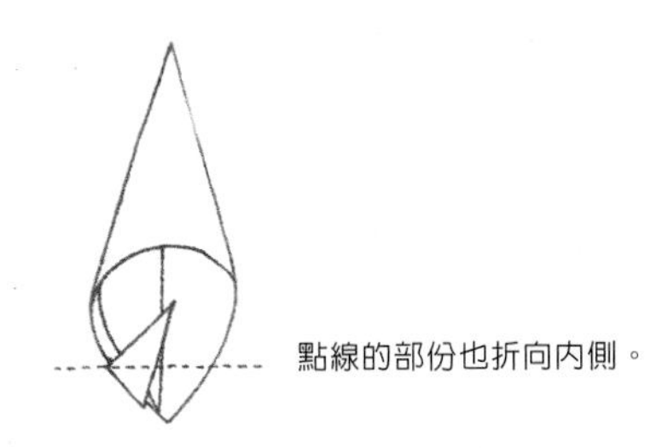

點線的部份也折向內側。

Pithiviers
皇冠杏仁派

是以奧爾良內地區盧瓦雷省之都市Pithiviers的糕點而聞名的。在法文中，表面有著被稱爲rosace（玫瑰圖樣的意思）的放射狀花紋是其特徵。

材料　直徑20cm 2個的份量
千層酥派　基本配比 feuilletage
杏仁奶油餡　基本配比 × 1.5　crème d'amandes（→P.109）
全蛋汁（全蛋打散後之金黃蛋汁）dorure
糖粉 sucre glace
手粉（高筋麵粉）farine de gruau

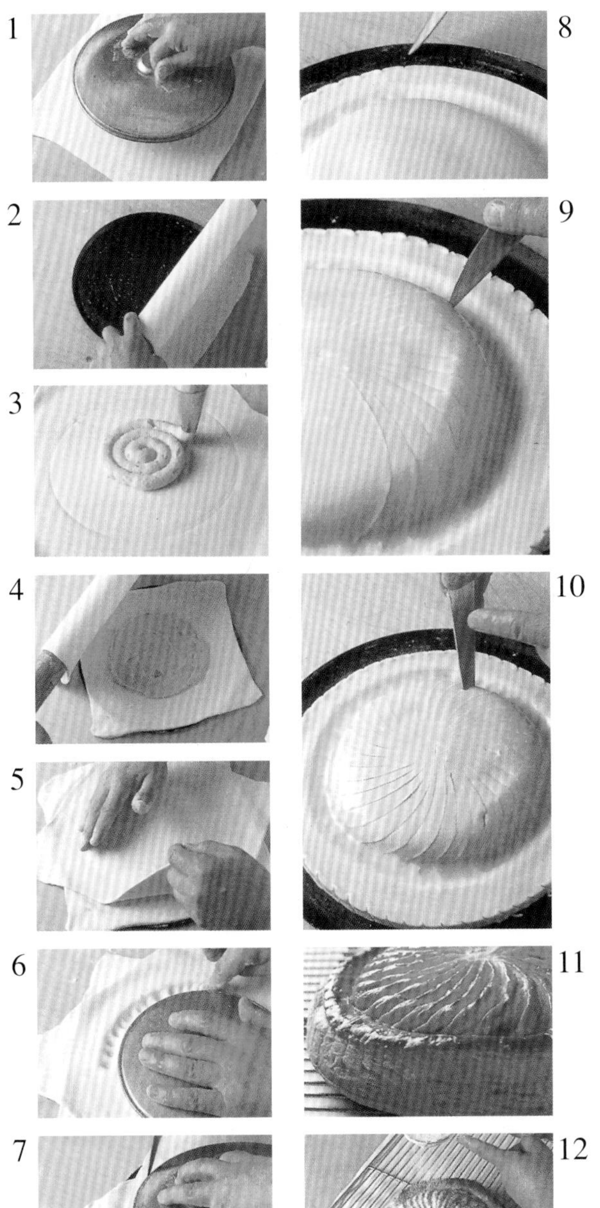

①將千層酥派麵糰分成四等份，分別擀壓成約25cm之正方形（必須比直徑20cm的酥皮模Vol-au-vent大）（→abaisser）。放置於紙張上，暫時靜置於冷藏庫。
②將一片千層酥派麵皮放置在塗了水的淺盤模型tourtière上，以直徑16cm的酥皮模由中央印出圓形麵皮。
③在圓形的外側以刷子pinceau薄薄地塗上水。在內擠出杏仁奶油餡，將表面抹平成平滑狀。
④以角度交錯的方式覆上另一片千層酥派麵皮。
⑤邊確認兩片之間無空氣之同時並將其緊緊地與杏仁奶油餡貼合。
＊麵皮以斜角45度交錯重疊，烘烤麵皮之收縮方向也會平均，因此可以使全體完全地烘焙完成。
⑥奶油餡的上方再覆上直徑16cm的酥皮模，在酥皮模的周圍以手指地按壓，使上下的麵皮得以黏合在一起。放入冷藏庫靜置1個鐘頭至麵皮呈堅硬固定狀。
⑦放上直徑約20cm的酥皮模，切除掉多餘的麵皮（→ébarber）。
⑧以刀背在邊緣淺淺地切劃（→chiqueter）。
⑨塗上全蛋汁（→dorer），在表面劃出淺淺的線條圖案（→rayer）。
＊切劃線條時，在身前旋轉盤子之同時切劃出淺淺的放射線條，可依序由自己的身前劃至對向。
＊刀子由中心向外劃出，藉由移動圓蓋型的曲線，刀刃自然地向前傾斜切出美麗的圖案。
＊若切入過深，劃出圖案時（→rosace），可能會造成糕點破碎，所以僅淺淺地劃出線條即可。在邊緣的部分刀刃會切得較深，但請注意不要深達奶油餡的部份。如果切得深達奶油餡時，在烘烤時奶油餡會因流出使得烘烤出來的圖案變得不乾淨。
⑩沿著在切劃出的線條處，用刀尖刺出幾個洞，使其能開孔排氣（→piquer）。
⑪放入預熱200℃的烤箱中烘烤。烘烤時當層次浮起開始著色後，即將溫度調低至180℃，繼續烘烤40～50分鐘。
⑫待烘烤色完全著色，取出烤箱，移至網架撒上糖粉。再放入預熱200℃的烤箱，烘烤至表面呈具光澤的焦糖色（→caraméliser）。

Puits d'amour
愛之泉

法蘭西島（Île-de-France）地區，從18世紀即開始製作此糕點，在圓形小的塔餅中，塡入香草或杏仁風味的卡士達奶油餡，再將糖粉撒在奶油的表面烘烤，使其產生焦糖化。或是在派餅中塡入果醬。

在此介紹的愛之泉，是諾曼第地區的糕餅店Dupont的獨家特別糕點。像是使用在酪農盛行的地方才有的發酵鮮奶油等，配合店舖的個性展現出現代化的風格。

*puits〔m〕水井。
*amour〔m〕愛。

材料　直徑6.5cm的Millasson模型 24個

千層酥派 基本配比 feuilletage

全蛋汁（全蛋打散後之金黃蛋汁）dorure

愛之泉奶油餡 crème à puit d'amour

- 卡士達奶油餡（約620g） crème pâtissière（→P.40）
  - 牛奶 500ml 500ml de lait
  - 香草莢 1根 1 gousse de vanille
  - 蛋黃 80g 80g de jaunes d'œufs
  - 細砂糖 125g 125g de sucre semoule
  - 卡士達粉 40g 40g de poudre à crème
  - 低筋麵粉 20g 20g de farine
- 香草精 extrait de vanille
- 發酵鮮奶油 500ml 500ml de crème épaisse
- 義式蛋白霜 500ml 500ml meringue italienne（→P.183）
  - 蛋白 125g 125g de blancs d'œufs
  - 水 60ml 60ml d'eau
  - 細砂糖 180g 180g de sucre semoule

覆盆子果凍 gelée de framboise

- 覆盆子純果汁 125g 125g de purée framboise
- 細砂糖 50g 50g de sucre semoule
- 麥芽糖 25g 25g de glucose
- 果膠 4g 4g de pectine

覆盆子 framboise

細砂糖 sucre semoule

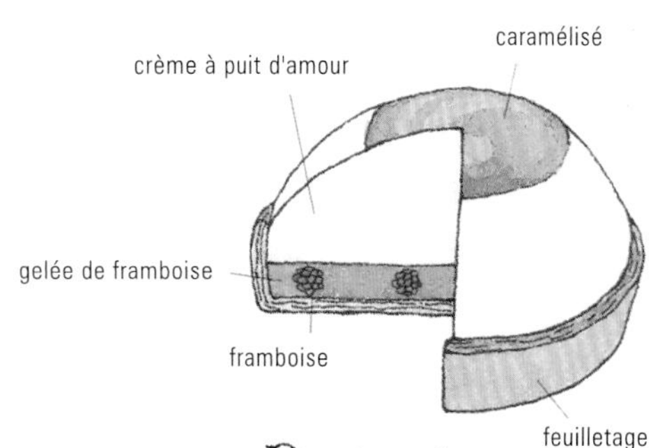

Puits d'amour

1
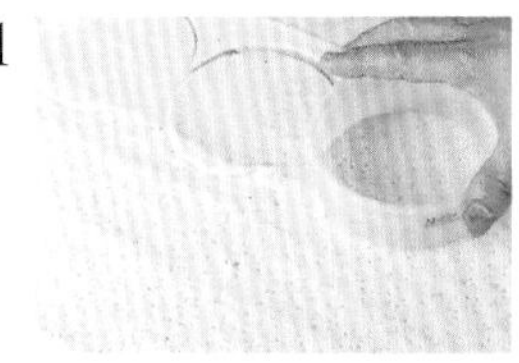

2
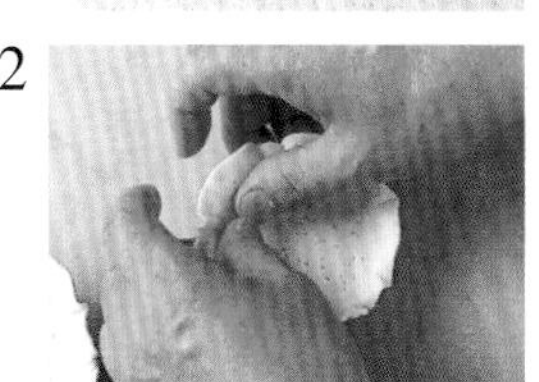

3

4

5
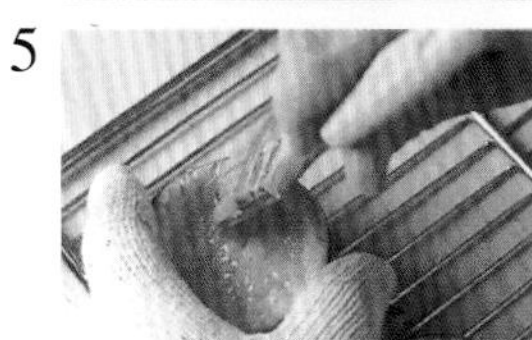

6

7

8
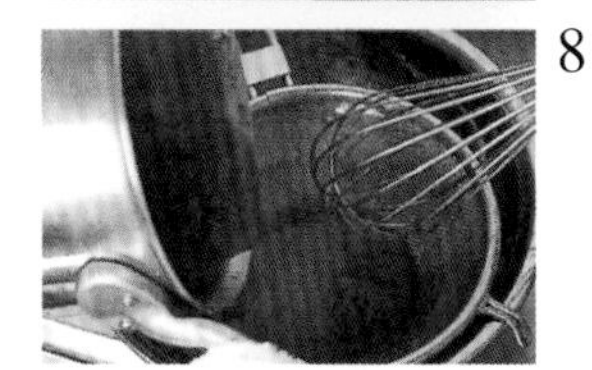

預備動作

・在Millasson模型中薄薄地塗上奶油（用量外）。

烘烤派皮

①將千層酥派擀壓成5mm厚的麵皮（→abaisser），刺出排氣孔（→piquer）。以直徑10cm的圓型印模。

②將麵皮舖在預備好的模型中。以手指輕輕沿著模型的邊緣按壓，之後放回冷藏庫靜置。

③接著切下周圍多餘的麵皮（→ébarber）。

④在麵皮上舖上紙張，放上重石，放入預熱200℃的烤箱中烘烤塔派皮。

＊在烘烤時，若塔派皮有浮起時，可以在上面覆蓋網架。

⑤約烘烤15分鐘，待麵皮的邊緣出現了淡淡烘烤色時，再拿掉紙張及重石，並於內側塗抹上全蛋汁（→dorer）。再烘烤約10分鐘左右至出現均勻的烘烤色，使其稍涼備用。

製作覆盆子果凍

⑥取出與果膠等量之細砂糖混拌。在其餘的細砂糖上加入麥芽糖來量測用量。在鍋中加入覆盆子純果汁和水，邊攪動至沸騰後，加入細砂糖及麥芽糖使其溶化。

＊將麥芽糖倒在砂糖上量測用量的話，比較容易進行放入鍋中等作業，也比較不會浪費。

⑦將細砂糖和果膠加入⑥之中，溶化。

⑧離火後過濾冷卻備用。

＊果膠與砂糖混合後，再加入液體時，會比較容易混拌也容易溶化。

9

10

11

12

13

製作愛之泉奶油餡並填裝

⑨ 在塔派皮內放入覆盆子果凍，再放入2～3顆覆盆子。

⑩ 製作義式蛋白霜，加入發酵鮮奶油，以糕點專用的攪拌器打發。

＊蛋白霜和發酵鮮奶油不是重量而是體積膨大，所以要以等量來混合。

⑪ 製作卡士達奶油餡，再加入香草精和⑩的材料，一起混拌，製作出愛之泉奶油餡。

⑫ 將⑪的奶油餡擠入⑨的塔皮內，冷卻後固定。

⑬ 在表面撒上細砂糖，再用預熱好的焦糖器使其表面焦糖化（→caraméliser）。

Chausson napolitain
拿坡里修頌

一般法式風味的修頌，都是橢圓形的千層派皮中，夾著蘋果或糖漬水果，對折烘焙而成的，但拿坡里風是將義大利拿坡里地方的著名糕點「Sfogliatella」加以改變而成。在拿坡里是使用豬油來製作派皮，運用當地產的Ricotta Cheese，並在其中加入糖漬的材料烘烤製作。

＊chausson〔m〕 拖鞋。
＊napolitain〔adj〕 拿坡里。

拿坡里修頌

材料　約16個的份量

千層酥派　基本配比 × 1/2 feuilletage
奶油 90g 90g de beurre
搭配材料 garniture
- 泡芙麵糰 240g 240g de pâte à choux（→P.160）
- 卡士達奶油餡 160g 160g de crème pâtissière（→P.40）
- 蘭姆酒葡萄乾 80g 80g de raisins secs macérés au rhum

糖粉 sucre glace
手粉（高筋麵粉）farine de gruau

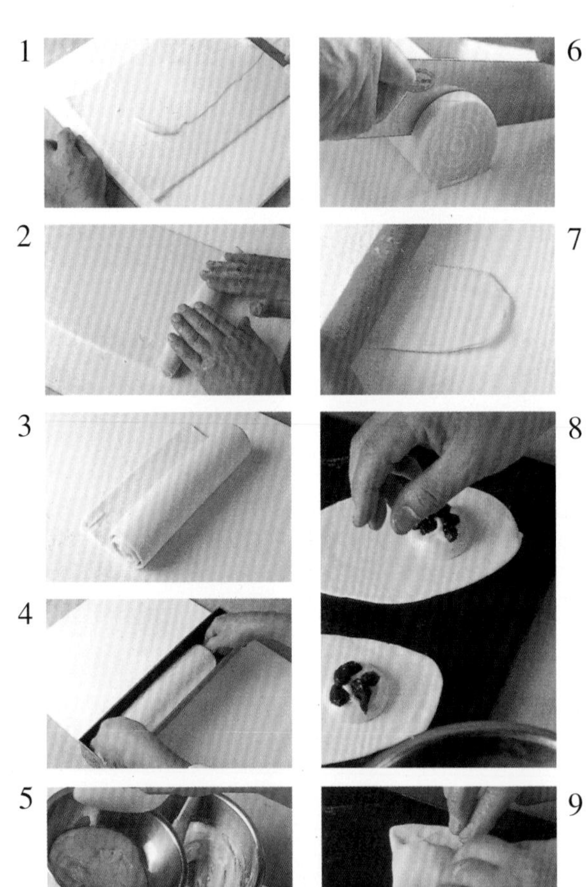

預備動作

將奶油於常溫放至柔軟備用。

在麵皮上塗抹奶油後捲起

①將千層派麵糰擀壓成25cm×60cm的帶狀麵皮（→abaisser），再將柔軟的奶油薄薄均勻地塗放上去。
＊短邊的一側（②捲起的動作完成時的方向），奶油可以不到塗到邊緣。

②由自己的身前開始，注意不要捲入空氣地向前捲起。

③捲起後要注意不使奶油露出，要用麵皮仔細地包妥奶油。

④用保鮮膜包妥後，放入冷藏庫充分冷卻固定。
＊放入溝型模gouttière（如照片）中，就不會變形。

製作阿帕雷蛋奶液

⑤以木杓或橡皮刮刀palette en cauchouc將卡士達奶油餡攪拌至滑順，再加入泡芙麵糰。

成形後烘烤

⑥將千層酥派麵糰切成1.5cm厚的圓圈（16等份）。
＊在刀上撒些手粉，麵糰就不會沾黏在刀刃上也容易切開。

⑦在工作檯上撒上手粉，將麵糰的切口朝工作檯放好，再以擀麵棍輕敲麵糰使其成爲圓形。之後再擀壓成橢圓形（長16cm、寬10cm左右）。

⑧在烤盤上以適度的間隔放上⑦，在麵糰的1/2上塗水，再將阿帕雷蛋奶液擠成圓形，擺放上泡了蘭姆酒的葡萄乾。

⑨將麵皮對折蓋上。輕壓阿帕雷蛋奶液周圍的麵皮，使其接合。

⑩放入預熱200℃的烤箱烘烤約30分鐘。烘烤完成後，置於網架上放涼，撒上糖粉。

Feuilletage sucré
焦糖千層

由左而右各為覆盆子酥派（Paillette framboise）、蝴蝶千層（papillon）、棕欖葉片（palmier）、千層酥條（sacristain）。

千層酥派，在折疊的過程中，不使用手粉而改用砂糖來折疊烘烤，就稱爲焦糖千層。可以烘烤成各種各樣的形狀，是種可以嚐到千層的酥脆、入口即化及甘甜美味的糕點。

＊sucré〔adj〕 添加了砂糖、甜味。
＊palmier〔m〕 椰子。
＊papillon〔m〕 蝴蝶。
＊sacristain〔m〕 扭轉派餅（天主教用語中是「聖具室負責人」的意思）。
＊Paillette〔f〕薄片。

焦糖千層

材料

千層酥派（進行了四次三折疊作業的麵糰）feuilletage

- 棕櫚葉片 palmier　基本配比 × 1/2（完成時約有35個）
- 蝴蝶千層 papillon　基本配比 × 1/2（完成時約有50個）
- 千層酥條 sacristain　基本配比 × 1/2（完成時約有30～40個）
- 覆盆子酥派 Paillette framboise　基本配比 × 1/2（完成時約有25個）

細砂糖 sucre semoule

覆盆子果醬 confiture de framboises

覆盆子果醬
覆盆子果醬。一般會連籽一起放入，覆盆子的種籽比草莓的種子大且硬，是相當特殊的口感（→P.281）。

將砂糖疊入酥派皮中。

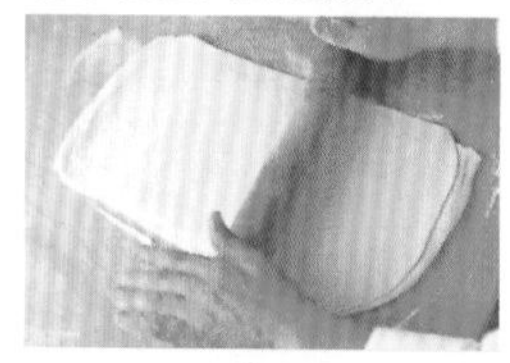

將細砂糖折入千層酥派皮中

①在工作檯上撒上細砂糖，再度擀壓已經進行過四次三折疊的麵糰。邊撒上細砂糖邊進行最後兩次的三折疊。（三折疊必須進行6次）

〔棕櫚葉片Palmier〕

1

2

3
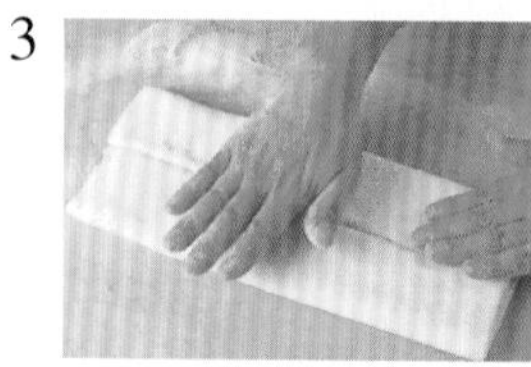

4

5

6

7
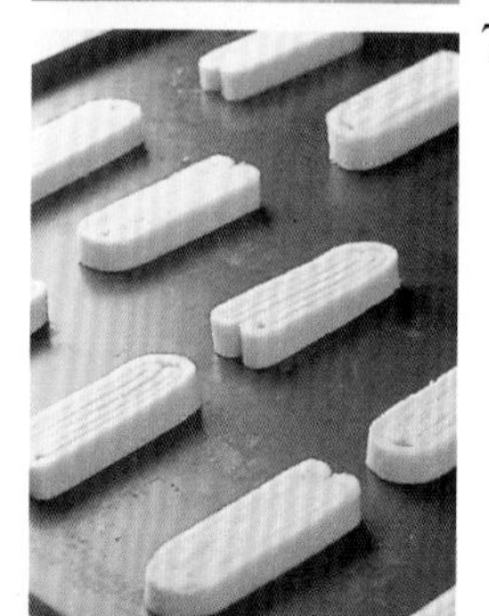

棕櫚葉片

①在工作檯上撒上細砂糖，將預備好的千層酥派擀壓成長方形（30×40cm）（→abaisser）。

②在麵皮的兩端，各向內側折疊1/6，用手輕壓固定。

③向中央再以同樣長度折疊，並用手按壓。

④以擀麵棍輕敲中央。

⑤單面塗水，再將其對折，以擀麵棍輕輕壓全體，使其完全密合。

＊當麵糰變軟時，再放入冷凍庫使其冷卻變硬。砂糖溶化後麵糰會變軟，而無法漂亮地切割。以下亦同。

⑥以8mm的厚度切分開。

⑦切口朝上，方向交替地以適度的間隔放置於烤盤上，放置使其溫度回到常溫。以預熱200℃的烤箱烘烤至邊緣開始有了烘焙色時，將其翻面再以刮杓用力按壓，使全體能均勻地呈現烘焙色澤。

＊因心形會有相當大的膨脹，所以在放置時應交錯其前後左右，使其脹大時不至沾黏。

〔蝴蝶千層 Papillon〕

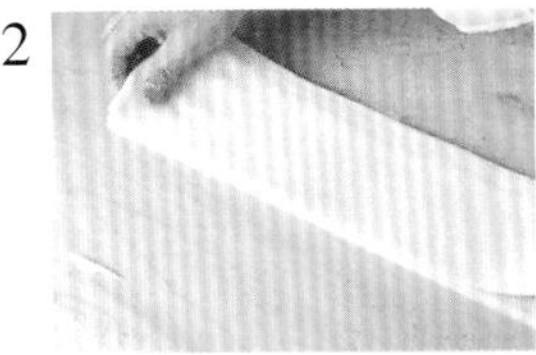
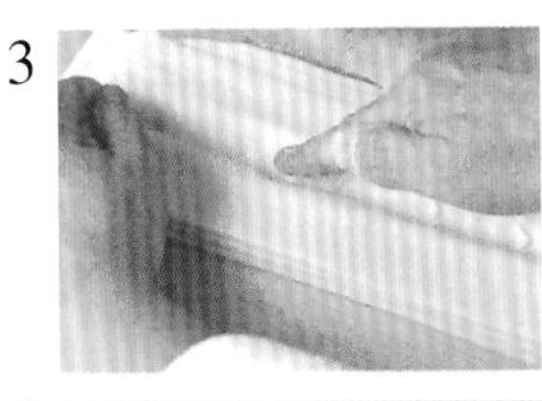

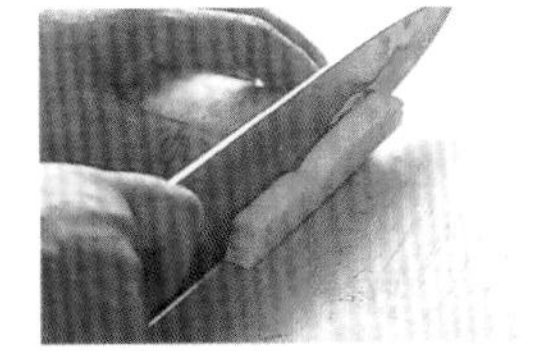
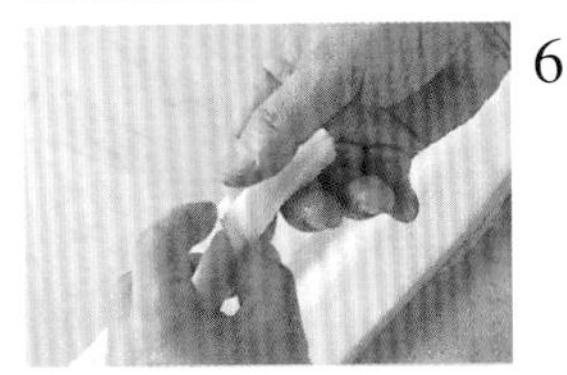

蝴蝶千層

①在工作檯上撒上細砂糖，將準備好的千層酥派擀壓成長方形（30×40cm），再等分成10cm之三等份。
＊在伸縮派皮切刀上撒上手粉再進行切割即可。

②在兩片派皮的上面輕輕塗上水，再將三片重疊在一起。

③中央用細棒按壓出凹槽，再用手指用力地按壓使凹槽的麵皮能相貼合，再放到冷凍庫冷卻固定。

④將重疊之長邊上的麵皮切齊。

⑤分切成8mm的寬度。

⑥中央凹槽再以手指輕輕按壓，之後扭轉一次。

⑦將切口朝上，間隔交錯並排於烤盤上，以預熱200℃的烤箱烘烤。至邊緣開始有了烘焙色時，將其翻面再以刮杓用力按壓，使全體能均勻地呈現烘焙色澤。

伸縮派皮切刀
roulette multicoupe
要將麵皮分切成相同幅度的帶狀時，可以一次同時切割成數片。並且能夠調整其寬度。

〔千層酥條 Sacristain〕

千層酥條

①在工作檯上撒上細砂糖，將準備好的千層酥派擀壓成長方形（30×40cm），再將其切成1cm多一點的寬度。
＊在伸縮派皮切刀上撒上手粉（分量外）再進行切割即可。

②用兩手拿著麵皮各向左右扭轉。

③平放於烤盤中，兩端貼在烤盤上壓緊，以預熱200℃的烤箱烘烤至完成。待稍涼時，即可切成適當長度。

〔覆盆子酥派 Paillette framboise〕

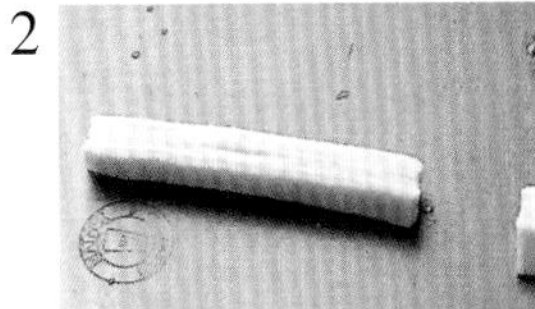

覆盆子酥派

①在工作檯上撒上細砂糖，將準備好的千層酥派擀壓成長方形（30×40cm）。再等分成10cm之三等份，在兩片派皮的上面輕輕塗上水，將三片重疊後，放入冷凍庫中冷卻變硬。

②將重疊之長邊上的麵皮切齊，使其成8cm的寬度的帶狀，再分切成8mm的寬度。將切口朝上地，間隔交錯地並排於烤盤上，以預熱200℃的烤箱烘烤。

③烘烤完成後，塗上覆盆子果醬後將兩片疊合即完成。

Feuilletage au chocolat

巧克力千層酥派

在千層酥派中添加巧克力風味，可以在奶油中拌入可可粉，將其折疊進去。
除了可可粉之外，也有一些粉末狀的材料，同樣地可以增添風味，咖啡、冷凍乾燥的水果粉末、香草或辛香料等的粉末，都可以添加。變化與奶油混拌的材料時，就能夠使千層酥派的風味有更多的變化與多樣性，增加糕點創作的範圍。

材料　基本配比
基本揉和麵糰 détrempe
- 低筋麵粉 250g 250g de farine
- 高筋麵粉 250g 250g de farine de gruau
- 奶油 70g 70g de beurre
- 鹽 10g 10g de sel
- 細砂糖 30g 30g de sucre semoule
- 冷水 250ml 250ml d'eau froide

奶油 400g 400g de beurre
可可粉 40g 40g de cacao en poudre
手粉（高筋麵粉） farine de gruau

預備動作
・將低筋麵粉和高筋麵粉混拌後過篩備用（→tamiser）。
・將材料冰涼。室溫較高時，也可以將麵粉放在冷藏庫中冰涼。

＊細砂糖與食鹽一起溶於水中後加入。

1　和一般的千層酥派相同製作基本揉和麵糰，之後放入冷藏庫冰涼（→P.129）。

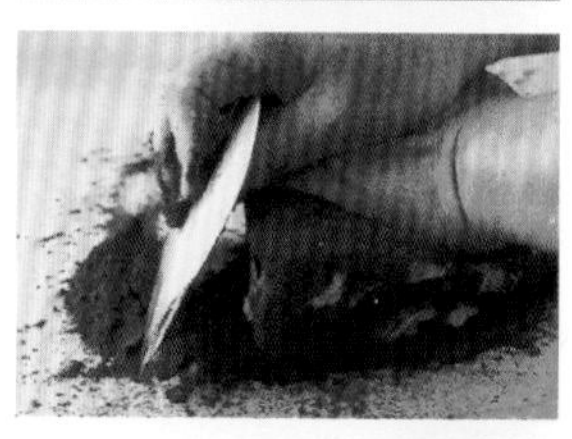

2　在稍硬的奶油（400g）上撒上手粉，以擀麵棍輕敲，以調整其內外之硬度。在可可粉上放置奶油，以刮板將奶油與可可粉揉搓在一起。

＊若是麵糰變太軟時，可以放入冷藏庫中使其冷卻變硬。以基本揉和麵糰包覆時，最好奶油的硬度能與之相同。

3　快速地將其形狀調整成20cm之正方形。

4 基本揉和麵糰擀壓成比奶油大的正方形，在中央以角度交錯的位置放上3的奶油。

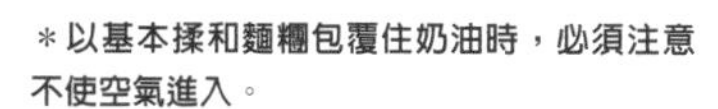

＊以基本揉和麵糰包覆住奶油時，必須注意不使空氣進入。

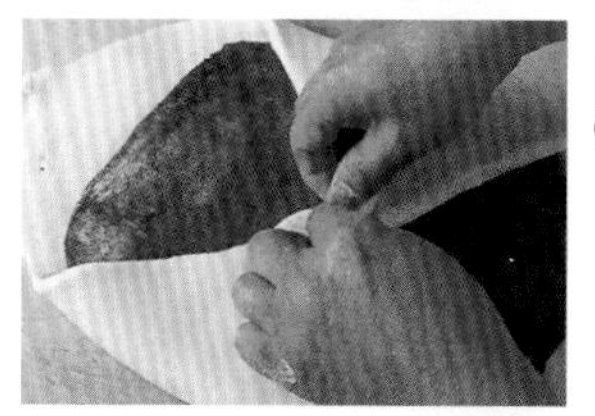

5 邊將基本揉和麵糰的邊緣壓薄地包起奶油，一邊將邊緣以指頭捻揉般地使其密封閉合起來。

6 以擀麵棍輕壓全體，使麵糰與奶油能相互融合。

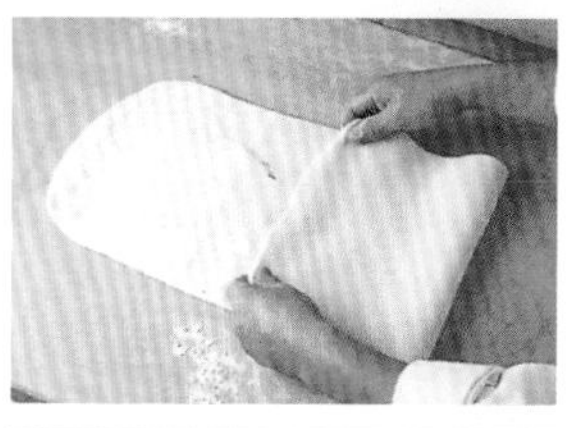

7 和一般的千層酥派一樣，不使奶油露出地將其擀壓成三倍的長度，進行第一次的三折疊。

8 將麵糰旋轉九十度，以擀麵棍在自己面前及對向按壓出凹槽，再次進行擀壓。

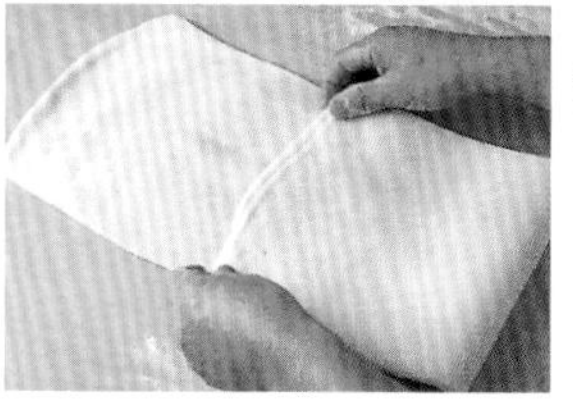

9 進行第二次三折疊的作業。

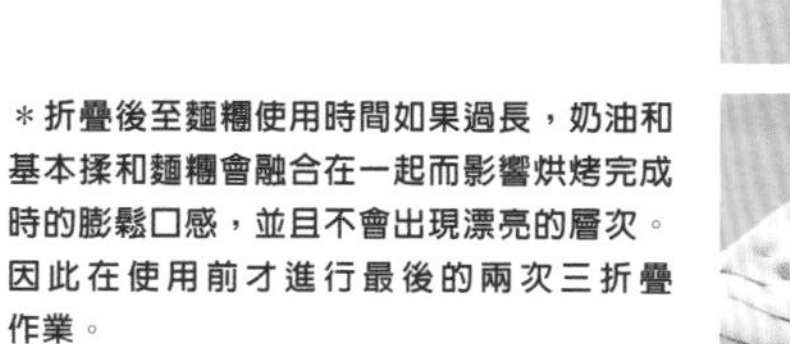

＊折疊後至麵糰使用時間如果過長，奶油和基本揉和麵糰會融合在一起而影響烘烤完成時的膨鬆口感，並且不會出現漂亮的層次。因此在使用前才進行最後的兩次三折疊作業。

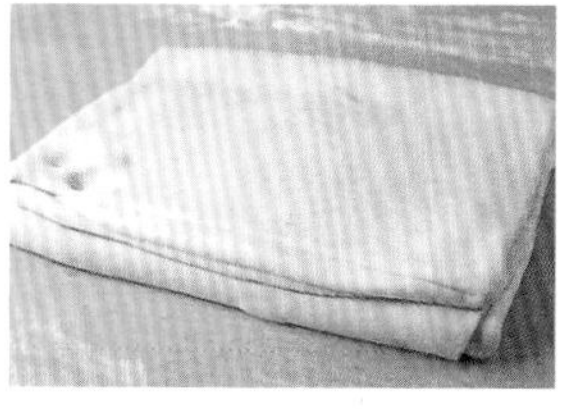

10 每進行完兩次三折疊作業後，就放回冷藏庫充分靜置。每次都將折疊次數按壓在麵糰的角落做記號。約在使用前的一個鐘頭前，進行最後兩次的三折疊。

mille-feuille chocolat à la menthe

巧克力薄荷千層

冷卻固定、分切再撒上可可粉，用薄荷來裝飾成品。

巧克力風味的千層酥派夾上薄荷風味奶油餡。
千層酥本來就是千層酥派加上卡士達奶油、夾入草莓等水果，卡士達奶油餡能添加咖啡或巧克力等風味，具有各式各樣的變化。

＊menthe〔f〕薄荷。

材料 寬9cm × 長 40cm 2個的份量

巧克力千層酥派 基本配比 × 1/2 feuilletage de chocolat

卡士達薄荷奶油餡 crème à la menthe

- 牛奶 750ml 750ml de lait
- 薄荷葉 15g 15g de feuilles de menthe
- 蛋黃 180g 180g de jaunes d'œufs
- 細砂糖 225g 225g de sucre semoule
- 低筋麵粉 45g 45g de farine
- 卡士達粉 45g 45g de poudre à crème
- 板狀果膠 9g 9g de feuille de gélatine
- 康圖酒 45ml 45ml de Cointreau
- 鮮奶油（乳脂肪成分48%） 675ml 675ml de crème fraîche

覆淋黑巧克力 glaçage noir

- 鮮奶油（乳脂肪成分35%） 100ml 100ml de crème fraîche
- 牛乳 125ml 125ml de lait
- 麥芽糖 50g 50g de glucose
- 糖漿（水1：砂糖1） 125ml 125ml de sirop
- 覆淋巧克力 300g 300g de pâte à glacer
- 巧克力（可可亞成分66%） 100g 100g de chocolat

杏桃果醬 confiture d'abricots

可可粉 cacao en poudre

巧克力（裝飾） chocolat

覆淋白巧克力（裝飾） pâte à glacer ivoire

薄荷葉（裝飾） menthe

※ 覆淋白巧克力 完成時用的白巧克力

1

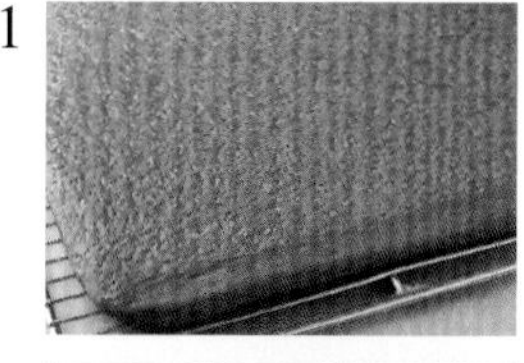

2

3

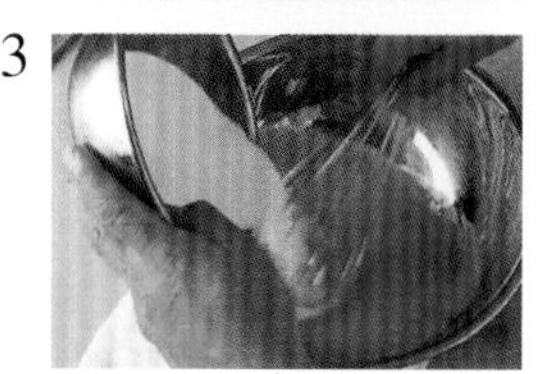

4

5

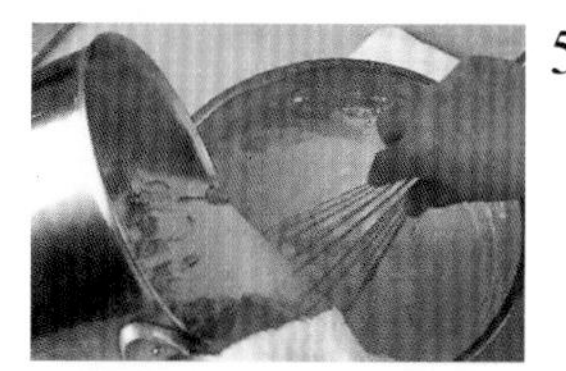

6

預備動作

・將板狀明膠放入冰水中還原，隔水（→bain-marie）加熱使其溶化。

・將卡士達薄荷奶油餡中的低筋麵粉和卡士達粉一起混拌過篩備用（→tamiser）。

烘烤派皮

①將巧克力千層酥派（六次三折疊）之半量，擀壓成比40 × 60cm之烤盤稍大的長方形（→abaisser），刺出排氣孔（→piquer）。放在塗了水的烤盤上，靜置於冷藏庫約1個鐘頭後，將多餘的麵皮切除（→ébarber）。放入預熱200℃的烤箱烘烤約30分鐘（烘烤時若麵皮有浮起狀態時，將網架放置於麵皮上，使其不要過於浮起。）。烘烤至表面呈金黃色，且確定中間也已經烘烤完成，置於網架上放涼。

製作卡士達薄荷奶油餡

②製作薄荷風味的卡士達奶油餡。在鍋中放入牛奶和薄荷葉，以中火加熱。待沸騰後離火，蓋上蓋子靜置至薄荷香滲入牛奶中（→infuser）。

③將蛋黃打散，加入細砂糖混拌，攪打至顏色開始泛白（→blanchir）。

④加入混拌過篩後的低筋麵粉和卡士達粉，並混拌均勻。

⑤將④的材料加入熱的②當中混拌均勻。

⑥過濾（→passer）並倒回鍋中。

7

8

9

10

11

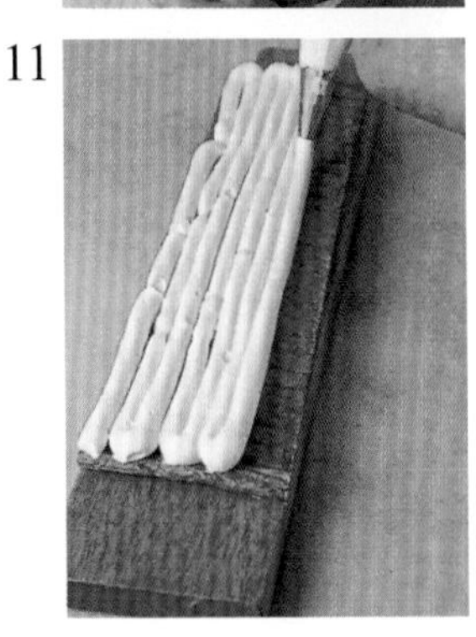

12

13

14

⑦以中火加熱，不停地混拌至完全加熱。因沸騰時會產生黏性，所以邊混拌邊加熱至材料可以流下來的狀態並且產生光澤爲止。

⑧將材料倒至淺盤中，用保鮮膜完全密合地覆蓋住，放在冰塊上使其迅速冷卻。

⑨以刮刀攪拌，回到滑順且呈光澤的狀態，加入康圖酒和溶化的明膠後混拌均勻。

＊奶油過度冰鎮時，加入溶化的明膠，就會變得過硬，當成為鬆散的狀態時，只要再隔水加熱，即可回復滑順狀態。

⑩將鮮奶油打發至固態發泡，再加入⑨混拌。

組合

⑪將千層酥派切分寬9cm、長40cm的大小。將卡士達薄荷奶油餡擠上。

⑫將千層酥派和奶油餡交互重疊上去（1個蛋糕用三片千層酥派）。

⑬第三片千層酥派的平坦面朝上放置，用板子輕輕蓋上，再以重石壓住，修整側面再放進冷藏庫冷卻固定。

⑭在上面塗上熬煮過的熱杏桃果醬，再度放入冷藏庫中冷卻固定。

＊杏桃果醬必須要熬煮至不會黏手的狀態後才使用。

15
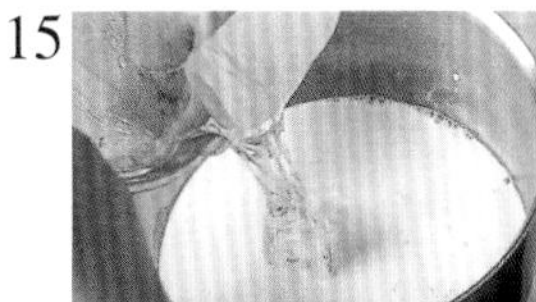
16

17

製作覆淋巧克力，並完成

⑮混合鮮奶油、牛奶、麥芽糖及糖漿，不斷地加熱並攪拌。

⑯沸騰後，加入切碎的覆淋巧克力和巧克力。

⑰邊攪拌使其不燒焦地熬煮。

⑱檢視沾上湯匙的狀態。最初的狀態是粗糙而沒有光澤（照片18之右邊開始）。但隨著熬煮的時間加長，會熬煮成有光澤且滑順的狀態並且較硬（照片18之左側）。

⑲在⑭的糕點上淋上⑱的溫熱覆淋巧克力，再用隔水加熱融化了的覆淋白巧克力來裝飾。

18

19

薄荷

紫蘇科的香草。日文就稱之為薄荷。雖然種類很多，但經常使用的有綠薄荷和辣薄荷。綠薄荷的香味比較溫和，較常用於糕點中以及點心的裝飾。辣薄荷的清涼感較強，常用於利口酒、香草茶以及糖果。也做為綠顏色的裝飾，另外裝飾經常使用香葉芹（Cerfeuil）等。香葉芹是芹菜科的香草，有著蕾絲般纖細且形狀漂亮的葉片。因風味穩定，所以和薄荷不同，即使放入口中也不會影響糕點的風味。

第5章

泡芙麵糰之糕點

pâte à choux

奶油泡芙 Chou à la crème

驚奇泡芙 Chou en surprise

新橋塔 Pont-neuf

巴黎・沛斯特泡芙 Paris-brest

聖多諾黑香醍泡芙 Saint-honoré

修女泡芙 Religieuse

關於泡芙麵糰

泡芙麵糰是唯一一種烘焙前就先加熱過的麵糰。因為是具有黏性的膏狀，烘烤時因膨脹而會在中央形成空洞。這是飽含在麵糰中的水份，在中央部分形成水蒸氣，將麵糰膨脹鼓起，而因麵糰具有黏性，就像是橡皮汽球一樣地脹大起來。當水蒸氣蒸發，麵糰已經烘烤成固定狀態了，所以能保持其中的空洞。

泡芙麵糰會有糊狀般的黏性，是因為麵粉中所含有的澱粉質糊化（α化）而產生的。所謂的糊化，就是澱粉吸收水分而膨脹潤澤，雖然變成具有黏性的狀態，但糊化是溫度必須到達某個程度才會產生的（麵粉中的澱粉成分是在87℃以上），所以製造泡芙麵糰時才會需要加熱。

泡芙麵糰的製作方法有兩種。一種是以製作白醬（sauce béchamel）為要領，在加熱奶油至溶化時加入麵粉輕輕拌炒，加入水份使粉類糊化，再加入雞蛋的作法。但這個方法現在不太有人使用了。

目前一般的作法，是將水和奶油一起加熱至沸騰，再加入麵粉，使其糊化後，加入雞蛋製成的。

因為麵糰完全不具甜味，所以不僅可以裝填香甜的奶油餡製成糕點，還可以烘烤成小泡芙，裝入各式料理做為前菜來使用。也可以將麵糰以油炸方式來食用。

基本麵糰

pâte à choux

泡芙麵糰

材料　基本配比

水 200ml 200ml d'eau
奶油 90g 90g de beurre
鹽 1小撮（1g） 1 pincée de sel
低筋麵粉 120g 120g de farine
雞蛋 約200g（約4個） 200g d'œufs

＊奶油可以乳瑪琳或白油來代替，另外沙拉油等液態油也可以，但風味而言還是奶油最棒。

材料的作用

油脂

- 賦予麵糰柔軟性
- 抑制超出所需麩素之形成。
- 因加入的油脂，使麵糰烘烤時溫度變高。
- 會因水份急遽地蒸發而使麵糰更加膨脹。

麵粉＋液體

- 澱粉＋水分→加熱→糊化澱粉粒
- 蛋白質＋水分→揉搓→麩素（賦予麵糰延展性並保持膨脹起來的狀態）

蛋

- 油脂和水分混拌的麵糰狀態，可以藉著蛋黃的乳化作用而使其具安定性。
- 提高麩素的伸展性，改善麵糰的延展性。
- 調節麵糰的硬度（使其變軟）。
- 可以藉著加熱使其凝固。

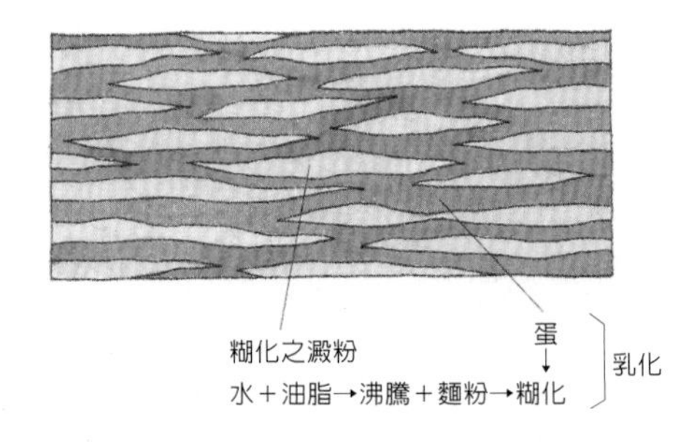

預備動作

- 低筋麵粉過篩備用（→tamiser）。
- 奶油使其易於溶化地回復至常溫。
- 雞蛋使其回復至常溫。

＊油脂，具有使麵粉的麩素能滑順地溶入水、蛋等其他材料中的作用，也可以增添口感、膨鬆以及麵糰的展延。因此逐次加入粉類時，油脂必須先溶化，並使粉類能分散於液體之中。另外，當油脂沒有完全溶化時，就先加入粉類的話，會影響到澱粉的糊化。

1 在鍋中放入水、切成小塊的奶油以及鹽，以中火加熱。

2 待奶油完全溶解後，加熱至液體呈沸騰狀態。

＊粉類必須均勻地拌入水分之中，充分受熱，才能使其所含的澱粉完全糊化。

3 沸騰後離火，加入低筋麵粉，使麵粉不致結塊地，全體用木杓spatule en bois均勻攪拌。

＊加熱，拌勻，隨著無法被麵粉吸收的水份被蒸發的同時，再加熱就可以讓澱粉完全糊化。（→dessécher）

4 待全部的材料拌合爲一時，再以中火加熱，用木杓將鍋邊的材料都刮入鍋中用力攪拌，使多餘的水份蒸發，並且使材料能完全均勻加熱。待鍋底產生材料的薄膜時，即可離火。

＊在剛從鍋中取出的麵糰中加入雞蛋時，就如同是將雞蛋加熱，所以必須留意，但稍稍高溫的狀態可以使麵糰和雞蛋的拌合狀況更為良好。
＊趁麵糰尚未變冷時，雞蛋放至成室溫再使用。泡芙麵糰變冷時就會變硬，加入的雞蛋量變少，麵糰的延展性也會變差。

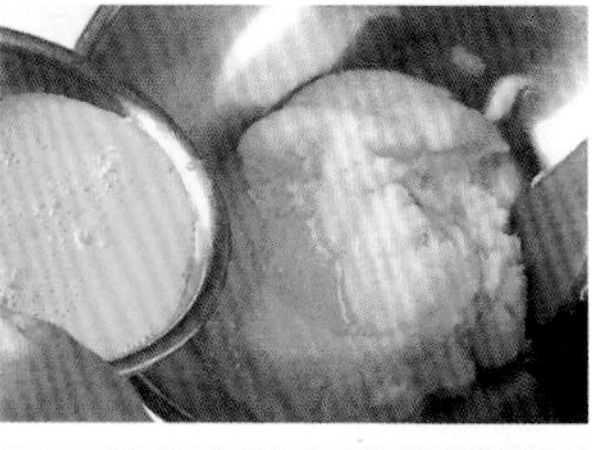

5 將材料移至攪拌缽，趁著餘溫時少量逐次地加入打好的蛋汁，確實地拌勻。

＊製作大型泡芙點心時，麵糰要稍硬一點，越小的糕點，加入雞蛋的量越需要增加，使麵糰更加柔軟。
＊低溫乾燥，會提早澱粉的老化。

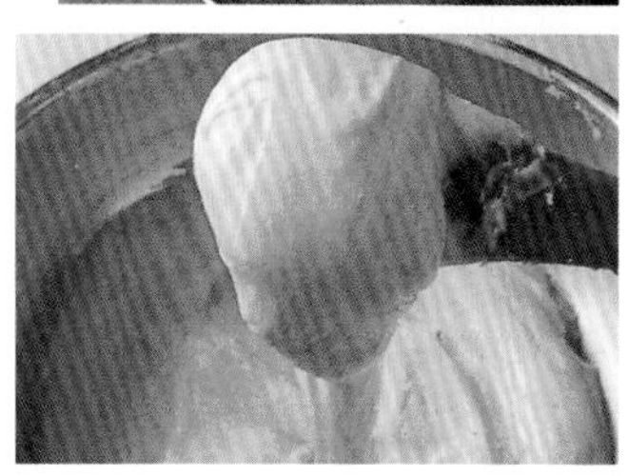

6 完成。製作完成的麵糰應儘早使用。放置一段時間後糊化的澱粉會回復其原先的狀態（老化），而降低麵糰的膨脹能力。麵糰表面蓋上擰乾的溼巾，使表面不致乾燥地放置於常溫下。

Chou à la crème

奶油泡芙

泡芙麵糰，以白醬爲其基底，被認爲應該是由奶油炒麵粉製成的麵糊爲其起源而產生的。柔軟的麵糰，油炸時會在中間形成空洞，是自古以來廣爲人知的特色，現在油炸泡芙麵糰製成的beignet soufflé，應該就是泡芙的始祖吧。

在16世紀初，從義大利遠嫁法國的卡特琳・德・梅迪奇（Catherine de Médicis）的廚師，據說就做出了讓人聯想起奶油泡芙的糕點，那是將麵糰放進烤箱中烘烤，在烘烤後取出挖出中央的材料，再填充上奶油餡。到了17世紀時，將麵糰放入烤箱，烘烤成中央中空的形狀，就已經做出如現在泡芙般形狀的糕點了。

＊chou〔m〕複數形為choux 高麗菜。

材料

泡芙麵糰 基本配比（直徑6cm 25個份）pâte à choux
全蛋汁（全蛋打散後之過濾備用）dorure
奶油（烤盤用）beurre
手粉（高筋麵粉）farine de gruau
＊奶油泡芙餡（20個的份量）Choux à la crème
- 卡士達奶油餡 基本配比 crème pâtissière（→P.40）
- 糖粉 sucre glace

＊香醍奶油泡芙（20個的份量）Choux à la crème chantilly
- 卡士達奶油餡 基本配比 crème pâtissière
- 鮮奶油香醍 crème chantilly
  - 鮮奶油 500ml 500ml de crème fraîche
  - 糖粉 40g 40g de sucre glace

糖粉 sucre glace

1

2

＊擠花嘴不左右移動地在烤盤上擠出麵糰。擠花嘴以垂直少許地將其提高地擠出來。（→dresser）

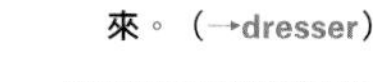

3

4

5

6

7

8

預備動作

・準備擠花袋poche（→P.45）。

・以200℃預熱烤箱。

烘烤泡芙麵糰

① 在烤盤上薄薄地塗上奶油，輕撒上高筋麵粉。

＊如果奶油塗太多，烘烤完成時油脂會浮在底部。

② 在裝有直徑13mm擠花嘴之擠花袋poche à douille unie裡放入泡芙麵糰，擠出直徑6cm的圓形。

＊泡芙麵糰的硬度會因其用途不同而有所差異，但只要能保持擠出時形狀的硬度即可。擠出的麵糰如果會擴大攤開，表示麵糰太過柔軟，無法烘烤出漂亮的形狀。反之若是太硬時，烘烤出來的泡芙膨脹力不足，會變得又小又硬。

③ 在擠出的麵糰表面，邊調整麵糰的形狀，邊塗上蛋汁（→dorer），以叉子塗蛋汁，並輕輕在麵糰上壓出格子形狀，同時調整擠出來的形狀。

＊如果蛋汁滴垂至烤盤，會影響到泡芙的膨脹，所以請注意務必僅塗於表面。以及必須注意不要塗抹過多蛋汁。

④ 放入預熱200℃的烤箱烘烤約35分鐘，至烘烤上漂亮的烘焙色。一般表面著色之後，麵糰的骨架（組織）也可謂成形了（大約從頭烘烤20～25分鐘），可以打開烤箱的閥門（排氣口），再繼續烘烤。烘焙完成，放置於網架上冷卻。

＊烤箱的溫度過低，麵糰將無法充分膨脹，所以必須多加留意。但反之烤箱溫度過高，就是上火過強，在麵糰尚未膨脹外表就固定成形了，當中的水份就會從麵糰較弱的地方衝破麵糰地散發出來，因此無法保有漂亮膨脹的外形。另外，烘烤時間不足時，取出烤箱後，泡芙就會消陷下來。

＊當泡芙完全加熱後，組織會十分紮實，也較衛生。在食用時鬆脆的口感與奶油餡合而為一才更為美味。

裝填奶油餡料，完成

⑤ 奶油泡芙是將烘烤完成的泡芙，以利刃couteau-scie橫切。

⑥ 擠入卡士達奶油餡，撒上糖粉。

⑦ 香醍奶油泡芙，則是將烘烤完成的泡芙切成兩半，在泡芙底部依序擠上卡士達奶油餡及鮮奶油香醍。

⑧ 再蓋上泡芙的上半部，撒上糖粉。

＊卡士達奶油餡可依個人的喜好添加康圖酒或香橙甜酒，以增添風味。

＊鮮奶油香醍，將攪拌缽泡在冰水中，加入鮮奶油及糖粉，打發至鮮奶油的拉起可呈直立狀（→fouetter）。因是以絞擠方式擠出的，所以打發至用打蛋器fouet緩緩地舉起時，拉起的鮮奶油尖端僅稍呈彎曲的硬度。

鮮奶油的打發

在法文中，打發的鮮奶油稱之為crème fouettée，加了砂糖打發的鮮奶油稱之為crème chantilly。現在一般的鮮奶油中都會添加8%的砂糖。

鮮奶油中的乳脂肪，以粒子狀態（脂肪球）與水份溶合。一經攪拌後，脂肪球的連結之間會打入空氣，而使其成為濃稠的安定狀態。只是過度攪拌時，脂肪球過於凝集，就會與水份分離，失去其滑順的狀態，變得乾巴巴的。

鮮奶油必須先將其冷卻，即使在打發時也要注意使溫度不致升高，務必要邊冷卻邊進行打發。打發了常溫的鮮奶油時，會因乳脂肪容易凝集，而產生分離的狀況（→P.24：鮮奶油）。

Chou en surprise
驚奇泡芙

外面淋覆上與內餡不同的材料，光看外觀時想像不到其中滋味及香氣，是其最大的樂趣，具有意外感的糕點及料理，都被命以驚奇之名。其實就是「泡芙派」，用千層派皮包著泡芙麵糰烘烤出來的糕點。

*surprise〔f〕驚奇。
*en 表示，在～的狀態下、以～做成的（材料）、～的形狀，的前置詞。

材料　直徑6cm 約20個
千層派皮　基本配比 × 1/2　feuilletage（→P.128）
泡芙麵糰　基本配比 pâte à choux
全蛋汁（全蛋打散後之過濾備用）dorure
卡士達鮮奶油餡 crème diplomate
┌ 卡士達奶油餡　基本配比 crème pâtissière（→P.40）
└ 鮮奶油　500ml 500ml de crème fraîche
杏桃果醬 confiture d'abricots
風凍 fondant
糖漿（砂糖1：水1）sirop
開心果（裝飾）pistaches

烘烤麵糰

①將千層派皮擀壓成2mm厚的麵皮（→abaisser），分切成邊長9cm的正方形，並排在烤盤上。將泡芙麵糰放進裝有直徑13mm的圓形擠花嘴的擠花袋中，在千層派皮的正中央擠出直徑5cm的圓形麵糰（→dresser）。

②塗上蛋汁（→dorer）。

③彷彿要包住泡芙麵糰般地將千層派皮的四角捏合起來，使千層派皮能與泡芙麵糰貼合在一起。

④放入預熱200℃的烤箱中烘烤40～45分鐘，烤至呈現漂亮的烘烤色爲止。烘烤完成後置於網架上放涼備用。

製作奶油餡、裝填

⑤將卡士達奶油餡攪拌至回復其滑順光澤的狀態，加再入打發紮實的鮮奶油crème fouettée大略地以切拌方式拌勻。

⑥完成卡士達鮮奶油餡。

⑦在④的泡芙側面，儘量不引人注意的位置上刺出小洞。

＊可利用擠花袋口cornet或筷子等刺出小洞即可。

⑧擠進卡士達鮮奶油餡。

⑨塗上熬煮好的熱杏桃果醬，放置於室溫下使其固定。

＊杏桃果醬可以取少量，試著將其滴垂在不鏽鋼工作檯上試試，必須熬煮至冷卻凝固後不沾黏手指的狀態。

⑩在風凍中加入糖漿，將其調整成可以滴垂流動的狀態，以隔水加熱至人體肌膚的溫度後，再塗在⑨上面。在風凍尚未凝固前，散放上切碎的開心果。

＊澆淋在驚奇泡芙的風凍，希望能稀釋至通透的狀態，所以必須將其調整至十分柔軟，很容易流動的狀態。

Pont-neuf
新橋塔

Pont-neuf的意思即是法文中「新橋」的意思。巴黎的新橋，橫跨了塞納河也橫切了沙洲西堤島（Île de la Cité）。派皮上以十字形分切，看起來像是這座橋及西堤島的外觀，據說就是這個名字的源由。

*pont〔m〕橋。
*neuf〔adj〕新的。

材料 直徑5cm的小塔 約24個

千層派皮（以基本配比完成的） 1/2量 feuilletage（→P.128）

搭配材料 garniture

泡芙麵糰（以基本配比完成的） 300g 300g de pâte à choux

卡士達奶油餡（以基本配比完成的） 200g 200g de crème pâtissière

糖粉 sucre glace

紅色鏡面果膠 nappage rouge

手粉（高筋麵粉）farine de gruau

＊nappage rouge是紅色的鏡面果膠。以醋栗（紅醋栗→P.281）等製成的。

1

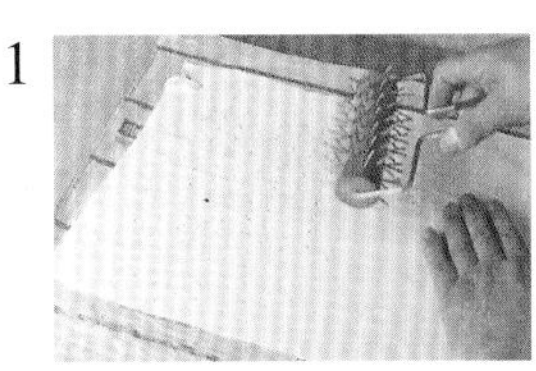

2

3

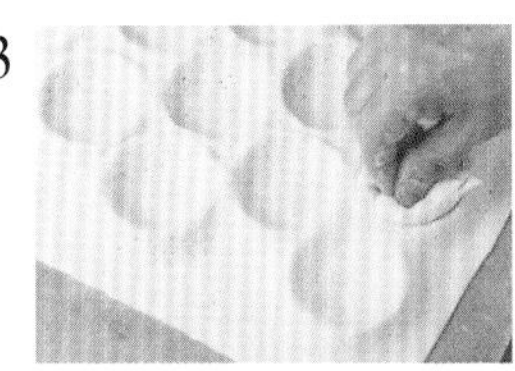

4

5

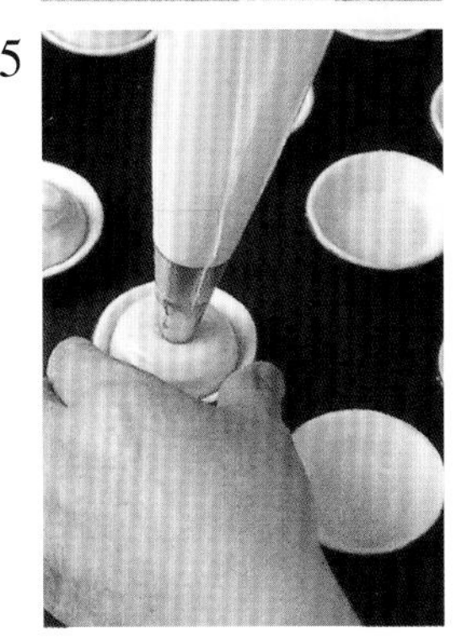

6

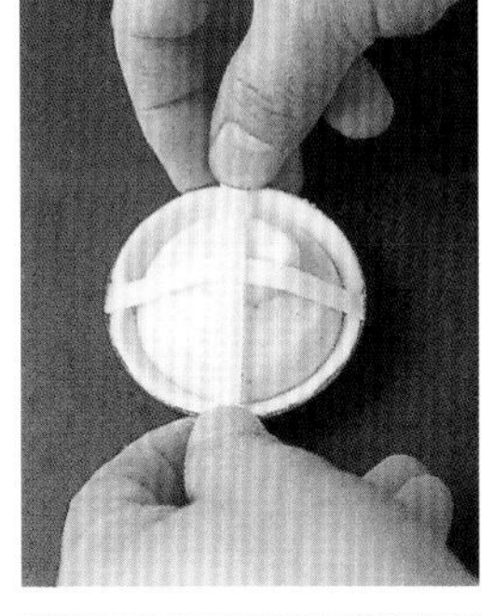

7

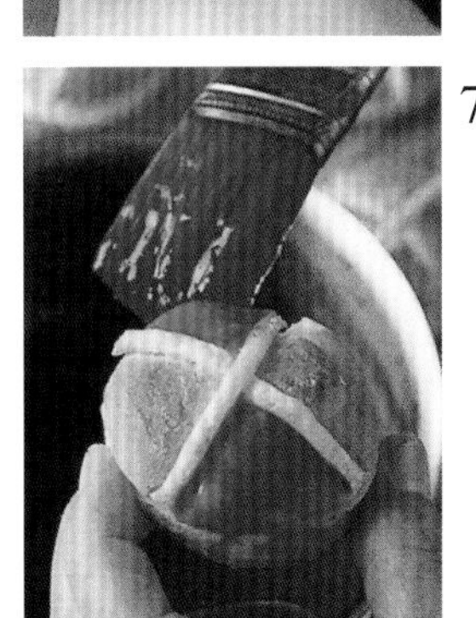

8

預備動作

・以刷子將水刷塗在模型上。

將千層派皮舖放進模型裡（→foncer）

①將千層派麵糰擀壓成比60×40cm的大小（→abaisser），刺出排氣孔（→piquer）。

②用擀麵棍將其捲起，覆蓋在並排的小塔模moule à tartelette上。

③在麵皮上輕撒上手粉，再用刷子按壓每個塔模，再沿著圓型塔模的邊緣按壓出塔模的形狀。

＊要按壓在塔模上的麵皮，可以使用之前切下來的邊緣重新利用，二次麵糰rognure（用量外）。

④滾動兩根擀麵棍，切除多餘的麵皮（→ébarber），放入冷藏庫中靜置。

製作搭配材料並填入

⑤將卡士達奶油餡攪拌至回復其滑順光澤後，加入泡芙麵糰拌勻，擠至模型中（→dresser）。

⑥ 剩餘的千層派麵皮切成5～6mm寬的條狀（→P.168），貼在⑤的表面。放入預熱200℃的烤箱烘烤約20分鐘，至完全烤透，稍稍放涼。

⑦在對角格內塗上紅色鏡面果膠。

＊如果紅色鏡面果膠的顏色太淡時，可以加入新鮮的（或冷凍）醋栗或覆盆子的果汁，以調整顏色。

⑧在塗了鏡面果膠的部分覆上紙模（→下圖），撒上糖粉。

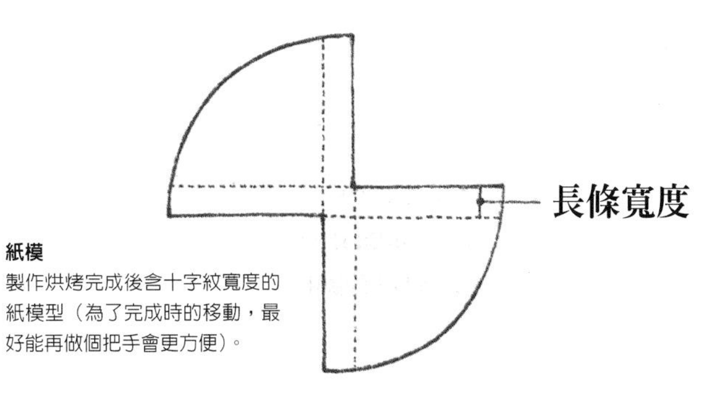

紙模

製作烘烤完成後含十字紋寬度的紙模型（為了完成時的移動，最好能再做個把手會更方便）。

新橋塔的長條麵皮製作方法

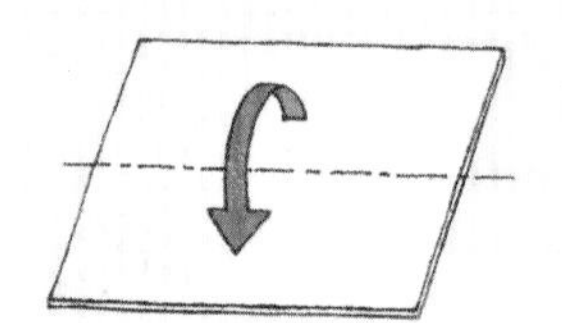

1 先將麵糰擀壓成正方形。

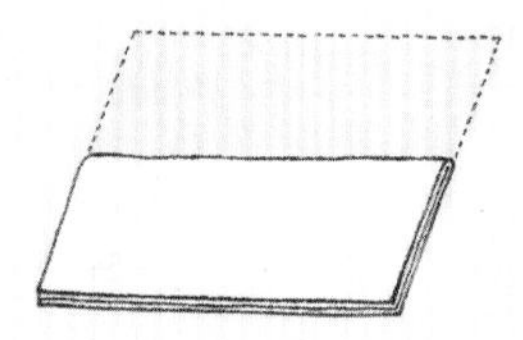

2 撒上手粉後，對折成一半。

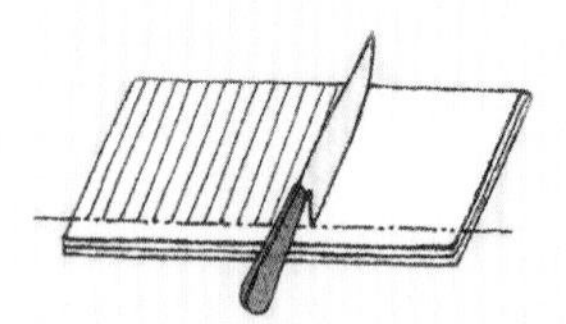

3 利用切刀的刀柄處之刀刃，不要將麵皮邊緣切斷地確實一條條向下切。
＊使用刀柄處之刀刃為直角之切刀。

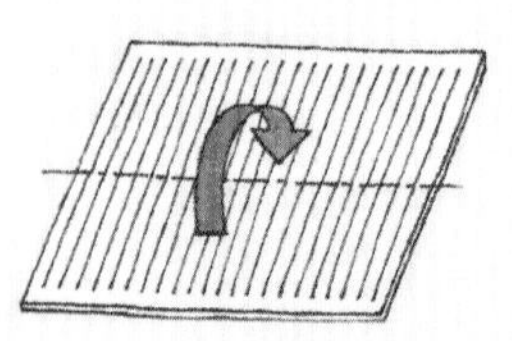

4 使用時將對折的麵皮攤開，切開兩端即可拿下長條。
＊如此長條在切開之前都不會相互沾黏，而能夠快速地進行作業。

Paris-brest
巴黎・沛斯特泡芙

泡芙麵糰可以藉由調節麵糰的硬度以及擠出各種形狀烘烤，而組合出更大型更不同的糕點。巴黎・沛斯特泡芙就是擠成一個大圈圈烘烤而成，中間夾上糖杏仁奶油餡的糕點。據說在巴黎以及布列塔尼半島前端的港口沛斯特Brest之間，曾經舉行過自行車競賽，而這款糕點就是以自行車的車輪爲概念而製作出來的。

巴黎・沛斯特泡芙

材料　直徑21cm 兩個的份量

泡芙麵糰 基本配比 pâte à choux
全蛋汁（全蛋打散後之過濾備用）dorure
杏仁片 d'amandes effilées
慕斯林杏仁奶油餡 crème mousseline au praliné
- 卡士達奶油餡 基本配比 × 1/2 crème pâtissière（→P.40）
- 糖杏仁 40g 40g de praliné
- 櫻桃酒 30ml 30ml de kirsch
- 奶油餡 600g 600g de crème au beurre（→P.60）
  - 奶油 450g 450g de beurre
  - 蛋白 120g 120g de blancs d'œufs
  - 水 70ml 70ml d'eau
  - 細砂糖 200g 200g de sucre semoule

糖粉 sucre glace
奶油（烤盤用）beurre
手粉（高筋麵粉）farine de gruau

1
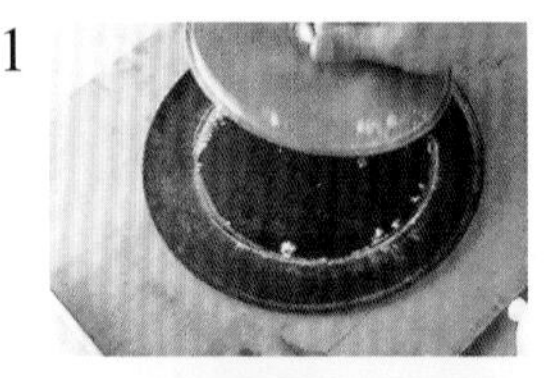

2

3

4

5
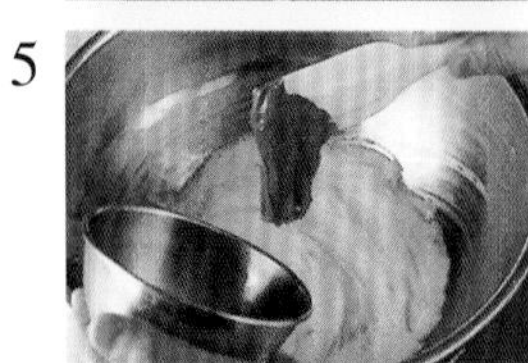

6

7
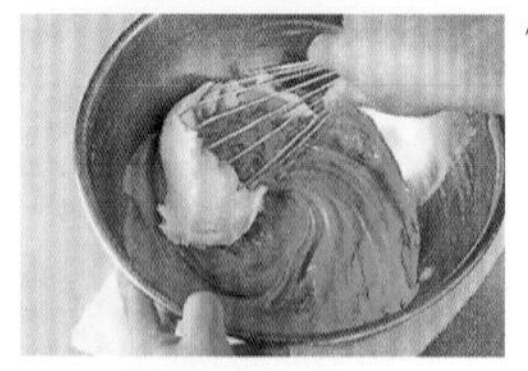

8

9
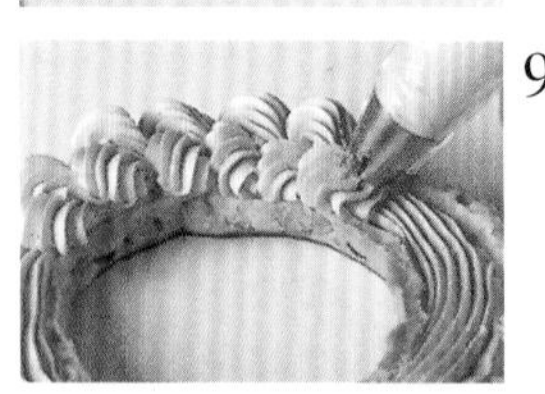

10
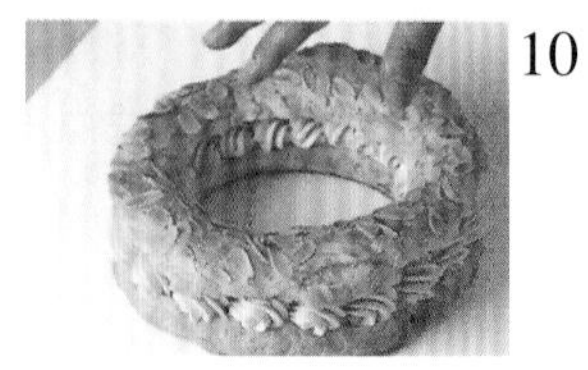

烘烤泡芙

①在淺盤模型tourtière中薄薄地塗上奶油，在直徑21cm的酥皮模vol-au-vent邊緣撒上高筋麵粉，蓋在上面印出形狀。

②沿著印出來的形狀將泡芙麵糰絞擠成圈狀（→dresser）（使用直徑20mm的圓形擠花嘴douille unie）。在別的淺盤模型中，同樣地以泡芙麵糰絞擠出另一個較小的圈狀（放入中間的泡芙）。
＊為了不使其變形而能膨脹得很完美，烘烤時可以放上較擠出的泡芙麵糰更大圈的環狀模。環狀模上要塗上薄薄的奶油。

③塗上全蛋汁（→dorer）。

④在表面放上杏仁片，放入預熱180℃的烤箱烘烤約35分鐘。
＊烘烤至著上了漂亮的烘焙色時，按壓側面仍是紮實堅硬的狀態，即是烘烤完成。小的環狀泡芙也同樣地烘烤。

製作慕斯林杏仁奶油餡並填入

⑤在卡士達奶油餡中加入糖杏仁混拌。
＊糖杏仁可以在大理石的工作檯上，揉搓混拌的方式將其拌勻至滑順。市售的糖杏仁在保存時會在表面浮起一層油脂，所以一定要充份拌均後使用。

⑥添加櫻桃酒混拌。

⑦製作奶油餡加入⑥之中。

⑧將烘烤好的大環狀泡芙橫切成一半。

⑨在底部的泡芙切口上，以星型擠花嘴douille cannelée（10齒、直徑11mm）的擠花袋絞擠出少量的奶油餡。在奶油餡上放置小形環狀泡芙，再次絞擠上大量的奶油餡，直至看不見小環狀泡芙爲止。

⑩蓋上泡芙的上半部，撒上糖粉。

Saint-honoré

聖多諾黑香醍泡芙

在擠出聖多諾黑奶油餡上，使用聖多諾黑專用的擠花嘴douille à saint-honoré將鮮奶油香醍擠成花瓣的形狀。

是呈獻給糕點師傅及麵包師傅守護者的聖多諾黑主教之糕點，故以此命名，也有人說是因爲這種糕點首創於巴黎聖多諾黑街上的Chiboust糕餅店，因而得名。使用在卡士達奶油餡中拌入蛋白霜做出輕柔口感的聖多諾黑奶油餡（又名：吉布斯特奶油餡）。也有人說在19世紀時，將這種奶油和糕點實際創作的是Auguste Julien。

＊Saint-honoré 聖多諾黑。6世紀時亞眠Amiens地方的主教。5月16日為國定假日。

僅以聖多諾黑奶油餡完成的成品。

聖多諾黑香醍泡芙

材料　直徑21cm 2個
餅底脆皮麵糰 基本配比 pâte à foncer（→P.90）
泡芙麵糰 基本配比 × 1.5 pâte à choux
全蛋汁（全蛋打散後之過濾備用）dorure
焦糖 caramel
- 細砂糖 500g 500g de sucre semoule
- 麥芽糖 100g 100g de glucose
- 水 150g 150g d'eau

聖多諾黑奶油餡（吉布斯特奶油餡）crème à saint-honoré（crème Chiboust）
- 卡士達奶油餡 crème pâtissière（→P.40）
  - 牛奶 250ml 250ml de lait
  - 香草莢 1根 1 gousse de vanille
  - 蛋黃 120g 120g de jaunes d'œufs
  - 細砂糖 50g 50g de sucre semoule
  - 低筋麵粉 25g 25g de farine
- 板狀明膠 10g 10g de feuilles de gélatine
- 櫻桃酒 50ml 50ml de de kirsch
- 義式蛋白霜 meringue italienne （→P.183）
  - 蛋白 200g 200g de blancs d'œufs
  - 細砂糖 300g 300g de sucre semoule
  - 水 100ml 100ml d'eau

鮮奶油香醍 crème chantilly（→P.163）
- 鮮奶油 300ml 300ml de crème fraîche
- 細砂糖 30g 30g de sucre semoule
- 香草砂糖 2大匙 2 cuillerées à potage de sucre vanillé

開心果（切薄片、裝飾）pistaches
奶油（烤盤用）beurre
手粉（高筋麵粉）farine de gruau

1

4

2

5

3

6

預備動作
・板狀明膠放入冰水中還原至柔軟。
・在淺盤模型tourtière上薄薄地塗上奶油。
・在烤盤上薄薄地塗上奶油，撒上高筋麵粉。

烘烤泡芙並組合
①將餅底脆皮麵糰擀壓成2mm之麵皮（→abaisser）、並刺出排氣孔（→piquer）。
②將淺盤模型放置於麵皮上，再用酥皮模印出直徑21cm大小之麵皮，放入冷藏庫中靜置。
③全面塗抹上全蛋汁（→dorer）。
＊也可以用千層酥派取代餅底脆皮麵糰。甜酥麵糰及法式塔皮麵糰因太過酥脆，在泡芙麵糰膨脹時，會使這些麵糰的表面產生裂痕或破碎，所以不能使用。
④將泡芙麵糰放入裝有直徑9mm之擠花嘴的擠花袋中，由餅底脆皮麵皮邊緣5mm之內側開始，擠成圈狀。
＊由稍高的位置，彷彿是將麵糰滴垂而下般，就可以由擠花嘴漂亮地擠出麵糰。
⑤將泡芙麵糰由中心向外側地擠出渦旋狀，擠花嘴保持在較低的位置，彷彿碰觸到餅底脆皮麵糰般，以壓擠的方式將泡芙麵糰薄薄地絞擠出來。以預熱200℃的烤箱烘烤45分鐘。
＊絞擠在中央的泡芙麵糰，是為了在底部烘烤完成時，中央可以不必填入過多的奶油餡。
⑥在烤盤上將泡芙麵糰絞擠成直徑2cm的圓形（→dresser）。

7

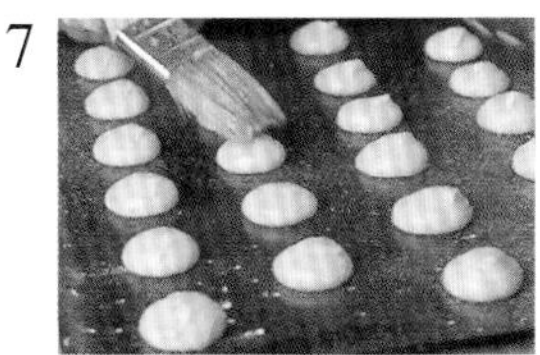

11

8

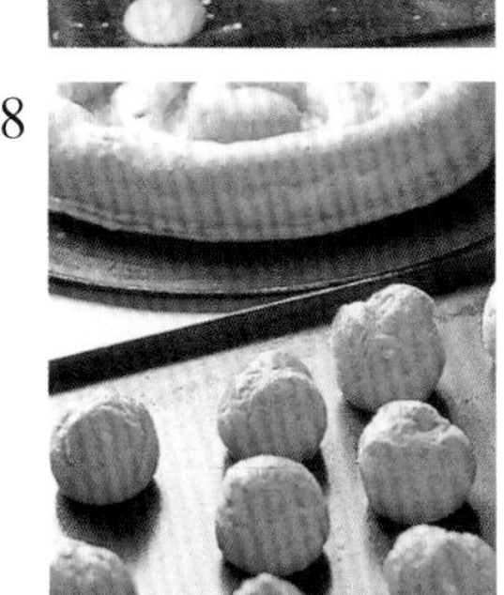

12

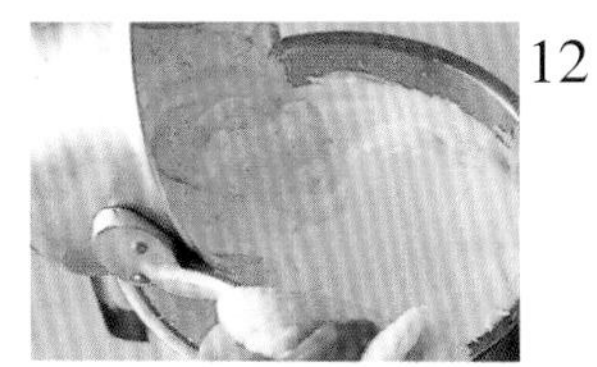

13

9

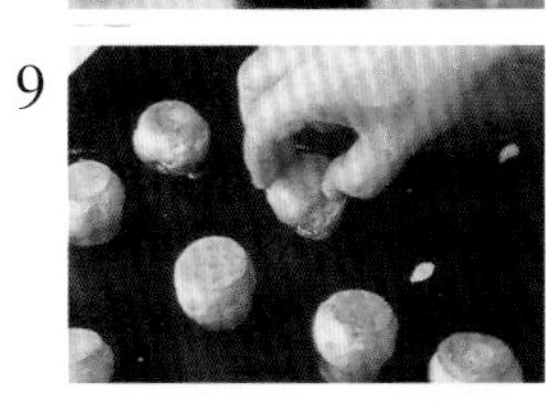

10

14

⑦在擠出的泡芙麵糰表面塗上蛋汁（→dorer），以預熱200℃的烤箱烘烤約30分鐘。

⑧當麵糰烘烤完成時，移至網架上放涼備用。利用這段時間製造焦糖醬。在鍋中放入水後加熱，再加入麥芽糖及細砂糖，熬煮成金棕色。將鍋子浸泡於冷水中，調整焦糖的顏色及硬度。

⑨在烤盤上，預留充份間隔地排放上切成薄片的開心果。在小泡芙的表面上塗上焦糖醬，並將塗抹了焦糖醬表面朝下地沾取開心果薄片，靜置使其固定。

⑩接著在小泡芙的底部塗抹上焦糖醬，取適當間隔地將其黏放在⑤的環狀泡芙上。

製作聖多諾黑奶油餡

⑪製作卡士達奶油餡，離火後立即加入擰乾了水份的還原明膠，迅速地混拌使其溶化。加入櫻桃酒拌勻。與製作卡士達奶油餡同步地製作義式蛋白霜。在加入明膠的奶油溫度尚高時，將剛完成的微溫蛋白霜取部分加入其中，混拌均勻。

⑫接著加入所有的蛋白霜，快速大動作地拌勻。

＊加了明膠後的奶油餡一旦冷卻後，就會凝固，和義式蛋白霜混合時，就會破壞其打發的氣泡。所以蛋白霜必須趁熱，以不破壞氣泡地快速均勻混拌。

⑬在⑩的上面用⑫以填平表面般地絞擠在中間，冷卻使其固定。以直徑14mm左右之圓形V字型切口（切口的幅度大約是圓周的1/4，深度約爲擠花嘴的1/2）的聖多諾黑擠花嘴擠出鮮奶油香醍。

⑭再用星形擠花嘴擠出裝飾的鮮奶油香醍。

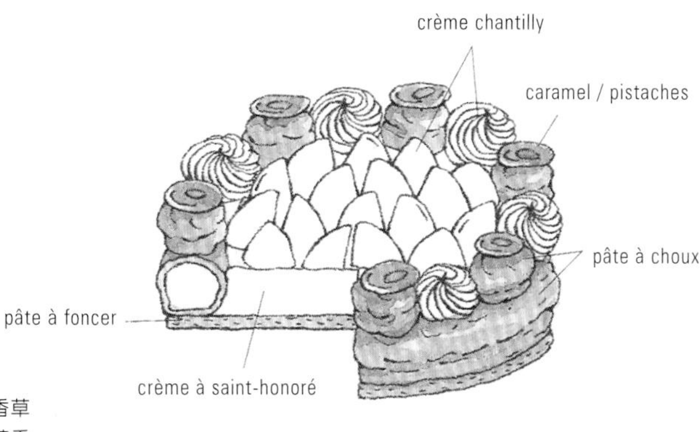

Saint-honoré

香草砂糖

添加了香草風味的砂糖。製品有將香草莢壓碎後與砂糖拌合的，也有用香草香料添加的。在鮮奶油香醍中使用的是將香草莢曬乾後，埋放在砂糖中，也可以用食物調理機將其碾磨成細粉後，與砂糖混合，就可以製成香草砂糖了。在增添香味上，使用香草自然地增添香氣當然是最好的，但這樣就必須以液體來萃取了。香草精的香氣過於強烈，氣味常會殘留在口中。以這些來考量的話，自己製作香草砂糖，應該是最簡單也最方便的。

Religieuse
修女泡芙

修女泡芙，是澆淋了巧克力風味黑色風凍的大小泡芙組合成的糕點，形狀及顏色讓人聯想起修道院修女的身影，才以此命名。中間還填滿了巧克力或咖啡風味的鮮奶油香醍。原來的形狀好像是由環狀及閃電éclair泡芙所組成的節慶糕點pièce montée。

* religieuse〔f〕修女。
* éclair〔m〕閃電。細長棒狀的奶油泡芙，表面澆淋了巧克力或咖啡風味的風凍，中間的奶油餡也是其中一種口味的糕點。
* pièce montée〔m〕婚禮、紀念日等配合節慶而以糕點或糖果等裝飾而成的巨大節慶糕點。

材料　直徑18cm、高25cm 1個的份量

泡芙麵糰 基本配比 pâte à choux

咖啡風凍 fondant café

- 風凍 200g 200g de fondant
- 咖啡精 5ml 5ml d'extrait de café
- 糖漿（水1：糖1） 20ml 20ml de sirop

巧克力風凍 fondant chocolat

- 風凍 200g 200g de fondant
- 巧克力塊 50g 50g de pâte de ccacao
- 糖漿（水1：糖1） 30ml 30ml de sirop

牛軋糖 nougatine

- 細砂糖 500g 500g de sucre semoule
- 麥芽糖 50g 50g de glucose
- 杏仁果碎粒 250g 250g d'amandes hachées

焦糖 caramel

- 細砂糖 1kg 1kg de sucre semoule
- 麥芽糖 200g 200g de glucose
- 水 300ml 300ml d'eau

咖啡奶油餡 crème au beurre de café

- 奶油餡 300g 300g de crème au beurre （→P.60）
- 即溶咖啡 10g 10g de café soluble
- 熱水 10ml 10ml d'eau chaude

奶油餡 crème

- 卡士達奶油餡（約620g） crème pâtissière （→P.40）
    - 牛奶 500ml 500ml de lait
    - 香草莢 1根 1 gousse de vanille
    - 蛋黃 60g 60g de jaunes d'œufs
    - 細砂糖 125g 125g de sucre semoule
    - 卡士達粉 40g 40g de poudre à crème
    - 低筋麵粉 10g 10g de farine
- 發酵鮮奶油 500ml 500ml de crème épaisse
- 義式蛋白霜 500ml 500ml meringue italienne
    - 蛋白 125g 125g de blancs d'œufs
    - 水 80ml 80ml d'eau
    - 細砂糖 250g 250g de sucre semoule
- 香草精 少量 un peu extrait de vanille

覆盆子 250g 250g de framboises

奶油（烤盤用） beurre

手粉（高筋麵粉） farine de gruau

風凍的準備（風凍的基本處理方法→P.138、139）

・咖啡風凍：在風凍中加入糖漿，調整成可以極緩慢速度流動之硬度，利用隔水加熱將之加溫成人體肌膚的溫度。添加咖啡精，調整顏色及風味。

・巧克力風凍：在風凍中加入部份的糖漿20ml，使其變柔軟，再以隔水加熱加溫成人體肌膚溫度。加入隔水加熱使其溶化的巧克力（50℃左右），充分均勻攪拌。因加入巧克力後會使風凍變硬，所以再加入剩餘的10ml糖漿，調整至適當的硬度後隔水加熱至人體肌膚溫度。

＊增添風凍風味的巧克力塊或咖啡精的分量是標準用量（如果沒有時也可使用泡得較濃的即溶咖啡），所以可視風凍的硬度及顏色來加以調節。

1

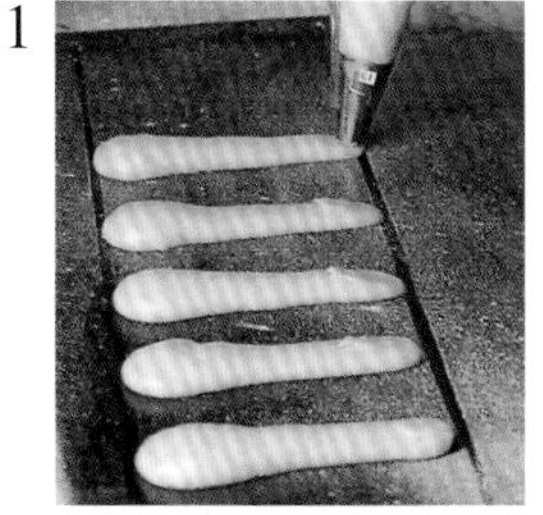

〔要擠出細長泡芙麵糰時〕

將擠花嘴傾斜成45度左右，彷彿使擠花嘴擠出的泡芙麵糰躺在烤盤上般絞擠出來。（→coucher）

＊擠出細長棒狀地烘烤→閃電éclair

2

3

4

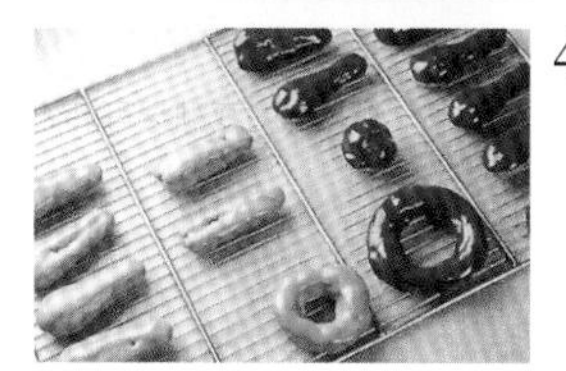

預備動作

・覆盆子用擰乾的溼布將表面的髒污擦乾淨。

烘烤泡芙並澆淋上風凍

①在烤盤上塗上薄薄的奶油，再輕撒上手粉，在烤盤上做出兩條寬12cm的記號，絞擠出14條細長淚滴狀的泡芙麵糰。

②在其他的烤盤上擠出直徑13cm和9cm的環狀麵糰，以及直徑4cm的圓形（→dresser）。

③放入200℃預熱的烤箱中，烘烤約35分鐘。

＊因擠出的麵糰大小不一，烘烤的狀態和烘烤完成的時間也各不相同，因此必須要多加留意。

④在一半的淚滴形及小圈狀泡芙澆淋上咖啡風凍。其餘的則澆淋上巧克力風凍，靜置至風凍凝固為止。

5

6

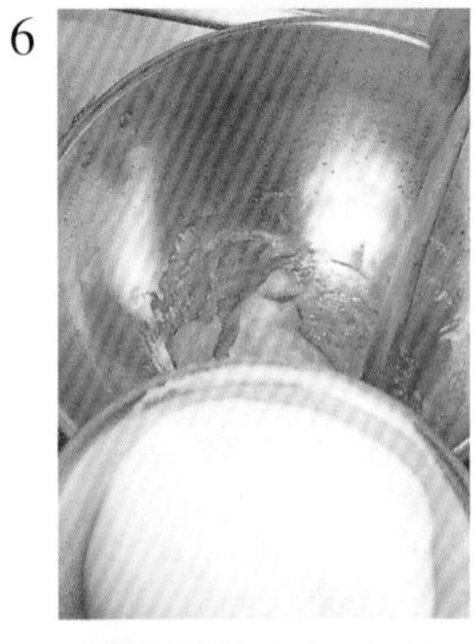

7

8

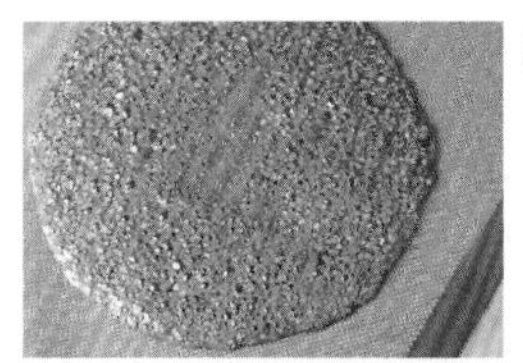

9

10

11

12

13

製作牛軋糖的台架

⑤在銅鍋中放入麥芽糖加熱，以木杓spatule en bois攪拌使其溶化。

⑥等麥芽糖變軟溶化之後，少量逐次地加入細砂糖混拌熬煮。

⑦煮至呈淡淡焦色時，加入以烤箱烘烤過的杏仁碎粒混拌。

＊若直接將杏仁碎粒加入時，會降低糖漿的溫度而使糖漿變硬，而難以進行作業，所以預先將杏仁碎粒烘烤加熱，同時還可以除去多餘的水分。

⑧在大理石的工作檯上舖上矽膠墊（Silpat），將⑦的材料平舖在上面。

⑨當牛軋糖開始變硬時，用三角刮板palette triangle邊混拌成相同的硬度邊使其冷卻。

⑩成爲易於操作之硬度時，用金屬製擀麵棍（rouleau à nougat）擀壓成薄片（→étaler）。

⑪將薄片壓放進直徑18cm的圓磔模型manqué中，調整形狀。

⑫剪除多餘的部分。

＊這一連串的作業，都必須以儘速地進行，否則一旦變硬就會導致失敗，請務必留心。

⑬冷卻固定後脫模。

發酵鮮奶油

鮮奶油中添加乳酸菌，以低溫熟成的成品。因為發酵程度不若酸奶，所以酸味是溫和且濃郁的，有著發酵所帶來獨特風味之濃醇鮮奶油。因其高濃度而呈半固體狀。耐於加熱，所以也可使用於熬煮。添加10～20%牛奶，就很容易打發。乳脂肪成份會依不同的製品而有其差異，但日本廠商製造的大多是含35～40%乳脂肪成分之製品。在法國，為了與一般液狀鮮奶油有所區別，會被稱為是crème épaisse或crème double。

14
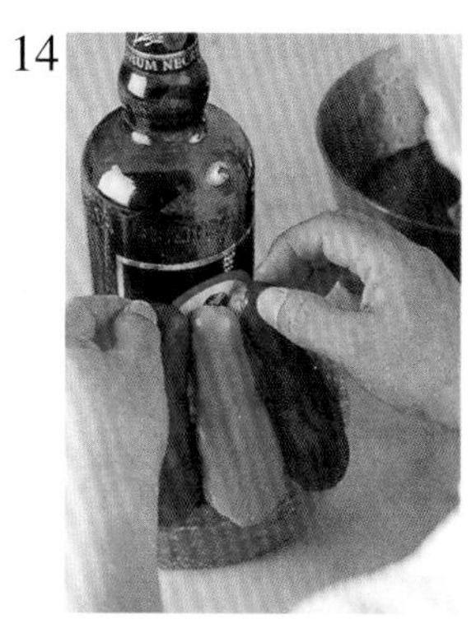
15

16

17
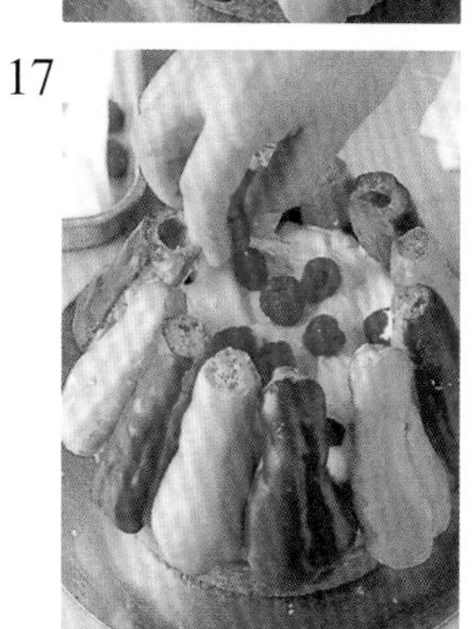
18

19

20

21

焦糖的準備

在鍋中放入水、細砂糖以及麥芽糖，熬煮至上色。以隔水冷卻鍋子並調節焦糖的硬度及顏色。

準備奶油餡

◎ 咖啡奶油餡：製作奶油餡，再加入以熱水溶化了的即溶咖啡，均勻混拌。

◎ 填入中央的奶油餡：製作義式蛋白霜，加入發酵鮮奶油，以糕點專用攪拌器mélangeur打發（→fouetter）。將之與添加了香草精攪拌至滑順光澤的卡士達奶油餡混拌。

組合

⑭在牛軋糖的中央放置瓶子。將淚滴狀的泡芙較粗的一端沾取焦糖，緊靠著牛軋糖地並排相黏。

⑮將泡芙的高度切齊，以焦糖固定後拿掉瓶子。

⑯～⑰以相互交疊的方式填入奶油餡和覆盆子。

⑱在泡芙之間擠上咖啡奶油餡。

⑲放上環狀泡芙。

⑳用咖啡奶油餡來裝飾。

㉑最後放上圓形泡芙，同樣地裝飾，完成。

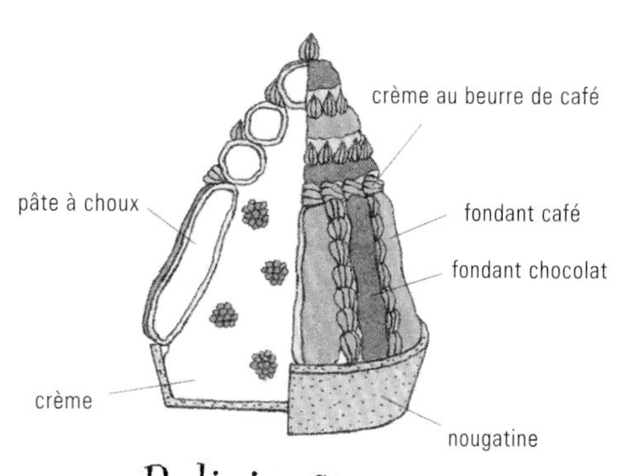

第6章

蛋白霜之糕點

meringue

法式蛋白霜 meringue française
瑞士蛋白霜 meringue suisse
義式蛋白霜 meringue italienne

蒙布朗 Mont-blanc

塞維尼蛋糕 Sévigné

苦甜巧克力蛋糕 Bitter

勝利杏仁夾心蛋糕 Succès praliné

覆盆子蛋白杏仁甜餅 Macaron aux framboises

洋梨塔蛋白杏仁甜餅 Tarte aux marrons et poires

馬郁蘭蛋糕 Gâteau marjolaine

關於蛋白霜

蛋白霜，是蛋白加上砂糖打發製成的，不管是麵糰的形式或是乾燥烘烤過的，都稱之為蛋白霜。蛋白的表面張力比水差，因此經過攪拌之後會飽含空氣，並且一旦與空氣接觸，蛋白當中主要成分的蛋白質性質也會隨之改變，因分子間的連結而形成膜狀，產生氣泡並保持氣泡之狀態（→P.20：蛋白之發泡性）。

蛋白的黏性越小越容易打發，但打發的氣泡也越粗大。相反地，越有彈性及黏性就越難打發，但打出的氣泡卻是細緻安定的。

砂糖，可以吸收蛋白中的水份，具有使氣泡安定的作用。因添加砂糖會產生黏性，雖然會使蛋白不容易打發，但打發的氣泡可以是組織更綿密更安定的氣泡。

蛋白霜，會因雞蛋、周圍的溫度、打發的方法（是否使用機器打發）、添加的砂糖用量以及時間等，而產生不同的氣泡質感、光澤、彈力以及韌性，所以必須一邊仔細地觀察一邊進行，才能獲得想要的質感。一般而言，在初期階段中添加大量的砂糖，可以製造出氣泡細密、安定且具有彈性之蛋白霜，烘烤後會產生黏性，很容易製造出外皮鬆脆而內在濕潤的口感。砂糖的量減少或是加入砂糖時間較晚時，氣泡較粗也較不安定，但烘烤後不太容易產生黏性，是鬆脆入口即化的口感。

	不容易打發	容易打發
黏性	強	弱
溫度	低溫（冷藏）	高溫（常溫）
新鮮度	新鮮	較久
砂糖	在開始時添加砂糖 大量添加	減少砂糖用量 儘可能延遲加入的時間

＊ 溫度：溫度越高表面張力越弱＝沒有韌性

＊ 新鮮度：越新鮮的雞蛋濃稠蛋白（黏性較強）就越多，隨著鮮度的降低水狀蛋白（很容易流動的狀態）就會變多（→P.20）。

＊ 砂糖：砂糖會增加蛋白的黏度，抑制蛋白質的變化。

打發蛋白時的注意事項

・ 因油脂會妨礙蛋白的打發，所以攪拌盆及打蛋器上必須完全不殘留油脂地清洗乾淨，完全乾燥後再使用。

・ 在分開蛋黃及蛋白時，要注意蛋白中不可滲入蛋黃（因蛋黃中含有油脂，所以會變得很難打發）。

・ 使用糕點專用攪拌器mélangeur時，打發的力量很強，所以在最初加入砂糖雖然會抑制其發泡，但可以製造出更細密更安定的氣泡。

・ 以手打發時，因在最初加入砂糖時會不容易打發，所以先不加砂糖略打發後，再逐次少量地加入。

Meringue française (meringue ordinaire)

法式蛋白霜（蛋白霜）

法式蛋白霜。在蛋白中添加砂糖打發的基本製法。砂糖的配比雖然高，但在蛋白中加入幾乎等量的砂糖打發，待紮實地打發後，再加入砂糖，接下來以切拌方式混拌，不會增加黏性，也可以烘烤出輕盈鬆脆的狀態。雖然氣泡稍粗大，但入口即化的口感卻是最好的。

乾燥烘烤後與奶油餡或冰淇淋組合，也常被利用當成冰涼或冰凍糕點的底座。

* français（女性形française）〔adj〕法式風格的。
* ordinaire〔adj〕普通的。

材料 基本配比

蛋白 180g 180g de blancs d'œufs
細砂糖 180g 180g de sucre semoule
細砂糖 180g 180g de sucre semoule

＊ 注意不要將蛋黃混入其中。因蛋黃中含有油脂，所以會妨礙蛋白的打發。
＊ 當蛋白霜的黏性和氣泡的狀態（細緻度）沒有問題時，也可以將與蛋白等量的砂糖全部一起加入打發。

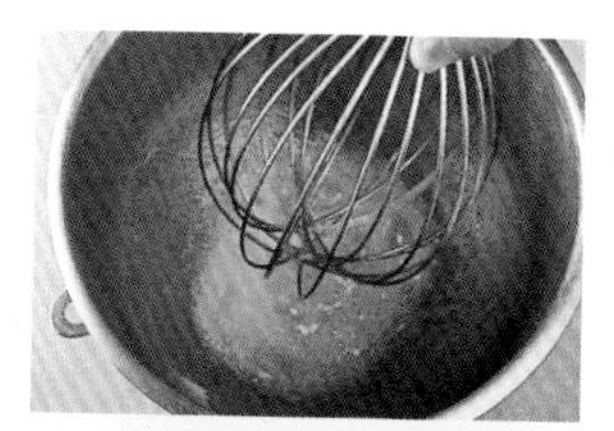

1 在洗得很乾淨沒有任何油脂或水份的攪拌缽中，加入蛋白和一部分的細砂糖，攪散後打發（→fouetter）。

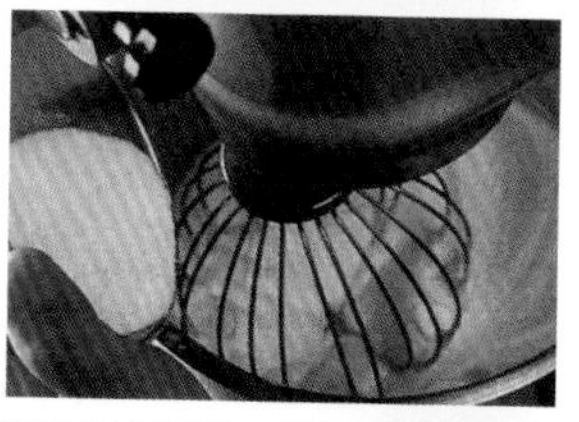

2 將180g剩餘的砂糖分次加入至全部加完爲止（與蛋白等量），打發。

3 待打發至蛋白拉起的角度爲尖角，用打蛋器fouet將全體用力混拌，使整體呈現細密具彈性，且有光澤之狀態（→serrer）。

＊ 其餘的砂糖加入後，會影響其光澤，也會有粒狀的口感。

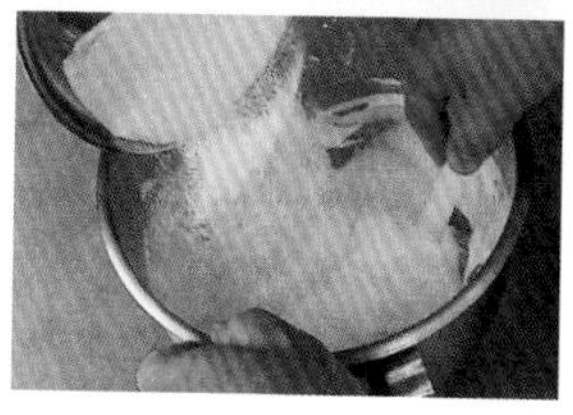

4 接著再加入180g的細砂糖，用橡皮刮刀palette en caoutchouc以切拌方式混拌。放入裝有擠花嘴之擠花袋poche à douille，絞擠成喜歡的形狀，以低溫（90～120℃）烤箱乾燥烘烤。

Meringue suisse (meringue sur le feu)

瑞士蛋白霜

瑞士蛋白霜。在蛋白中添加幾乎兩倍的砂糖，邊以隔水加熱邊打發的製作方法。黏性和韌性是最強的，乾燥烘烤後，口感綿密且具光澤，形狀也不容易被破壞。有著堅硬的嚼感，也像法式蛋白霜般不過於乾燥。很適合做爲蛋糕的底座。此外，還可以染色作爲人偶娃娃等各式各樣的形狀，也可以在乾燥烘烤後做爲裝飾。

＊ suisse〔adj〕瑞士風格的。
＊ sur le feu火上的，加熱的。

材料　基本配比
蛋白 180g 180g de blancs d'œufs
細砂糖 360g 360g de sucre semoule

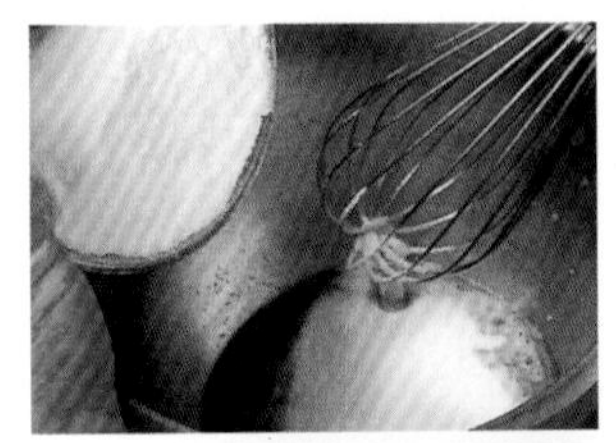

1　在洗得很乾淨沒有任何油脂或水份的攪拌缽中，加入蛋白打散並輕輕攪打，加入細砂糖混拌。

＊ 在此不需要過度攪打。大約加溫至打蛋器上會形成薄膜般的黏性狀。

2　隔水加熱，邊用打蛋器攪打邊以40～50℃的溫度加溫。最初拉起時，打蛋器上會產生如薄膜般的狀態（照片），繼續加溫後這樣的張力會消失而變得易於流動。

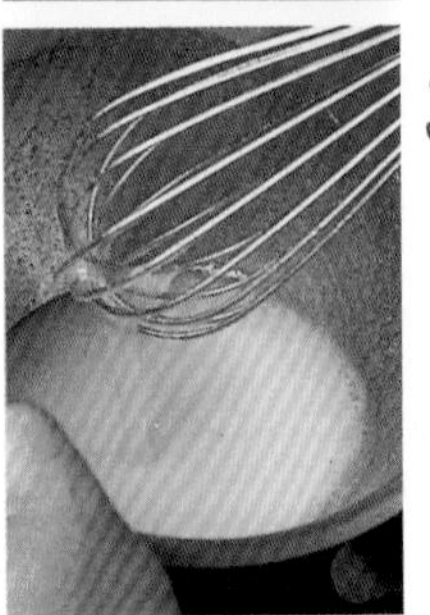

3　打蛋器上不再有薄膜狀即可。（相當於人體肌膚的溫度）。

4　加入細砂糖待其溶化，與蛋白溶而爲一時，停止隔水加熱，用力攪打至熱氣散去爲止（→fouetter）。

＊ 完成具光澤且有紮實尖角的打發。
＊ 因蛋白完全紮實地有韌性地打發，所以一開始就可以用高速攪打（因為蛋白和砂糖完全融合的狀態，會妨礙蛋白質性質的改變）。

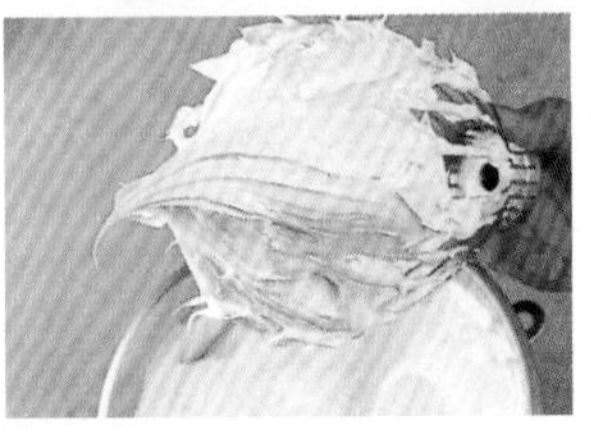

5　待其綿密緊實（→serrer）之後，就完成了紮實細密的狀態。放入裝有擠花嘴之擠花袋，擠成喜歡的形狀，以低溫（90～120℃）烤箱乾燥烘烤。

Meringue italienne

義式蛋白霜

義式蛋白霜。將蛋白約兩倍細砂糖加水熬煮成糖漿（約120℃）。以邊打發蛋白邊加入熱糖漿的方法，製造而成的蛋白霜。因爲添加了高溫的糖漿，所以可以消滅雜菌，在衛生面上也較爲安全。也用作奶油餡、慕斯、冰沙等糕點之基底，口感輕爽，也可以調整甜度。因此基本配比只是標準用量，可以視搭配的材料來調整。另外，也應用於蛋糕的表面塗抹或擠出形狀後烘焙之最後裝飾，這種蛋白霜幾乎不單獨乾燥烘烤做爲糕點來使用。

＊italien（女性italienne）〔adj〕義大利風格的。

材料　基本配比

蛋白 180g 180g de blancs d'œufs
細砂糖 30g 30g de sucre semoule
糖漿 sirop
水 100ml 100ml d'eau
細砂糖 330g 330g de sucre semoule

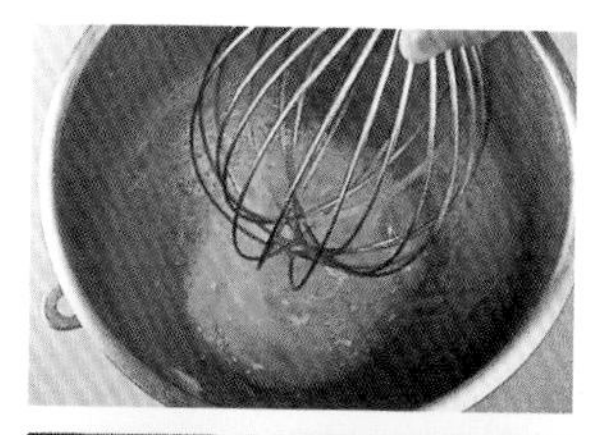

1 在洗得很乾淨沒有任何油脂或水份的攪拌缽中，加入蛋白攪散後，輕輕打發（→fouetter）。

＊ 蛋白過度打發時，會產生水分分離的狀態（蛋白中所含之水分分離流出。氣泡表層膜會變得乾燥且易碎，失去彈性氣泡也容易被破壞）。另外，打發之後稍加放置，氣泡也會自然破掉而消失。因此最好配合糖漿熬煮的時間來打發蛋白。

2 在鍋中放入細砂糖和水，加熱熬煮至110～120℃（熬煮的溫度，可依製作的分量及使用器具的大小來調整）。糖漿一旦沸騰，就會飛濺至鍋壁上，所以要準備沾水的毛刷pinceau，將糖漿刷回鍋中。

＊ 蛋白量較少時，會有糖漿無法溶於其中的狀況，所以可以降低熬煮糖漿的溫度。另外，相對於糖漿的用量，使用過大的鍋子，糖漿容易沾黏凝固在鍋壁上。蛋白量較多時，糖漿的溫度如果太低，會使得發泡狀況不佳，故此時應該要提高糖漿的熬煮溫度。

3 在稍稍打發的1之中，少量逐次地沿著攪拌盆地加入2的熱糖漿，邊加邊攪拌地攪打至發泡。

＊ 缽盆及蛋白是冰冷狀態時，糖漿會因冷卻而凝固，所以請不要使用放置在冷藏庫的雞蛋及缽盆。

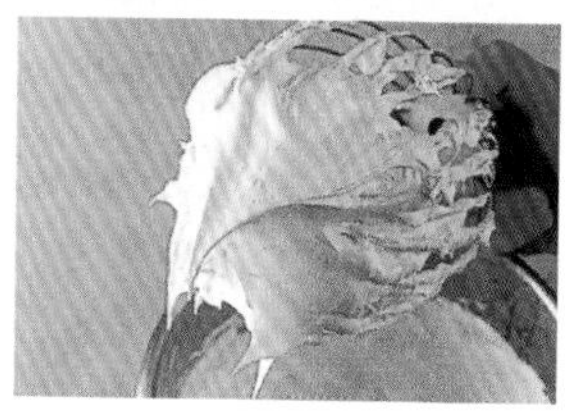

4 攪打至熱度稍降且打發時，將氣泡緊實攪打（→serrer）。製造出具光澤、又具適度黏性及彈力的蛋白霜。

＊ 添加了糖漿之後，視蛋白霜的狀態來打發至良好狀態（不要持續用糕點專用攪拌器的高速攪打比較好）。過度打發時會失去彈性，會變成乾鬆且分量減少的狀態。反之，如果打發的力道不足時，會變成沾黏且分量不足的蛋白霜，有時還會變回液體狀態。

Mont-blanc
蒙布朗

以蛋白霜爲基底，上面再滿滿地疊上鮮奶油香醍和咖啡色的栗子奶油餡。在法國是被分類在點心（冰冷糕點）類的。在夾著阿爾卑斯山的法國薩伏依地區和義大利的皮蒙特Piemonte等地，是以甜栗醬加上打發的鮮奶油一起食用，所以演變至今，現在巴黎糕餅店中所看到的蒙布朗，應該就是由此而來的吧。據說在1903年創業於巴黎的糕餅店Angelina，在創業當時，就已經製造出這種蒙布朗了。在日本，昭和初期，在填裝了卡士達奶油餡的糕餅上，再擠上加了甘露煮栗子的黃色奶油，所製成的糕點，也冠上了相同的名稱開始出售，以日本特有的外形而廣泛流傳。

＊mont-blanc〔m〕糕點的名字。直接翻譯就是白色的山。據說就是以阿爾卑斯最高峰蒙布朗峰le mont-Blanc為名的。

材料　直徑8cm　約25個的份量

杏仁海綿蛋糕（烘烤成5mm厚的蛋糕體）　biscuit Joconde（→P.69）
法式蛋白霜（約60個的份量）meringue française
- 蛋白　250g　250g de blancs d'œufs
- 細砂糖　200g　200g de sucre semoule
- 玉米粉　30g　30g de fécule de maïs
- 細砂糖　260g　260g de sucre semoule

鮮奶油香醍　crème chantilly（→P.163）
- 鮮奶油（乳脂肪成分48%）　500ml　500ml de crème fraîche
- 糖粉　50g　50g de sucre glace

栗子奶油餡　crème au marron
- 栗子泥　1kg　1kg de pâte de marrons
- 蘭姆酒　125ml　125ml de rhum
- 奶油　375g　375g de beurre

覆淋巧克力　pâte à glacer
糖粉　sucre glace
烘烤成葉片狀的泡芙餅（裝飾）pâte à choux
栗子形狀的栗子泥（裝飾）pâte de marron

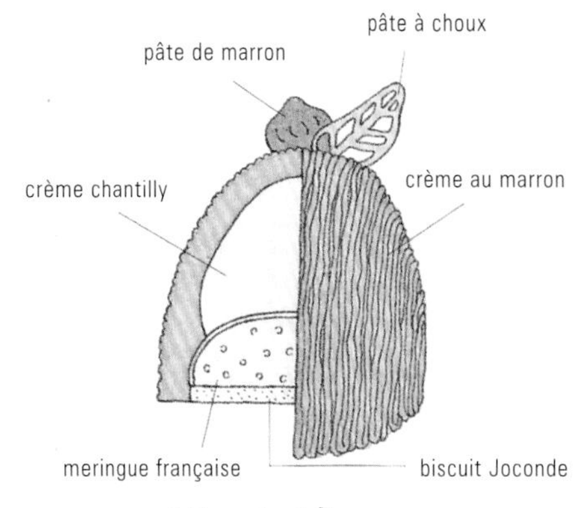

1
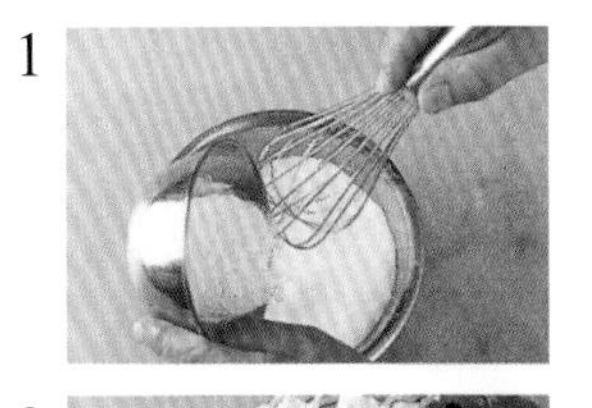

4

2

5

3

6

預備動作

・奶油放置呈乳霜狀般柔軟。

製作法式蛋白霜

① 將30g的玉米粉和260g的細砂糖混拌過篩備用（→tamiser）。

② 在蛋白中加入200g細砂糖中的1/3，攪拌打發（→fouetter）。其餘的細砂糖在打發過程之初期加入，即可製成具光澤的蛋白霜。

＊越有光澤，則烘烤完成的乾燥蛋白霜即越硬越結實。

③ 加入過篩的玉米粉及細砂糖，注意不要破壞氣泡地以切拌方式混拌。

＊因為加入玉米粉，可以使蛋白霜更為紮實。

在烤盤上舖上紙張，以裝有直徑15mm的圓形擠花嘴douille unie之擠花袋擠出直徑6cm的半圓球狀（→dresser）。

＊擠在平坦的圓盤狀上也可以，此時奶油餡的量要比上述更多。

④ 以120℃的烤箱烘烤2～3小時，烘烤至稍稍染上焦色。待完全乾燥，烘烤的蛋白霜完成後放涼，裝入放有乾燥劑的密閉容器中保存。

＊下火的熱度較容易傳導，所以為使熱度能均勻傳導，必須在底部疊放2～3個烤盤。

＊放入100℃的烤箱中，降低熱源，放置一個晚上也可以。

組合

⑤ 將杏仁海綿蛋糕切成比④的蛋白霜更小一點的圓形。在乾燥的蛋白霜上淋上覆淋巧克力，再放置於杏仁海綿蛋糕上。

＊為防止奶油餡的水份讓蛋白霜溶化，所以先澆上覆淋巧克力以阻隔。

擠出鮮奶油香醍

⑥ 在鮮奶油中加入糖粉，冰鎮攪拌缽同時邊打發鮮奶油。待⑤的覆淋巧克力凝固後，用直徑20mm的擠花嘴擠出大量的鮮奶油香醍。

7   9

8 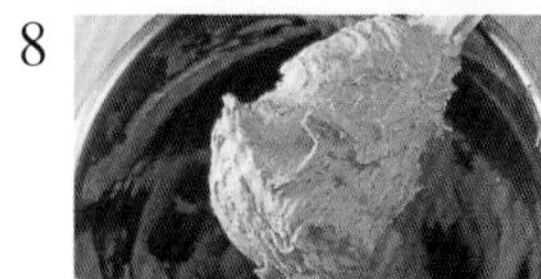  10

擠出栗子奶油餡

⑦在栗子泥中加入蘭姆酒、柔軟的奶油，用糕點專用攪拌器mélangeur攪拌至滑順爲止。

⑧完成栗子奶油餡。

⑨將栗子奶油餡填入裝有蒙布朗專用擠花嘴的擠花袋，細細地擠出並完全覆蓋住鮮奶油香醍。

⑩將⑨放入冷藏庫固定。在表面撒上糖粉，以切模emport-pièce將周圍多的奶油餡切落，拿出盒子加以裝飾。用栗子泥做成的栗子，在栗子的下面沾上少許的覆淋巧克力，可以更加固定其形狀。

栗子

櫸科。在法語，稱之為marron或是châtaigne。栗子樹就稱之為châtaignier。栗子，特別是一毬當中只有一顆，當其為形狀優美的高級品時，就會被做為糖漬栗子Marron Glacé。在歐洲，栽植的是歐洲栗子，比起日本栗子，總體而言形狀稍小，果肉不容易破碎，裡面的澀皮也容易剝離，用手就可以剝得很漂亮。

曾經，栗子在麵粉無法充分取得的山岳地區，也曾經做為主食，現在在科西嘉島或中央山岳地區，栗子湯或以栗子粉煮成的粥狀料理，或做成麵包及糕點，仍保存於當地。在法國，阿爾戴許省（Ardèche）、洛澤爾省（Lozère）、多爾多涅省（Dordogne）、科西嘉等為主要產地。

Marron Glacé（砂糖醃漬栗子）

優質且大顆的栗子，在除去外殼及內膜之後，煮軟用較淡的糖漿來醃漬，將栗子取出，熬煮浸泡過糖漿，再將栗子放回糖漿中，重覆這樣的作業，漸漸提高糖漿的濃度，也使糖漿慢慢滲入栗子。製作完成，至少需要5～7天。最後澆淋上濃稠的糖漿風乾，所以表面白色的凝固砂糖是其特徵。

Marron au sirop（糖漿醃漬栗子）

栗子的糖漿醃漬罐頭。栗子罐頭中，也有水煮栗子罐頭（marron au naturel）。就像日本的甘露煮一樣沒有添加顏色，所以是褐色的。

Purèe de marron（栗子醬）

無糖的栗子泥。將蒸過的栗子，薄膜和果肉一起研磨成泥狀。開封後就不能保存太久。

Crème de marrons（栗子餡）

栗子泥中加入砂糖、香草，製成柔軟的膏狀內餡。因其含糖度較高（40～45%），所以也可以直接食用。

Pâte de marrons（栗子泥）

栗子醬。以蒸煮等方式加熱後，將果肉研磨加入砂糖及香草等增添風味。也有的是用糖漿醃漬的糖栗子研磨而成的。比栗子餡硬，甜度及香味也加以調整過，所以適合與鮮奶油等搭配。

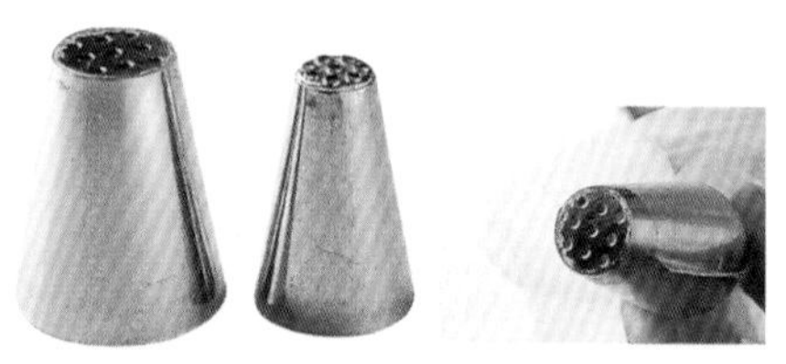

蒙布朗擠花嘴
（douille à nid，douille à vermicelle）

Marron au sirop
（糖漿醃漬栗子）
栗子的糖漿醃漬罐頭。
也有水煮栗子罐頭（marron au naturel）等。

照片由左開始是Crème de marrons（栗子餡）、Pâte de marrons（栗子泥）、Purèe de marron（栗子醬）

Sévigné
塞維尼蛋糕

運用了法式蛋白霜而製成的，具獨風味的糕點。其名字是從17世紀法國宮廷文化中，華麗人物代表之Sévigné夫人而來的。

*Sévigné〔人名〕Madame de Sévigné或是Marquise de Sévigné（1626～1696）。是17世紀的法國貴族。當時在女主人的沙龍salon，進行貴族及文人們的集會以及自由交流。她給女兒的書信中描述了當時巴黎的狀況，包括孔代親王（prince de Condé）開宴會時所花的費用，以及當時著名廚師Vatel的辭世等都有記錄。

塞維尼蛋糕

材料 直徑5cm的大小 25個

塞維尼麵糰 pâte à sévigné

- 法式蛋白霜 meringue française
  - 蛋白 250g 250g de blancs d'œufs
  - 細砂糖 90g 90g de sucre semoule
  - 細砂糖 160g 160g de sucre semoule
- 粗杏仁糖粉（顆粒較粗） 200g 200g T.P.T. brut
- 牛奶 50ml 50ml de lait

糖杏仁奶油餡 crème au beurre au praliné

- 炸彈麵糊 pâte à bombe
  - 蛋黃 120g 120g de jaunes d'œufs
  - 細砂糖 200g 200g de sucre semoule
  - 水 70ml 70ml d'eau
- 奶油 450g 450g de beurre
- 糖杏仁 100g 100g de praliné

糖粉 sucre glace

1
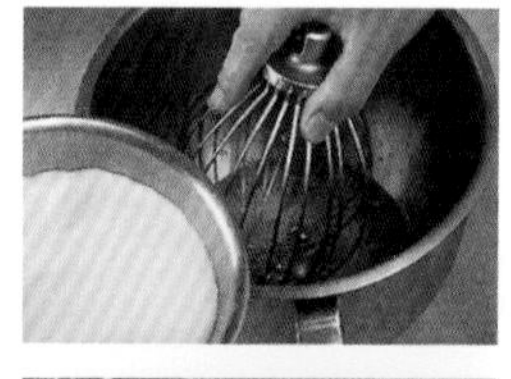

2
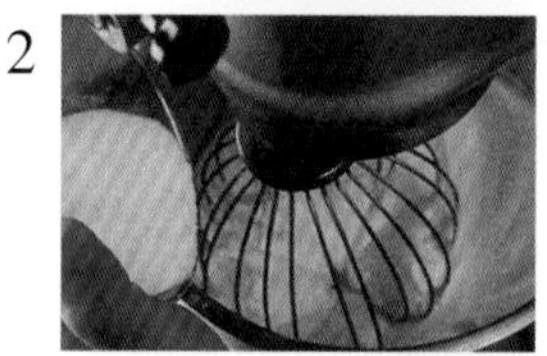

3
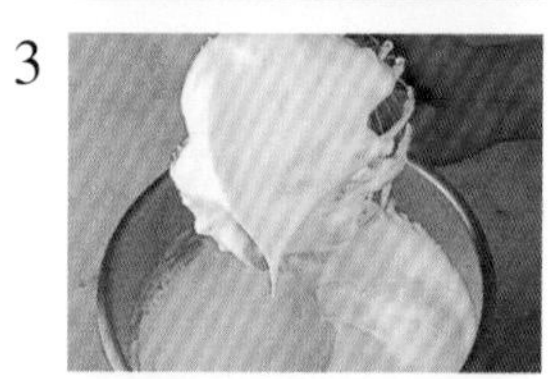

4
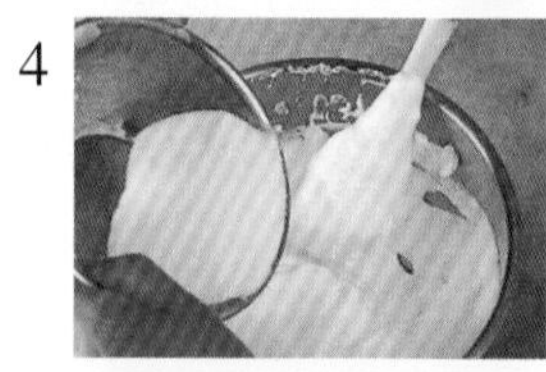

5

6

7

8

9
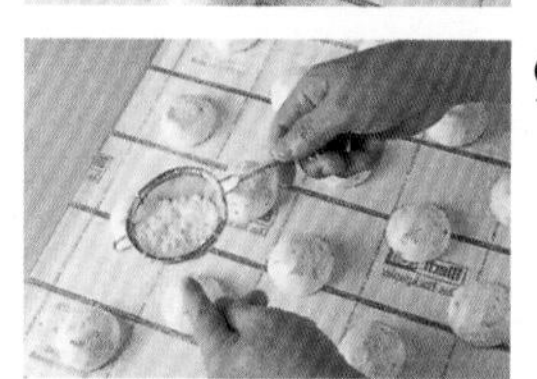

10

預備動作

・將奶油在室溫中放至柔軟。

製作法式蛋白霜

① 在洗得很乾淨沒有任何油脂或水份的攪拌缽中，加入蛋白以及90g細砂糖中的一部分砂糖。攪散後打發（→fouetter）。

＊注意不要讓蛋黃流入蛋白之中，因蛋黃中所含的油脂，會阻礙蛋白的打發。

② 將①當中剩餘的細砂糖加入，並打至蛋白拉起的尖角爲直立狀態。

③ 最後完成前用打蛋器用力地攪拌全體，使氣泡能紮實細密且有彈性，呈現光澤狀（→serrer）。

④ 再加入160g細砂糖，以橡皮刮刀切拌均勻。

製作並烘烤塞維尼麵糰

⑤ 在攪拌缽中放入粗粒杏仁糖粉，再將牛奶均勻澆淋在表面。

⑥ 將部分蛋白霜加入其中，與全體充分拌勻。

⑦ 待完全拌勻後再加入其餘的蛋白霜拌勻。

⑧ 將⑦放入裝有直徑16mm的圓形擠花嘴之擠花袋poche à douille unie中，擠出直徑5cm的圓球狀50個（→dresser）。

⑨ 在表面撒上糖粉。

⑩ 放入130℃預熱的烤箱烘烤約2個鐘頭，至塞維尼麵糰的中央完全烘烤至乾燥爲止。烘烤完成後，冷卻後裝入放有乾燥劑的容器後密封起來。

＊雖然外側很快地就變硬了，但中央的麵糰還沒有烤熟時，只要一冷卻就會沈陷下去，所以務必使中央的麵糰能烘至乾燥為止。

＊若製作的蛋白霜黏性較強，烘烤至中央乾燥時，就會有空洞產生（下方照片中的右側）。

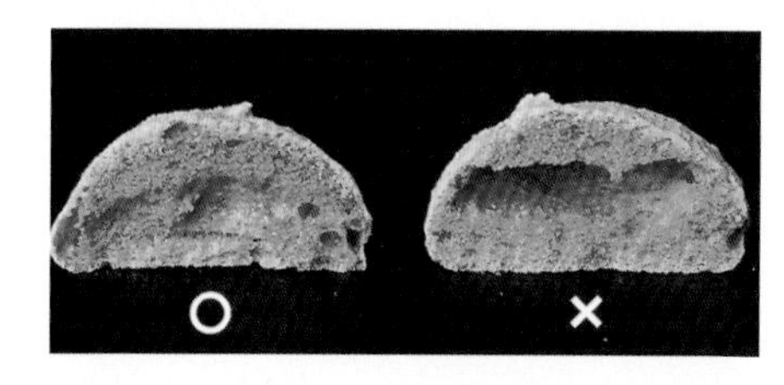

11

16

12
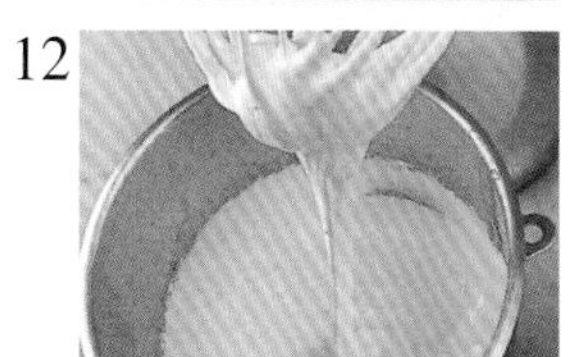

17
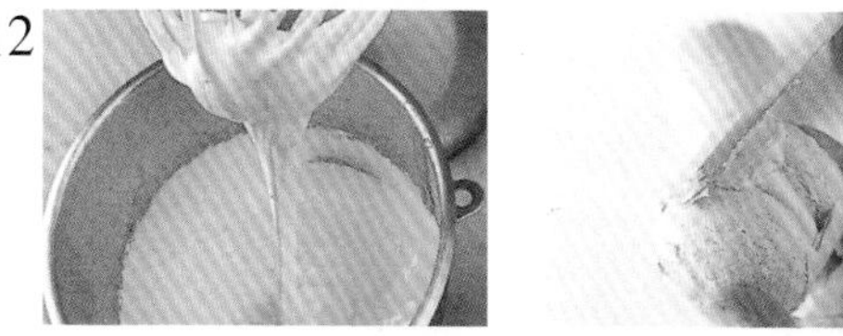

13

18

14

19

15

製作糖杏仁奶油餡

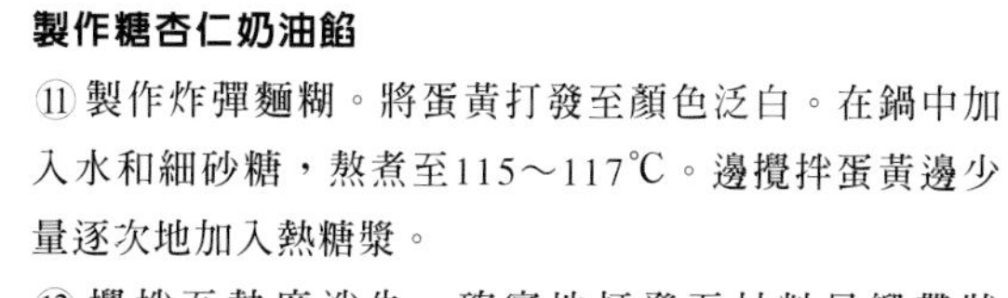

⑪製作炸彈麵糊。將蛋黃打發至顏色泛白。在鍋中加入水和細砂糖，熬煮至115～117℃。邊攪拌蛋黃邊少量逐次地加入熱糖漿。

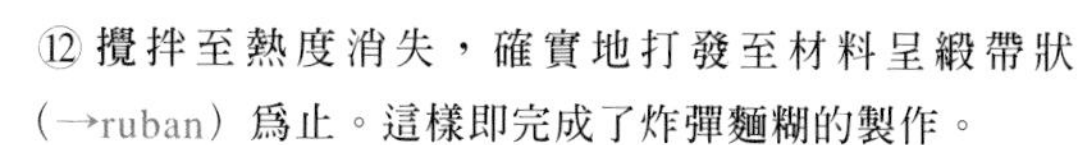

⑫攪拌至熱度消失，確實地打發至材料呈緞帶狀（→ruban）爲止。這樣即完成了炸彈麵糊的製作。

⑬奶油放置呈乳霜狀，少量逐次地加入⑫當中混拌均勻，製作出奶油餡。

⑭在奶油餡中加入攪拌成柔軟狀的糖杏仁，充分混拌均勻。

⑮完成了糖杏仁奶油餡。

組合

⑯用直徑13mm的擠花嘴將糖杏仁奶油餡擠到⑩的上面。之後再覆蓋上另一個。

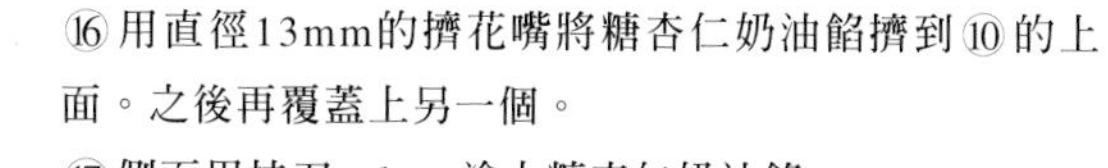

⑰側面用抹刀palette塗上糖杏仁奶油餡。

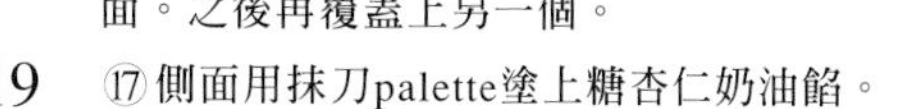

＊兩個重疊時其間隙也以糖杏仁奶油餡來填滿。但不要塗至表面。

⑱側面沾上烘烤過的塞維尼麵糰碎屑。

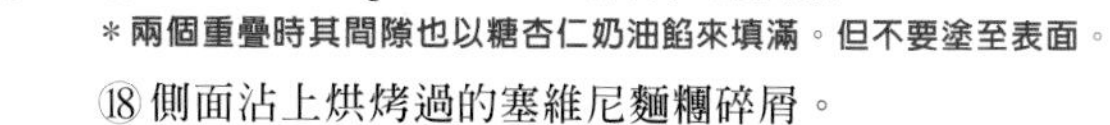

＊⑩步驟中，形狀不佳或有多餘時，將其切碎備用。

⑲在表面撒上糖粉。

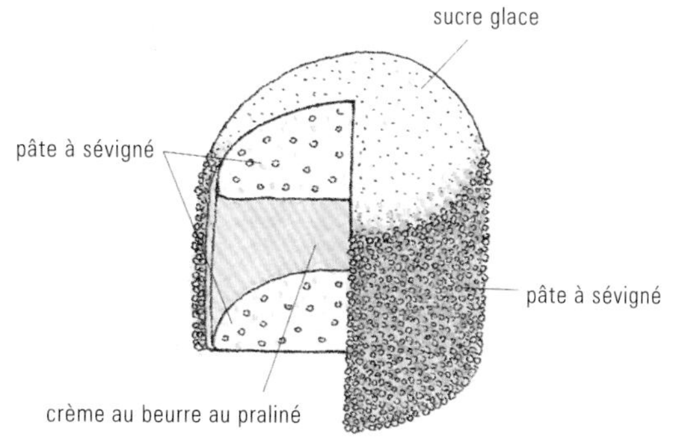

Bitter
苦甜巧克力蛋糕

是瑞士蛋白霜的應用糕點，以加了可可粉的巧克力風味蛋白霜製成。蛋白霜和慕斯混合爲一的口感是其特徵。慕斯是使用苦味較強的巧克力，使得整個糕點略帶巧克力的苦味。在法語中，苦雖然是amer，但糕點名稱用的是外來語的bitter「苦」的意思，用其特徵來命名。

＊bitter〔m〕苦味酒、bitters（苦艾酒Campari、安哥拉苦酒Angostura Aromatic Bitters等苦味較強利口酒之總稱。）

材料　直徑21cm的圓形 2個

巧克力蛋白霜 meringue au chocolat
- 瑞士蛋白霜 meringue au suisse
  - 蛋白 400g 400g de blancs d'œufs
  - 細砂糖 750g 750g de sucre semoule
- 細砂糖 100g 100g de sucre semoule
- 可可粉 90g 90g de cacao en poudre

巧克力慕斯 mousse au chocolat
- 炸彈麵糊 pâte à bombe
  - 蛋黃 95g 95g de jaunes d'œufs
  - 糖漿（濃度30度） 155g 155g de sirop
- 苦甜巧克力（可可成份61%） 300g 300g de chocolat amer
- 鮮奶油（乳脂肪成分38%） 600ml 600ml de crème fraîche

可可粉 cacao en poudre

巧克力金幣（裝飾） médaillon de chocolat

＊濃度30度　在500ml的水中加入630g的砂糖，煮至沸騰後冷卻的糖漿。也可以使用水1：砂糖1製成的糖漿（→P.275：糖度的量測方法）。

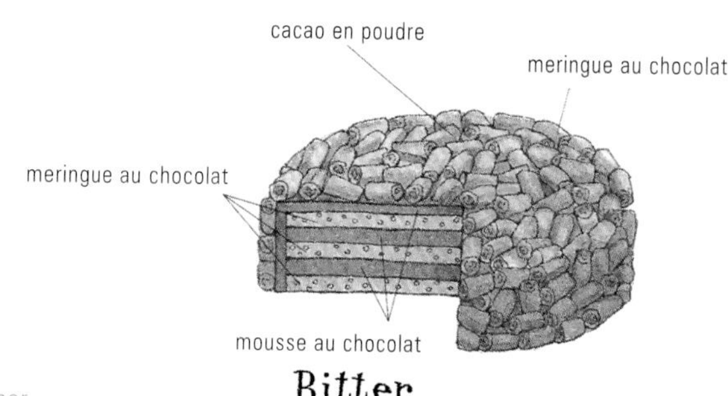

1

2

3

4

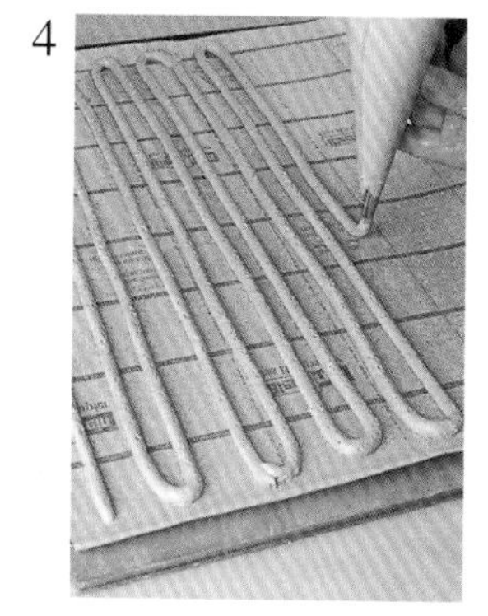

5

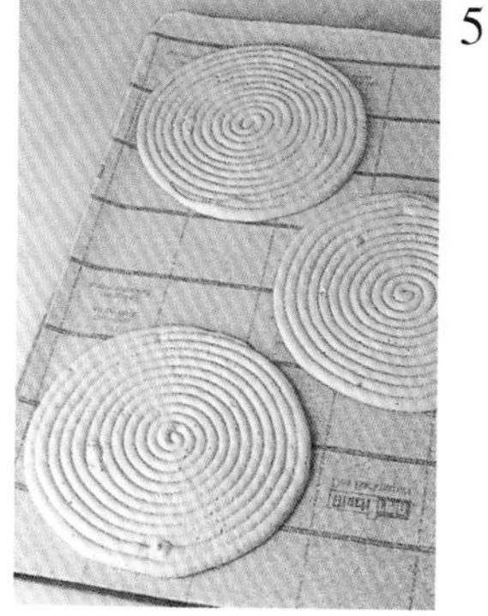

6

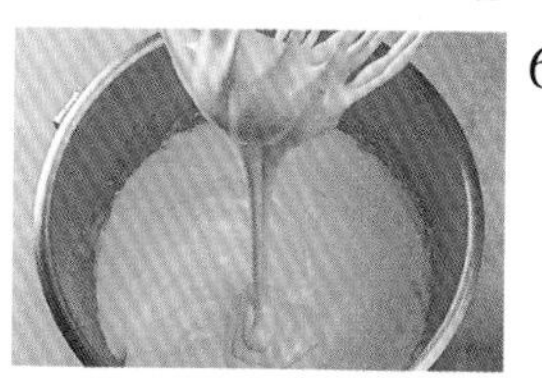

7

8

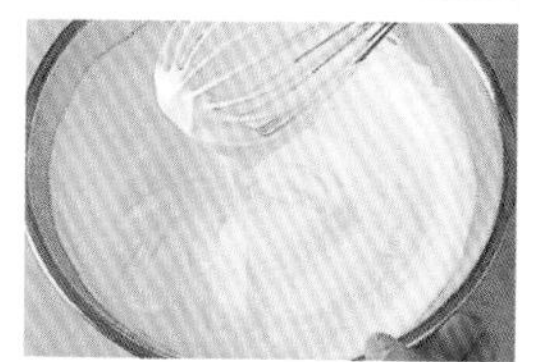

9

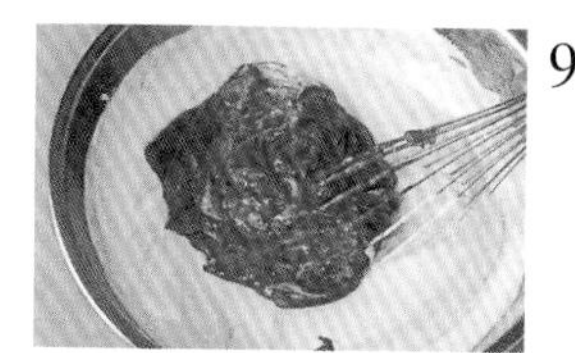

製作巧克力蛋白霜

①將細砂糖和90g的可可粉，用打蛋器混拌。

②在瑞士蛋白霜中，均勻撒上混拌均勻的細砂糖和可可粉，刮杓由底部彷彿拉起般地翻拌至充分混合。

③在烤盤上舖上紙張，放入裝著直徑7mm圓形擠花嘴的擠花袋中，以旋渦形狀擠（→dresser）成6個直徑20cm的圓形。

④將其餘的材料擠成細長的棒狀。

⑤所有的材料都放入100℃預熱的烤箱，至少烘烤3個鐘頭，如果可能的話最好烘烤4～5個鐘頭。直接放至冷卻，待其冷卻後剝除紙張。將這些放涼的蛋白霜餅裝入放有乾燥劑的密閉容器中保存。

＊放入100℃的烤箱中，降低熱源，放置一個晚上也可以。

製造巧克力慕斯

⑥製作炸彈麵糊。在蛋黃中加入糖漿，邊混拌邊以隔水加熱至83℃。過濾後，至其回復常溫前確實地打至發泡。

＊炸彈麵糊是蛋黃及糖漿混拌而成。做為奶油餡或冰冷糕點的基底來使用。另外，還有以邊加入高溫（115～117℃）糖漿邊攪拌的製作方法（→P.72）和將蛋黃和砂糖攪打至顏色泛白後，再加入沸騰的牛奶攪拌，以小火熬煮而成的方法。

⑦在⑥的炸彈麵糊中，加入隔水加熱的苦甜巧克力，均勻混拌。

＊加入苦甜巧克力之後，若過度混拌，會變得過硬，所以只要輕輕拌勻即可。

⑧用打蛋器將鮮奶油攪打至剛要發泡的程度（→fouetter）。

＊拉起打蛋器時會立刻流下來，但流下來後稍會留有滴落痕跡之程度。

⑨加入⑦混拌均勻。

10

14

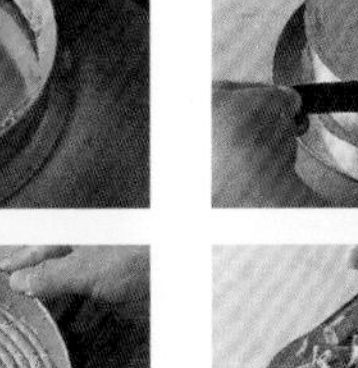

11

15

12

16

13

組合

⑩在直徑21cm的環狀模cercle內側塗上巧克力慕斯。

⑪烘烤好的圓形巧克力蛋白霜，貼在紙張的那一面朝下地將其放入模型中。

＊巧克力蛋白霜是用直徑20cm的酥皮模Vol-au-vent切除多餘的部份，以修整出形狀的。

⑫用直徑9mm的圓形擠花嘴絞擠出慕斯，之後以同個方向再放上另一片蛋白霜。

⑬擠出慕斯，放上最後一片蛋白霜，將貼在紙張上的平面朝上地放置上去。

⑭確實地按壓表面，再塗上慕斯修整外表。置於冷藏庫中至完全凝固冷卻。

⑮等慕斯冷卻後，用噴鎗加溫環狀模以脫模，平整表面。將烘烤成長條棒狀的蛋白霜切成2～3cm的小段，放置於表面。

⑯撒上可可粉，再放上巧克力金幣裝飾。

Succès praliné

勝利杏仁夾心蛋糕

succès是在蛋白霜中添加了杏仁等堅果類的粉末，烘烤成圓形後夾上糖杏仁奶油餡的糕點。雖然甜酥麵糰有著香酥的風味，表面酥脆，但中央鬆軟且柔潤，這就是其特徵。擠出喜歡的形狀和大小，也可以搭配其他的奶油餡及慕斯。也有完全不添加麵粉的配方。

*succès〔m〕成功、熱門之作。
*praliné〔adj〕糖杏仁風味的、添加糖杏仁的。

勝利杏仁夾心蛋糕

材料 直徑18cm 3個

甜酥麵糰 pâte à sucrée
- 蛋白 250g 250g de blancs d'œufs
- 細砂糖 60g 60g de sucre semoule
- 杏仁粉 200g 200g d'amandes en poudre
- 糖粉 140g 140g de sucre glace
- 低筋麵粉 10g 10g de farine

糖杏仁奶油餡 crème au beurre au praliné（→P.60）
- 義式蛋白霜 meringue italienne
  - 蛋白 120g 120g de blancs d'œufs
  - 細砂糖 120g 120g de sucre semoule
  - 水 70ml 70ml d'eau
- 奶油 450g 450g de beurre
- 糖杏仁 120g 120g de praliné

糖粉 sucre glace

奶油（烤盤用） beurre

糖杏仁膏的玫瑰花（裝飾用） pâte d'amandes

1

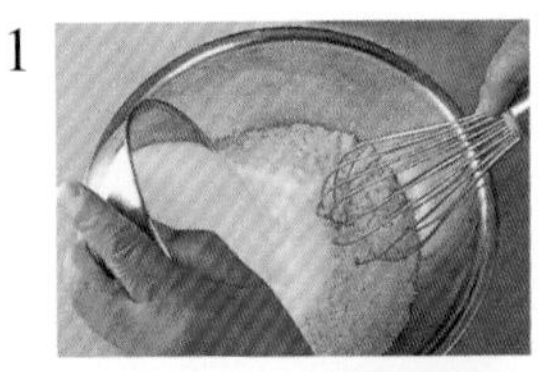

2

3

4

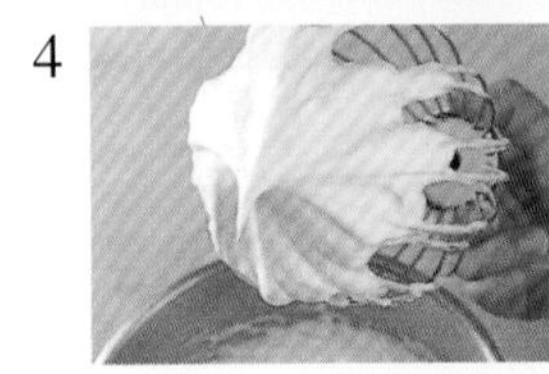

5

6

7

8

9

預備動作

・在烤盤上塗抹奶油、舖上紙張。

製作、烘烤甜酥麵糰

①將杏仁粉、低筋麵粉及糖粉混拌均勻。

②以網篩過篩備用。

③打散蛋白，攪打至呈鬆散狀態時，加入一部分的細砂糖，以糕點專用攪拌器mélangeur打發（→fouetter）。打發至某個程度後，再加入其餘的細砂糖，再繼續打發。

＊因為不想要產生黏性及彈性，而想要做出口感良好的蛋白霜，所以細砂糖不在最初就加入，大部份會在後面才加入。

④打發至用打蛋器拉起時之尖角可以直立，再用力攪拌全體之後，即可完成細緻又紮實的蛋白霜（→serrer）。

⑤將①的粉類逐次少量地加入，轉動攪拌盆，不破壞氣泡地用刮杓以大塊切拌方式拌勻。

⑥完成甜酥麵糰。

⑦放進裝有直徑9mm的圓形擠花嘴之擠花袋中，以旋渦狀擠成直徑18cm之圓形（可擠成4片）（→dresser）。

⑧放入預熱200℃的烤箱中烘烤15分鐘。

⑨烘烤完成後，以直徑18cm的酥皮模Vol-au-vent覆蓋住地切除多餘的部分（→ébarber）。

10

13

11

12

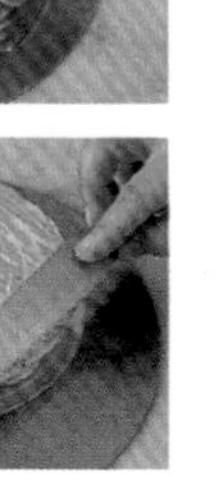

14

＊製作糖杏仁奶油餡

用義式蛋白霜和奶油一起製作出奶油餡，再加入攪拌成滑順狀態的糖杏仁。

組合

⑩將甜酥麵糰與烤盤接觸之平坦面朝下地放置。以用裝有星形擠花嘴douille cannelée（11齒、直徑10mm）的擠花袋擠出糖杏仁奶油餡。

⑪將剛切下的邊緣碎屑撒在奶油餡上，將另一片甜酥麵皮烤盤接觸面朝上地蓋上，放入冷藏庫中使奶油餡更緊實。

⑫在表面薄薄地塗上一層奶油以平整表面。

⑬撒上糖粉，以充分預熱好的金屬棒在表面按壓出圖案。

⑭用糖杏仁膏做的玫瑰花（→P.55）加以裝飾。

Macaron aux framboises

覆盆子蛋白杏仁甜餅

蛋白杏仁甜餅，是歷史悠久的糕點，雖然有人說是從義大利傳來的，但也有種說法是在8世紀時，圖爾地區（Touraine）的科默里（Cormery）修道院（安德爾-羅亞爾縣Indre-et-Loire）就已經製作出來了。主要的材料爲蛋白、砂糖、杏仁粉等，在法國各地有著不同形狀、不同質感的蛋白杏仁甜餅。一般的大小約直徑3～5cm左右，但在此是要將蛋白杏仁甜餅的麵糰烘烤成較大的形狀，再夾上奶油餡及覆盆子，做爲飯後甜點來食用。

關於蛋白杏仁甜餅

大且平的圓盤形，夾著豐厚圓形的奶油餡與果醬，以兩片合在一起的糕點。麵糰的基底是蛋白霜，而蛋白霜的作法、與其他材料的組合搭配，都會左右蛋白杏仁甜餅的烘烤成果。在本書中，因為是小型的糕點，所以介紹的是一般傳統的蛋白杏仁甜餅（南錫蛋白杏仁圓餅Macarons de Nancy→P. 312、軟式蛋白杏仁餅Macarons mous→P. 314）。

材料　直徑15cm 2個的分量

蛋白杏仁甜餅麵糰 pâte à macarons

- 蛋白 200g 200g de blancs d'œufs
- 細砂糖 50g 50g de sucre semoule
- 杏仁糖粉 500g 500g de T.P.T.
- 糖粉 200g 200g de sucre glace

大茴香鮮奶油餡 crème à l'anis

- 卡士達奶油餡 250g 250g de crème pâtissière（→P.40）
  - 牛奶 500ml 500ml de lait
  - 細砂糖 125g 125g de sucre semoule
  - 低筋麵粉 20g 20g de farine
  - 玉米粉 20g 20g de fécule de maïs
  - 蛋黃 120g 120g de jaunes d'œufs
  - 香草莢 1根 1 gousse de vanille
- 鮮奶油 90ml 90ml de crème fraîche
- 茴香甜酒（Pernod） 25ml

覆盆子 約60個 60 framboises

糖粉 sucre glace

八角（裝飾） anis étoilé

香草莢（裝飾） gousse de vanille

＊crème à l'anis八角風味的奶油餡

＊anis〔m〕大茴香、茴香八角

1

2

3

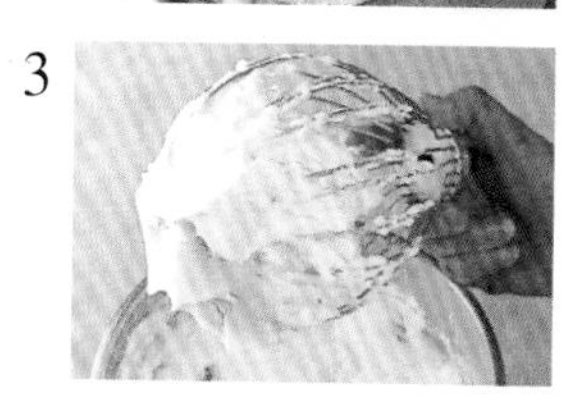

4

5

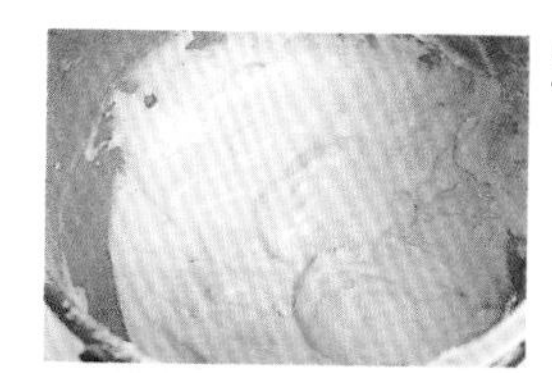

6

7

製作蛋白杏仁甜餅

①杏仁糖粉和糖粉以打蛋器混拌均勻。

②拌勻後以網篩過篩備用。

③打散蛋白，攪打至呈鬆散狀態時，加入一部分的細砂糖，以糕點專用攪拌器打發（→fouetter）。打發至一個程度後，再加入其餘的細砂糖，再繼續打發。打發至用打蛋器拉起時之尖角可以直立時，再稍攪打至更堅硬的狀態（→serrer）。

＊因為不想要產生黏性及彈性，而想要做出口感良好的蛋白霜，所以細砂糖不在最初就加入，大部份會在後面才加入。

④將粉類逐次少量地加入，轉動攪拌盆，用刮杓攪拌均勻。最開始時會如照片般呈現鬆散狀。

⑤攪打至將氣泡壓破，產生光澤並呈鬆落狀，同時調整材料的硬度（→macaronner）。

＊一旦製作出較有彈性之蛋白霜，又不能在此順利地調整其硬度的話，就無法做出漂亮形狀蛋白杏仁甜餅。

⑥放入裝有直徑15mm擠花嘴之擠花袋中，在矽膠墊上擠出直徑15cm之渦狀圓形（4片分之配比）。

＊如果用紙張墊在下面，烘烤後可能會沾黏而不易剝除，所以用矽膠墊會比較好。烘烤完的蛋白杏仁甜餅，在完全冷卻前請不要進行剝除。因為若在還未冷卻前試圖剝除，底部會沾黏在矽膠墊上，而無法平整。

⑦以上火200℃、下火140℃，以兩個烤盤重疊地烘烤至出現pied為止。當出現了paid之後，將其移至以160℃預熱的烤箱中，確實地烘烤，之後直接放涼。

＊paid：在蛋白杏仁甜餅的表面，因材料中的糖分糖化之後，形成薄膜，中間的生料會從和烤盤接觸的材料之側邊噴出來。這個就稱之為paid（腳的意思），是Macarons mous（軟性蛋白杏仁餅）的特徵。

＊待其放涼後，即可以很漂亮地從矽膠墊上剝除。

8

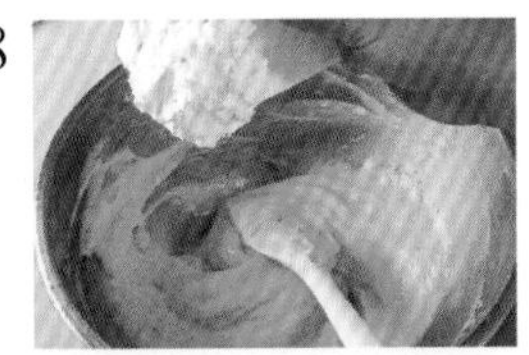

10

9

製作大茴香鮮奶油餡

⑧製作卡士達奶油餡。以刮杓混拌至柔軟滑順後，添加茴香甜酒。再加入紮實打發的鮮奶油拌勻。

＊茴香甜酒可視個人喜好地添加，要多加一些讓鮮奶油餡變成淡淡綠色也可以。

組合

⑨將一片蛋白杏仁甜餅的平坦面朝上，以直徑13mm的擠花嘴，擠出比甜餅稍小一圈的大茴香鮮奶油餡，並在邊緣排上覆盆子。

⑩用另一片蛋白杏仁甜餅覆蓋上去。薄薄地撒上糖粉，再用覆盆子、八角以及香草莢加以裝飾。

茴香系列的利口酒

茴香酒（pastis）是由甘草、大茴香以及茴香等香料釀製而成的利口酒，酒精濃度在40度以上。有著輕爽風味及清涼感。以中性酒精和八角精（茴香醚anethole）混拌的液體中加入甘草等浸泡1～2天，過濾，加入砂糖製成的。兌水之後會呈乳白的混濁色，做為餐前酒飲用。茴香酒Pastis 51等就十分著名。

大茴香酒，是使用大茴香、八角以及茴香，酒精濃度40以上的酒。像茴香甜酒（Pernod）等。

Anizetto是大茴香風味的甜利口酒。酒精濃度比茴香酒（pastis）和茴香甜酒（Pernod）低，25～40度。顏色透明，兌水之後會呈乳白的混濁色。

大茴香

芹科的香草。利用其嫩葉及種子。有著類似甘草的香甜風味，種子製成的粉末常被使用於糕點或麵包之中。雖然和八角是不同的植物，但有著共同的香氣成分，茴香醚anethole。

八角

是八角科高大樹木之果實。在中國及東南亞被當作辛香料使用在料理中。16世紀時傳至歐洲，做為大茴香的代用品。

甘草

豆科的多年草木植物。植物根中含有甜度數十倍於砂糖，稱之為甘草酸（glycyrrhizin）的物質，萃取液及乾燥後的粉末，被當作是甜味添加劑來使用。

（照片由左起）

Berger Blanc
南法的Berger公司之大茴香酒。因為沒有使用甘草，所以不屬於茴香酒（pastis）。

茴香酒Pastis 51
瑞士的Pernod公司所製作的茴香酒。製作於1951年。使用了甘草、八角以及茴香。

茴香甜酒（Pernod）
瑞士的Pernod公司所製作的大茴香酒。加了水之後，從綠色會變成帶略帶有黃色之色調。
1797年Pernod先生將稱為absinthe的苦艾草等十幾種香草和辛香料製成的利口酒，成為法國人熱愛的飲料，但因具有影響神經之毒性，所以在1915年時被禁止製造。做為苦艾酒的替代品，在第一次世界大戰後上市發售的是茴香甜酒（Pernod），除了大茴香之外，還有八角、胡荽等15種的香草及辛香料調配而成。

Tarte aux marrons et poires
洋梨塔蛋白杏仁甜餅

以蛋白霜爲基底的麵糰，可以擠成各式各樣的形狀。用達克瓦茲（Dacquoise）麵糰來製作底座，製成的栗子或洋梨塔。

達克瓦茲，是在蛋白霜中添加了杏仁粉，製成像是甜酥麵糰的材料，再烘烤成圓形，夾上奶油餡的糕點。起源於法國西南部，dhakhwa的名字，據說就是朗德省（Landes）達克斯（Dax）的意思。在日本是以烘烤成橢圓錢幣型，且中間夾著糖杏仁風味奶油餡的糕點而廣爲人知。

洋梨塔蛋白杏仁甜餅

材料 直徑21cm 2個

達克瓦茲麵糰 pâte à dacquoise
- 蛋白 300g 300g de blancs d'œufs
- 細砂糖 15g 15g de sucre semoule
- 糖粉 210g 210g de sucre glace
- 杏仁粉 210g 210g d'amandes en poudre

糖粉 sucre glace

栗子慕斯林鮮奶油餡（4個的份量）mousseline au marron
- 卡士達奶油餡 crème pâtissière（→P.40）
  - 牛奶 250ml 250ml de lait
  - 香草莢 1根 1 gousse de vanille
  - 蛋黃100g 100g de jaunes d'œufs
  - 細砂糖 30g 30g de sucre semoule
  - 卡士達粉 30g 30g de crème en poudre
- 栗子泥 250g 250g de pâte de marron
- 奶油 400g 400g de beurre
- 鮮奶油 300ml 300ml de crème fraîche

糖漿醃漬栗子 120g 120g de marrons au sirop

糖漿煮洋梨 12片 12 demi-poires au sirop

鏡面果膠 nappage

開心果（裝飾）pistaches

糖杏仁膏葉片（裝飾）pâte d'amandes

糖漿醃漬栗子（裝飾）marrons au sirop

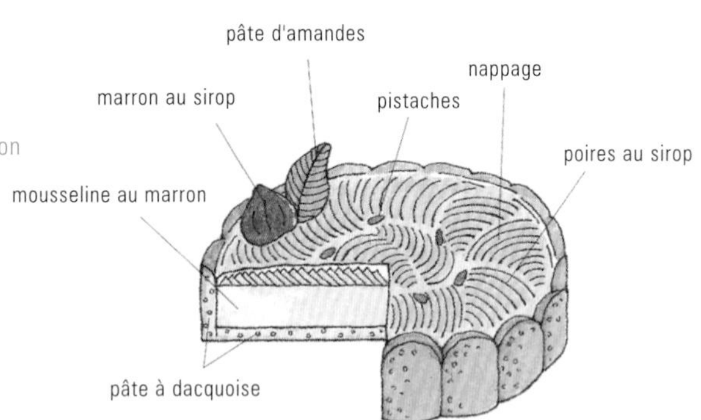

1

2

3

4
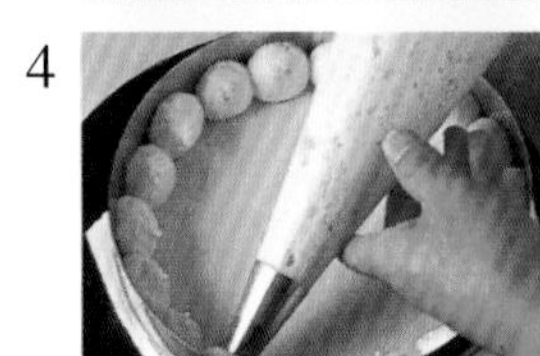

5

6

7

預備動作

・以網篩將杏仁粉先行過篩備用。並與糖粉混拌。

・將奶油放至成柔軟狀態。

・製作直徑21cm、高4.5cm的環狀模之紙底座。

（→P.59：糕點用環狀模型上舖紙的方法）

製作達克瓦茲麵糰

①打散蛋白，攪打至呈鬆散狀態，加入全部的細砂糖，以糕點專用攪拌器打發（→fouetter）。.打發至用打蛋器拉起時之尖角可以直立，再用力攪拌全體，即可使氣泡細緻又紮實（→serrer）。

＊細砂糖的份量很少，所以很容易就會變得乾鬆。必須注意不可以過度攪拌。

＊蛋白在使用前都保存於冷藏庫中，才能打出細密且具安定感的氣泡。

②一邊少量逐次地加入杏仁粉和糖粉，一邊轉動攪拌盆，並以刮杓大塊地混拌。

③注意不要破壞氣泡地加以混拌。過度攪拌時麵糰會變得鬆散，大約呈乾鬆狀態即可。

以達克瓦茲麵糰製作出塔皮

④用裝有直徑15mm擠花嘴的擠花袋擠在環狀模的邊緣3cm處（→dresser）。

＊環狀模中不需要塗奶油，讓烘烤時材料可以黏在環狀模上。

⑤底部以同樣的擠花嘴，彷彿向下壓地擠出底部旋渦形麵糰。

⑥撒上糖粉，待溶化後再次撒上，放入180℃的烤箱中烘烤30分鐘。

⑦烘烤至內部完成，且表面酥脆，呈淡淡的烘焙色爲止。因底部的麵糰較薄，所以待其冷卻後再剝除紙張，側面則以刀子劃過使其脫模。

8

12
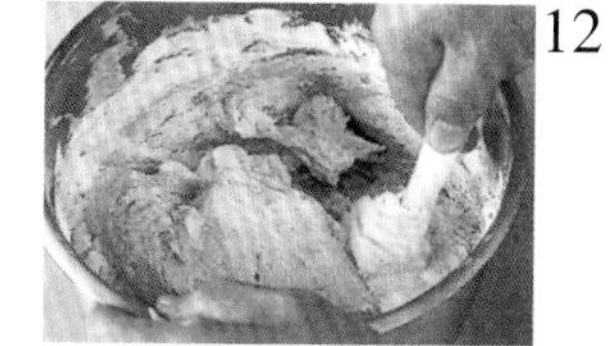

9

13

10
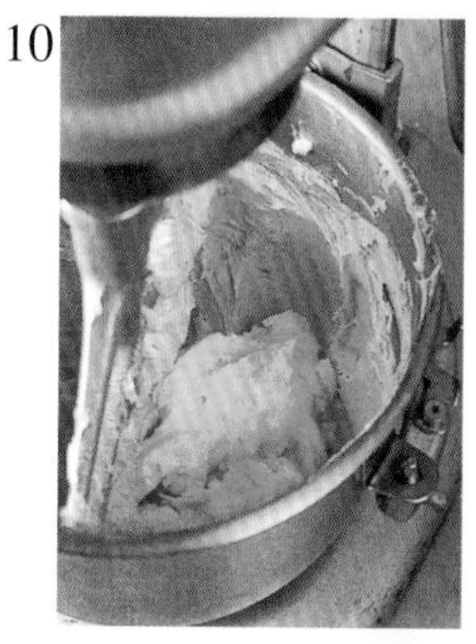

14

15
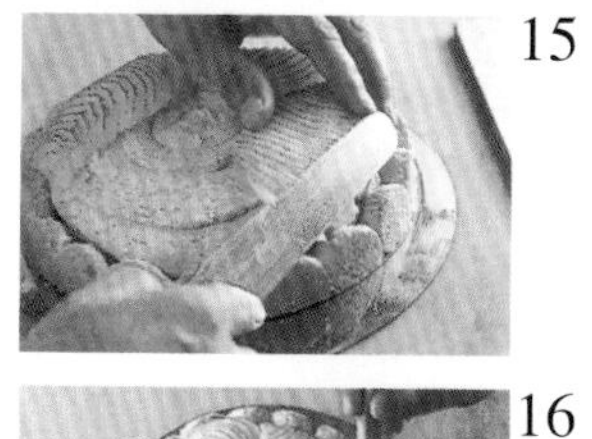

11

16

製作栗子慕斯林鮮奶油餡

⑧用刮杓攪拌卡士達奶油餡至其回復滑順狀態。

⑨將栗子泥放入糕點專用攪拌器中，以葉片狀攪拌器（→P.28）進行攪拌。加入柔軟的奶油拌至均勻。

⑩加入攪拌至滑順狀態的卡士達奶油餡繼續拌勻。

⑪將鮮奶油稍稍打發。

⑫把鮮奶油加入⑩當中，大致塊狀地拌合。

＊鮮奶油的打發，以前端會滴垂下來的程度即可。

組合

⑬將栗子慕斯林鮮奶油餡放入裝有直徑16mm圓形擠花嘴的擠花袋中，擠至達克瓦茲底部的一半左右。將切成四等份的糖漿醃漬栗子散放在慕斯林鮮奶油餡上，重新將鮮奶油餡料擠入填滿。放至冷藏庫中冷卻固定。

⑭以噴槍將切片的糖漿煮洋梨烤出表面的焦色。

⑮將洋梨片並排在⑬的上面。

⑯塗上鏡面果膠，散放上開心果，並以糖漿醃漬栗子、糖杏仁膏葉片及香草莢來裝飾。

Gâteau marjolaine
馬郁蘭蛋糕

活躍於20世紀前半的偉大名廚費南得波伊特（ Fernand Point）的餐廳Pyramide之糕點，稱之爲Gâteau succès（marjolaine的由來不明）。「Pyramide」是從1933年起至今超過半世紀，一直持續被法國餐廳指南『米其林』評價爲三星級（最高級）的餐廳，並且也是Bocuse、Troisgro等現在三星級餐廳主廚們修習之處。餐廳位於維埃納（Vienne）（羅納-阿爾卑斯地區Rhône-Alpes、伊薩省（Isère）），是個有許多羅馬時代遺址的地方，其中一處金字塔（Pyramide）就位於餐廳的旁邊。糕點表面的圖案，就是與餐廳同名之遺跡的形狀。

看似簡單的外表，但有著獨特口感的麵糰基底，以及三種奶油餡的協調口感，絕妙美味。在餐廳享用是以切成2cm左右的薄片盛盤上桌。

材料　9cm × 55cm　1個的份量

馬郁蘭蛋糕底座 fond de Marjolaine
- 杏仁果　200g　200g d'amandes
- 榛果　150g　150g de noisettes
- 細砂糖　220g　220g de sucre semoule
- 低筋麵粉　25g　25g de farine
- 蛋白霜 meringue
  - 蛋白　240g　240g de blancs d'œufs
  - 細砂糖　70g　70g de sucre semoule

甘那許 ganache（→P.65）
- 巧克力（可可亞成份56%）　165g　165g de chocolat
- 鮮奶油（乳脂肪成份38%）　150ml　150ml de crème fraîche

鮮奶油香醍 crème chantilly（→P.163）
- 鮮奶油（乳脂肪成份48%）　500ml　500ml de crème fraîche
- 糖粉　50g　50g de sucre glace
- 奶油　40g　40g de beurre

糖杏仁鮮奶油香醍 crème chantilly（→P.163）
- 鮮奶油（乳脂肪成份48%）　500ml　500ml de crème fraîche
- 糖粉　25g　25g de sucre glace
- 糖杏仁　100g　100g de praliné
- 奶油　40g　40g de beurre

巧克力脆片（裝飾）pailleté chocolat

糖粉 sucre glace

奶油（烤盤用）beurre

預備動作

・在烤盤塗抹奶油。放入冷藏庫中凝固後，再塗一層。

＊如果沒有確實地塗抹上奶油，之後會很容易沾黏。

・將杏仁果和榛果各別放入烤箱中烘烤。榛果烘烤後過篩以除去薄皮膜。

・將上述的杏仁果和榛果混合並加入220g的細砂糖，以研磨機broyeuse加以細細研磨。加入低筋麵粉混拌。

製作馬郁蘭蛋糕底座

①製作蛋白霜。將蛋白打散，加入部分細砂糖輕拌混合。

②邊以糕點專用攪拌器（→fouetter）打發邊添加其餘的細砂糖。

＊在最初即加入細砂糖的話，會製成黏且有彈性的蛋白霜，成品的口感較差。

③攪打製作成紮實堅硬，完全打發的蛋白霜。

＊攪打成稍稍過於打發的狀態。如果打發不足時，氣泡呈安定的狀態，即使加入粉類也不容易破壞氣泡，就無法烘烤成薄板狀。

④邊將預備好的粉類加入，邊以破壞氣泡的方式加以混拌。

⑤混拌至拉起材料時會呈滴流下來的狀態。

＊藉由破壞氣泡，而使材料能夠均勻地薄薄推開。即使氣泡被破壞了，材料中也仍會殘留小小的氣泡，因此烘烤出來之後會有酥脆口感。

⑥在塗了奶油的烤盤上（60×40cm），推展成兩盤半的薄片。

＊推成很薄的薄片。使得研磨成細末的堅果粉粒能感覺像是並排著一樣。

7
8
9
10

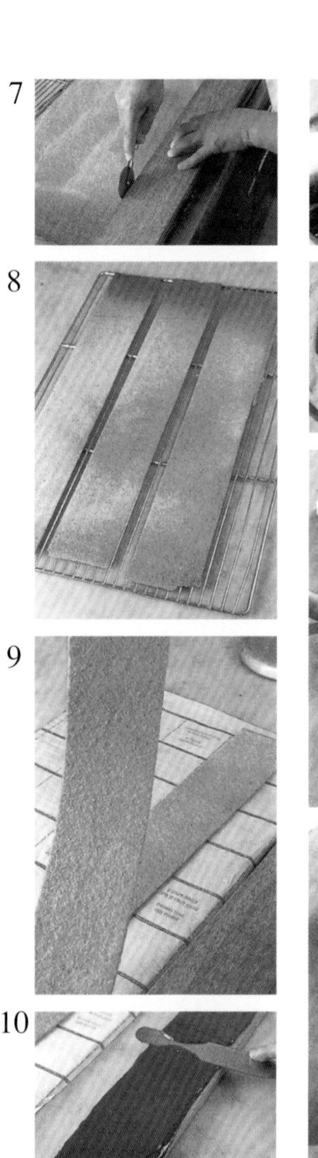

11

12

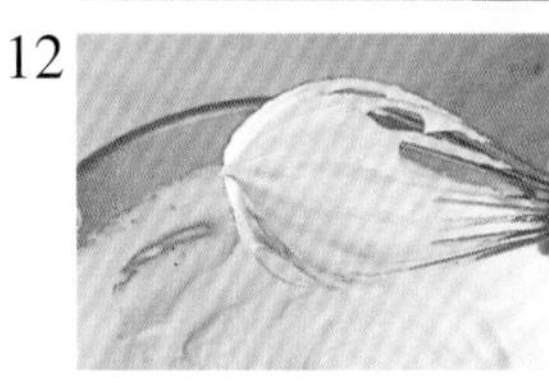

13

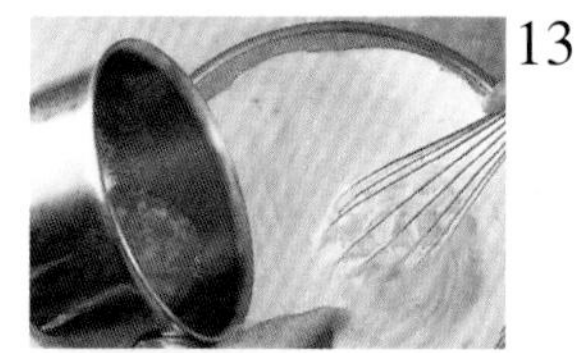

14

15

16

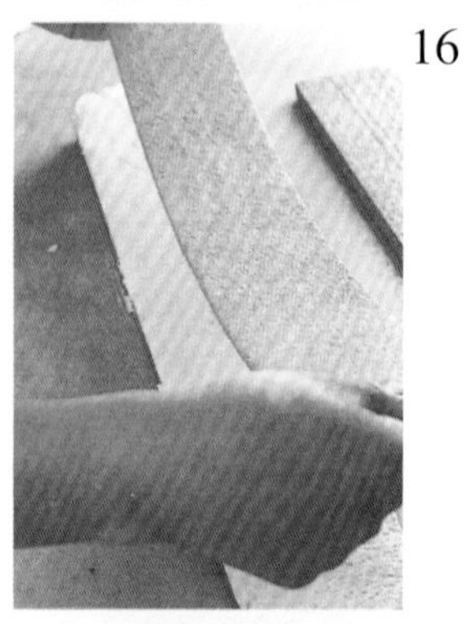

17

18

19

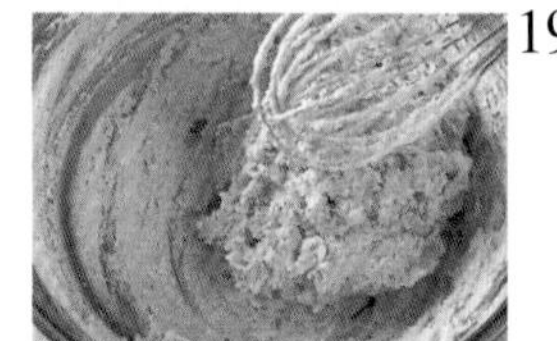

⑦將⑥的材料放進220℃預熱的烤箱中，烘烤7分鐘就能烤出漂亮的烘焙色。利用9×60cm的板子，趁熱時將其分切成帶狀。

⑧分切完成後，立刻移放至網架上稍稍放涼。

＊一個烤盤可以分切成4片（兩盤半即有10片）。一個蛋糕需要用5片。

＊因其中加了堅果，所以很難用刀子切分。使用派皮切刀就可以切得很漂亮。

＊雖然熱熱的底座很柔軟，但變硬就很容易碎裂，所以趁熱時移至網架上放涼。

⑨在組合前一天，兩面都充分地進行噴霧後，不覆蓋任何東西地放入冷藏庫中靜置一晚，使其回復到柔軟可彎曲之狀態。

＊在法國，是放置於葡萄酒庫數日，也可以使其自然回復柔軟狀態。

將甘那許塗在馬郁蘭蛋糕底座

⑩在兩片底座上薄薄地塗上甘那許。

⑪各將其疊上另一片新的底座，用板子輕壓調整其厚度。

製作鮮奶油香醍

⑫在鮮奶油中加入糖粉，打發至成滑順狀態。

⑬將加熱溶化之奶油一次全部加入，快速地混拌全體材料。

⑭拌至呈乾鬆之狀態。

＊這樣的狀態是因為奶油的凝固而不是鮮奶油的分離狀態。

⑮在⑪的一組上厚厚地塗上⑭的鮮奶油餡並平整其表面。

⑯放上最後一片底座材料，平整表面。

製作糖杏仁鮮奶油香醍

⑰在鮮奶油中加入糖粉打發。將糖杏仁放在工作檯上，以三角刮板palette triangle將其攪拌至呈均質膏狀，將一部份打發的鮮奶油加入其中，拌勻至滑順狀態。

⑱將剩餘的鮮奶油全部加入，並倒入加熱溶化的奶油，一起迅速拌勻。

⑲攪拌成與鮮奶油香醍相同的乾鬆狀

20

22

23

21

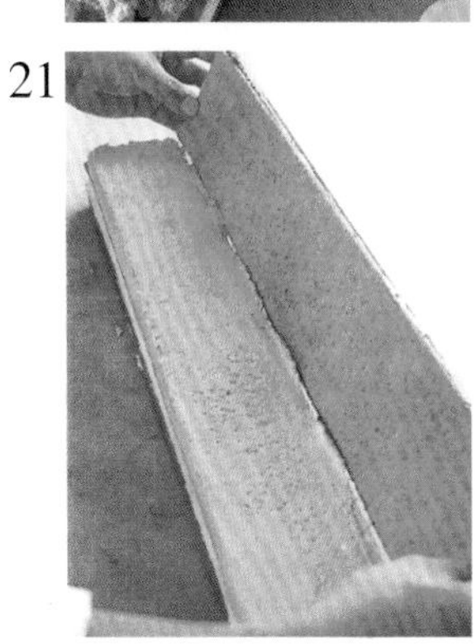

24

⑳在⑯的表面上塗抹上⑲的鮮奶油，並使表面均勻平整。

㉑將另一組夾有甘那許的底座和板子一起覆蓋上去。

㉒側面用抹刀整平。結實地按壓表面後，將側面壓出的鮮奶油餡加以塗均，放入冷藏庫中冷卻固定。

㉓側面撒上巧克力脆片。

㉔除去上方的板子，放上切割成金字塔形狀的紙型，撒上糖粉做出圖案。

巧克力脆片

薄片狀的巧克力。裝飾用。

第7章

發酵麵糰之糕點

Pâte levée

庫克洛夫 kouglof

薩瓦侖 Savarin

糖漬水果皮力歐許 Brioche aux fruits confits

奶油烘餅 Kouign-amann

關於發酵麵糰

當麵粉和水的麵糰中加入酵母菌時，酵母菌會分解麵糰中澱粉的糖分並加以吸收，得到增生酵母的能量。此時排出的二氧化碳在麵糰中聚集了之後，就會賦予麵糰輕盈及彈性。這種酵母的作用，就稱之為發酵，添加了酵母菌發酵而成的麵糰，就稱之為發酵麵糰。

二氧化碳的產生，使麵糰膨脹起來的部份，與泡打粉相似，但酵母菌不只有二氧化碳，同時還會有酒精等香氣及風味的產生，所以用酵母菌發酵的麵糰會有著使用化學性膨脹劑發酵所沒有的特殊風味。

基本上，製法雖然與麵包相同，但在此介紹的是使用了較多砂糖、奶油、雞蛋以及乳製品配比的糕點。以直接揉搓法（直接發酵法）製成的庫克洛夫、添加了大量溶化奶油製成的薩瓦侖、還有折疊了油脂製成的發酵酥皮麵糰Pâte levée-feuilletée的奶油烘餅，像這樣的製品，在法國都稱之為維也納甜麵包或甜點（Viennoiserie）。

酵母菌

新鮮酵母（照片下方）
由培養液中分離出來的酵母菌壓縮成黏土般的塊狀。1kg大約含有100億個活酵母菌，冷藏保存約為2週左右。因為可以立刻溶解，所以可直接加入配比中的水份使用。

乾燥酵母（照片左上）
將新鮮酵母菌以低溫乾燥而成的粒狀產品。發酵力約是新鮮酵母的兩倍，使用量僅只需要半量即可。可長時間保存，發酵時的香氣也很好。因為蔗糖分解的酵素較少，所以不適用於添加較多砂糖的麵糰。因其處於休眠狀態，所以必須在酵母菌活性最佳的40°C左右的熱水中，先行預備發酵。

即溶酵母（照片右上）
不需要預備發酵，並且已經是加工成為易於溶解之細顆粒狀之乾燥酵母。只要與粉類混拌後即可使用，但對於搓揉時間較短的麵糰，先用水溶化後再添加會比較好。雖然香味較不及乾燥酵母，但發酵能力更強（只要乾燥酵母的八成，新鮮酵母四成的份量，即可得到相同的發酵能力）。

※用量標準，新鮮酵母為10，則乾燥酵母只需要5、即溶酵母只要4即可（10：5：4）。例如，材料表中，新鮮酵母為20g時，乾燥酵母只要用10g，而即溶酵母8g即可。

確認酵母菌的發酵能力
加入水，撒上砂糖後靜置。分量會越來越多，表面全體出現氣泡時，表示酵母正處於生成發酵當中。現在市售的品質幾乎都很安定，所以不太有這樣的必要性，但在家庭中要使用剩餘的酵母菌，在要加入麵糰前先確認其發酵能力會比較好一點。

麵糰的組織圖

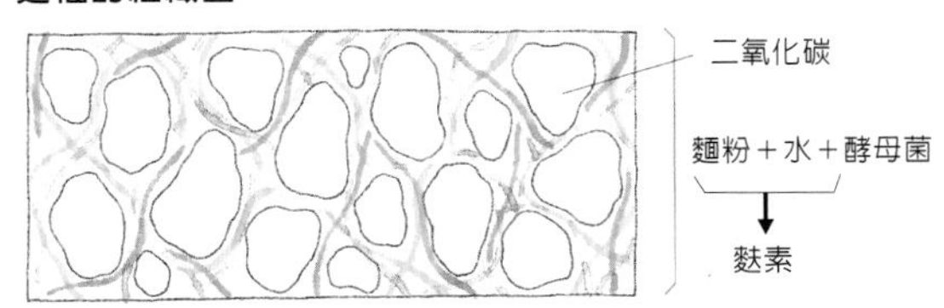

＊揉搓的麵糰中所含的酵母菌會將麵粉中的澱粉分解成二氧化碳及酒精。這個時候產生的二氧化碳會被麵粉和水分所形成之麩素（網狀組織）所包圍，而無法逸出，一直留在麵糰之中形成柔軟的組織。

酵母菌的活動溫度

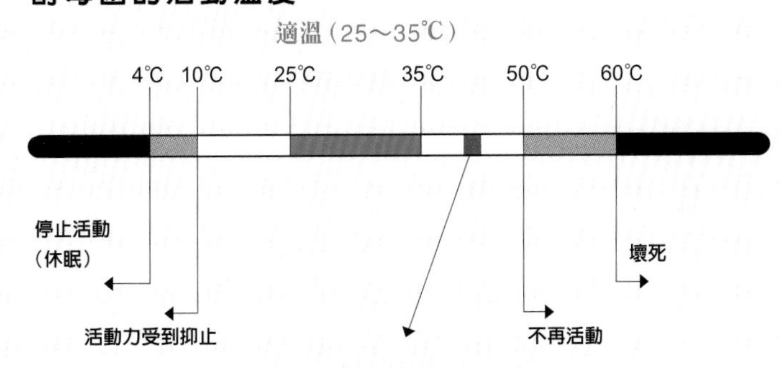

酵母能量產生的狀況

麵糰中所含之澱粉及砂糖（蔗糖）由酵素來分解，
酵母因此而得到能量，釋出酒精、二氧化碳以及有機酸。

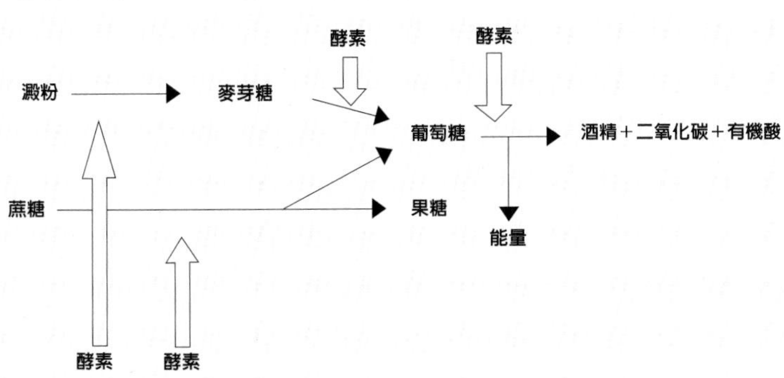

Kouglof
庫克洛夫

阿爾薩斯地區的糕點。皮力歐許的一種，麵糰中加入了葡萄乾，這種糕點的特徵是以庫克洛夫模來烘烤。傳說庫克洛夫的起源，是東方三賢者爲慶祝耶穌誕生，前往耶路薩冷的途中，在阿爾薩斯地方的村落里博維萊Ribeauvillé借住於陶器工人的家，當時做爲回禮而製作出的糕點。實際上，至17世紀左右才首次製造出來。

＊kouglof〔m〕用庫克洛夫模，烘烤加了葡萄乾的皮力歐許。也稱之為kougelhof。在德國、維也納等也有烘烤同樣形狀之糕點，稱之為Gugelhuof。在維也納是以Quatre-Quarts般的奶油麵糰來製作的。

直接揉搓法（直接發酵法、直接法）
將所有配比中的材料直接加在一起，一次同時搓揉。當配比中油脂含量較多時，油脂在其他材料揉搓至某個程度後再加入。

材料 直徑18cm的庫克洛夫模型 2個

庫克洛夫麵糰 Pâte à kouglof

- 新鮮酵母菌 15g 15g de levure de boulanger
- 牛奶 80ml 80ml de lait
- 麵粉（法國麵包麵粉） 250g 250g de farine
- 細砂糖 45g 45g de sucre semoule
- 鹽 5g 5g de sel
- 蛋 50g 50g d'œuf
- 蛋黃 20g 20g de jaunes d'œufs
- 白蘭地 15ml 15ml d'eau-de-vie
- 香橙甜酒 15ml 15ml de Grand Marnier
- 奶油 85g 85g de beurre

葡萄乾 50g 50g de raisins secs

杏仁薄片 amandes effilées

糖粉 sucre glace

奶油（模型、發酵模用） beurre

手粉 farine

※ 法國麵包麵粉 蛋白質含量幾乎與高筋麵粉相當。鳥越製粉有「france」（昭和35年在日本最早開始開發的法國麵包麵粉。含胚成分為0.43%、粗蛋白12.0%）等製品。也可以高筋麵粉9與低筋麵粉1的比例搭配使用。

※ 硬葡萄乾，則可以用熱水稍稍浸泡使其回軟。也可以用蘭姆酒來浸泡。

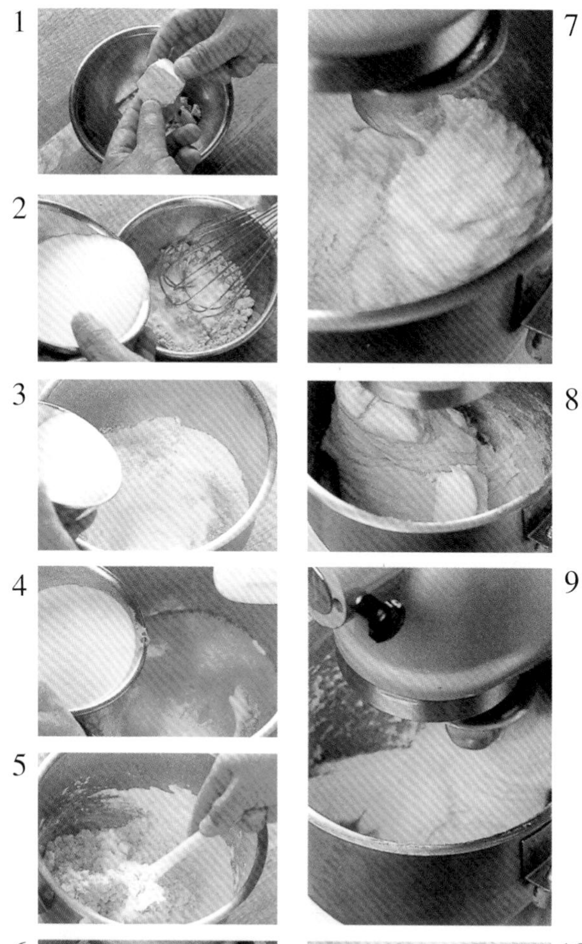

預備動作

・麵粉過篩備用（→tamiser）。

・將奶油放於常溫中至柔軟。

揉搓麵糰（直接揉搓法）

①打散新鮮酵母。

＊品質、保存狀態都很好的酵母，有著酸甜且帶著清爽的香氣，顏色是乳白色，在打散時不會沾黏可以很容易地打散。

②加入溫熱的牛奶，以打蛋器fouet充分混拌至酵母完全溶於其中。

＊冬天時候使用溫熱至與人體溫度左右之牛奶，在③中加入的蛋汁也以隔水加熱地稍加溫熱。氣溫較高時，不需溫熱也沒有關係。

③～④在糕點專用攪拌器的攪拌盆中放入過篩的麵粉，並於中央做出凹槽（→fontaine）。在中央凹槽處放入砂糖、食鹽，再加入打散了的雞蛋及蛋黃，並加入②的材料。

⑤加入白蘭地、香橙甜酒，用刮杓將全部的材料拌勻。

⑥使用糕點專用攪拌器中的勾狀攪拌器（→P.28）攪拌。

⑦～⑧攪拌至某個程度後，少量逐次地加入奶油拌勻。

＊製作發酵麵糰時，因為奶油具有使麩素變得鬆散的作用，所以一開始就添加的話，會使麵糰難以成形。在揉搓攪拌至某個程度後再加入，可以做出入口即化且稍有麩素之狀態，或是在沒有那麼多麩素形成時，開始添加奶油。

⑨當攪拌器的攪拌缽上沒有麵糰沾黏時，就是已經揉出完整的麵糰了。

⑩在工作檯上撒上手粉，用敲拍的方式使其成爲漂亮的麵糰。

11

12

13

14

15

16

17

18

19

20

⑪將葡萄乾放在麵糰上，繼續以輕輕敲甩的方式使葡萄乾混拌進麵糰中。

發酵

⑫彷彿要將麵糰向下拉地將其表面拉成漂亮的圓形。麵糰的接合處朝下地放置在薄薄地塗抹著奶油的缽盆中。

⑬放進濕度75%、溫度30℃的發酵庫（可以保持麵包麵糰適當的發酵濕度及溫度之裝備或房間）當中，待其發酵至麵糰膨脹至兩倍大（約70分鐘）。（發酵狀態的確認法→P.219）

＊不使用發酵庫發酵麵糰時，放置於溫暖的地方，使其不會變乾燥地在塑膠紙上塗抹奶油地覆蓋在麵糰上。發酵後麵糰會膨脹起來，所以使麵糰不致沾黏地先在塑膠紙上塗抹奶油，並且覆蓋時要預留充分的麵糰膨大空間。

放入模型

⑭在庫克洛夫模中塗上柔軟的奶油，再撒上杏仁薄片。

⑮將發酵了的麵糰拿出來放在撒有手粉的工作檯上，以手掌將其壓平，釋出其中的氣體。將之分成兩等份，各別將其揉搓成圓形。

⑯將接合處朝下地放置在工作檯上，用擀麵棍在麵糰中央穿出一個洞。

⑰以兩手拿起麵糰，洞放大成可以穿過模型上的圓筒的大小，使其成爲甜甜圈的形狀。

⑱將接合面朝上地放進預備好的模型中。

完成最後的發酵作業

⑲以濕度75%、溫度30℃的環境，使其發酵到與模型等高。

烘烤

⑳防止麵糰過於乾燥在表面進行噴霧，放入200℃預熱的烤箱中烘烤約35分。烘烤完成後，放在網架上稍放涼，在表面撒上糖粉完成。

＊因模型較深，下面的熱傳導較不容易，所以如果可能的話將下火調得強一點。

＊因砂糖配比較高，容易烤出焦色，所以不用再塗蛋汁了。

白蘭地

以水果（本來是葡萄）發酵，再進行蒸餾後製成的高酒精濃度的酒。白蘭地的英文是Brandy，法文則稱為eau-de-vie。在法國的干邑cognac和阿馬涅克Armagnac，以葡萄為原料釀造出有名的白蘭地。除此之外，還有用蘋果製成的蘋果白蘭地Calvados以及用洋梨、櫻桃、杏桃等原料製成的各式各樣的水果白蘭地（eau-de-vie de fruit）。在酒樽中熟成的白蘭地，有著琥珀色且具有柔和香醇的風味。除了可以增添糕點的風味之外，還可以和蘭姆酒一樣用於水果的醃漬。

庫克洛夫模型 moule à kouglof

傳統的是陶製的模型，但也有金屬製的。不管哪一種都是厚且深，有著斜斜的直條紋形。為了使熱度容易傳導，所以中央為中空的。

Savarin
薩瓦侖

18世紀中期，在南錫建構宮廷的洛林公爵斯坦尼斯瓦夫一世（Stanislaw）（→P.13）的廚師，製作出了在庫克洛夫上澆淋蘭姆酒的點心，而洛林公爵就以自己喜愛的『一千零一夜』書中的主人公阿里巴巴，爲其命名。

到了19世紀初，巴黎糕點店Stohrer中，以baba au rhu（蘭姆酒風味之baba）爲名地開始販售而廣爲流傳，甚至在這家糕點店學習的糕點師傅Auguste Julien，改變其形狀並以美食家Brillat-Savarin之名，將其命名爲薩瓦侖（Savarin）。

相對於添加了葡萄乾，以廣口圓筒模來烘烤的一般芭芭麵糰Pâte à babas，薩瓦侖（Savarin）是不添加葡萄乾而且以薩瓦侖模來烘烤。另外，傳統的芭芭糖漿，使用蘭姆酒風味，而薩瓦侖則是可以視個人喜好使用各種風味的酒類。

焦糖千層

材料 直徑15cm的薩瓦侖模1個的份量、直徑5cm的薩瓦侖模15個

薩瓦侖麵糰 pâte à savarin
- 新鮮酵母 25g 25g de levure de boulanger
- 水 250ml 250ml d'eau
- 麵粉（法國麵包麵粉） 500g 500g de farine
- 細砂糖 50g 50g de sucre semoule
- 鹽 10g 10g de sel
- 雞蛋 250g 250g d'œufs
- 奶油 125g 125g de beurre

滲透用糖漿 sirop à tremper
- 水 1公升 1 litre d'eau
- 細砂糖 400g 400g de sucre semoule

蘭姆酒 rhum

鏡面果膠 nappage

鮮奶油香醍（裝飾） crème chantilly （→P.163）
- 鮮奶油（乳脂肪成份48%） 200ml 200ml de crème fraîche
- 糖粉 20g 20g de sucre glace

水果（裝飾：蘋果、草莓、奇異果、覆盆子、藍莓） fruits

薄荷（裝飾） menthe

奶油（模型用、發酵盆用） beurre

1

2

3

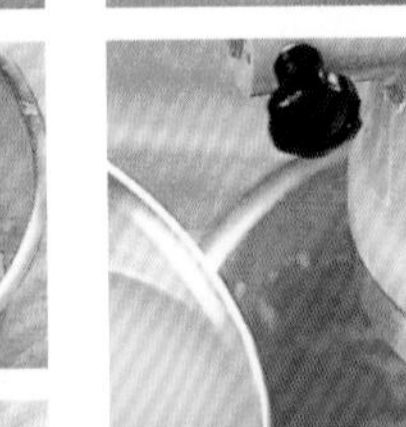

4

5

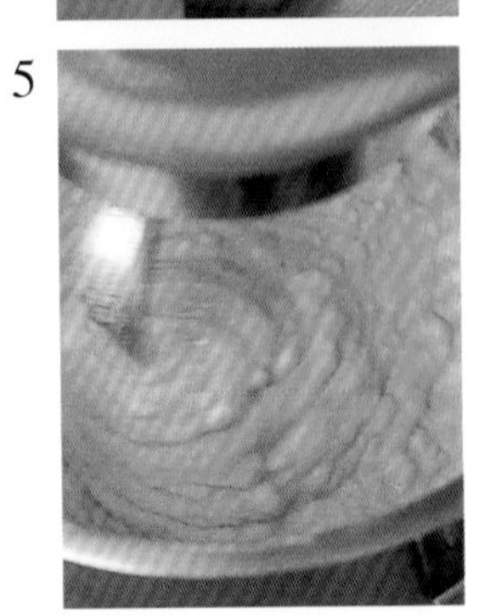

6

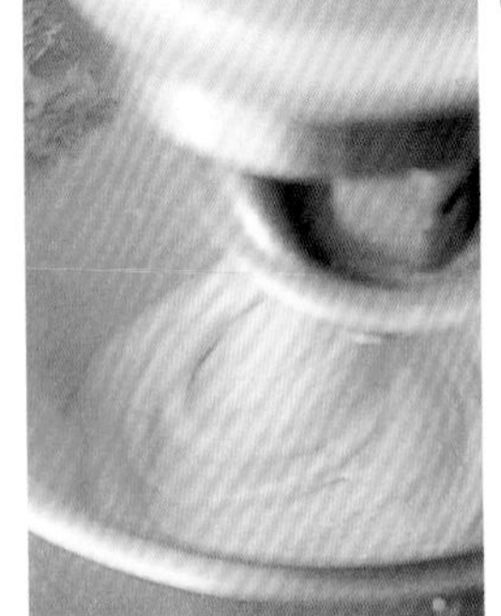

7

8

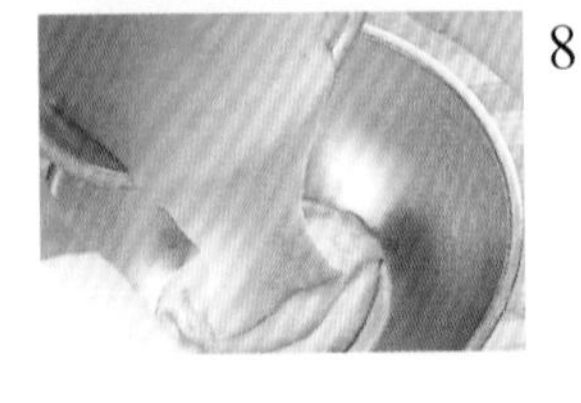

預備動作

・麵粉過篩備用（→tamiser）。

・奶油溶化後，稍放涼。

・用柔軟的奶油塗抹在模型上。

揉搓麵糰

①打散新鮮酵母，加水以打蛋器攪打，使酵母完全溶化。

＊夏季時可使用常溫下的水，接下來要添加的雞蛋也可以從冷藏庫拿出來後直接使用。到了冬天時，就必須使用溫水（人體肌膚之溫度），雞蛋也須以隔水加熱地稍加溫熱。

②在糕點專用攪拌器的攪拌盆中，倒入過篩的麵粉，將麵粉放成水泉狀（→fontaine）。在中央的凹槽中放入砂糖及食鹽。

③將①和打散了的蛋一起加入。

④以刮杓將全體輕輕拌勻。

⑤～⑥使用糕點專用攪拌器中的鉤形攪拌器，將全體均勻地混拌揉搓。

＊在這個配比中，做出相當柔軟狀態的麵糰也是沒有問題的。因為奶油不容易混拌均勻，所以不要使其產生麩素與彈性，要避免過度攪拌。

⑦加入溶化的奶油後，混拌勻勻。

⑧當麵糰是可以滑落下來的狀態，呈現滑順狀態時，麵糰即完成。

9

10

11

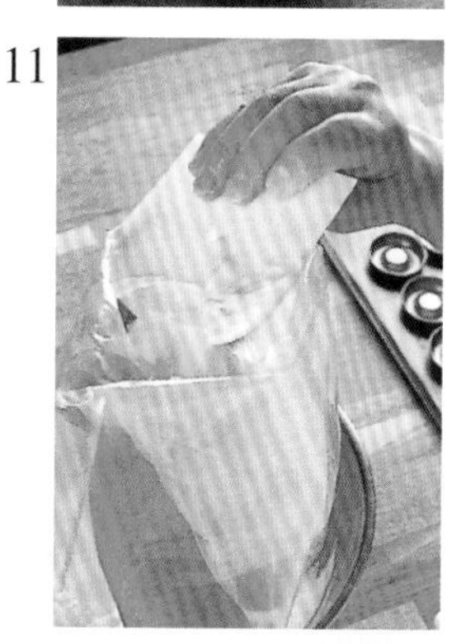

12

13

14

15

16

17

發酵

⑨將麵糰移至塗有薄薄奶油的缽盆中。

⑩在濕度75%、溫度30℃的環境中，使麵糰膨脹至兩倍大（約30分鐘）。

裝入模型

⑪發酵完成後，以刮板彷彿敲叩般地由底部將其混拌，以釋出氣體，將麵糰放進裝有直徑15mm擠花嘴之擠花袋poche à coquille unie中。

⑫將麵糰擠入塗了奶油的模型中至六分滿。

⑬以手指彷彿要切平麵糰般地按壓模型的邊緣，使空氣不進入其中地確定麵糰裝填至底部。

最後發酵

⑭將模型並排在烤盤中。

⑮在濕度75%、溫度30℃的環境下，使麵糰發酵至八分滿（大的約15分鐘、小的約10分鐘）。

＊小的薩瓦侖模型之麵糰必須使其發酵漲高至滿滿的整個模型。

烘烤

⑯放入預熱200℃的烤箱中烘烤約30分鐘，烘烤至全體顏色呈漂亮的烘烤色（大的約30分鐘、小的約25分鐘）。

⑰脫模，並在網架上放涼。

＊烘烤成表面色澤美麗、表面堅硬內部稍乾的狀態。烘烤後至少放置一天後才進行最後的作業。

薩瓦侖模（大、小）
moule à savarin
大的模型為圈狀，而小的模型中央則有小小的突起。

廣口圓筒模 doriole
又稱為芭芭模型。稍具廣口且深的模型。

18

19

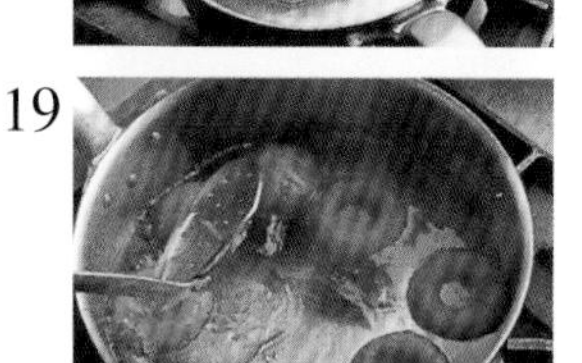

20

21

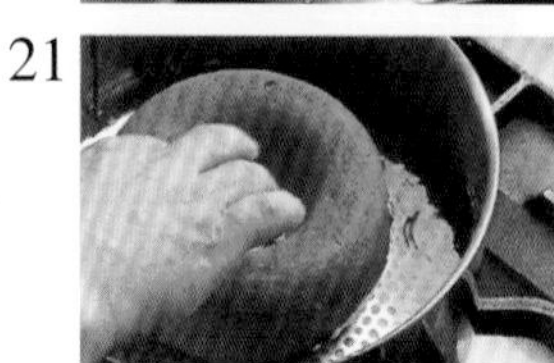

22

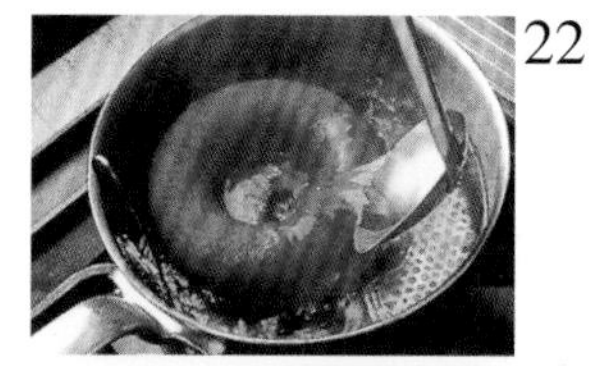

23

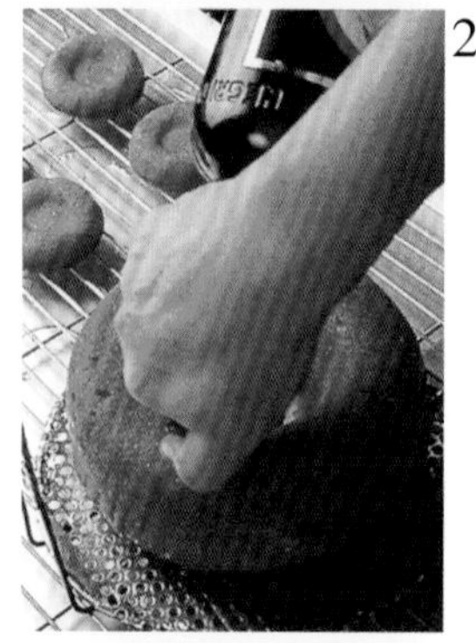

24

使糖漿滲入糕點中（→tremper）

⑱在鍋中放入滲透糖漿的水和細砂糖，加熱。待其沸騰後除去泡沫後，將火轉小，使其保持輕微的沸騰狀態。

＊用糖度計（比重計）來量測糖漿，趁溫熱狀態將其調整14˚B。

＊˚B：糖度（degré Baumé）之簡稱。比重單位。在此表示糖液的濃度（→P.275：糖度的測量方法）。

⑲彷彿將薩瓦侖壓入般地放入⑱的糖漿中，不時以漏杓écumoire輕壓並將其翻面，使糖漿能完全滲入至中央爲止。

＊與模型貼合的凹槽面，因為較柔軟也較容易吸入糖漿，所以不需要太長的時間，但烘烤時在上方的烘烤面，則因較堅硬糖漿也較不易滲入，所以較花時間。

⑳以手指按壓，確定全體以及中央部份的柔軟度。

＊糖漿過強的沸騰狀態容易使糕點鬆落，所以必須多加留意。這種麵糰因容易吸收糖漿，所以即使只是浸泡，也容易滲入。若是有麩素形成較具彈性及麵糰時，糖漿較不容易滲透，所以也需要多花一些時間。

㉑～㉒大型薩瓦侖（鍋子太小無法進行翻面時）則是放在網架上浸泡於糖漿中，邊用杓子（ladle）舀起糖漿來澆淋邊使其滲透至麵糰中。

㉓將網架放置於淺盤上，滴落多餘的糖漿並淋上蘭姆酒（→arroser）。

＊流至淺盤上的糖漿及蘭姆酒可以再倒回鍋中重覆使用。重覆使用時，糖漿會因熬煮而使糖度變高，所以可以加入水分將其調整為14˚B。

㉔待薩瓦侖的熱度稍降後，再塗上熬煮過的鏡面果膠，用鮮奶油香醍、薄荷以及水果來裝飾。

Brioche aux fruits confits

糖漬水果皮力歐許

皮力歐許是添加了奶油、雞蛋風味濃郁之麵包代表。主要用於稍稍奢華的早餐，像是週日的悠閒上午，也常被當做糕點來運用。在法國各地，常可見到使用皮力歐許麵糰的糕點。在這裡介紹的是稱爲brioche chinois或brioche suisse的種類。

發酵種之方法

取部分的麵粉，加入酵母和水使其發酵製造成發酵種，再加其餘的材料一起加入混拌製成麵糰的方法。即使是砂糖較多的配比也可以得到安定的發酵效果，形成膨鬆柔軟的烘烤成果。

糖漬水果皮力歐許

材料　直徑24cm的淺盤模型1個

皮力歐許麵糰 pâte à brioche
- 發酵種 levain
  - 新鮮酵母　20g　20g de levure de boulanger
  - 水　100ml　100ml d'eau
  - 麵粉（法國麵包麵粉）100g　100g de farine
- 麵粉（法國麵包麵粉）400g　400g de farine
- 細砂糖　40g　40g de sucre semoule
- 鹽　5g　5g de sel
- 雞蛋　250g　250g d'œufs
- 奶油　200g　200g de beurre

卡士達杏仁奶油餡 frangipane
- 卡士達奶油餡　75g　75g de crème pâtissière（→P.40）
- 杏仁奶油餡　150g　150g crème d'amandes（→P.109）

蘭姆酒漬水果 fruits confits macérés au rhum
- 砂糖漬櫻桃　100g　100g de bigarreaux confits
- 糖漬柳橙皮　100g　100g d'écorce d'orange confites
- 糖漬白芷根　50g　50g d'angéliques confites
- 核桃　50g　50g de noix
- 葡萄乾　50g　50g de raisins secs
- 蘭姆酒 rhum

蛋汁 dorure

杏桃果醬 confiture d'abricots

奶油（模型、發酵盆用）beurre

手粉 farine

1

2

3

4

5
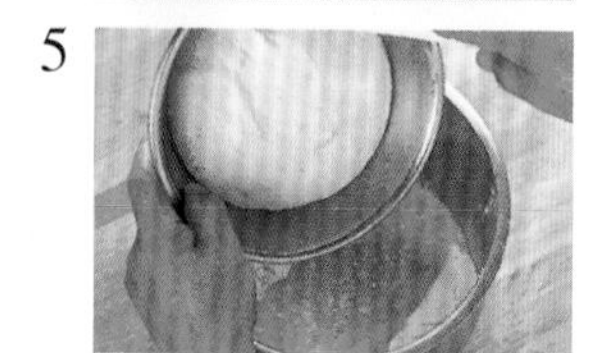

6
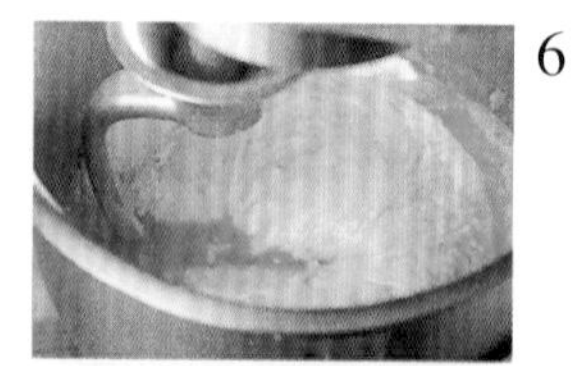

7
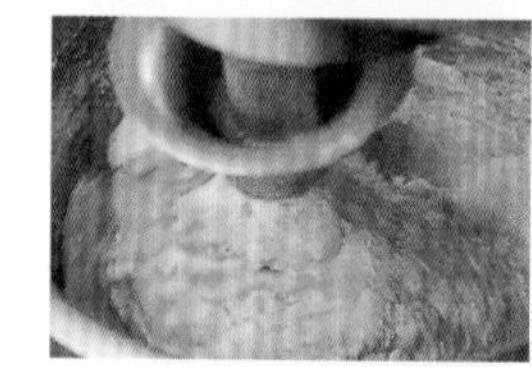
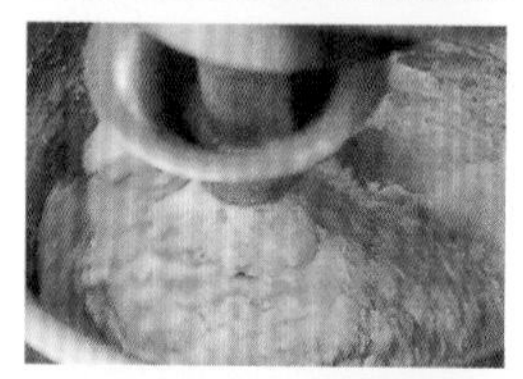

8

預備動作

・將水果和核桃切成葡萄乾的大小，和葡萄乾一起浸泡在蘭姆酒中至少一週。

・麵粉過篩備用（→tamiser）。

・在模型上塗抹乳霜狀般柔軟的奶油。

・麵糰用的奶油於室溫中放至柔軟。

製作發酵種

①將新鮮酵母打散，加水後以打蛋器攪打混拌至酵母完全溶化。

＊夏季時可使用常溫下的水，接下來要添加的雞蛋也可以從冷藏庫拿出來後直接使用。到了冬天時，就必須使用溫水（人體肌膚之溫度），雞蛋也須以隔水加熱地稍加溫熱。

②將過篩後的麵粉放入攪拌盆中，少量逐次地加入①以手混拌均勻。

③將全部的材料均勻地揉合爲一。

④在濕度75%、溫度30℃的環境中，使其發酵至兩倍的大小（約25分鐘）。

正式揉搓

⑤在糕點專用攪拌器的攪拌盆中，倒入過篩的麵粉，將麵粉放成水泉狀（→fontaine）。在中央的凹槽中放入砂糖、食鹽以及打散了的雞蛋，並加入發酵種。

⑥～⑧使用糕點專用攪拌器中的鉤形攪拌器，將全體充分地混拌揉搓至出現彈性的滑順狀態。

＊麵糰可以完全不沾黏在攪拌盆中，當鉤形攪拌器攪打時，彷彿敲擊著攪拌盆般地會出現啪嗒啪嗒的聲音時，即完成。

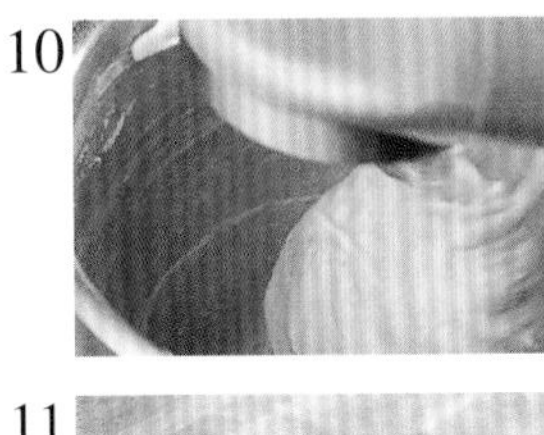

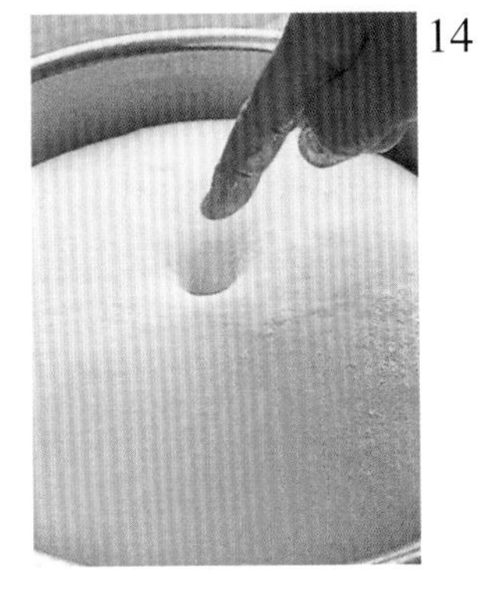

⑨少量逐次地加入奶油並將其混拌均勻。

＊一旦開始正式揉搓時，即加入奶油的話，因為會妨礙麩素的形成，所以在麵糰產生彈性之後，再分次加入。

⑩雖然加入奶油後麵糰會有被切開的感覺，但當奶油逐漸溶入其中時，麵糰即不再沾黏在攪拌盆中，又而可以揉搓成圓形麵糰。

使其發酵

⑪將手粉散放在工作檯上，彷彿將麵糰向下拉一樣地將其表面平整成漂亮的圓形。

⑫接合面向下地將其放入塗有薄薄奶油的缽盆中。

⑬在濕度75%、溫度30℃的環境中，使其發酵成兩倍大（約40分鐘）。

手指測試（確認發酵狀態）

⑭以手指試著按壓看看，當手指按壓的指痕可以清晰地殘留在麵糰時即已完成。當指痕很快地閉合消失，即是發酵仍然不足，麵糰仍具有彈性。若手指按壓時，麵糰整體沈陷而下，就是過度發酵。

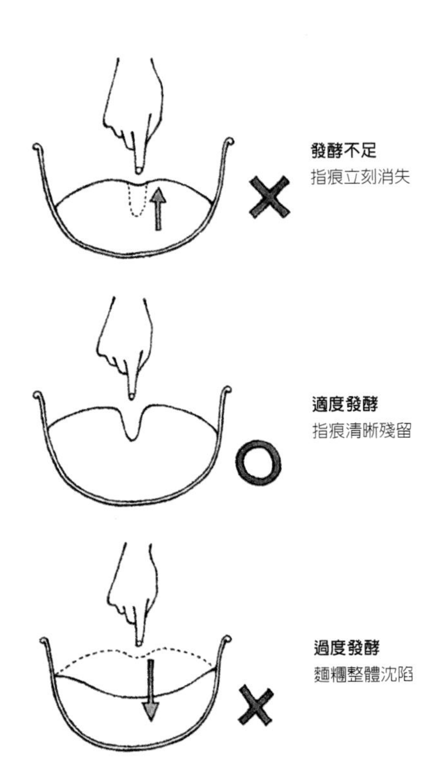

15 16 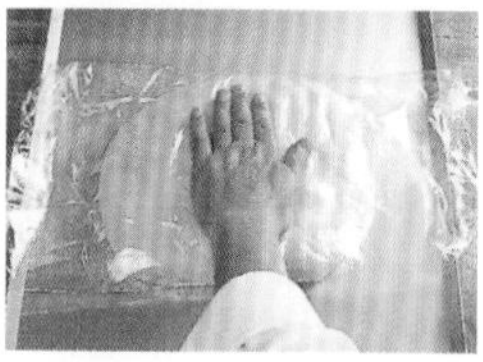 17 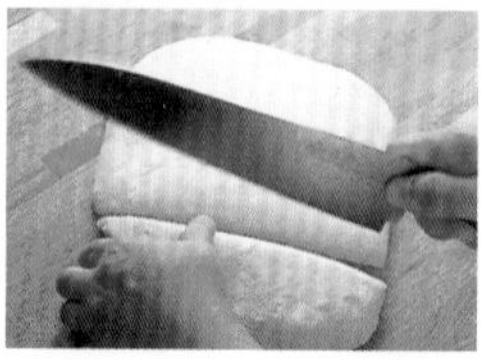 18  19  20  21 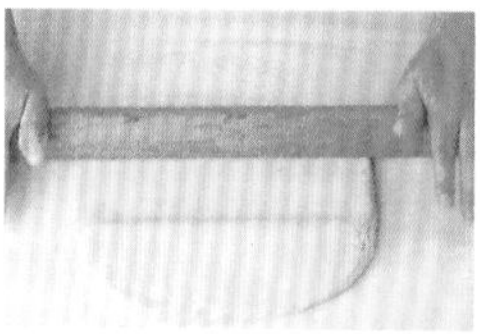 22 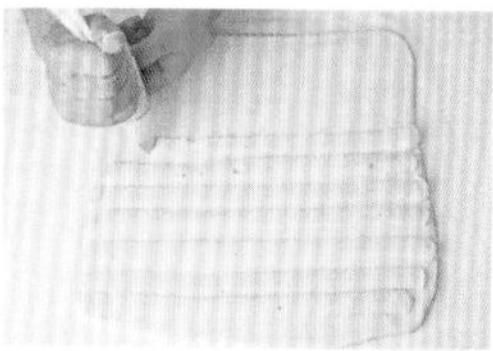 23 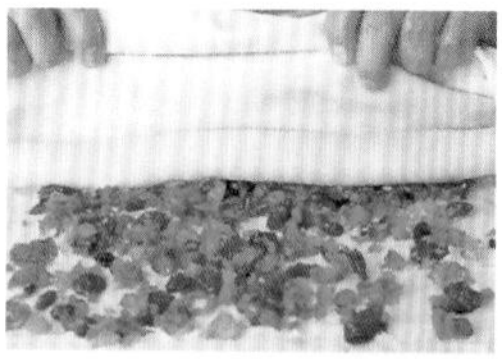 24 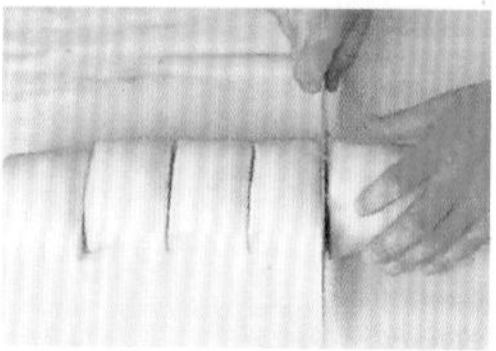 25 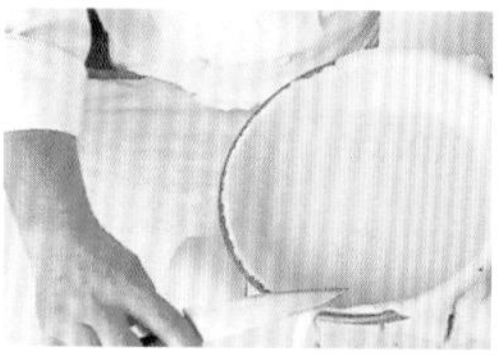 26  27  28

拍擊麵糰（排出氣體）

⑮將發酵完成的麵糰取出，放置於撒有手粉的工作檯上，以手輕壓使其成爲扁平狀，重覆動作以排出麵糰中的氣體。

⑯放置在舖有塑膠紙淺盤上，再覆蓋上塑膠紙後靜置於冷藏庫中。

＊因為是含有較多奶油的麵糰，較容易成形，因此將麵糰放置於冷藏庫中冷卻使其變硬。在冷藏庫內酵母的活動會變得遲緩，幾乎不會繼續發酵。所以也可以前一天製成麵糰，並於冷藏庫放置一天。

＊在放置於冷藏庫期間，可以1～2次地輕敲麵糰，使氣體能夠排出並讓麵糰的內側也可以冰透。

製造卡士達杏仁奶油

將卡士達奶油餡攪拌至回復光澤滑順狀態，再加入杏仁奶油餡將其混拌。

成形

⑰將麵糰放置於撒了手粉的工作檯上，切下其中的1/4。

⑱將其擀壓成直徑40cm的圓形。

⑲將圓形麵皮折疊成1/4，並將其放置在塗有奶油的淺盤模型manqué中並攤開。

⑳將乾毛巾擰成圓形按壓麵皮，使麵皮可以完全貼合地舖在模型上（→foncer）。靜置於冷藏庫中，使麵糰冷卻固定。

㉑將其他的麵糰在棉布上擀壓成約30×30cm之四角形。

㉒卡士達杏仁奶油餡放入裝有平口擠花嘴douille plate的擠花袋中，平坦地擠在麵糰上。

㉓以抹刀將卡士達杏仁奶油餡塗抹平坦，並將擰乾了的蘭姆酒漬水果均勻散放，以棉布將其捲起。

㉔捲起的麵糰以4cm的寬度分切（約可切成7～8塊）。

㉕切除⑳模型外的多餘麵皮（→ébarber）。

㉖將6片㉔中的麵卷平均地塞放於其中。

最後發酵

㉗在濕度75%、溫度30℃的環境中，使其發酵至完全充滿模型（約45分鐘）。當麵糰充分膨脹之後，在表面塗上蛋汁（→dorer）。

＊適度發酵時，會留有發酵的氣味（清爽的香氣），但過度發酵時，則只會殘留下酒精的味道。發酵不足時，則會殘留下酵母本身的氣味。

烘烤

㉘放入180℃預熱的烤箱，烘烤至全體產生焦色爲止（約45分鐘）。烘烤完成後脫模。待稍涼，在表面塗抹上杏桃果醬完成。

＊杏桃果醬重新熬煮至冷卻凝固時不會沾黏手指的狀態。也可以將調整成柔軟的風凍再塗抹於杏桃果醬的上面。（→P.165之⑩）

Kouign-amann
奶油烘餅

布列塔尼地區的杜瓦納內（Douarnenez）一帶製作出來的糕點。在布列塔尼語當中Kouign是「糕點」，amann則是「奶油」的意思。在發酵麵糰折疊進含鹽奶油和砂糖，所烘烤而成的糕點。據說原來是做成大的扁圓形，但現在依製作者而有各式各樣的大小。也可以在溫熱時食用。

奶油烘餅

材料　直徑8cm的環狀模　24個

基本揉和麵糰 détrempe

- 新鮮酵母　20g　20g de levure de boulanger
- 水　300ml　300ml d'eau
- 麵粉（法國麵包麵粉）　500g　500g de farine
- 細砂糖　50g　50g de sucre semoule
- 鹽　15g　15g de sel
- 蘭姆酒　30ml　30ml de rhum

折疊用奶油　300g　300g de beurre

細砂糖　sucre semoule

奶油（發酵盆用）　beurre

手粉 farine

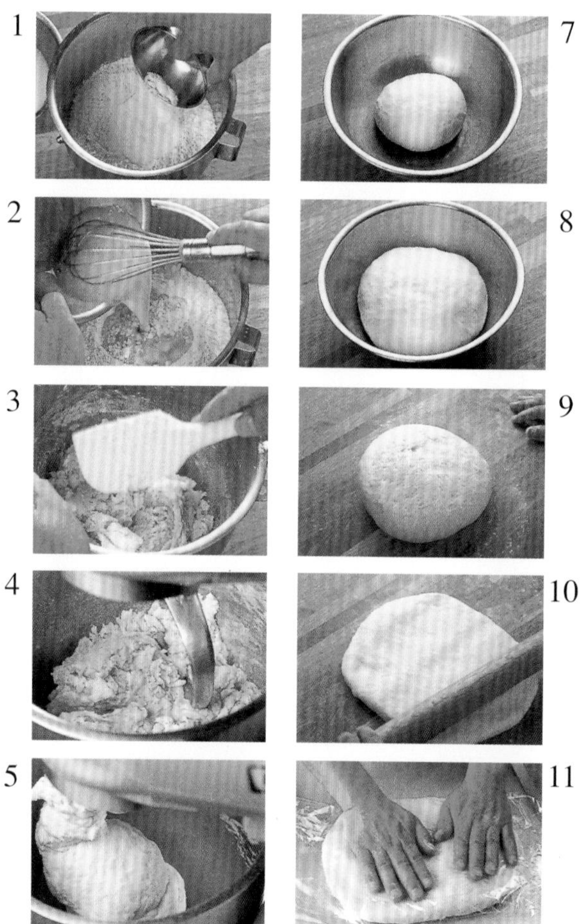

預備動作

・麵粉過篩備用（→tamiser）。

製作基本揉和麵糰

①在糕點專用攪拌器的攪拌盆中，倒入過篩的麵粉，將麵粉放成水泉狀（→fontaine）。在中央的凹槽中放入砂糖、食鹽。

②加入打散以水溶解的酵母和蘭姆酒。

③將全體以刮杓輕輕混拌均匀。

④～⑤使用糕點專用攪拌器的鉤形攪拌器，將麵糰攪拌至均匀地合而爲一。

＊因為麵糰不需要產生彈性，所以不需過度攪拌。彈性過強時接下來會很難包住奶油。

發酵基本揉和麵糰

⑥將⑤放在撒有手粉的工作檯上，將表面平整地拉成漂亮的圓形。

⑦接合面朝下地放置於薄薄地塗抹了奶油的缽盆中。

⑧濕度75%、溫度30℃的環境中，使其發酵成兩倍大小（約90分鐘）。

＊發酵狀況的確認方法（→P.219）。

拍擊麵糰（排出氣體）

⑨將發酵完成的基本揉和麵糰取出，放置於撒有手粉的工作檯上。

⑩用手或擀麵棍輕壓使其排出麵糰中的氣體，並壓成爲扁平狀。

⑪用塑膠紙包妥後放入冷藏庫中，使麵糰冰涼至包覆奶油時不會使奶油融化的程度。

＊因為是含有較多奶油的麵糰，較容易成形，因此將麵糰放置於冷藏庫中冷卻使其變硬。在冷藏庫內酵母的活動會變得遲緩，幾乎不會繼續發酵。所以也可以前一天製成麵糰，並於冷藏庫放置一天。

＊在放置於冷藏庫期間，可以1～2次地輕敲麵糰，使氣體能夠排出並讓麵糰的內側也可以冰透。

12

13

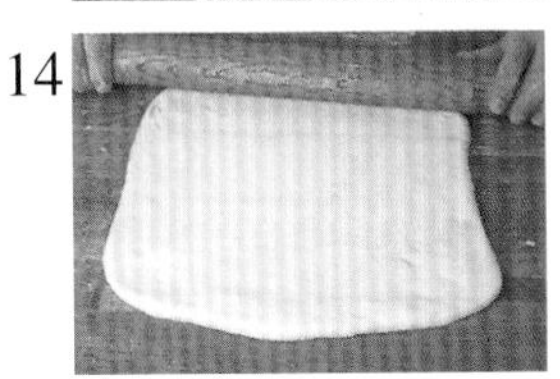
14

15

16

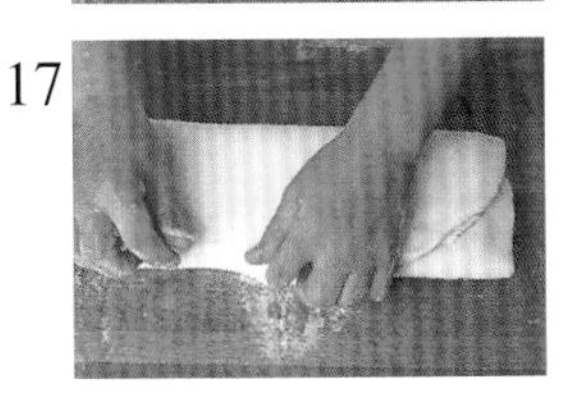
17

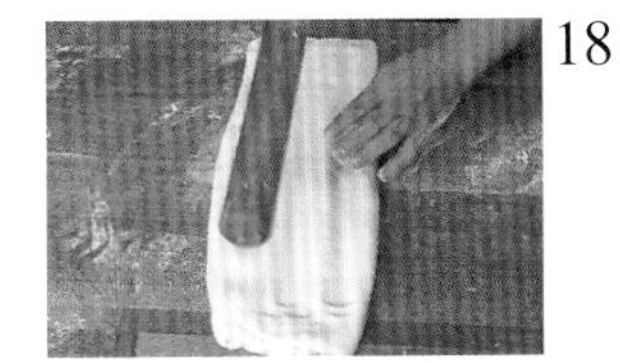
18

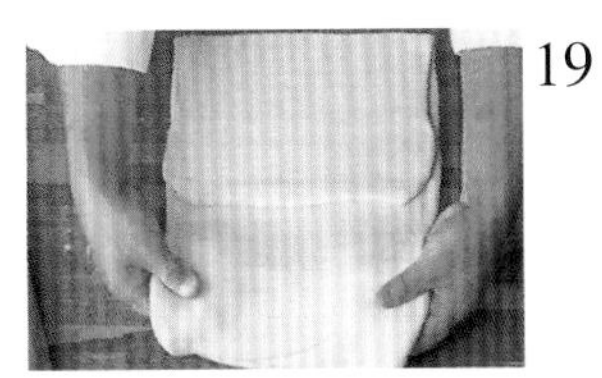
19

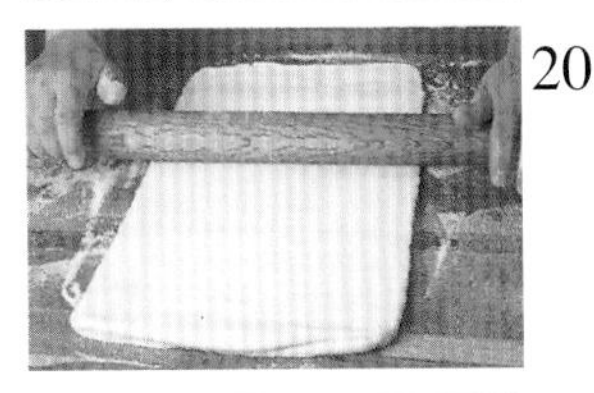
20

21

將奶油折疊進來

⑫在奶油上撒上手粉，並以擀麵棍輕敲，將其調整成與麵糰相同之硬度，並將形狀調整成30×20cm。

⑬從冷藏庫拿出麵糰。

⑭將冰冷的麵糰擀壓成30cm之正方形。

⑮在靠近自己方向的麵糰上擺放⑫的奶油。

⑯將未放置奶油的麵皮，朝向奶油方向重疊1/3。

⑰將⑯對折。

⑱將麵糰旋轉90度，擀壓成橫向30cm、縱向90cm的大小。

⑲將其折疊成三折，並以塑膠紙包妥後放置於冷藏庫中靜置40分鐘。

⑳撒上細砂糖後，再將其擀壓成長度爲3倍長的麵皮。

㉑再進行一次三折疊。

＊雖然折疊的次數越多，完成的層次會越薄，但麵包的膨鬆口感也會因而消失，而變得堅硬無膨鬆之口感。

22 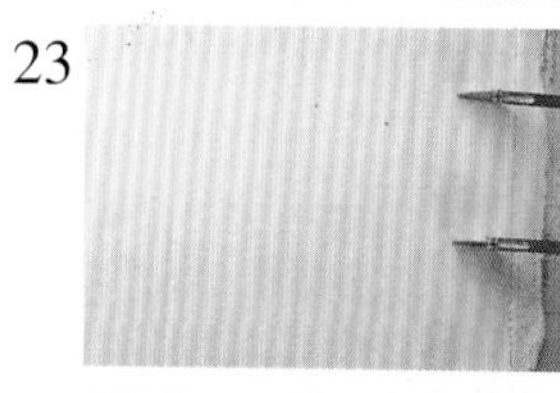

23 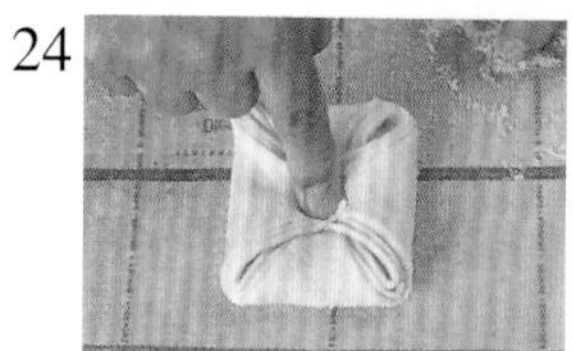

24 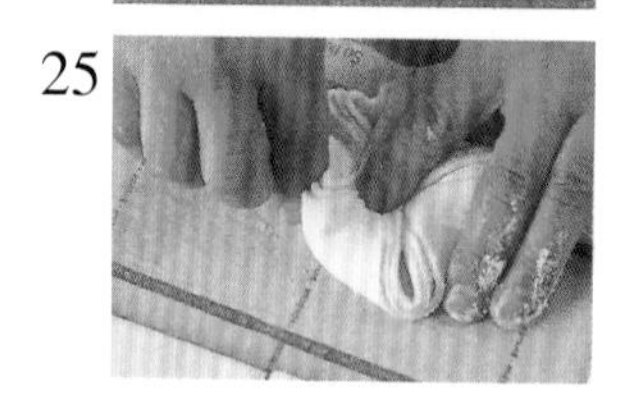

25

26 

27 

28 

29 

成形

㉒將一半的麵糰擀壓成40×30cm的大小，放置於烤盤紙（papier cuisson）上。

㉓切分成10cm之方形。也可以使用伸縮派皮切刀roulette multicoupe。

＊若麵糰感覺有些黏手時，在切分前可先放置於冷凍庫。放置於冷藏時，砂糖溶化出來，會更有沾黏感。

㉔將其四角朝中央折起。

㉕四個角落朝中間壓入，中央處以手指用力按壓。

①折疊起四角

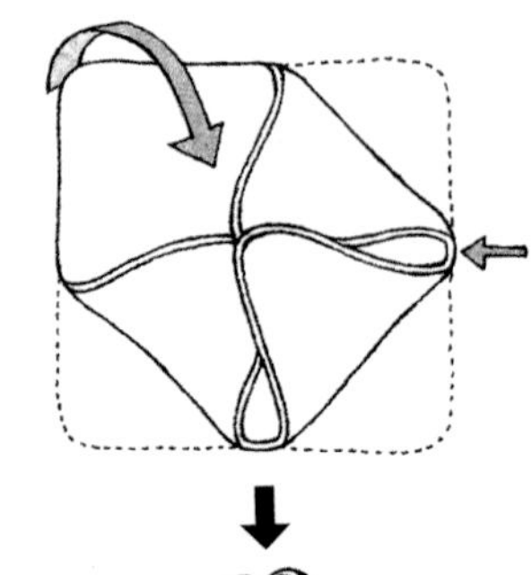

②按壓

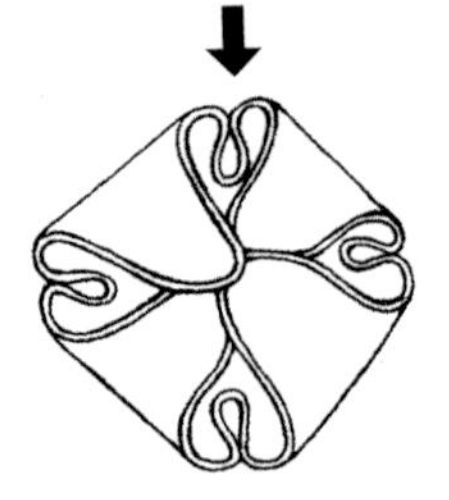

最後發酵

㉖在舖著烤盤紙（papier cuisson）的烤盤上放置環狀模cercle。將㉕的麵糰底部撒上細砂糖。

㉗放入環狀模當中。將冷硬的麵糰靜置於常溫中，鬆弛麵糰並使其表面柔軟（約1小時）。

㉘靜置至稍稍呈現發酵狀態。

＊因疊入的奶油會溶化出來，而影響到烘烤後的層狀口感，所以不要放在溫度過高的地方發酵。

烘烤

㉙放入預熱180℃的烤箱中烘烤至表面酥脆呈焦糖狀（約35分鐘）。

＊如果烘烤時表面的膨起不均勻時，可以放上烤盤使其能烘烤成平整的表面。

第8章

點心
Desserts

餐後熱甜點 entremets chauds

諾曼第可麗餅 Crêpes normandes

布列塔尼奶油蛋糕 Far Breton

炸蘋果餅 Beignets aux pommes

油炸麻花餅 Bugnes

香草舒芙蕾 Soufflé à la vanilla

蘋果舒芙蕾 Soufflé aux pommes

鬆餅 Gaufres

餐後冰甜點 entremets froids

巴巴露亞 Bavarois

杏仁牛奶凍 Blanc-manger

葡萄柚果凍 Gelée de pamplemousse

法式焦糖布丁 Crème renversée au caramel

巧克力洋梨慕斯 Mousse au chocolat

檸檬慕斯 Mousse au citron

沙巴雍 Sabayon

雪浮島 Œufs à la neige

糖煮李子 Compote de pruneaux

關於點心

在日本提到點心，指的是用餐之後的甜點，但在法文中dessert，是由「撤下提供之物」的動詞desservir衍生而來，廣意而言，並不只是甜點而已，還包含乳酪、水果等，在餐點料理後享用的食物皆包含在內。相對於此entremets※1，所指的就僅是提供甜點的意思。

雖然在糕餅店pâtisserie中，所有的糕點全都都可稱為是entremets※2，但除此之外，也有一些entremets是糕餅店所沒有的。這是因為主要是由餐廳廚房中的廚師們來製作，所以被稱之為entremets de cuisine。

entremets de cuisine還可以分成entremets chauds（熱甜點）和entremets froids（冰甜點）。

※1 「料理mets」和料理「間隔entre」的意思，在12世紀左右，本來指的是大型宴會當中，所進行的音樂、舞蹈、魔術等餘興節目。後來變成補足魚肉類料理的蔬菜料理或是甜品，到現在變成僅只用於甜點。
※2 糕餅店製作的entremets，相對於entremets de cuisine，還可以說成是entrêmets de pâtisserie。

Pâte à entremets
餐後甜點麵糰

最能代表entremets de cuisine的，就是可麗餅、鬆餅、炸餅以及舒芙蕾等。這些熱的甜點所使用的麵糰，都是在歷史或具神秘傳統地方所產生的，與當地風土、宗教、祭典等都有很深的相關性。

這些麵糰，也幾乎是all-in-one的作法，即是將所有的材料一次完全混合地製作而成。但並不是只要將所有的材料加以混合即可。因為有的材料會結成硬塊、或是為了使其產生彈力和黏性以製成理想的麵糰，所以關於混拌方式及添加順序，這些基本知識都必須清楚熟知。

在較硬的材料中，少量逐次地拌入柔軟的材料，在粉類中添加液體製成麵糰，或是在較硬的麵糰中添加液體使其溶於其中。相反地，在液體中一次加入大量粉末時，會產生硬塊而無法製成滑順的麵糰。

日式糕點中，麵糰的液體量較多，為了不使麵糰中產生麩素，雖然會在液體中一次加入全部的粉類，但在西式糕點當中，因容易產生硬塊，所以不太有這種狀況。即使麵糰中出現了黏性及彈性，只要充份地靜置，就可以減低彈性，而再度成為易溶於口的滑順麵糰。此外，容易結塊的粉類，像是果膠般粒子較細的粉末，可以與砂糖般粒子較粗較易溶於水的粉末一起混合使用，就可以更容易使其分散，這些都應該要加以熟記。

Crêpes normandes

諾曼第可麗餅

提到可麗餅，或許大家都會先想到布列塔尼地方，但其實卻是鄰近的諾曼第地方之名產。另外諾曼第地方也以蘋果產地而聞名，所以與葡萄酒相較之下，在當地的蘋果製成蘋果氣泡酒還更受到大家的青睞。糕點中的可麗餅雖然是女性名詞，但一起併用其他單字，則是男性名詞「皺紋布料」的意思。

諾曼第可麗餅

材料 直徑20cm 12個

可麗餅麵糊 pâte à crêpes
- 低筋麵粉 75g 75g de farine
- 細砂糖 35g 35g de sucre semoule
- 鹽 少量 un peu de sel
- 雞蛋 100g 100g d'œufs
- 牛奶 250ml 250ml de lait
- 奶油 15g 15g de beurre

諾曼第蘋果 pommes normandes
- 蘋果 400g 400g de pommes
- 卡瓦多斯蘋果蒸餾酒（calvados） 50ml 50ml de calvados
- 細砂糖 40g 40g de sucre semoule
- 奶油 40g 40g de beurre

蘋果脆片（裝飾）＊請參考其他說明 pommes séchées

香草冰淇淋 Glace à la vanilla（→P.276）

香草莢（裝飾） gousse de vanille

奶油 beurre

可麗餅鍋 poêle à crêpes

可麗餅專用的平底鍋。多半是鐵製的。比一般的鍋底厚，即使是含有較多糖分的麵糰也不容易燒焦。另外，因其鍋緣淺且寬廣，所以即使是烘成很薄的麵皮，也可以很容易可以插入抹刀等，將其翻面。也能夠不破壞麵皮形狀、輕易地將移至盤中。為了使油脂能滲入鍋中更利於日後使用，在用過後可以不用水洗而以布巾擦拭。

1

4

2
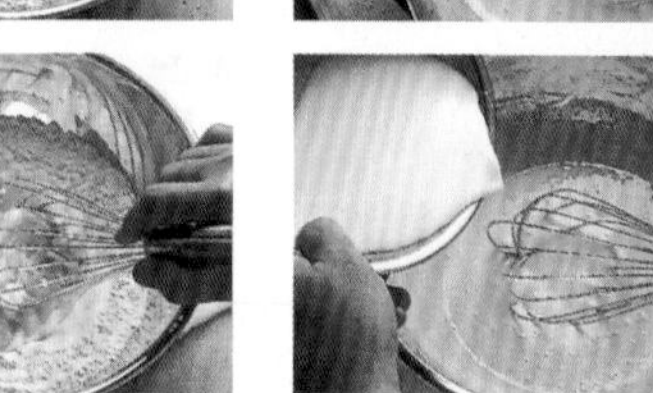

5
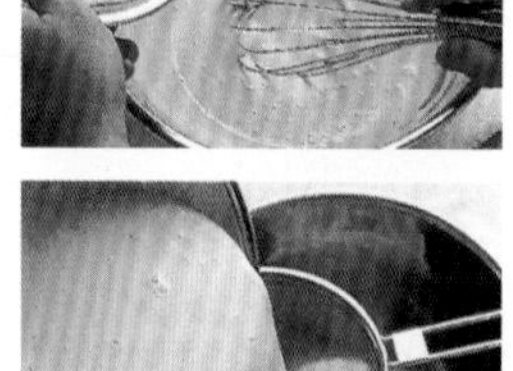

3

6

預備動作

- 低筋麵粉過篩備用（→tamiser）。
- 牛奶放置於常溫中。

製作可麗餅麵糊

① 在攪拌缽中放置低筋麵粉、細砂糖以及食鹽，用打蛋器fouet混拌均勻。

＊儘可能使其不出現麩素，麵粉在加入液體之前，先與砂糖混拌備用。

② 將粉類放成水泉狀（→fontaine）。在中央的凹槽處，加入雞蛋以及少量逐次地加入部分的牛奶（約1/4量），使其不產生硬塊地溶化拌至均勻。

＊先以少量的液體與麵糰拌勻。這樣才可以讓接下來要加入的溶化奶油不致浮在麵糰表面，而能夠與麵糰充分結合。

③ 製作榛果色奶油beurre noisette。在可麗餅鍋中放入奶油加熱。加熱至不斷地冒出大氣泡又不斷地消失，至聲音逐漸停歇，呈焦色。

＊榛果色奶油beurre noisette，是指變成稍帶焦色的淡褐色（榛果色）的奶油。

＊奶油因其焦化而產生特有的芳香。

④ 在 ② 中少量逐次地加入 ③ 的榛果色奶油混拌。

＊基本上在加牛奶前先拌入奶油。先拌入大量的水份時，油脂容易浮出。

⑤ 少量逐次地加入剩餘的牛奶，邊以攪拌使其溶化邊加入其中，充分混合。

＊牛奶如果很冰冷，則會使奶油變硬而產生結塊，因此需使用常溫之牛奶。

⑥ 過濾（→passer），使其成爲沒有硬塊之狀態。用杓子louche的背面盛起時，麵糊可以薄且均勻地覆蓋於表面，當以指頭劃過杓背麵糊時，劃過的指痕清晰可見之硬度爲佳。

＊完成的麵糊中必定會產生麩素，所以儘可能靜置一個鐘頭，以減弱其彈性。

裝飾用的蘋果脆片製作方法

1. 將蘋果切成極薄的薄片，將蘋果薄片放入煮沸的糖漿（水1：糖1），待果肉呈現透明狀態時，即轉爲小火。
2. 取出後放在矽膠墊（silpat）上，放進預熱100℃的烤箱中約2個鐘頭，使其乾燥（→sécher）。
3. 乾燥堅硬後，放涼，收入放有乾燥劑的密閉容器內。

7

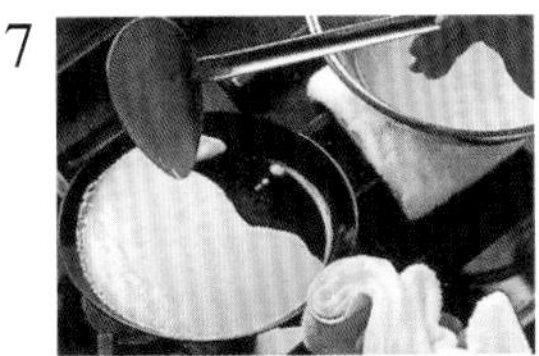

8

9

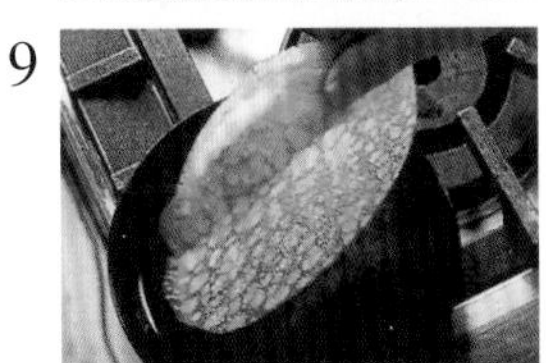

10

11

12

13

烘烤麵糊

⑦將吸收了足夠油脂的可麗餅鍋以中小火加熱，至產生薄煙時，離火，以杓子舀起八分滿的麵糊（約40ml）倒入平底鍋中。轉動可麗餅鍋使麵糊可以均勻地攤於鍋中。

＊可麗餅鍋加熱後，高舉至離臉頰約10cm處，如果可以感覺到熱氣時，就是適於放入麵糊的熱度了。

＊因麵糊中含有奶油，所以可麗餅鍋中可以不用再先放油脂。如果需要使用時，單獨放入奶油容易燒焦，所以將溶化的奶油加上等量的沙拉油一同使用即可。

＊在倒入麵糊前，如有必要的話，可以將可麗餅鍋放置於布巾之上，以調整鍋子的熱度。過熱時麵糊會沸騰，表面會殘留氣泡，而變得不漂亮。

⑧再度以中火加熱平底鍋。

⑨待麵糊的表面變乾，周圍開始產生烤色時，離火，以抹刀palette將其翻面。

⑩迅速翻面後，烘烤好一面，取出放置於平坦之處。

製作諾曼第蘋果

⑪將蘋果切成四塊，削皮去芯，切成薄片。以大火加熱平底鍋，加入奶油溶化後放進蘋果。

＊蘋果不要用水洗（會有水氣）。即使因氧化顏色變黃，之後會進行拌炒而不用太在意。

⑫拌炒蘋果，當蘋果的表面變得透明且變軟時，將細砂糖分三次撒進鍋中。輕輕拌勻至其均勻上色。

＊當蘋果表面沾黏的砂糖溶化之後，才再接著加入次回的砂糖。砂糖一次全部加入時，蘋果會產生水分，而很難煮成焦糖狀。

⑬細砂糖煮成焦糖狀，離火，加入卡瓦多斯蘋果蒸餾酒（calvados），再度加熱以熱度揮發酒精（→flamber）。

＊在火上直接加入酒精時，在加入的過程中可能會因酒精濺到火星而造成燙傷。因此暫時離火，加入酒精後，再加熱，將平底鍋的中央加熱以揮發酒精。

盛盤

用可麗餅皮包覆諾曼第蘋果，盛盤，再裝飾上香草冰淇淋、蘋果脆片以及香草莢。

卡瓦多斯蘋果蒸餾酒
（calvados）
以蘋果為原料之蒸餾酒（白蘭地），是法國諾曼第地區之特產。先使蘋果自然發酵地製成蘋果氣泡酒，再蒸餾而成。依製品之不同，蒸餾法、熟成之方法也會有嚴密的規定，特別是冠以Pays d'Auge地區之名的成品，最高級且為人所熟知。

Far breton
布列塔尼奶油蛋糕

布列塔尼地區的當地糕點。加入了乾燥的李子及葡萄乾所製作而成。本來Far所指的是小麥或是以麵粉或蕎麥粉煮成的粥。最近也可以看到將派皮放入模型中烘烤（單烤派皮），做出像布丁（Flan）的Far。

材料　直徑21cm的陶製餡餅模 2個

阿帕雷蛋奶液 appareil

- 低筋麵粉 130g 130g de farine
- 細砂糖 100g 100g de sucre semoule
- 鹽 1小撮 1 pincée de sel
- 雞蛋 130g 130g d'œufs
- 牛奶 330ml 330ml de lait
- 鮮奶油（乳脂肪含量47%） 330ml 330ml de crème fraîche
- 蘭姆酒 20ml 20ml de rhum

李子乾 24個 24 pruneaux

奶油（模型用） beurre

餡餅模 moule à flan

淺淺的陶製模，適合倒入阿帕雷蛋奶液等液狀材料烘焙。各有大小不同之直徑。除此之外，還有塔派模，是金屬製成的無底僅有側壁的環狀模型，也稱之為餡餅模。

1 

2 

3 

4 

5 

6 

預備動作

・低筋麵粉過篩備用（→tamiser）。

・在餡餅模上塗抹上薄薄的奶油。

① 挖出李子乾的果核。

② 將李子乾排放在預備好的餡餅模型上。

＊過於乾燥且有其獨特氣味時，可以將其浸泡在溫熱的糖漿中（細砂糖250g、水335g、蘭姆酒25ml），待其柔軟後備用。但長時間浸泡其美味會消失，所以要多加留意。

③ 在攪拌缽中放入過篩的低筋麵粉、細砂糖以及食鹽，一起混拌均勻。

＊在加入液體前一起混拌麵粉和細砂糖，可以使麩素較難形成。

④ 將 ③ 放成水泉狀（→fontaine），中央的凹槽處，加入雞蛋以及少量逐次地加入牛奶混拌至均勻。

⑤ 加入鮮奶油混拌，過濾（→passer），不產生硬塊地呈滑順狀態。靜置20～30分鐘以減弱彈性。

＊鮮奶油不打發地以溶於其中的感覺來混拌。

⑥ 在 ⑤ 中加入蘭姆酒混拌，倒入 ② 的模型中。放入200℃預熱的烤箱中，烘烤30～40分鐘。依個人喜好地撒上糖粉即可。

李子乾 prune

薔薇科，和桃子很相近的水果。起源於古希臘的栽植，在12世紀時，十字軍由敘利亞的大馬士革帶回歐洲而廣為流傳（西洋李）。在日本，多半栽植的是日本原有品種（日本李子），經美國改良為大石早生、Santa Rosa、soldum等甜蜜多汁且果肉柔軟適合生食的品種。依品種不同，會有較桃子小或是較櫻桃大等各種形狀，成雞蛋形、果皮果肉的顏色也具豐富的變化。

西洋李（大約在8～9月上市）

・reine-claude：主要栽植在法國西南部。有果皮是紅紫色系的品種和黃綠色系的品種，果肉是帶著綠色的黃果肉。香甜且多汁。

・黃香李（Mirabelle）：主要栽植在法國東部。小且圓，果皮是帶著橘色系之黃色。果肉也是黃色的。柔軟而甘甜。

蜜李（quetsche）　主要栽植於法國東部。果皮稍帶黑的紅紫色，黃色果肉。有酸味，可以生食，也被利用作為果醬及水果白蘭地的原料。

李子乾

薔薇科的落葉樹，歐洲李子的果實乾燥製成的。也被稱為prune。李子有黃、綠、紅、紫色，不管哪一種都能夠生食，但其中紅色和紫色最常做成李子乾。最開始是以陽光曬乾法來製造的，現在則利用烤箱來製造。另外，也有利用高溫糖液的脫水方法來處理。含有豐富的鈣質、鐵質等礦物質。在日本種植的李子不適合乾燥，所以市面上都是美國等地輸入的。在法國的吉耶訥（Guyenne）地方阿讓（Agen）產（照片）或是圖爾（Touraine）地方所產的最有名。阿讓栽種的代表李子，其特徵是雞蛋般大小並且在深濃的紫紅色果皮上有著白色果粉。稱之為prune d'ente※。是顆粒大且風味柔和的李子乾（pruneaux d'Agen）。

※ente 接木用的基本樹木

Beignets aux pommes

炸蘋果餅

Beignets是裹麵粉油炸，或是指光用麵糰油炸的料理或糕點。除了蘋果之外，鳳梨或香蕉等即使加熱也不會糊掉，同時酸味不會太強的水果較爲適合。

材料　基本配比

油炸麵糊 pâte à beignets

- 低筋麵粉 125g 125g de farine
- 鹽 1小撮 1 pincée de sel
- 雞蛋 50g 50g d'œuf
- 沙拉油 25ml 25ml d'huile
- 啤酒 100ml 100ml de bière
- 蛋白霜 meringue
  - 蛋白 60g 60g de blancs d'œufs
  - 細砂糖 30g 30g de sucre semoule

蘋果 3個 3 pommes

細砂糖 sucre semoule

櫻桃酒（或是卡瓦多斯蘋果蒸餾酒等）kirsch（ou calvados）

肉桂糖 sucre à la cannelle

肉桂風味的冰淇淋 glace à la cannelle

泡芙麵糰（裝飾）pâte à choux

薄荷（裝飾）menthe

炸油 friture

※ 肉桂糖是將糖粉及肉桂粉以5：1的比例混合而成。

※ 肉桂風味的冰淇淋，是將香草冰淇淋（→P.276）中的香草莢換成肉桂棒即可製作出來。

1

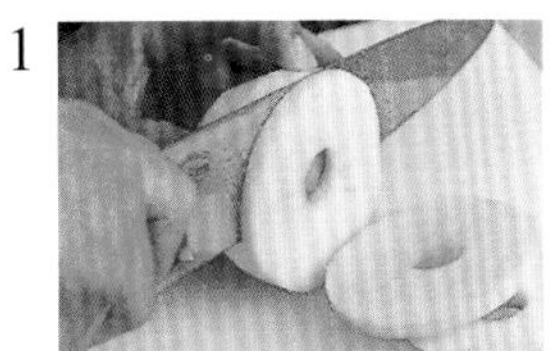

2

3

4

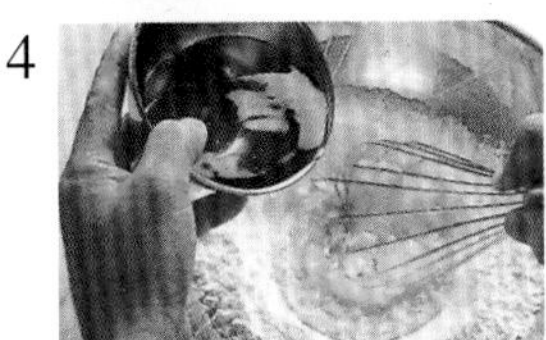

5

6

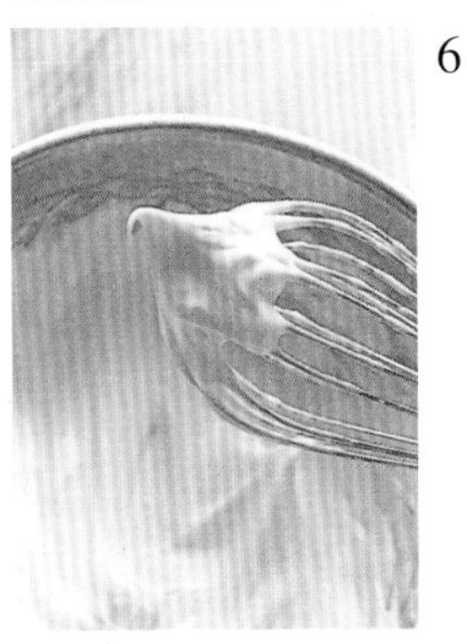

7

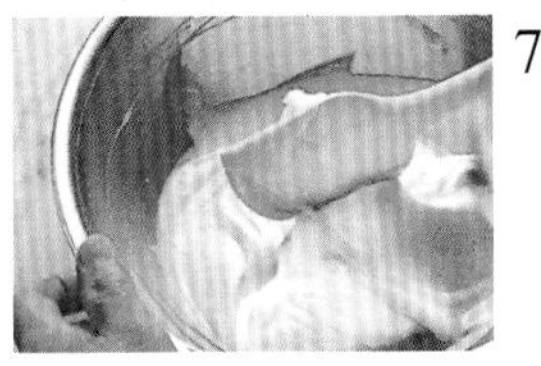

預備動作

・低筋麵粉過篩備用（→tamiser）。

蘋果的準備

① 削去蘋果皮、去芯。切成5mm厚的輪狀切片，並排於淺盤。

＊用果核切除器vide-pomme，從上插入除去中央果核。如果試圖僅由單向插入切除的話，可能會弄破蘋果。

② 在蘋果的兩面撒上細砂糖和櫻桃酒，暫時靜置使其滲入。

製作油炸麵糊

③ 將低筋麵粉和食鹽放入攪拌盆中。

④ 將粉類放成水泉狀（→fontaine），在中央的凹槽處，依序加入雞蛋、沙拉油以及啤酒，均勻混拌。

⑤ 將周圍的麵粉向中央拌勻製作麵糰。靜置20～30分鐘以減少其彈性。

⑥ 製作蛋白霜。在攪拌盆中放入蛋白打散，加入細砂糖，打發至產生細密的氣泡（→fouetter）。

⑦ 在⑤當中加入蛋白霜，小心不要破壞氣泡地大致混拌勻勻。

8

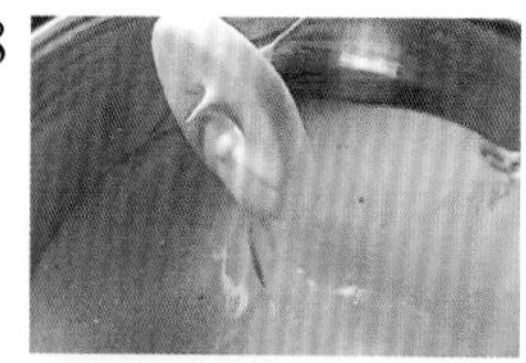

10

9

將蘋果沾上油炸麵糊後油炸

⑧將②的蘋果水分完全擦乾後，放入油炸麵糊中，將蘋果完全沾滿麵糊。

＊可以使用竹籤。

⑨甩落多餘的麵糊，放入油溫180℃的油鍋中油炸(→frire)。不要一次放置過多，以免蘋果間相互沾黏。

＊油溫太低時，在油炸過程中蘋果的水分消失，炸出來的蘋果會變小。

⑩麵糊會膨脹。不斷地翻面至全體呈現漂亮的金黃色，瀝乾油。

＊蘋果是可以直接食用的水果，所以只要麵糊熟了即可。

盛盤

盛盤，放上有肉桂風味的冰淇淋，再撒上肉桂糖粉。以油炸過的泡芙麵糰和薄荷來裝飾。

肉桂

原產於斯里蘭卡的樟樹科之常綠樹，肉桂（又稱錫蘭肉桂）的樹皮乾燥後的辛香料。有獨特優雅的甘甜香味，除了清涼感之外也有辛辣的口感。特別適合搭配蘋果。有棒狀及粉末狀，不僅是糕點也廣泛地運用在料理之中。這種樹雖然分布在斯里蘭卡及印度南部，但其近親的Cassia（分布於中國南部及中南半島）、肉桂樹（日本）也同樣可以取得肉桂。但風味較差。

Bugnes
油炸麻花餅

里昂著名的油炸點心，在四旬齋前的狂歡節等慶典時，製作出來的。Bugnes是由中世的法語buignet（結塊）轉變而來。應用的是發酵麵糰，可依個人喜好而做成各種形狀。

油炸麻花餅

材料 基本配比
新鮮酵母 20g 20g de levure de boulanger
牛奶 120ml 120ml de lait
高筋麵粉 300g 300g de farine de gruau
細砂糖 30g 30g de sucre semoule
鹽 3g 3g de sel
蛋黃 60g 60g de jaunes d'œufs
干邑白蘭地 50ml 50ml de cognac
橙花水 5ml 5ml d'eau de fleur d'oranger
奶油 60g 60g de beurre
糖粉 sucre glace
奶油（攪拌盆用） beurre
手粉（高筋麵粉） farine de gruau
炸油 friture

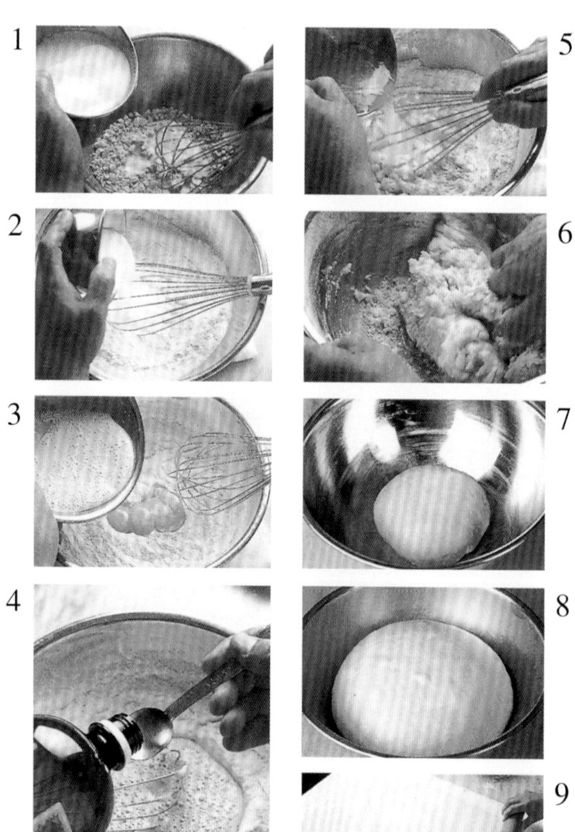

預備動作

・高筋麵粉過篩備用（→tamiser）。
・將雞蛋和牛奶置於常溫中（冬季時需溫熱至人體肌膚之溫度）。

①以手將新鮮酵母打散，加入牛奶，用打蛋器攪打使酵母完全溶於其中。

②在攪拌盆中，放入高筋麵粉、細砂糖、鹽，以打蛋器混拌，在材料的中央做出凹槽（→fontaine）。

③在中央的凹槽中放入蛋黃，邊加入①邊混拌。

④～⑤依序放入干邑白蘭地、橙花水（照片4）以及溶化了的奶油（照片5），將其均勻混拌。

⑥用手將攪拌盆側的粉類撥下，將材料整合成一個麵糰。

取出放在撒上了手粉的工作檯上，邊敲拌邊使麵糰的表面呈光滑狀態，至全體完全拌勻。

⑦待麵糰的表面變得滑順後，將麵糰整合成圓形，將接合面朝下地放置在塗抹了奶油的缽盆中。

⑧放置於冷藏庫中使麵糰發酵膨脹成兩倍大。發酵後以拍擊方式（排放氣體），將其攤放在淺盤中，靜置於冷藏庫中，使麵糰冷卻。

⑨在工作檯上舖上布巾、撒上手粉，再將麵糰放在布巾上。以擀麵棍按壓，邊排出氣體邊將其擀壓成2～3mm厚的麵皮，再度放置冷藏庫中冷卻固定。

＊為了方便下個步驟印模的進行，所以最好放置在較厚的布巾上作業。

10

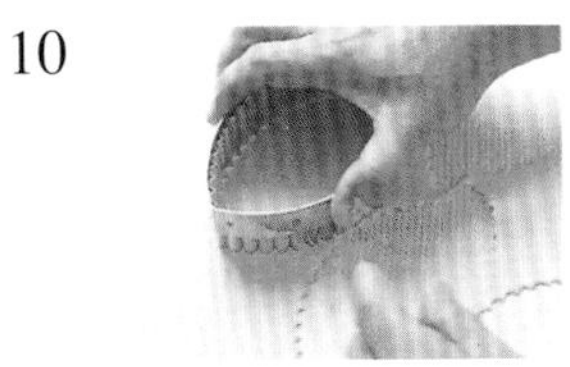

12

11

13

⑩以樹葉型的模型（emporte-pièce cannelé ovale）來印模。
＊使用長13cm、寬8cm的印模（約可做出25片）。

⑪在每片葉子上劃出三條切痕。

⑫像要將切痕拉開般地用手稍稍拉長麵皮地放入油溫160℃的油鍋中油炸（→frire）。

⑬待炸至上色後，滴出油脂。稍稍放涼後，撒上糖粉。

干邑白蘭地

以法國西部的查倫泰河省（Charente）都市「干邑」為中心生產的葡萄白蘭地。由特定品種的葡萄所製成的白葡萄酒，以單式蒸餾器經過兩次的蒸餾，以酒樽熟成的。依熟成的年數不同，而決定其名稱（VSOP、XO等），此外也有熟成較古老的酒調配上新酒所調搭而成。在干邑地區，依其法律將其區分成Grande Champagne、Petite Champagne等六大區域，所產出的干邑白蘭地品質也各不相同。另外，上述兩個區域中調配出的（含50%以上Grande Champagne地區產）就稱之為「fine champangne」。

橙花水 d'eau de fleur d'oranger

苦橙的花苞泡水，蒸餾萃取後與精油（橙花精油）分離之成分。與水果的柳橙有不同的芳香，常用於增添麵糰、奶油餡及糖果的香味。

Soufflé à la vanilla
香草舒芙蕾

舒芙蕾是膨脹鼓起的意思。舒芙蕾是由含有空氣的蛋白霜加熱膨脹，鼓起而成的。使用的不是廣口而是側面垂直的模型，在拿出烤箱蛋白霜尚未沈陷時，要立刻端上桌。

點心的舒芙蕾有加了牛奶的麵糊和以水果原汁爲基底製成的2種。前者是將奶油麵粉糊（或奶油麵粉塊）溶於牛奶中的阿帕雷液，或是用蛋白與卡士達奶油餡混合而成。

材料 直徑8cm的烤盅 12個份

阿帕雷蛋奶液 appareil

- 奶油麵粉糊 beurre manié
  - 奶油 100g 100g de beurre
  - 低筋麵粉 100g 100g de farine
- 牛奶 500ml 500ml de lait
- 香草莢 1根 1 gousse de vanille
- 蛋白 60g 60g de blancs d'œufs
- 蛋黃 160g 160g de jaunes d'œufs
- 香草精 extrait de vanille
- 蛋白霜 meringue
  - 蛋白 240g 240g de blancs d'œufs
  - 細砂糖 140g 140g de sucre semoule

糖粉 sucre glace

奶油（模型用） beurre

細砂糖（模型用） sucre semoule

※ 奶油麵粉糊是用奶油和等量的麵粉混拌而成的。

模型的準備

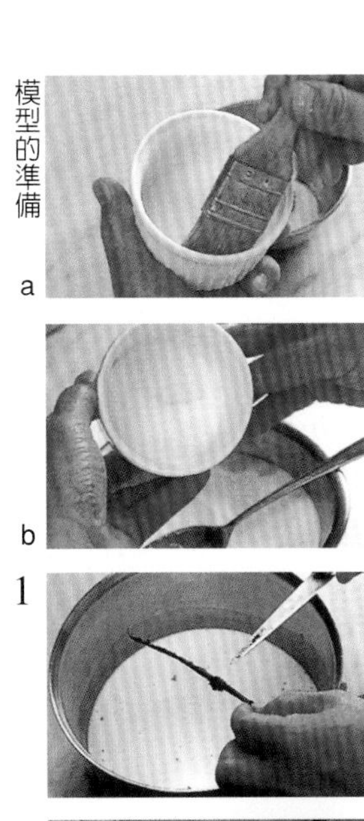

a

b

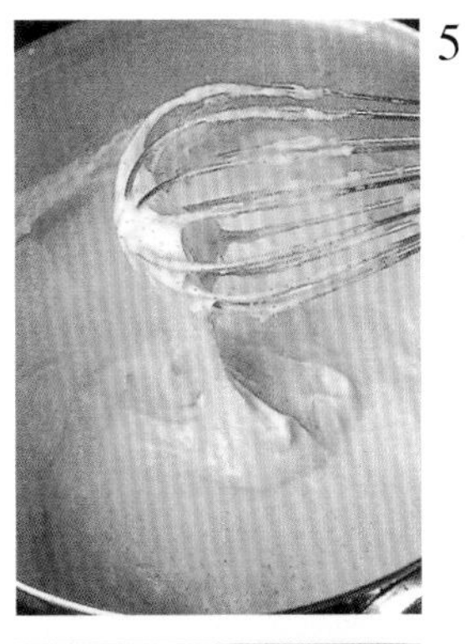

5

1

6

2

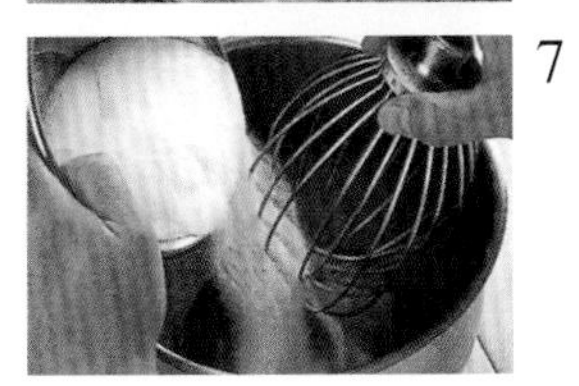

7

3

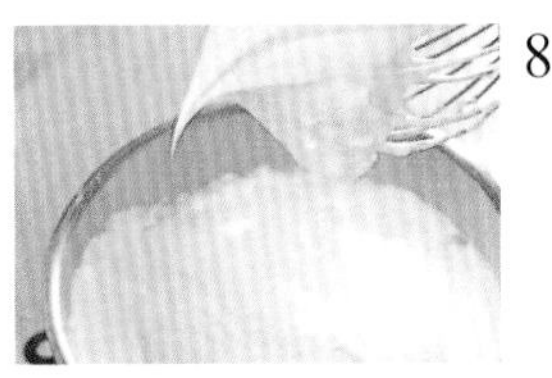

8

4

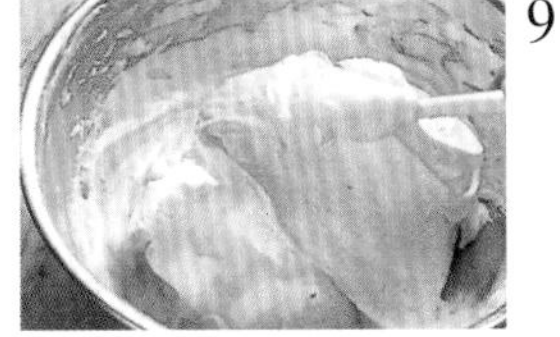

9

模型的準備

・將奶油放於室溫中使其柔軟成膏狀。

・在模型的內側塗呈乳霜狀的奶油（照片a）、並充分地撒上細砂糖，藉由轉動模型而使砂糖均勻遍布於全體（照片b），倒掉多餘的砂糖。

製作阿帕雷蛋奶液

①將香草莢對切放入牛奶中，加熱至即將沸騰。

②混拌奶油和麵粉，製成奶油麵粉糊。

③將①的牛奶加入②的奶油麵粉糊中，充分拌勻。

④過濾③（→passer）並倒回鍋中。

＊加熱後會變得難以過濾，必須多加留意。也可以在除去香草莢的牛奶中加入麵粉糊。

⑤邊用打蛋器將其攪拌至滑順狀態邊加以熬煮。至奶油中的彈性消失，可以成為流動落下的狀態時即可。

⑥將蛋白和蛋黃打散混拌，在⑤的材料離火後，迅速地加入並攪拌。移至攪拌缽中，以刮杓混拌待其溫度稍降時，加入香草精混拌。

＊不迅速地攪拌的話，雞蛋會凝固。

⑦製作蛋白霜。將蛋白打散，分2～3次地邊加入細砂糖邊打發（→fouetter）。

⑧緊實攪打（→serrer），製成氣泡細密、具光澤且紮實的蛋白霜。

⑨將蛋白霜加入光澤滑順的⑥當中，以不破壞氣泡地將全體以大區塊方式拌勻。

＊⑥只要使其溫度稍降。太熱會使加入的蛋白霜熟透，而在烘烤時就不會形成膨脹鬆軟的口感了。

10

11

12 **放入模型中烘烤完成**

⑩ 在預備好的模型中，以擠花袋將阿帕雷蛋奶液滿滿地擠入模型中（使用沒有擠花嘴的擠花袋poche）。
⑪ 以抹刀平整模型的表面。
⑫ 以手指將邊緣抹乾淨。
放入以200℃預熱的烤箱中烘烤10～15分鐘，烘烤完成後在表面撒上糖粉，立刻上桌。
＊因其形狀很快地會塌陷，在表面形成細紋，所以必須迅速上桌。

烤盅 cocotte
側面為垂直的陶製烤模。適合舒芙蕾使用，也被稱為舒芙蕾模。放入麵糊烘烤，接著可直接迅速地上桌，外觀也很漂亮。也因為可以均勻地傳熱，所以能形成漂亮均勻的膨起。

Soufflé aux pommes
蘋果舒芙蕾

運用蘋果的風味，製成的溫熱點心，以純果汁為基底而製作的舒芙蕾。

蘋果舒芙蕾

材料　直徑7.5cm、高3.5cm的耐熱容器8個的分量

阿帕雷蛋奶液 appareil
- 蘋果 7個（1個200g） 7 pommes
- 奶油 25g 25g de beurre
- 白葡萄酒 50ml 50ml de vin blanc
- 香草莢 1/2根 1/2 gousse de vanille
- 細砂糖 200g 200g de sucre semoule
- 卡瓦多斯蘋果蒸餾酒 30ml 30ml de calvados
- 檸檬汁 1/4個 jus de 1/4 de citron
- 蛋白霜 meringue
  - 蛋白 150g 150g de blancs d'œufs
  - 糖粉 25g 25g de sucre glace

蜂蜜糖漿 sauce de miel
- 細砂糖 50g 50g de sucre semoule
- 水 50 ml 50ml d'eau
- 蜂蜜 50g 50g de miel

蘋果（裝飾） pommes
開心果（裝飾） pistaches
糖粉 sucre glace
奶油（模型用） beurre
細砂糖（模型用） sucre semoule

＊裝飾用的蘋果，切成薄片後撒上細砂糖，加上奶油放入烤箱烘烤。
也可以在底部墊放上派皮麵糰。

模型的準備

a

b

1

2

3

4

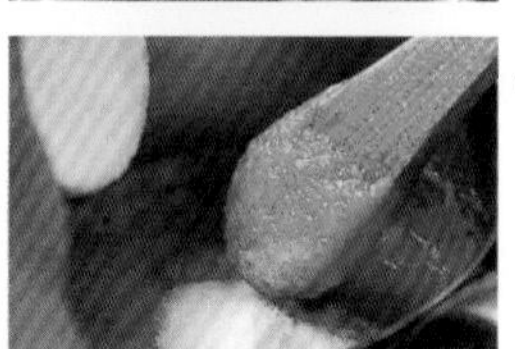

5

6

3 模型的準備

・在模型的內側塗呈乳霜狀的奶油（照片a）、並充分地撒上細砂糖，藉由轉動模型而使砂糖均勻遍布於全體（照片b），倒掉多餘的砂糖。

4 製作阿帕雷蛋奶液並烘烤

① 在鍋中放入奶油、香草莢，加熱。將蘋果切成四等分削皮去芯，放入鍋中拌炒。

② 拌炒至蘋果表面呈透明色時，加入白葡萄酒蓋上鍋蓋，放入180℃預熱的烤箱中。

5

③ 蘋果完全加熱後（竹籤可以插入之狀態），完全瀝乾果汁壓成泥狀（→tamiser），以製成滑順口感的純果汁（純果汁500g）。

④ 在③中加入細砂糖混拌。

⑤ 加熱，熬煮至104℃（與果醬的硬度相同）。溫度稍降後加入卡瓦多斯蘋果蒸餾酒（→calvados）以及檸檬汁混拌。

6

⑥ 製作蛋白霜。打散蛋白，邊分2～3次加入細砂糖邊將其打發，製作出細密、具光澤且紮實的蛋白霜。

7 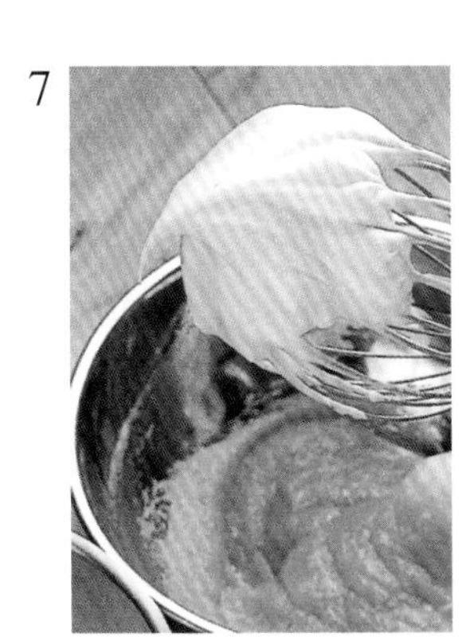

10 

8 

11 

12 

9 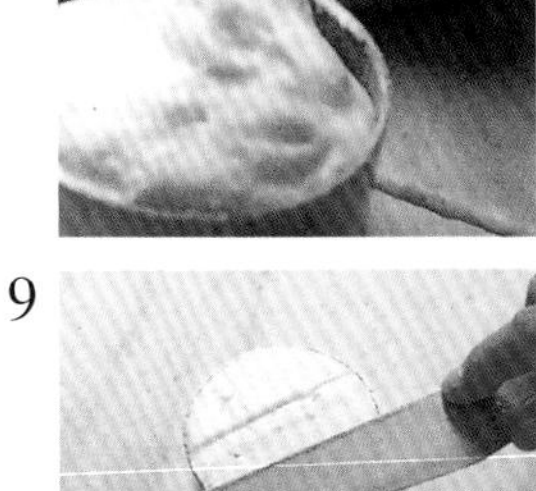

13 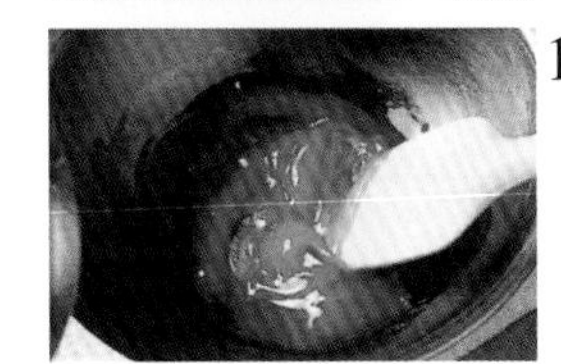

⑦將蛋白霜加入⑤當中，不破壞氣泡地將全體以大區塊方式混合。

＊待⑤的溫度稍降。如果太熱的話，蛋白霜就熟透了。

⑧將⑦的阿帕雷蛋奶液滿滿地裝填至預備好的容器中(使用沒有裝擠花嘴的擠花袋)。

⑨以抹刀平整表面，以手指將邊緣抹乾淨。

⑩隔水加熱地放入200℃預熱的烤箱中，烘烤10～15分鐘。

＊以隔水方式加熱，可以做出滋潤的口感。如果想要烘烤成像是香草舒芙蕾一樣的表面時，也可以不用隔水加熱而直接以烤箱烘烤。

製作蜂蜜糖漿

⑪在鍋中放入細砂糖加熱，以木杓子spatule en bois混拌，邊溶化邊使其著色。

⑫熄火，加水混拌。再度加熱至煮溶化成焦糖。

⑬將蜂蜜一點點地加入熱熱的⑫當中，混拌。

盛盤

在盤中放置裝飾用的蘋果(剛烤熱的)，將剛烤好的舒芙蕾倒扣，脫模，用開心果加以裝飾，再淋上蜂蜜糖漿。

Gaufres
鬆餅

其起源可以回溯至古希臘時代製作的「obelios」。在法國，稱爲oubris（→P.12），是在熱鐵板間倒入麵糰烘烤而成的薄烤點心。在13世紀時，製作出了上面有凹槽狀之模型，這樣的形狀讓人聯想起蜜蜂的蜂巢，所以才開始被稱爲Gaufres（蜂巢的意思）。英文是Waffle，在日文，大部份也是以英文發音來唸的。

材料 10cm正方形 12片

鬆餅麵糰 pâte à gaufres

- 低筋麵粉 125g 125g de farine
- 泡打粉 10g 10g de levure chimique
- 細砂糖 25g 25g de sucre semoule
- 鹽 2g 2g de sel
- 蛋黃 40g 40g de jaunes d'œufs
- 牛奶 175ml 175ml de lait
- 奶油 40g 40g de beurre
- 蛋白 60g 60g de blancs d'œufs

鮮奶油香醍 crème chantilly（→P.163）

糖粉 sucre glace

蜂蜜 miel

覆盆子（裝飾）framboise

奶油（模型用）beurre

沙拉油（模型用）huile

1

2

3

4

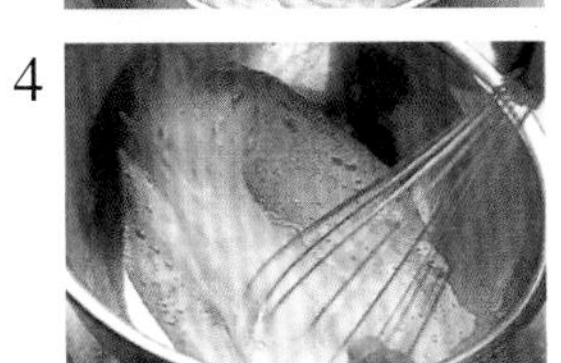

5

6

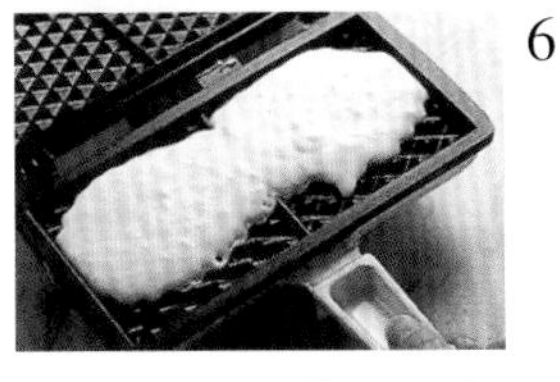

7

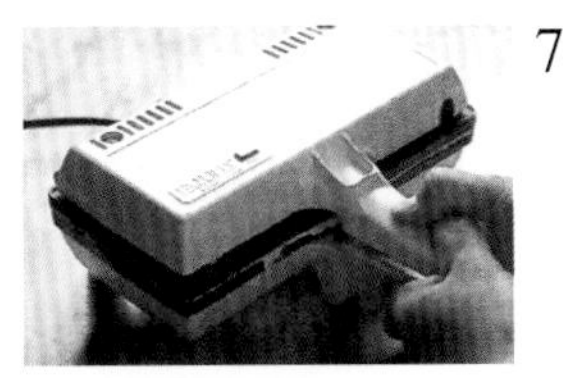

8

預備動作

・低筋麵粉過篩備用（→tamiser）。

・以隔水加熱（→bain-marie）溶化奶油。

・溶化模型用的奶油，再與等量的沙拉油混合。

製作鬆餅麵糰

①用打蛋器拌匀過篩的低筋麵糰、泡打粉、細砂糖以及食鹽。

②將粉類放成水泉狀（→fontaine），在中央的凹槽處，放入蛋黃、少量逐次地加入牛奶混拌。

③少量逐次地加入溶化了的奶油，拌勻。靜置10分鐘左右，以減少其彈性。

④將蛋白打發至形成細密膨鬆的氣泡（→fouetter）。

⑤將④加入③的材料中，大區塊地將其拌匀。

烘烤

⑥溫熱鬆餅模，將準備好的模型用奶油混合沙拉油，薄薄地塗抹在模型上，將麵糰倒入模型中。

⑦蓋上蓋子烘烤。

＊直接放在火上烘烤時，為了鬆餅雙面都能有漂亮的烘烤色，所以必須適度地翻面烘烤。

⑧待烘烤成漂亮的烘焙色時，放置於網架上降溫。放上裝飾的鮮奶油香醍、覆盆子，再用糖粉、蜂蜜、薄荷盤飾。

鬆餅模型（waffle maker）

gaufrier

烘烤鬆餅專用的機器。在格子圖案的兩片鐵板間，倒入麵糰，蓋上蓋子即可烘烤。有電烤（照片後方）及火烤（照片前方）兩種類型。也有用鐵氟龍加工的製品，更方便操作使用。

關於冰涼糕點

以奶油餡或水果為基底的糕點，藉著冰鎮而更可以展現其美味，稱之為餐後冰甜點（entremets froids）。在此要介紹的是，使用凝固劑（明膠、果膠、寒天等）放置於冷藏庫冰鎮凝固的糕點、或是像布丁一樣利用雞蛋的熱凝固製成的，為了更加展現其美味而以冷涼方式提供的糕點、依奶油或巧克力中的脂肪成分，冰鎮凝固製成的慕斯類、以及用糖漿或葡萄酒等熬煮至柔軟的季節水果，或是以冰涼方式提升水果風味，促進食欲的糖煮水果等。

關於凝固劑

將液體凝固成膠狀（彈力及柔軟狀態）的添加物

	明膠（→P.48）	寒天	果膠（→P.335）	鹿角菜膠（→P.255）
原料	牛骨、牛皮、豬皮	紅藻類（奧利多等）	柑橘類的果皮、蘋果	紅藻類（角叉菜、線型杉藻）
主要成分	膠質（蛋白質）	多糖類（食物纖維）	多糖類（食物纖維）	多糖類（食物纖維）
狀態	粉末、板狀	粉末、棒狀、絲狀	粉末	粉末
溶化溫度及條件	50～60℃ 用水還原後加入。長時間加熱會減弱其膠質化特性。	90～100℃ 以水還原，使其沸騰後溶化	90～100℃ 與砂糖混拌後加入液體中，煮溶。即使沸騰也沒關係	50℃以上 與砂糖混拌後加入液體中，煮至80℃以上使其溶化。
凝固之溫度	15～20℃ 在20℃以下（冷藏庫內等）冷卻。	30～40℃ 常溫中凝固。	常溫中固定。 HM果膠：60～80℃ LM果膠：30～40℃	30～75℃ 常溫下凝固。膠質化速度較快。
條件	對酸性較弱（PH3.5以上膠質化）。含蛋白質分解酵素之水果（木瓜、奇異果、鳳梨等）無法膠質化。	對酸較弱。PH4.5以上膠質化。	對酸較強。 HM果膠：PH較低（酸性），糖度越高膠質化越快（→PH2.7～3.5、糖度55～80%）。 LM果膠：酸性～中性（→PH3.2～6.8），對鈣、鎂等礦物質有反應，膠質化。	PH3.5以上即膠質化。有蛋白質、鈣質時就會急速強力膠質化。和長豆角膠（Carob Bean Gum）併用時更能增加彈性。
凝固特徵	柔軟具彈力、黏性。入口即化的口感很好。	無彈力和黏性，有脆脆的口感，入喉感覺很好。	有很強的彈性。LM果膠稍稍柔軟。	柔軟且有適度的彈力。因製品不同也口感也會不同。
溶化溫度	25～30℃。 夏季等放置於室溫中就會溶化。一旦溶化後，再次凝固的強度也會減弱。	70℃。 在室溫中十分安定。一旦溶化後，再次凝固仍然可以有相同的凝固程度。	90～100℃。 在室溫中十分安定。一旦溶化後，再次凝固時強度會減弱。	比膠質化溫度高5～10℃時，即會溶化。在室溫中十分安定。溶化後再凝固時，還可以有相同的效果。
保水性	只要保持在不溶化的溫度下，幾乎不會有離水狀態。	很容易產生水分離的狀況。可多添加砂糖提高保水性。	離開最適當溫度時就會產生離水狀態。	容易產生離水狀態。
耐凍性	不可冷凍	不可冷凍	可以冷凍	可以冷凍
營養價值	會被消化吸收。 338kcal/100g	不被消化所以 0 kcal。	不被消化所以 0 kcal。	不被消化所以 0 kcal。

Bavarois
巴巴露亞

巴巴露亞的名字，雖然是起源於德國的Bayern（巴伐利亞）地方（法文爲Bavière）而來的，但其起源很可能是在法國，在Antonin Carême的時代，就已經製作出以明膠凝固，稱之爲Fromages Bavarois（Fromages的意思是凝固成乳酪狀的東西）的冰甜點了。現在一般而言是在英式奶油醬或純水果汁當中加入了明膠，搭配上打發的鮮奶油，凝固而成的就稱之爲巴巴露亞。

巴巴露亞

材料　直徑21cm的三兄弟模型（Trois Frères模）約1個

巴巴露亞 bavarois

- 英式奶油醬 crème anglaise
  - 牛奶　750ml　750ml de lait
  - 香草莢　1根　1 gousse de vanille
  - 蛋黃　180g　180g de jaunes d'œufs
  - 細砂糖　180g　180g de sucre semoule
- 板狀明膠　15g　15g de feuilles de gélatine
- 香草精　少量 un peu extrait de vanille
- 鮮奶油（乳脂肪成分45%）　150ml　150ml de crème fraîche

鮮奶油香醍 crème chantilly（→P.163）

- 鮮奶油（乳脂肪成分45%）　200ml　200ml de crème fraîche
- 糖粉　16g　16g de sucre glace

各種水果 fruits

薄荷（裝飾）menthe

模型的準備

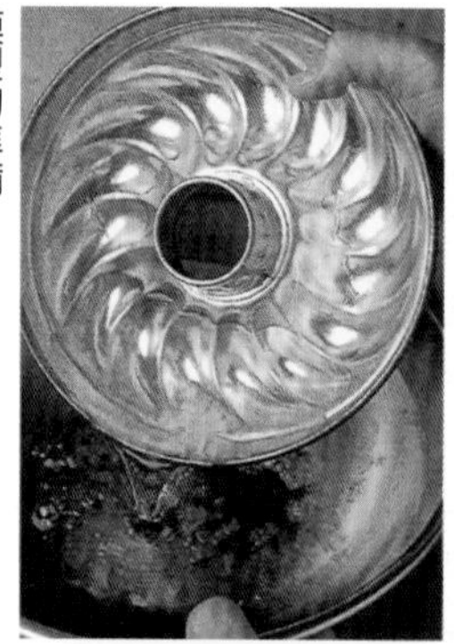

4

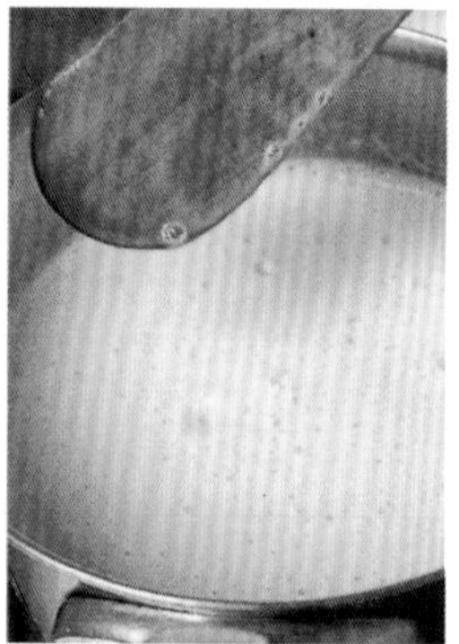

1

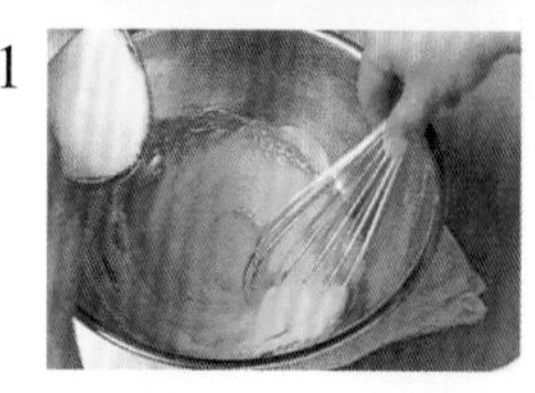

5

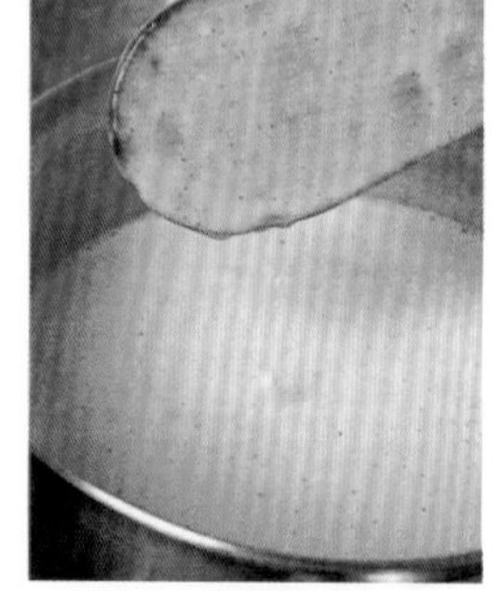

2

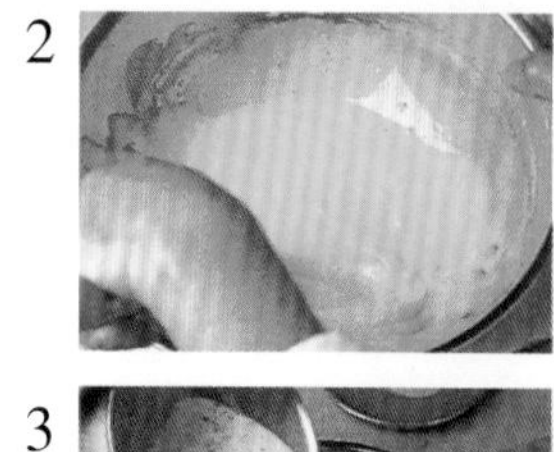

3

6

預備動作

・板狀明膠浸泡於冷水中還原。

模型的準備

・用冰水冰鎮模型。

製作英式奶油醬

①打散蛋黃，邊攪打邊少量逐次地加入細砂糖。

②將蛋黃攪打至顏色泛白（→blanchir）。

③將香草莢縱切刮出香草籽，加入牛奶中。連香草莢一起加入牛奶中，加熱至快沸騰，再加入②之中。

④過濾倒回鍋中。開中火加熱，用木杓子彷彿從鍋底翻攪般地邊混拌邊熬煮。

＊最開始時是以木杓子舀起，也會立刻流下的狀態。

⑤不斷地攪動液體，確實地由鍋底將其翻拌起來，熬煮至產生濃稠狀態。

＊當木杓舀起，材料會薄薄地覆蓋在杓子的表面時，即完成。大約是82～84℃（桌布狀 à la nappe）。

⑥加入還原之明膠（浸泡還原至柔軟時，擰乾多餘的水份）使其溶解。

⑦過濾（→passer）後移至缽盆中。以冰水冰鎮缽盆，不斷地以橡皮刮刀palette en caoutchouc攪拌使其冷卻，待熱度稍低後，加入香草精。

＊過度冷卻時會變硬。用保鮮膜包妥，將缽盆浸泡於自來水中，不時地攪動混拌材料，因會放置到溫度回復至常溫，所以在混拌至鮮奶油之前，只要使其冷卻到出現稠濃狀即可。

7

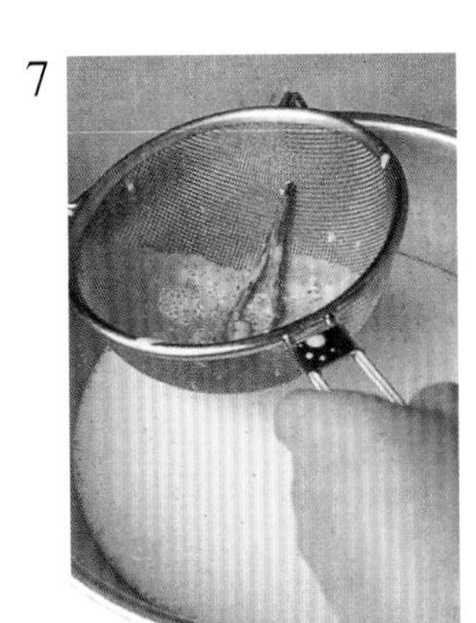

8

9

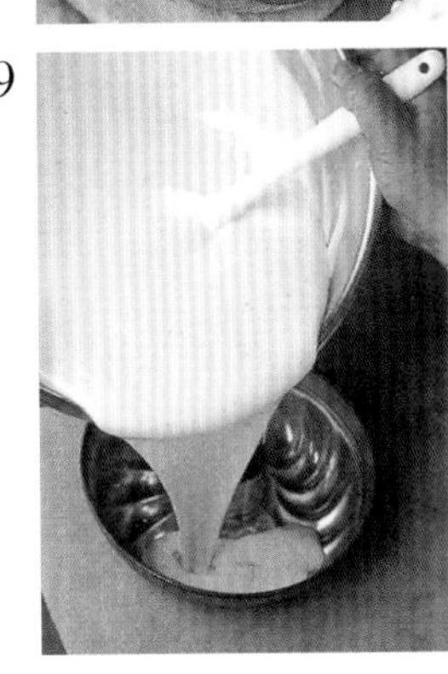

10

11

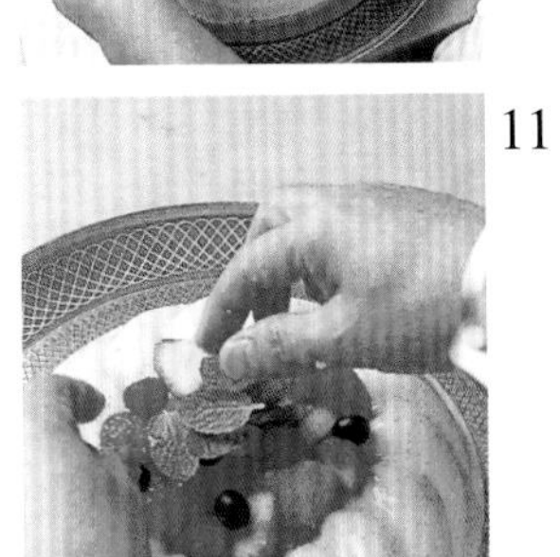

12

製作巴巴露亞

⑧將鮮奶油打發至稠濃狀，打發至會沾黏至打蛋器的程度（→fouetter）。在英式奶油醬中加入打發的鮮奶油。

＊將兩者製作成相同的硬度，或是將柔軟的材料加入較硬的材料中拌勻。

⑨將材料倒入模型中，以冰水冰鎮或放入冷藏庫冰冷固定。

⑩將模型外側稍稍浸泡熱水，倒扣在盤中脫模。

＊倒扣盛盤前在盤中稍塗上水分，在倒脫模時即使稍微偏離了中央位置，也可以輕易地移動糕點。

⑪在中央放入水果，裝飾上薄荷葉。

⑫在巴巴露亞的周圍擠上鮮奶油香醍。

三兄弟模型（Trois Frères模）

Trois Frères，就是三兄弟的意思。在19世紀時，巴黎有名的糕點師傅Jullien三兄弟（→P.14）首創的烘烤糕點之模型。大而淺的環形，有著像庫克洛夫般斜扭著的旋渦紋路。是鋁製或不鏽鋼等金屬製成的，熱傳導性能佳，同時也可用於冰甜點。

Blanc-manger
杏仁牛奶凍

是白色食物的意思，也被稱為是最早製成的冰甜點。本來是將杏仁果磨碎，以杏仁牛奶製成，現在幾乎都是在牛奶中添加香氣，加入明膠加以凝固製作。在英國，牛奶中加入玉米粉一起煮了之後，冷卻固定的點心，即稱之為Blanc-manger。

材料　直徑6cm的布丁模型 約15個

阿帕雷蛋奶液 appareil

- 牛奶 400ml 400ml de lait
- 杏仁果 100g 100g d'amandes
- 細砂糖 100g 100g de sucre semoule
- 板狀明膠 12g 12g de feuilles de gélatine
- 甜杏仁酒 60ml 60ml d'amaretto
- 鮮奶油（乳脂肪成分45%） 360ml 360ml de crème fraîche

英式奶油醬 crème anglaise（→P.277）

- 牛奶 500ml 500ml de lait
- 香草莢 1/2根 1/2 gousse de vanille
- 蛋黃 120g 120g de jaunes d'œufs
- 細砂糖 120g 120g de sucre semoule

各種水果 fruits

薄荷葉（裝飾） menthe

＊使用香氣較佳的杏仁果。與歐洲產的苦杏仁配種的。

1

2

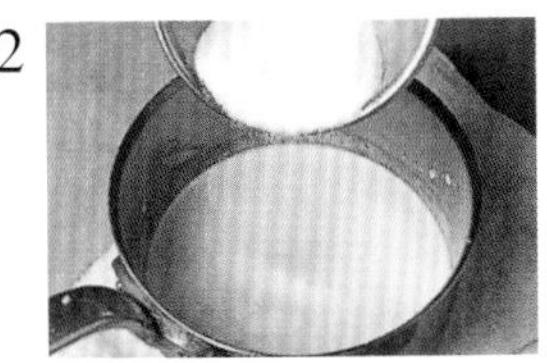

3

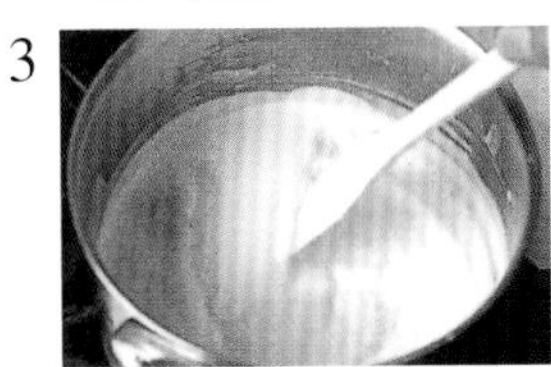

4

5

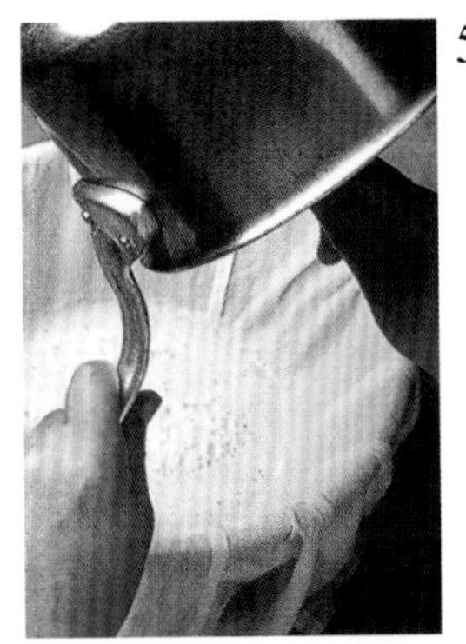

6

7

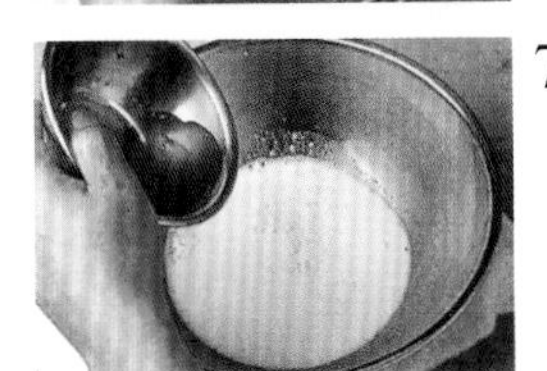

8

預備動作

・將板狀明膠浸泡在冷水中至明膠變軟。

・以熱水汆燙杏仁果去皮膜。

①將牛奶和杏仁果一起放入果汁機mixeur中攪打，將杏仁果攪打至粉碎。

②移至鍋中，加入細砂糖加熱。

③邊攪拌邊煮至砂糖溶化，散發出杏仁的香氣為止。

④加熱至即將沸騰時熄火，蓋上鍋蓋約蒸20分鐘左右。

⑤用細綿布舖在濾網上，將其過濾在缽盆中（→passer）。

⑥用雙手擰轉綿布，使液體能充分地被擠出來，測量份量（約400ml）。

＊相對於明膠的分量，會因液體的用量不同製作出來的硬度也因而不同，所以在此必須再次測量其份量。不足時則以牛奶補足。

⑦以隔水加熱溶化泡軟了的明膠，並將其加入混拌。

⑧加入甜杏仁酒以增添風味。

9

12

10

13

11

⑨將鮮奶油打發至呈現濃稠狀。

⑩邊與⑧混拌邊以冷塊冰鎮，待其稠濃的程度與⑨的鮮奶油相同時，將⑨加入混拌。

⑪倒入容器中，放入冷藏庫冷卻固定。

⑫將水果（糖煮洋梨、奇異果、草莓、藍莓）切成混合細丁（4～5mm的細丁）。

⑬在⑪上倒入英式奶油醬，用水果和薄荷葉裝飾。

＊水果也可以依個人喜好的酒先混拌後再使用。

Gelée de pamplemousse
葡萄柚果凍

Gelée這個字，雖然指的是果泥狀的果醬，在此是使用了果膠或寒天等凝固劑，冷卻凝固的果凍。利用果皮製成裝盛果凍的盛籃。

葡萄柚果凍

材料　葡萄柚的果皮4～5個的分量

葡萄柚4～5顆 4 à 5 pamplemousses

葡萄柚果凍 gelée de pamplemousses

- 葡萄柚果汁 430ml 430 ml de jus de pamplemousses
- 水 300ml 300ml d'eau
- 細砂糖 110g 110g de sucre semoule
- pearlagar-8（鹿角菜膠製品） 15g 15g de carraghénane
- 櫻桃酒 30ml 30ml de kirsch
- 檸檬汁 30ml 30ml de jus de citron

杏仁片（裝飾）d'amandes effilées

鮮奶油香醍（裝飾）crème chantilly（→P.163）

1

2

3
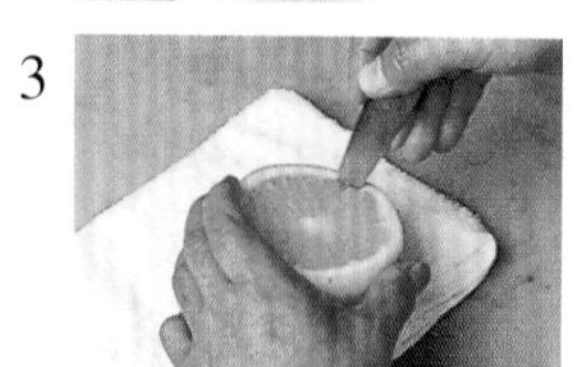

4

5
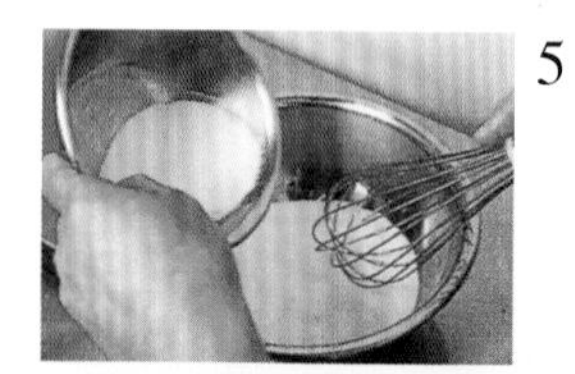

6

7
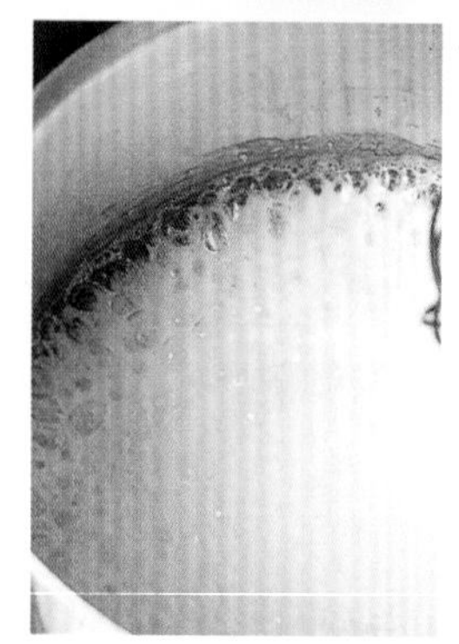

①水平地切去葡萄柚上部的1/3。在距切口5mm處，兩端各切出切線。

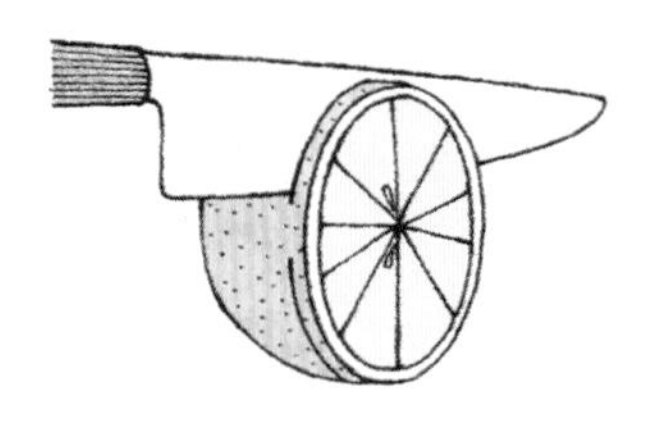

②不要切斷地將兩端提舉起來（完成時將會如照片般，再綁上蝴蝶結，中央就像提手一般）。

③將水果刀插入果肉和果皮間，切開。

④在切口處以湯匙緩緩地挖除果肉，擠出果汁。

⑤將pearlagar-8與細砂糖混拌。

＊鹿角菜膠與砂糖混合後，較不易起硬塊且容易溶化。

⑥在鍋中放入水加熱至鍋緣出現小氣泡煮沸時，離火，邊以打蛋器攪動邊將⑤以少量逐次的方式加入拌勻。

⑦再加熱至沸騰。

葡萄柚

是柑橘科的柑橘類。19世紀時在美國以文旦和柳橙交配而成的品種。其果實為串狀果實如葡萄般，故名為grape fruit。果汁多且甜度較柳橙低，中屬於低卡路里水果。有黃果肉及紅果肉（紅寶石）的品種。

8

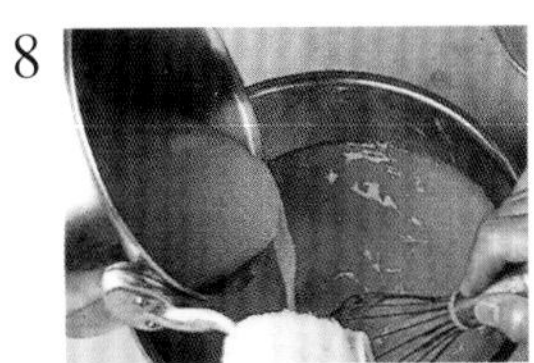

9

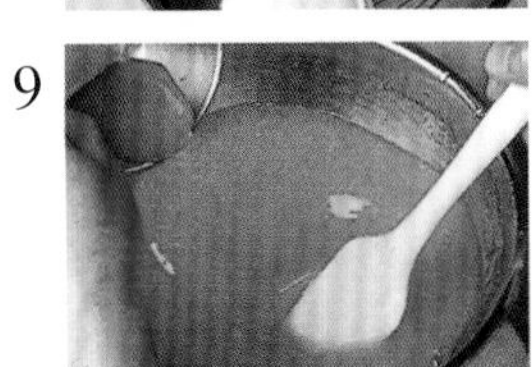

10

11

12

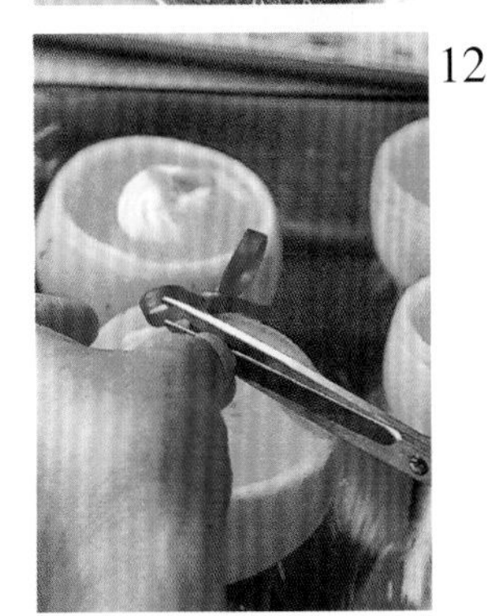

⑧在缽盆中倒入葡萄柚果汁，以打蛋器邊混拌邊加入⑦。

⑨再加上櫻桃酒及檸檬汁。

⑩將④的皮放在環狀模上，使其可以安定地站立並保持水平，快速地將⑨倒入，放進冷藏庫中冷卻固定。

＊使用柳橙或檸檬時，會稍切除底部以使其安定，但葡萄柚的皮較薄，很容易會切開果皮，所以不要切比較好。

⑪在果凍上擠出鮮奶油香醍，再用杏仁片來裝飾。

⑫將切出的提把處，打上蝴蝶結。

鹿角菜膠

紅藻類（角叉菜、線型杉藻的萃取物，是多糖類（食物纖維）的一種。具有凝結膠化、增加黏度的作用，是被認可的食品添加物。精製的鹿角菜膠有三種，各有其不同的性質，將這些排列組合，或與其他增黏劑（口香膠）等組合，將各種膠化特性（口感、彈力等）及便利性（耐凍性等）合併，製成各取其長的鹿角菜膠製劑。一般而言，會利用礦物質（鈣質等）及蛋白質（牛奶酪蛋白等）來增加膠化的能力，在70～80℃之間溶解，在室溫中凝固是其最大的特徵（也有些製品是可以溶於冷水或冰牛奶中的）。

＊本書中使用的鹿角菜膠製劑是pearlagar-8。（富士商事出品）

Crème renversée au caramel
法式焦糖布丁

renversée是翻轉倒扣的意思。不使用凝固劑而利用雞蛋的熱凝固性製成的冰冷甜點。不將其翻面倒叩，直接上桌的，則被稱爲布丁(flan)、焦糖奶油布丁（petit pot de crème)。混合了雞蛋、牛奶和砂糖的製品，英文稱之爲卡士達、法文則稱之爲crème d'entremets，是蒸烤凝固的布丁類點心，以熬煮至出現稠濃液體，做爲冰涼糕點或奶油餡之基底，也可以用於糕點的淋醬（→P.248英式奶油醬)。

材料　直徑21cm的圓碟模型 1個
阿帕雷蛋奶液 appareil
- 牛奶 750ml 750ml de lait
- 香草莢 1根 1 gousse de vanille
- 雞蛋 250g 250g d'œufs
- 細砂糖 150g 150g de sucre semoule
- 香草精 少量 un peu extrait de vanille

焦糖 caramel
- 細砂糖 150g 150g de sucre semoule
- 水 150ml 150ml d'eau

鮮奶油（乳脂肪成分45%） 300ml 300ml de crème fraîche

製作焦糖、倒進模型

①在銅鍋中加入細砂糖和水，加熱。

②用沾了水的毛刷將飛濺至周圍的糖漿刷落。

③從鍋子邊緣開始變成淡褐色。
＊一旦超過120℃時，糖漿就不會再飛濺起來，所以也不用沾水的毛刷了。

④待全體呈淡褐色時，熄火，利用鍋中的餘溫使其顏色加深。
＊焦糖顏色的調整，可由鍋中的顏色看出其濃度，所以看木杓舀起後落下的焦糖色來判斷即可。

⑤變成焦糖色時，會泡出許多泡泡，待到氣泡漸漸消退爲止。

⑥待其成爲恰到好處之焦色時，將鍋子浸泡至水中，使其冷卻而顏色不會再加深。

⑦立刻將其倒入模型中，均勻地在底部攤平，放置至其凝固。
＊剩餘的焦糖可以少許均勻地滴至紙張（矽膠樹脂加工紙）上，凝固保存。在下回製作布丁時，可以將其直接放入模型中。也可以添加在牛奶等液體中，藉由加溫溶化製成焦糖風味，運用於焦糖風味的奶油或麵糰內。

製作阿帕雷蛋奶液

⑧打散雞蛋，加入砂糖混拌。
＊將其彈性打散之後，可以做出入口即化較好口感。也可以只是輕輕地攪拌，就可以製做出留有彈性之口感。

⑨將香草莢縱向切開，刮下香草籽，連同香草莢一起放入牛奶中，加溫至人體肌膚溫度，加至⑧的材料中。
＊香草種籽會沈澱在阿帕雷蛋奶液的底部，完成倒扣時，表面會看見黑色的小顆粒。如果想要避免這種情形，可以不切開香草莢直接放入加熱。
＊牛奶溫熱加入時，雞蛋也有稍微加熱的感覺，而製成較無彈性的布丁。牛奶也可以不加溫地直接加入。

⑩過濾（→passer），加入香草精。

⑪撈除浮起的泡沫。

12

13

14

15

16

倒入模型中烘烤

⑫在已倒入焦糖的模型中，倒入阿帕雷蛋奶液。

＊此時若是在表面噴上酒精，就可以簡單地消除泡泡。

⑬在方型淺盤中舖上紙巾放上⑫的模型，倒入熱水至模型一半的高度，以隔水加熱（→bain-marie）的狀態，放入預熱160℃的烤箱中烘烤35分鐘。

＊表面有薄膜形成時，會影響口感，所以在布丁表面凝固之後，用鋁箔紙等覆蓋起來即可。

盛盤

⑭烘烤完成時，放置於常溫中，待熱度稍降後再放入冷藏庫中冷藏至確實凝固完成。脫模時，用手指沿著布丁的周圍輕壓，必要時在模型內側插入刀子，沿著模型內側切下布丁。

⑮用沾了水的盤子蓋在模型上倒扣。

＊先將盤子沾了水，當倒扣出來的布丁位置偏移時，也可以輕易地移動布丁。

⑯輕輕地拿起模型脫模。

＊在剩餘的焦糖中，添加水分使其溶解，焦糖變軟後也可當作醬汁地澆淋在上面。

＊可依個人喜好添加無糖鮮奶油。

Mousse au chocolat

巧克力洋梨慕斯

Mousse是泡沫的意思，在溶化的巧克力或水果汁當中加入打發的鮮奶油或蛋白霜等，製成有著輕柔綿密口感的固體狀糕點。除了慕斯本身可以做爲冰涼甜點之外，還可以與海綿蛋糕搭配製成餐後甜點。雖然巴巴露亞與慕斯間在區別上十分曖昧困難，但含有更多氣泡，口感更輕盈的，大多被稱爲慕斯。

巧克力洋梨慕斯

材料　直徑7cm的半球形模型 6個的分量

巧克力慕斯 mousse au chocolat

- 覆淋巧克力（可可脂成分56%） 125g 125g de couverture
- 炸彈麵糊 pâte à bombe
  - 蛋黃 80g 80g de jaunes d'œufs
  - 糖漿（30˚B） 120ml 120ml de sirop
- 鮮奶油（乳脂肪成分38%） 250ml 250ml de crème fraîche

糖煮洋梨 poires au sirop（→P.49）

奶油（模型用） beurre

熱內亞海綿蛋糕（或海綿蛋糕）直徑7cm、厚5cm蛋糕片6片 génoise（→P.50）

酒糖液 imbibage

- 香橙甜酒 Grand Marnier
- 糖漿（水2：細砂糖1） sirop

透明鏡面果膠 nappage neutre

薄荷（裝飾） menthe

香煙巧克力（裝飾） cigarette de chocolat

柳橙醬 couils d'orange

- 柳橙 2個 2 oranges
- 細砂糖 sucre semoule
- 玉米粉 fécule de maïs

1

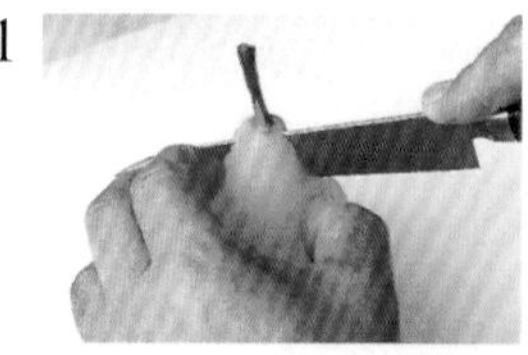

2

3

4

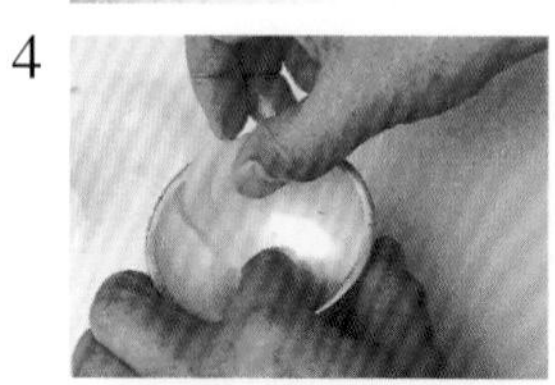

5

6

7

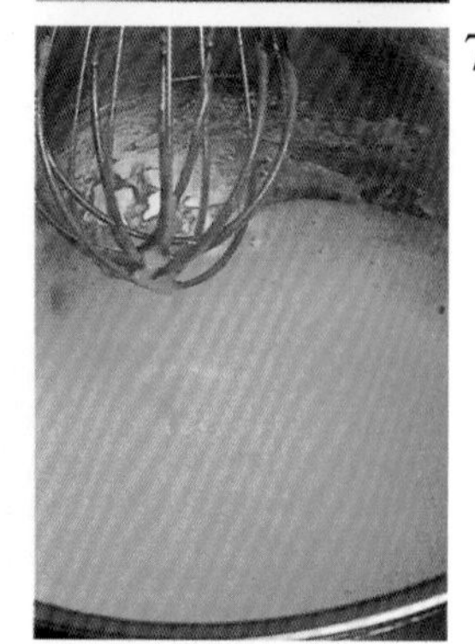

預備動作

①～③將糖煮洋梨縱向對切，去芯切成薄片。

④在半球形的模型中薄薄地塗上奶油，將洋梨片貼在模型上，靜置於冷藏庫中。即使洋梨超出模型，也無妨。

製作炸彈麵糊

⑤將蛋黃打散，邊少量逐次地加入常溫的糖漿邊將其攪拌均勻。

＊也可以加入沸騰的糖漿。

⑥隔水加熱，邊輕輕地攪動邊使蛋黃加熱。

⑦待出現稠濃感，全體變成乳霜狀時，過濾(→passer)至別的缽盆中。

8

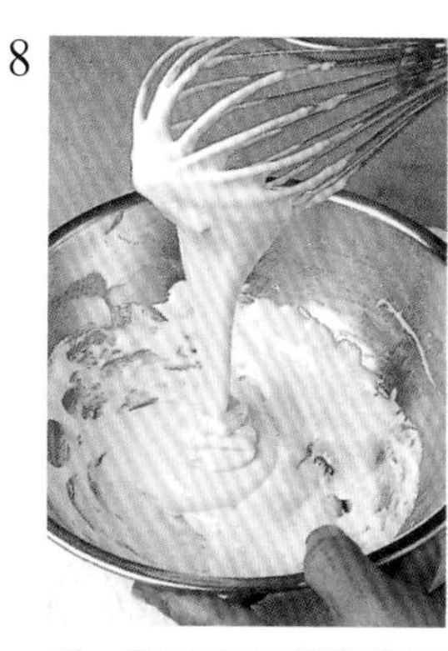

11

9

12

10

13

14

⑧稍稍降溫後，將其打發至顏色泛白膨脹（→fouetter）。
＊也可用手動攪拌器攪打至發泡。

⑨將覆淋巧克力切細，隔水加熱後加入炸彈麵糊中，以打蛋器攪拌均勻。

⑩用打蛋器將鮮奶油打發至會沾黏至打蛋器之程度，加入⑨當中，以橡皮刮刀混拌勻勻。

⑪將⑩擠至④的模型中。

⑫用熱內亞海綿蛋糕蓋覆在上面，塗抹上加了香橙甜酒的糖漿使其滲入蛋糕中（→imbiber）後，放置冷凍庫使其冷卻凝固。

⑬切去多餘的洋梨，調整外型。

⑭將模型稍稍泡在熱水中，蓋在盤子上之後脫模。在表面塗抹上透明的鏡面果膠，在盤上倒入柳橙醬（柳橙汁、細砂糖和玉米粉混合沸騰後，稍稍降溫）。

透明鏡面果膠

neutre是「中間的」的意思，nappage neutre是由果膠和砂糖等製成的無色透明之鏡面果膠（→P.48）。可以不經煮溶地直接塗抹，多用於加熱溶化後，塗抹於慕斯等表面。可以增加表面光澤，且具有保護表面，避免過於乾燥的作用。

Mousse au citron
檸檬慕斯

巧克力慕斯，是利用巧克力中所含有的油脂冷卻後凝固的，但檸檬慕斯因其所含的脂肪較少，所以會補充果膠幫助成型。

材料　檸檬皮容器 約20個的分量

檸檬慕斯 mousse au citron

- 雞蛋 200g 200g d'œufs
- 細砂糖 120g 120g de sucre semoule
- 檸檬汁 165ml 165ml de jus de citron
- 奶油 85g 85g de beurre
- 板狀明膠 8g 8g de feuilles de gélatine
- 鮮奶油（乳脂肪成分45%） 500ml 500ml de crème fraîche
- 糖粉 165g 165g de sucre glace

搭配材料 garniture

- 冷凍覆盆子 250g 250g de framboises
- 細砂糖 60g 60g de sucre semoule
- 板狀明膠 8g 8g de feuilles de gélatine

熱內亞海綿蛋糕（或海綿蛋糕）8mm厚 génoise（→P.50）

薄荷葉（裝飾） menthe

覆盆子（裝飾） framboise

糖漬檸檬皮（裝飾） zeste de citrons confit

- 檸檬皮 zeste de citrons
- 糖漿（水1：細砂糖1） sirop

1

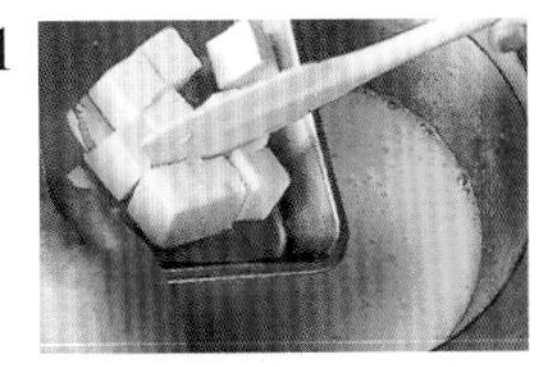

2

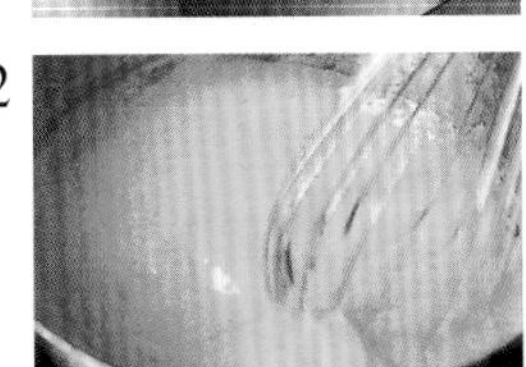

3

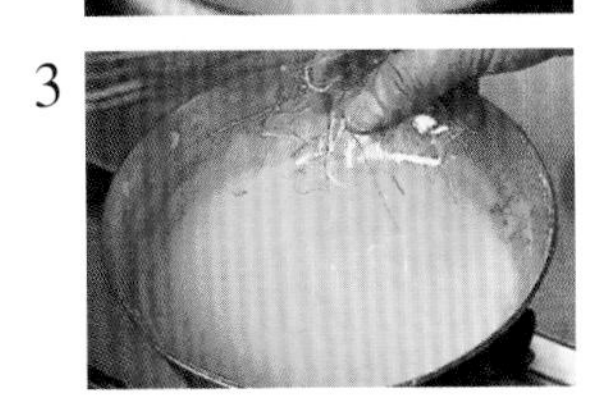

4

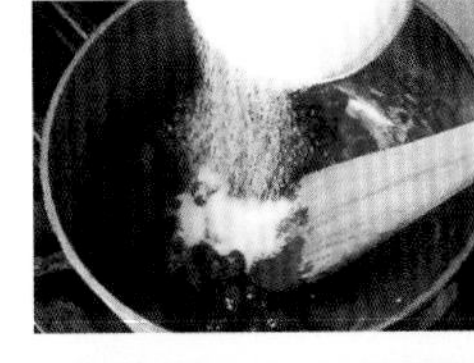

5

6

7

預備動作

・將板狀明膠浸泡於冷水中，使其恢復柔軟。

・將檸檬的表皮（僅只黃色的部分）切細絲julienne，以熱水汆燙，用糖漿稍加熬煮。

・製作檸檬皮容器。將檸檬橫放，切除上方1/3的部分，挖出果肉（→P.254③～④）。將檸檬底部的果皮，以水平方向稍稍切除，使容器呈安定狀態。

製作慕斯的基底

①在鍋中放入打散了的雞蛋、細砂糖。當細砂糖完全溶入蛋汁後，加入檸檬汁、奶油（硬硬地切成小塊），加熱。

②用打蛋器輕輕攪拌，加熱至即將沸騰。

＊因檸檬的酸性容易釋放出金屬的味道，所以鍋子用銅鍋（如果可以的話不要用鍍錫的鍋子），打蛋器不要過於強力地磨拌。

③待材料出現了濃稠狀時，離火，加入還原了的板狀明膠。將材料換至缽盆中，降溫。

製作搭配材料

④將部分冷凍覆盆子直接加入鍋中，加熱，邊煮邊用木杓子按壓覆盆子。按壓熬煮至某個程度之後，再添加砂糖。

⑤再繼續按壓熬煮至完全溶化後，離火，加入板狀明膠溶化。

⑥加入其餘的冷凍覆盆子，使全體均勻混拌。

⑦盛放至缽盆中，放涼備用。

＊因為加入其餘的冷凍覆盆子，會使溫度立刻降低而凝固。

8

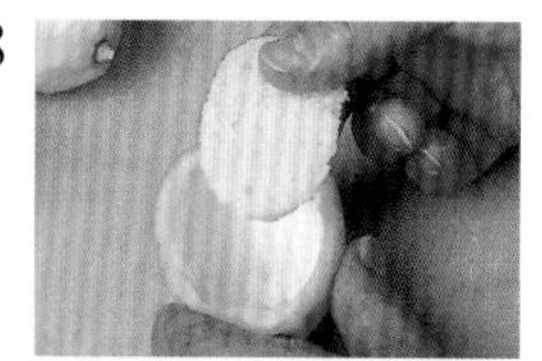

9

10

11

12

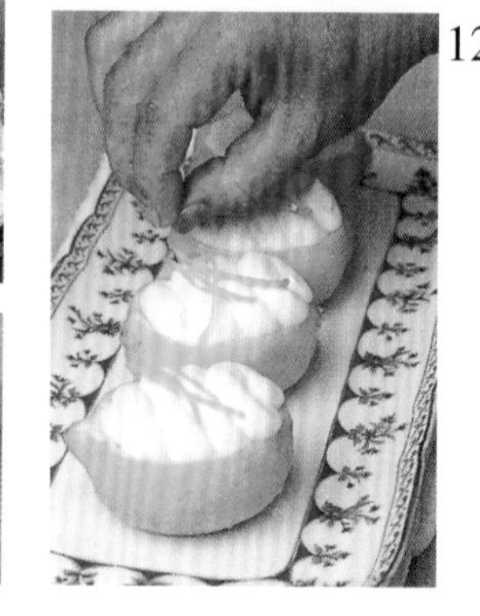

完成

⑧在挖除了果肉的檸檬皮中，舖上熱內亞海綿蛋糕。

⑨在鮮奶油中添加砂糖，打發至拉起時角度直立。將③材料中1/3的量加入打發的鮮奶油中拌勻，再將其餘的材料一起加入，小心不要破壞氣泡以大區塊地將其拌勻。

⑩將⑨放入裝有直徑13mm擠花嘴的擠花袋中poche à douille unie，擠至⑧的容器之一半，將⑦的搭配材料攪散後，舀一匙放入⑧的上面。

⑪將其餘的⑨擠成旋渦狀（→dresser），放入冷藏庫中冰涼固定。

＊基本上是以奶油來固定的慕斯，明膠只是補充的角色。

⑫以糖漬檸檬皮、新鮮覆盆子以及薄荷葉來裝飾。

Sabayon

沙巴雍

在Sabayon中添加鮮奶油和明膠完成的冰涼甜點。Sabayon是起源義大利Zabaione的點心。以葡萄酒、細砂糖和蛋黃爲基底做出的一種crème d'entremets，一般都是在溫熱狀態下食用。

沙巴雍

材料　完成時500ml的份量

蛋黃　80g　80g de jaunes d'œufs

細砂糖　100g　100g de sucre semoule

白葡萄酒（甜味）120ml　120ml de vin blanc

鮮奶油（乳脂肪成分45%）　250ml　250ml de crème fraîche

板狀明膠　6g　6g de feuilles de gélatine

扁圓巧克力片（裝飾）plaquette de chocolat

鮮奶油香醍（裝飾）　crème chantilly（→P.163）

＊也可以用香檳取代白葡萄酒來製作。

1 2 3

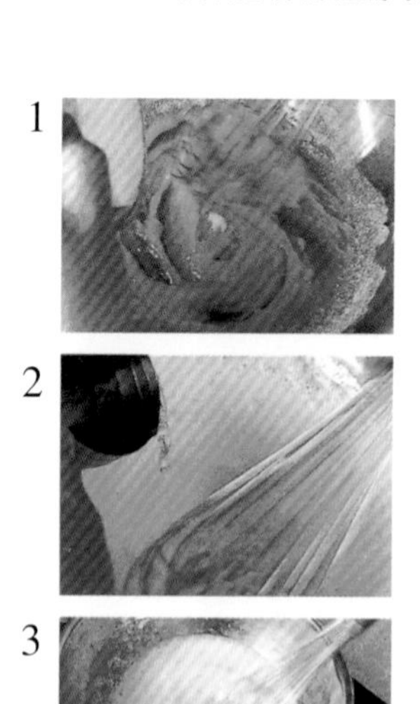

4

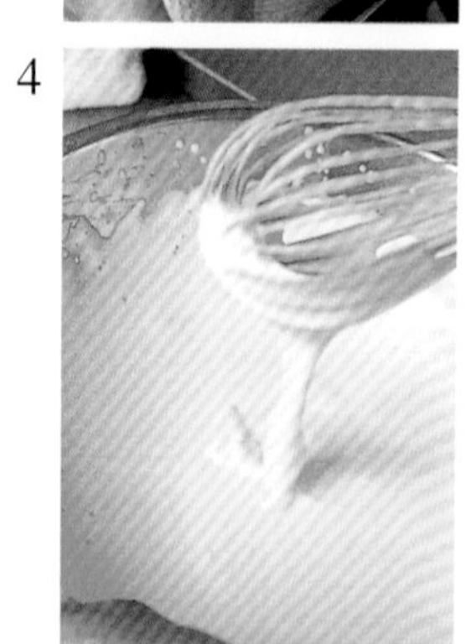

5

6

7

8 9

10

預備動作

・用冷水還原板狀明膠

①打散蛋黃，加入砂糖，以打蛋器確實攪拌至至顏色泛白（→blanchir）爲止。

②邊逐量少許地加入白葡萄酒，邊均勻混拌。

③以隔水加熱（→bain-marie）並用力攪打。

④一邊用打蛋器打發至呈鬆軟綿密的乳霜狀，一邊加熱蛋黃。

＊一般的沙巴雍，進行到這個步驟即告完成。

⑤離火，加入以隔水加熱溶化了的板狀明膠。再充分地攪拌至呈細密的乳霜狀，使溫度稍降至回復常溫。

⑥邊冰鎮邊打發鮮奶油。打發至稍會沾黏在打蛋器上，並且具流動性地滴落的狀態即可。

⑦在⑥的鮮奶油中加入⑤的材料，大區塊地拌勻。

＊鮮奶油會稍稍硬一點，所以將沙巴雍加在鮮奶油中混拌。

⑧攪拌至以打蛋器拉起時，會緩緩地流下並且在材料上殘留落下痕跡之硬度。

⑨將材料倒入杯模coupe中，平整表面，放入冷藏庫中冷卻固定。

⑩擠上鮮奶油香醍，用巧克力裝飾，再附上蘭斯餅乾。

紅葡萄酒、白葡萄酒

以葡萄為原料製成的釀造酒。紅葡萄酒是果皮較深的葡萄品種，連皮榨出，果皮的色素（葡萄多酚）滲入果汁中，發酵製成的。有澀味重且風味極濃的種類。白葡萄酒，不只使用白葡萄，也有用黑葡萄製作的，壓榨出不含色素的果汁來製作。還有含水果風味且可以感覺到酸味的種類。無論哪一種酒都有分為辛烈及甘甜兩種口味。

蘭斯餅乾（約50個）
Biscuit de Reims

蘭斯是產香檳的香檳區之主要都市，蘭斯餅乾大約在300年前，是此地爲搭配香檳所製成的「下酒點心」。淡淡的玫瑰色、撒上砂糖後烘烤的表面以及餅乾中間鬆脆的口感，都是其特徵。可以浸泡在香檳中食用。

麵糰 pâte

- 細砂糖 140g 140g de sucre semoule
- 香草砂糖 20g 20g de sucre vanillé
- 蛋黃 60g 60g de jaunes d'œufs
- 蛋白 90g 90g de blancs d'œufs
- 低筋麵粉 125g 125g de farine
- 食用色素（紅色）少量 un peu de colorant rouge

細砂糖 sucre semoule

①打散蛋黃，加入細砂糖及香草砂糖混拌，隔水加熱（→bain-marie）並攪打至呈緞帶狀（→ruban）。離火，繼續攪拌至其稍稍降溫。將食用色素溶於水中，加入混拌均勻。

②將蛋白打發至成固體，拌入①當中，大區塊混拌均勻。

③加入過篩的低筋麵粉。

④放進裝有13mm圓形擠花嘴之擠花袋中，在舖有烤盤紙的烤盤上擠出6cm的長條。

⑤撒上砂糖後，再除去多餘的砂糖，放入180℃預熱的烤箱中烘烤15分鐘，至麵糰中心確實完全烘烤爲止。

Œufs à la neige
雪浮島

à la neige是積雪的意思，如雪般打發的蛋白燙熟凝固的點心。

也因盛盤是放在英式奶油醬上，所以也稱之爲île flottante 浮島的意思。

＊neige〔f〕雪。

材料 直徑8cm 5～6個

蛋白霜 meringue

- 蛋白250g（約8個份）250g de blancs d'œufs
- 細砂糖 125g 125g de sucre semoule
- 鹽 1小撮 1 pincée de sel

水 d'eau

檸檬汁 jus de citron

檸檬皮 zeste de citrons

杏仁片 d'amandes effilées

焦糖 caramel

細砂糖 250g 250g de sucre semoule

英式奶油醬 crème anglaise （→P.277）

- 牛奶 500ml 500ml de lait
- 香草莢 1根 1 gousse de vanille
- 蛋黃 80g 80g de jaunes d'œufs
- 細砂糖 125g 125g de sucre semoule

1

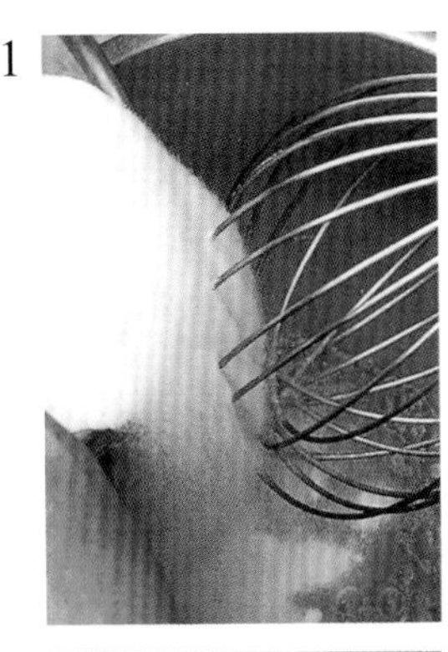

2

3

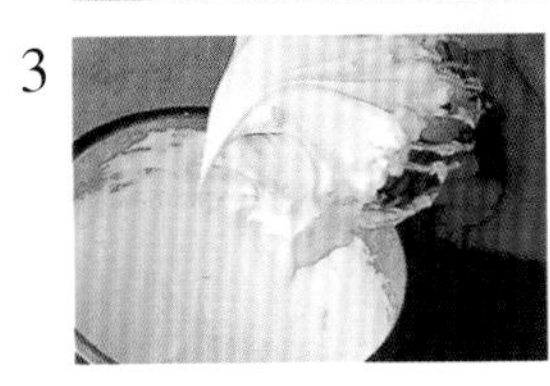

4

5

6

預備動作

・ 烘烤杏仁片。

① 製作蛋白霜。在蛋白中加入鹽和1/3的細砂糖，攪散拌勻。

② 邊打發（→fouetter）邊將剩餘的細砂糖分2～3次加入，製作成堅硬且紮實的蛋白霜。

③ 完成蛋白霜。如果蛋白霜不是堅挺紮實時，不能煮得很透，就無法完成像棉花糖般的口感。

④ 在廣口鍋中放入水、檸檬汁及檸檬皮，加熱。當煮開至鍋底開始冒出小小氣泡時，爲了防沾黏在圓杓（容量180ml）中塗上油脂，再盛放上③的蛋白霜，呈飽滿的圓球形。

⑤ 調整圓球的形狀，用橡皮刮刀將蛋白霜由圓杓中挖出至熱水中。

＊當水煮得過熱時，蛋白霜的表面變硬了，但中心卻很難熟透。另外，表面的口感也會變差，所以熱水應保持在小小氣泡冒出的溫度（80℃）。

⑥ 偶而翻面使蛋白霜連中心都能均勻地受熱，約煮10分鐘。

7

8

9

10

11

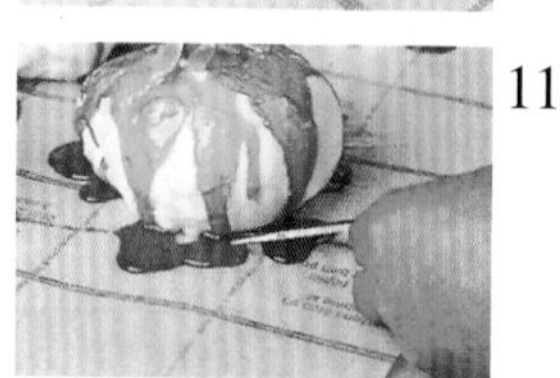

⑦受熱的程度，試著按壓蛋白霜的彈力，即可判斷。一開始以手來觸摸時，蛋白霜會沾黏在手上。另外，如果蛋白霜的中間尚未受熱時，按壓時會因沒有彈力，而會感覺蛋白霜有點裂開的感覺。藉由水煮的動作使其產生彈力時，即使稍稍用力地按壓至熱水中，也不會有裂開的感覺。

⑧完全煮好之後，拿起來放在擰乾的溼毛巾中，除去水氣。待其稍稍降溫後，放入冷藏庫中充分冷卻。

＊如果中央部分沒有確實地煮透的話，一旦冷卻後會立刻消陷下去。

製作英式奶油醬

趁著在冷卻蛋白霜時，製作英式奶油醬。

⑨將蛋白霜放置在表面加工的紙張（烘焙紙）上，撒上杏仁片。

⑩將配比中的細砂糖完全溶化熬煮至以木杓舀起時，呈現漂亮的焦色，立刻迅速地澆淋在⑨的表面。暫時放置使其表面的焦糖得以冷卻固定。

＊在製作焦糖時，因沒有使用水份，因此以少量逐次地邊溶化邊加入砂糖，熬煮成焦糖。也要注意不要過度熬煮以免燒焦產生苦味。

⑪切落多餘的焦糖，在冰鎮的容器中倒入英式奶油醬，再將⑩的蛋白霜盛放在上面。

Compote de pruneaux

糖煮李子

Compote是以砂糖將水果煮軟的意思。雖然也可以用於熬煮成果醬狀的糖煮物，但用辛香料或葡萄酒調味，完成時仍留有水果形狀者，是可以直接當成甜點上桌的。

糖煮李子

材料

李子乾 20個 20 pruneaux
紅葡萄酒 750ml 750ml de vin rouge
細砂糖 250g 250g de sucre semoule
檸檬（橫切片） 3片 3 rondelle de citron
肉桂棒 1根 1 bâton de connelle
丁香 clou de girofle
薄荷葉（裝飾） menthe

1

2

3

4

①在鍋中放入紅葡萄酒、細砂糖、肉桂以及丁香。紅葡萄酒也可以用白葡萄酒來取代。也可以加入胡椒等。

②將檸檬皮切出直條紋後，切成檸檬圓片，加入①當中，煮至沸騰。

＊檸檬切出裝飾花紋，可用於盛盤之裝飾。也可以用柳橙來取代檸檬。

③等葡萄酒及辛香料的風味完全煮出後，加入李子乾，再度煮至沸騰。

④沸騰後熄火，用防沾紙蓋在湯汁上，待熱度稍降之後，放入冷藏庫中浸泡一夜。分別盛放在碗上，以薄荷葉裝飾。

＊煮汁可以放在冷凍庫中保存，調整糖度（→P.282）後再度使用。

丁香

日文稱之為丁子香。是木樨科的喬木花苞乾燥後製成的。有著如釘子般的外型。有著強烈的香氣和使舌頭發麻的刺激性，具防腐效果。

第9章

冰凍點心
Glace

香草冰淋淇 Glace à la vanilla

雪酪 Sorbets

紅酒桃冰沙 Granité aux pêches

冰淇淋凍糕 Parfait

香橙甜酒舒芙蕾凍糕 Soufflé glacé au Grand Marnier

牛軋糖雪糕 Nougat glacé

關於冰凍點心

冰凍點心，一般也被稱之為是冰淇淋或是冰沙，是以奶油醬（英式奶油醬）或果汁為材料加工，冷凍凝固而成的點心。

冰凍點心的美味，即是從水相、油相、氣相等複雜的乳化而產生的。雖然水份凍結後會變成固體的冰，但藉由乳化材料（蛋白質、澱粉、脂肪等）或冰凍方式（空氣含量）之不同，可以製造出不同種輕盈口感之變化。

冰凍點心的歷史久遠，據說古代的阿拉伯人及中國人將自然的積雪及冰塊，放入室窖或深井中保存，當盛夏酷暑之際，王公貴族們就會取出澆淋上果汁或蜂蜜來食用。不使用天然的雪或冰為原料而開始冰凍點心之製作，是源自於16世紀初期被研發出來的冷卻技術※1。更甚至到了現在，無論什麼季節都可以快樂地品嚐美味的冰凍點心。

關於冰凍點心的製造販售，因使用的是雞蛋或牛奶等容易被細菌污染的材料，所以為了衛生上的安全，在法規上也重新做了修正※2。

另外，冰凍點心的保存，希望能保存在－20℃的環境之下。保存溫度高時，就會產生重覆溶化後又凝固的狀況，結晶變大，食用時會有粗粗的顆粒狀口感，也會有油膩感而讓風味變差。

※1　在16世紀時，義大利的帕多瓦大學教授Mark Antonius Simar，在水中加入硝石，當硝石在溶解時的吸熱作用將水冷卻，因而發現的。

※2　冰淇淋類的定義（因冰淇淋為乳製品，故依照乳等省令）〔冰淇淋類〕生乳、牛奶、特別牛奶或是以此為原料製成的加工食品，或是凍結以此為原料製造之成品，含3.0%以上乳固形成分之製品（除發酵乳之外）。

・冰淇淋：乳固形成分15.0%以上（乳脂肪成分8.0%以上）、細菌數10萬以下（S 1g相當量：S=標準平板培養法）、大腸菌群陰性

・冰牛奶：10.0%以上（3.0%以上）、5萬以下（S 1g相當量）、大腸菌群陰性

・lacto-ice：3.0%以上、5萬以下（S 1g相當量）、大腸菌群陰性

※法律上的冰凍點心，是指冰淇淋類以外，非乳製品之冰凍點心。

（本書當中，因為並非以裝入容器販賣為目的，故不以此規格為標準。）

糖度之檢測方法

糖度的意思，使用比重計量測的糖度，或是使用屈光糖度計來測定的含有率。相對於僅能使用於液體的比重計，屈光糖度計還能簡單地量測含有較高濃度的純果汁或果醬般固體成分較多的物質。
水1000ml中添加1000g砂糖的醬糖（1：1的糖漿），糖度50%、溫度補償濃度50%、玻美比重計度數27.3%。

■玻美比重計度數
以玻美比重計表示液體濃度之度數。比重的單位。也被省略稱為B。以發明了比重計densimètre的法國化學家Baumé（1728～1804）來命名。

■溫度補償濃度
糖度單位之一，由19世紀的德國發明家A.F.Brix（1798～1890）之名命名。表示在17.5℃中液體或水果中所含之「蔗糖」重量的百分比（%）。
屈光糖度計（折射儀）réfractonmètre，測定通過液體之光線屈折率，換算成溫度補償濃度（1溫度補償濃度為1%）。

安定劑

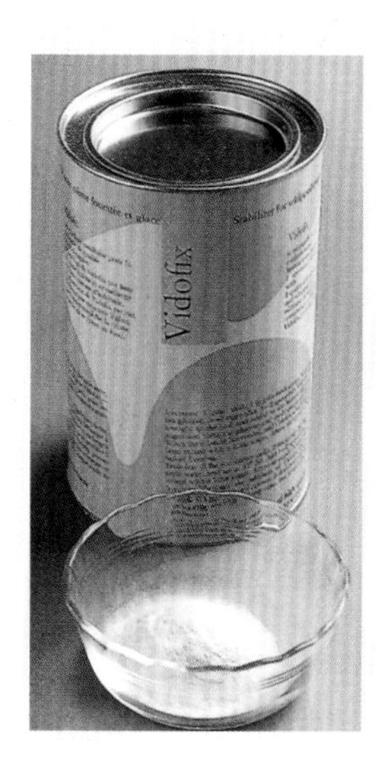

■安定劑
在冰淇淋或冰沙當中，為防止粗粒結晶的形成及離水狀況，並且做出更綿密，保持更滑順口感之作用的食品添加物。以凝固劑為主要成分，可提高食品黏性並使成分安定。也使用阿拉伯膠、黃原膠、長豆角膠、瓜爾膠等植物性膠質、鹿角菜膠等海草萃取物、明膠等材料。市面上販售的冰淇淋或冰沙當中，依使用目的而會從增黏劑、安定劑以及糊料當中，記載適切的用途名稱。另外，也用於保持鮮奶油之形狀。
雖然不是冰凍點心當中非用不可的材料，但不添加時，若不是將成品立即上桌，而某個程度冰凍保存時，會很容易變成粗結晶的狀態。

（冰凍點心用的安定劑之例子）
Vidofix：瓜爾膠製劑（瓜爾膠40%、葡萄糖60%）。瓜爾膠是由印度等地栽植的豆科植物瓜爾的種子中萃取之多糖類。放入冷水中就會出現黏稠。具增黏及保水的效果。

Glace à la vanilla
香草冰淋淇

香草風味的冰淇淋。冰凍點心中，最初只有冰沙狀的製品而已，但到了17～18世紀時，將乳製品及雞蛋的脂肪成分與空氣溶合成乳霜狀，開始了冰凍點心的製成。基本的香草冰淇淋是以蛋黃和牛奶製成的英式奶油醬爲基底，再加上鮮奶油製成的，另外，藉由攪拌的動作，邊打入細密的氣泡邊使其結凍，所以有滑順及入口即化之口感是最大的特徵。

材料

英式奶油醬 crème anglaise
- 牛奶 500ml 500ml de lait
- 香草莢 1根 1 gousse de vanille
- 蛋黃 120g 120g de jaunes d'œufs
- 細砂糖 110g 110g de sucre semoule

鮮奶油 150ml 150ml de crème fraîche
香草精 extrait de vanille

1

2

3

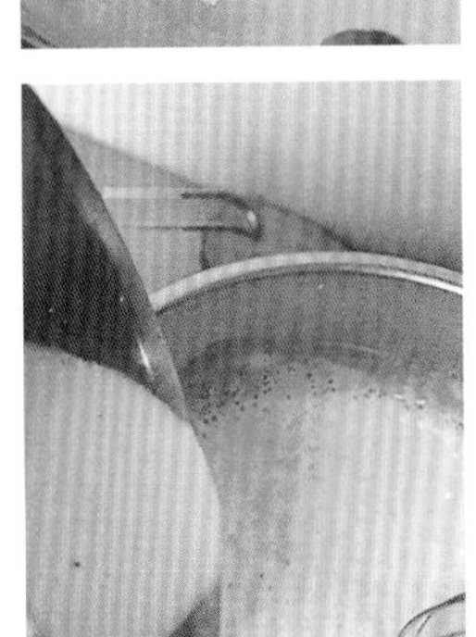

4

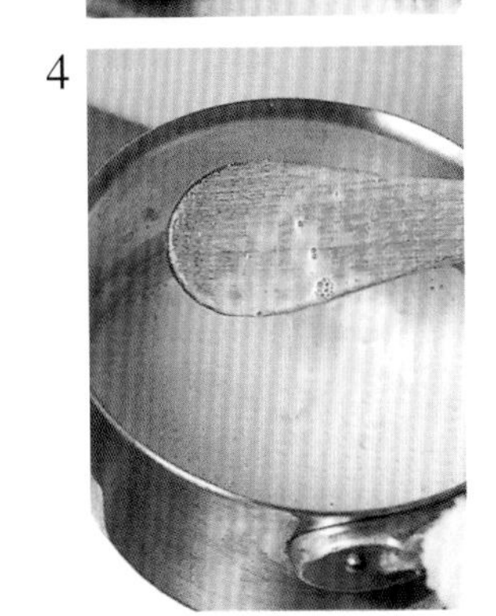

5

6

7

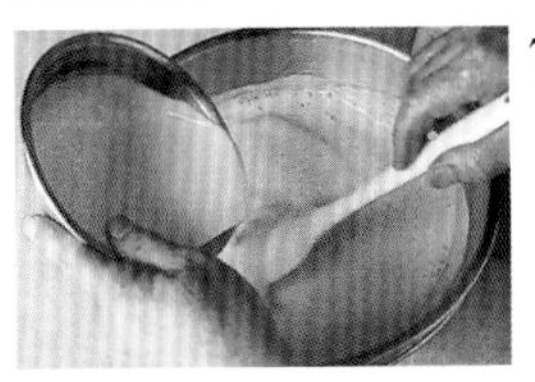

8

9

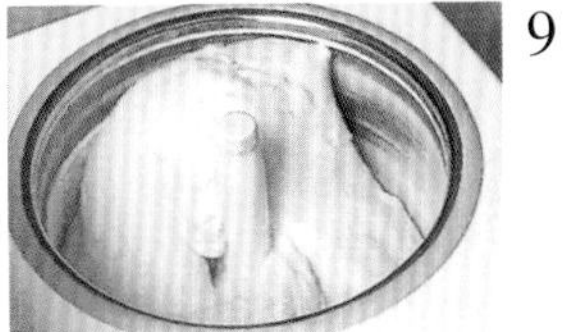

製作英式奶油醬

①縱切香草莢，以刀刃將香草籽刮下。在鍋中放入牛奶、香草莢及香草籽，加熱至沸騰。

②在攪拌盆中放入蛋黃，用打蛋器fouet打散，加入細砂糖，確實地攪打至顏色泛白（→blanchir）為止。

③逐次少量地加入牛奶，邊使其均勻溶合。

④倒回鍋中再次加熱，邊以木杓子spatule en bois混拌邊熬煮至83℃。

⑤當以木杓子舀起時，表面會薄薄的覆蓋，即為熬煮好的狀態（→nappe）。

⑥過濾（→passer）至缽盆中。邊以冰水冰鎮邊迅速攪拌使其變涼。

香草冰淇淋的完成

⑦在⑥中加入鮮奶油及香草精，並加以混拌。

⑧以冰淇淋機攪動，使其結凍。

⑨完成。盛盤並加上雪茄餅。

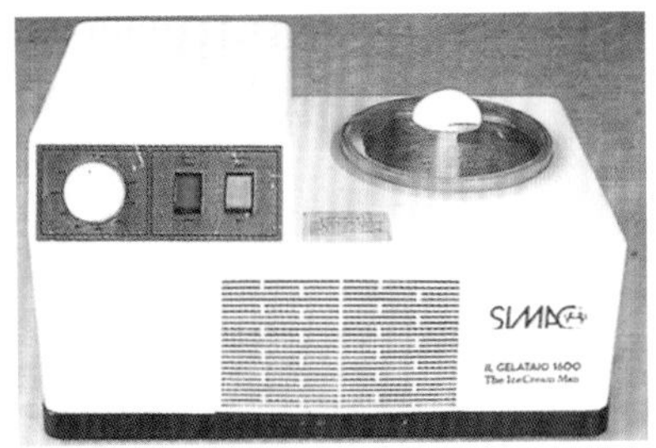

冰淇淋機 sorbétière、sorbetière

就是Ice Cream Freezers。是製造冰淇淋及冰沙時所必需之機械。靠著像刮刀般的葉片之轉動，攪拌材料使其在含有大量氣泡之同時，可以由周圍將其冷卻結凍。有大型安裝型和桌上型，每次的完成量和時間，會依製品而不同。也有針對家庭用的，將容器放在冷凍庫中冷卻，放進材料後，裝上攪動的葉片，邊以電動攪打邊使其結凍的方法。

Sorbets
雪酪

雪泥。基本上不使用乳製品和雞蛋，在果汁、果泥中加入糖漿等，以提高糖度，利用攪拌使其飽含空氣同時使其凍結。口感較冰淇淋粗，但比冰沙更滑順。

Sorbets au citron

檸檬雪酪

材料

水 250ml 250ml d'eau
細砂糖 120g 120g de sucre semoule
麥芽糖 30g 30g de glucose
檸檬汁 300ml 300ml de jus de citron
安定劑 5g 5g de stabilisateur
細砂糖 5g 5g de sucre semoule

1

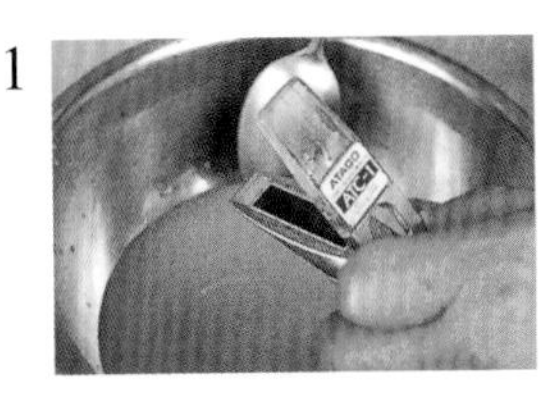

2

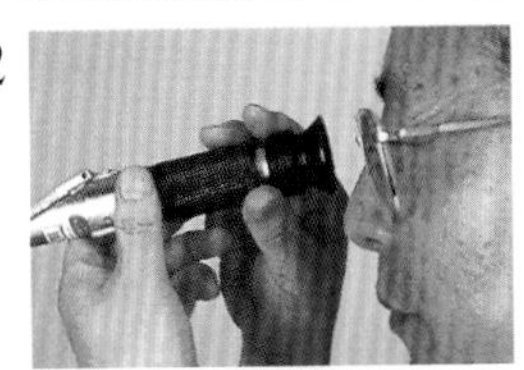

3

4

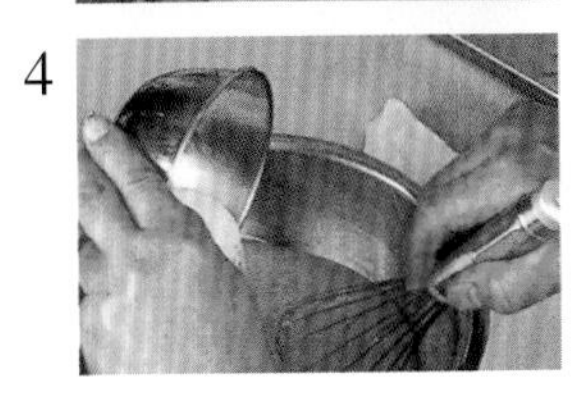

5

6

①量測檸檬汁的糖度。在屈光糖度劑的玻璃兩面均等薄薄地塗上檸檬汁。

②蓋上蓋子，將其朝向明亮處地讀取刻度。
＊檸檬的糖度，大約是8%左右。

③在水中煮溶120g的細砂糖，製作糖漿，將其冷卻至20℃（糖度約58%）。在檸檬汁中加入糖漿、麥芽糖混拌。
＊調整糖漿的用量，使調整完成時的糖度約為26～28%。必要的糖漿用量標準，可參考Pearson的square法。

④將安定劑和5g的細砂糖混拌，撒入③之中，使其溶化。
＊於此放置上一天，即可產生稠濃狀，並使味道溫和。

⑤放入冰淇淋機當中，攪打凍結。

⑥完成。將其盛放在捲筒餅上。

Pearson的square法

調節糖度時相當方便的計算方法。也可以用於調節乳脂肪或酒精濃度時。

想要混合糖度A%和B%的物質，製成C%的時候，C的數值則為對角線之交點，四角形如下之畫法。D和E，分別填入並排於對角線上%數值，由大減小之相減所得的數字。
以這個圖為基本，由以下的公式，相對於A%的液體量，可以計算出B%的液體所需之用量（要求取之B%之液體量為X）。

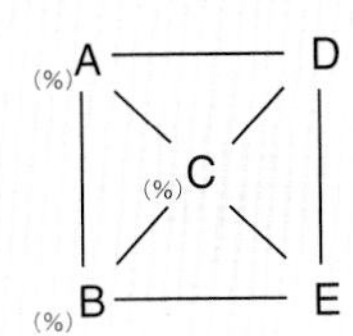

（A和C、B和D，以大的數值減去小的數值）

A－C＝E
C－B＝D

$X\ (ml) = A\%\text{的液體量}\ (ml) \times \frac{E}{D}$

例）在糖度10%的柳橙汁600ml中，添加糖度60%的糖漿，成為糖度30%時，那麼要加多少糖漿呢？

柳橙汁的糖度為A、糖漿的糖度為B
E＝C－A＝30－10＝20
D＝B－C＝60－30＝30
X＝600×20÷30＝400
那麼，糖漿加入400ml即可。

Sorbets à la framboise
覆盆子雪酪

材料
覆盆子的純果汁 500g 500g de purée de framboise
糖漿（溫度補償濃度30%） 250g 250g de sirop
檸檬汁 20ml 20ml de jus de citron
安定劑 3g 3g de stabilisateur
細砂糖 3g 3g de sucre semoule

覆盆子
英文稱之為raspberry。是薔薇科的灌木木莓類之果實，雖然有黑色或紫色的種類，但主要指的是紅色果實的種類。小小的粒狀果實結集成直徑2cm之聚合果實，成熟時中央會形成空洞。風味甘甜，新鮮的果實具有香氣。果肉柔軟不利保存，所以經常是直接冷凍或製成純果汁後冷凍來加以利用。也常製成果醬。還有利用覆盆子製成的白蘭地或利口酒。

①將覆盆子的純果汁、糖漿以及檸檬汁混拌均勻。
＊純果汁是將新鮮或冷凍的覆盆子以果汁機攪打後過濾。另外，也可以使用市面上販售之純果汁（→P.334）。
②將安定劑與砂糖混拌。
③將②撒入①當中，使其溶化。
④放入冰淇淋機中攪打凍結。

Sorbets à la mangue
芒果雪酪

材料
芒果 4個 4 mangues
檸檬汁 jus de citron
糖漿（溫度補償濃度30%） 約350ml 350ml de sirop
安定劑 5g 5g de stabilisateur
細砂糖 5g 5g de sucre semoule

芒果
是漆科的喬木果實。果肉黏且柔軟，具有強烈的甜味和濃重的香味。輸入至日本的，大都是以墨西哥產的蘋果芒果（照片左）和菲律賓產的Pelican Mango（照片右）為主。蘋果芒果為圓形，成熟後果皮會變紅，果肉為橙色。Pelican Mango為扁平狀，果肉、果板都是黃色。中間有著扁平而大的果核，可以用切魚的要領將果核及果肉分切成三片。

①將芒果的果肉放入果汁機，加入檸檬汁攪打成純果汁。
②放入缽盆中，加入糖漿，以檸檬汁來調味。
③將安定劑與砂糖混拌。
④將③撒入②當中，使其溶化。
⑤放入冰淇淋機中攪打凍結。

Sorbets à l'orange
柳橙雪酪

材料
柳橙果汁（溫度補償濃度10%） 1公升 1 litre de jus d'orange
細砂糖 200g 200g de sucre semoule
檸檬汁 40ml 40ml de jus de citron
安定劑 20g 20g de stabilisateur
細砂糖 20g 20g de sucre semoule

柳橙
柑橘科的柑橘類。瓦倫西瓦橙（Valencia orange）和臍橙都被認為是navel orange的代表品種。其他義大利及西班牙，栽植大多的是血橙。柳橙是在15世紀時，由熱內亞及西班牙商人，將其由阿拉伯諸國傳進歐洲的，但直至近世，都還是很奢侈的高級水果，常被當成是餐桌的裝飾及饋贈之答禮。

①在柳橙果汁中加入200g細砂糖及檸檬汁。
②將安定劑與砂糖混拌，撒入①當中，使其溶化。
③放入冰淇淋機中攪打凍結。

關於漿果

漿果，在較多果汁的果實（漿果）種類中，特別指的是果實小顆的漿果。以前是利用在山野間野生的果實，但現在多半都是栽植的了。除了可生食之外，也常被運用於塔派、糖煮、果醬以及水果軟糖等，同時也是利口酒及白蘭地的原料。顏色美麗，形狀可愛，所以做為糕點的裝飾也非常具有視覺效果。

〔　〕內為英文／法文名稱之順序

薔薇科

<草莓>

〔strawberry／fraise〕

請參考P.39。

<野草莓（早田氏草莓、歐洲草莓）>

〔wildstrawberry／fraise des bois〕

果實小具有香氣。乾燥的葉子可用於花草茶。雖然原本為野生的品種，但現在也有栽植。

<木莓>

〔覆盆子raspberry／framboise〕

屬於木莓屬，當果實成熟時會自花托上掉落，中間會形成中空。

〔黑莓blackberry／mûre（mûre sauvage）〕

屬於木莓屬，和覆盆子不同，果肉可以連同花托一起從花莖上摘下。最初為紅色，但成熟後變黑，果肉也更紮實。

〔露莓dewberry〕

在黑莓類當中，是較低矮藤蔓類的植物。比黑莓更大一圈。

*是由美國將覆盆子和黑莓配種，栽植出來的品種，還有loganberry、boysenberry、tayberry等。

桑科

<桑椹>

〔mulberry／mûre〕

有著和黑莓十分類似的紫黑色果實。酸度較低具甜味。

杜鵑花科

<越橘>

〔blueberry／bilberry／mytrille／airelle myrtille〕

法文當中myrtille，指的就是山桑子bilberry。是杜鵑科蔓越橘屬的小灌木，彿彷青豆大小的果實，是酸味強烈的青紫色。可以直接食用，也被用於果醬或塔派當中。在歐洲是山桑子，而在美國北部，有著野生種的矮叢藍莓和高叢藍莓。高叢藍莓系被改良成為主要品種，有著較大顆的藍莓果實。法國產的冷凍藍莓是小顆粒且中間為紅色的品種。

<蔓越莓>

〔Cranberry／canneberge〕

原產於美國北部的溼地。是鮮艷的紅色蛋型果實，因酸味較重，因此幾乎不直接食用，會加工成果醬或果汁。也使用於料理之中，特別是感恩節及烘烤耶誕節火雞大餐時，蔓越莓醬是不可或缺的。

〔cowberry／mountain cranberry／airelle rouge〕

是野生於在法國東部、德國以及北歐等地的蔓越莓之近親。多做成果醬。

醋栗

*依植物學的分類法中，屬於虎耳草科。

<紅醋栗>

〔redcurrant／groseille〕

英文稱之為Currant，是因為其細粒果實的形狀如葡萄，因而命名的。直徑數釐米的圓形紅色果實，是由7～10粒的小果粒所聚合而成。果汁豐富。雖然也可以生食，但因含大量的檸檬酸，所以酸味較強烈。也因其含有豐富的果膠，所以也常被做成果醬。還常做成果汁或成為利口酒的材料。紅醋栗的近親中，還有果實顏色為白色的白醋栗，比紅醋栗更具甜味。

〔黑醋栗 blackcurrant／cassis（froseille noire）〕

黑色小而纍纍的果實，果汁豐富氣味芳香。以法國勃艮地為主要產地。用於糕點和果醬。另外黑醋栗的利口酒產量也相當大，用白葡萄酒兌上黑醋栗酒的「Kir」就是很有名的餐前酒。

<醋栗>

〔gooseberry／grodeille à maquereau〕

果實較紅醋栗大，有略帶紫色和略帶綠白色的品種。在法國主要栽植在洛林地區等地方，但荷蘭和英國也有大量栽植。常被使用在鯖魚料理（maquereau）中的酸甜醬汁，所以在法國也被稱為grodeille à maquereau。

Granité aux pêches
紅酒桃冰沙

冰沙的一種，是添加了果汁、咖啡、酒類等風味的低糖度糖漿，放入冷凍庫中凍結而成的。冷凍過程中，必須用叉子將其攪散數次，使其可以凍結成冰糖般的粒狀冰沙。

Granité，在法文中是花崗岩般「具顆粒狀態」的意思，也同時是冰沙質感的表現。

材料

桃子 5個 5 pêches

紅葡萄酒 500ml 500ml de vin rouge

水 500ml 500ml d'eau

細砂糖 400g 400g de sucre semoule

香草莢 1根 1 gousse de vanille

檸檬汁 20ml 20ml de jus de citron

薄荷葉（裝飾） menthe

1

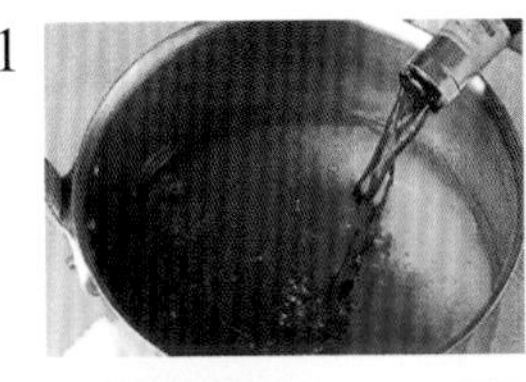

2

3

4

5

6

7

8

預備動作

・將桃子的皮汆燙剝除。在桃子的表皮上劃上十字形，用熱水汆燙並立即浸泡至冰水中，剝除桃子皮。

製作糖煮桃子

① 在銅鍋中加入水、紅葡萄酒、細砂糖、檸檬汁以及香草莢，煮至沸騰。

② 放入剝好皮的桃子。

③ 蓋上紙蓋（中央處剪了圓孔的紙張），以小火熬煮至桃子煮軟爲止。將桃子浸泡在煮汁中，蓋著紙蓋放涼。

＊試著以竹籤戳刺看看，能輕易刺穿時表示已經煮軟了。

④ 經過一夜的浸泡後，取出桃子。

製作冰沙

⑤ 將桃子的煮汁薄薄地倒入方型淺盤中。

＊在煮汁中加入水份（礦泉水也可以）調整至溫度補償濃度25%。糖度不足時，可以添加砂糖或糖漿來調整。

⑥ 放入冷凍庫中，待其凝固後用叉子將其攪散混拌。

⑦ 再度放入冷凍庫中，待其凝固後，再次用叉子將其攪散混拌。重覆數次至成爲細密的冰沙爲止。

⑧ 將其冰凍至成冰霰狀。即告完成。盛放在玻璃杯中，上面擺放糖煮桃子，並以薄荷葉裝飾。

Parfait
冰淇淋凍糕

在冰淇淋之前就被製作出來的冰凍點心當中，以炸彈麵糊為基底，加上打發的鮮奶油凍結而成的點心，冰淇淋凍糕就是其中之一。另外，將凍糕等冰凍點心之基底添加各式各樣風味，或是以蛋白霜及海綿蛋糕等麵糰組合，再倒入模型放進冷凍庫的凝固點心，都稱之為entremets glacés。

Parfait的鮮奶油比例很高，並且因為不使用冰淇淋機來製作，所以比起冰淇淋會更硬更結實，也可以漂亮地切分下來，很適合應用於餐後甜點。

材料　直徑16cm的凍糕模1個的分量

炸彈麵糊 pâte à bombe
- 蛋黃 120g 120g de jaunes d'œufs
- 細砂糖 90g 90g de sucre semoule
- 水 30ml 30ml d'eau

鮮奶油（乳脂肪成分45%） 400ml 400ml de crème fraîche

香草莢 1根 1 gousse de vanille

鮮奶油香醍 crème chantilly（→P.163）
- 鮮奶油（乳脂肪成分45%）200ml 200ml de crème fraîche
- 細砂糖 20g 20g de sucre semoule

薄荷葉（裝飾）menthe

蛋白霜花飾（瑞士蛋白霜、裝飾）fleur de meringue （meringue au suisse）（→P.182）

杏仁海綿蛋糕（直徑16cm1片）biscuit Joconde（→P.69）

1

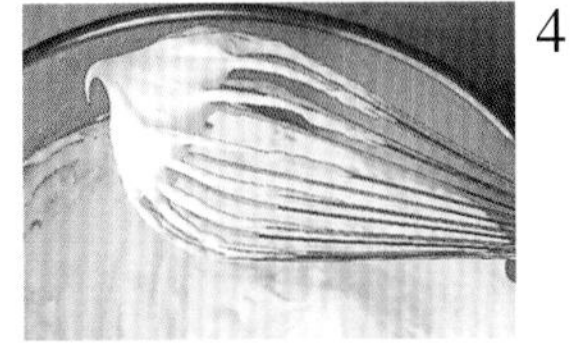
4

2

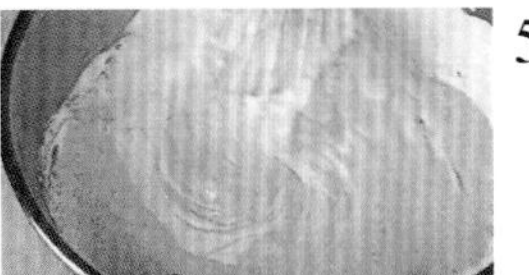
5

3

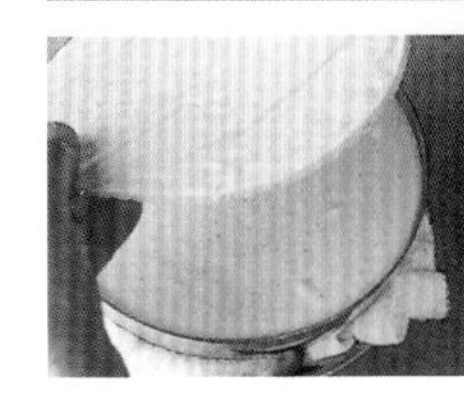
6

製作炸彈麵糊

①在鍋中加入細砂糖和水，加熱，熬煮至115℃。在熬煮時，將香草莢縱向切開，刮出香草籽，加入蛋黃攪拌。

②將蛋黃攪打至顏色泛白變膨脹，糖漿熬煮完成時，將熱糖漿逐次少量地加入蛋黃中，攪拌至完全冷卻。

③完成時，就是炸彈麵糊。

將炸彈麵糊與鮮奶油一起拌合

④將鮮奶油打發至與炸彈麵糊相同之硬度。
＊打發至拉起的尖角呈柔軟的捲曲狀。

⑤在鮮奶油中加入炸彈麵糰拌混。

組合

⑥將材料倒入模型中，再覆上杏仁海綿蛋糕，之後以保鮮膜將其包妥，放進冷凍庫內冷凍凝固。
＊使用凍糕用的半球形模型（彈型模）。

完成

將模型浸在流動的水中，確認凍糕可以脫模後，覆上盤子倒扣，脫模。擠出鮮奶油香醍，用薄荷、香草莢以及瑞士蛋白霜製成的蛋白霜花裝飾（將蛋白霜著色，擠出花的形狀後烘烤至乾燥爲止）加以裝飾。
＊脫模時，用熱水浸泡，會使凍糕溶化出來，使空氣無法進入模型和凍糕之間，因而變得更難以脫模。

Soufflé glacé au Grand Marnier
香橙甜酒舒芙蕾凍糕

模仿熱甜點中的舒芙蕾形狀，將材料填入超過舒芙蕾模型之高度，放進冷凍庫中冷卻凝固的餐後冰凍點心。在炸彈麵糊中加入打發的鮮奶油製成，但口感更綿細輕盈，有舒芙蕾的感覺。

材料　直徑15cm、高8cm的舒芙蕾模型1個的分量

炸彈麵糊 pâte à bombe

- 蛋黃 80g 80g de jaunes d'œufs
- 水 50ml 50ml d'eau
- 細砂糖 50g 50g de sucre semoule

香橙甜酒風味之無糖鮮奶油 crème fouetée au Grand Marnier

- 鮮奶油（乳脂肪成分47%） 500ml 500ml de crème fraîche
- 香橙甜酒 50ml 50ml de Grand Marnier

義式蛋白霜 meringue italienne

- 蛋白 120g 120g de blancs d'œufs
- 水 50ml 50ml d'eau
- 細砂糖 150g 150g de sucre semoule

巧克力（裝飾） chocolat

1

2

3

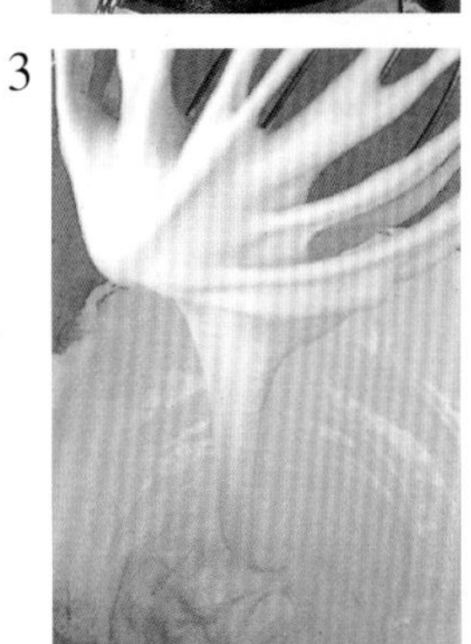

4

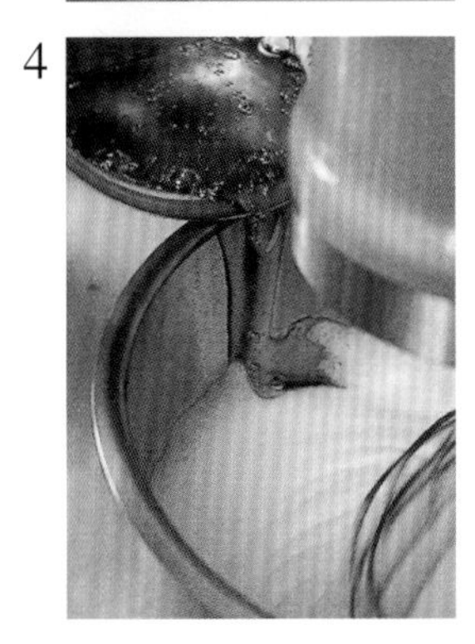

5

6

7

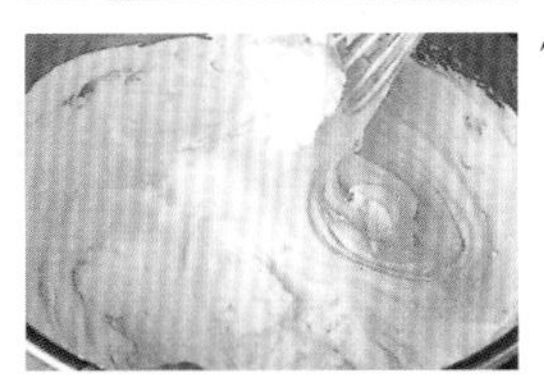

8

模型的準備

將比烤盅更高幾公分的寬形慕斯膠模捲起加在模型上。

製作炸彈麵糊

①在水中加入細砂糖煮至沸騰，製作糖漿。將蛋黃放入缽盆中，加入糖漿，以即將沸騰的熱水隔水加熱。因周圍會開始凝固，所以要不時地攪動混拌均勻，並將溫度保持在83℃。

＊水和砂糖比例為1：1的糖漿，常用於塗抹後使其滲入糕點表面，因此是糕點店中必備的材料。如果有已經準備好的材料時，請溫熱後使用。

②過濾（→passer），以糕點專用攪拌器mélangeur攪拌至打發。

③待攪打成顏色泛白膨脹，攪打至回復至常溫。

製作義式蛋白霜

④邊逐次少量地在蛋白中加入熬煮至117℃的糖漿，邊將其均勻混拌。

完成冰凍舒芙蕾的阿帕雷蛋奶液

⑤製作香橙甜酒風味的無糖鮮奶油。將鮮奶油打至稍稍起泡（→fouetter），加入香橙甜酒混拌。

⑥在炸彈麵糊中加入⑤混拌均勻。

⑦在⑥當中加入義式蛋白霜，使其完全溶而爲一地完成阿帕雷蛋奶液。

⑧將其倒入模型中，平整表面後放入冷凍庫冰凍固定。

＊有時一旦凍結後，中央就會沈陷下去。此時，可以加入剩餘的阿帕雷蛋奶液，再冷凍固定即可。

＊在這裡，用巧克力做成的蝴蝶結加以裝飾。

Nougat glacé
牛軋糖雪糕

外觀及風味都類似牛軋糖之雪糕。搭配了蜂蜜風味的蛋白霜及鮮奶油，再加上水果乾及堅果，冰凍製成的。

材料　20×8cm、高6cm的模型2個
蛋白　120g　120g de blancs d'œufs
蜂蜜　200g　200g de miel
鮮奶油（乳脂肪成分47%）700ml　700ml de crème fraîche
糖漬櫻桃　50g　50g de bigarreaux confits
葡萄乾　50g　50g de raisins secs
糖漬柳橙皮　50g　50g d'écorce d'orange confite
櫻桃酒　100ml　100ml de kirsch
開心果　25g　25g de pistaches
焦糖杏仁　amandes caramélisées
- 杏仁果　100g　100g d'amandes
- 水　25ml　25ml d'eau
- 細砂糖　75g　75g de sucre semoule
- 奶油　10g　10g de beurre

杏仁海綿蛋糕　biscuit Joconde （→P.69）
開心果風味的英式奶油醬 crème anglaise à la pistache
- 牛奶　250ml　250ml de lait
- 蛋黃　60g　60g de jaunes d'œufs
- 開心果泥　80g　80g de pâte de pistache

薄荷葉（裝飾）menthe
巧克力（裝飾）chocolat

1

4

2

5

3
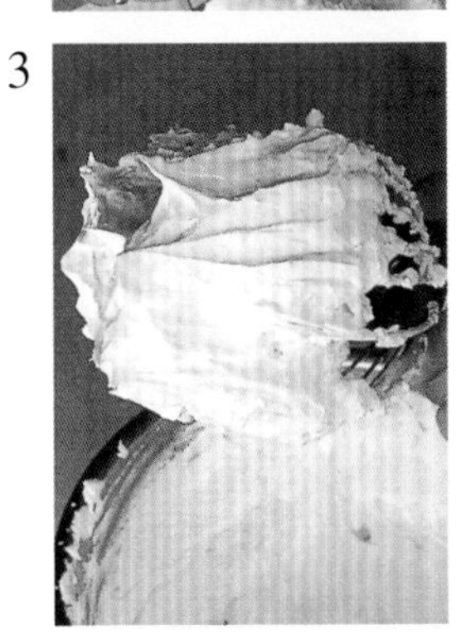
6

預備動作

・將糖漬櫻桃、葡萄乾、糖漬柳橙皮切成相同大小之塊狀，以櫻桃酒醃泡。
・將開心果汆湯剝皮，切成同樣大小。
・焦糖杏仁果也切成同樣大小。

①在鍋中放入蜂蜜，熬煮至130℃。
②在缽盆中放入蛋白，稍稍打發（→fouetter）。少量逐次地將①的蜂蜜加入，並打發。
③繼續攪拌至溫度降低，製成硬且紮實的蛋白霜。
④將鮮奶油稍稍打發。
⑤在③的蛋白霜中加入④的鮮奶油，使其能完全拌勻地少許漸次加入。
⑥加入切碎的糖漬櫻桃、葡萄乾、柳橙皮、開心果以及焦糖杏仁果，大略地拌勻。

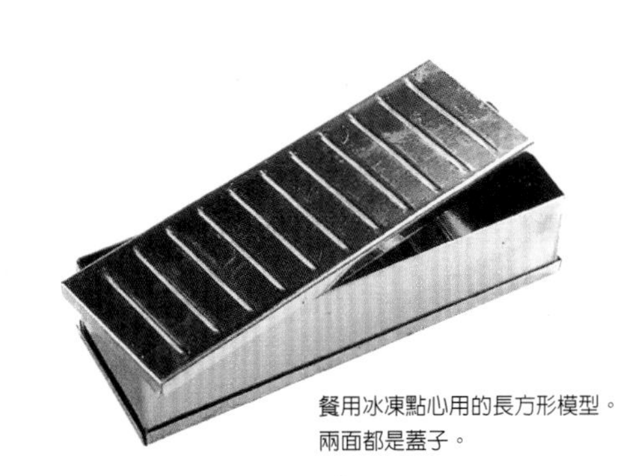
餐用冰凍點心用的長方形模型。
兩面都是蓋子。

7

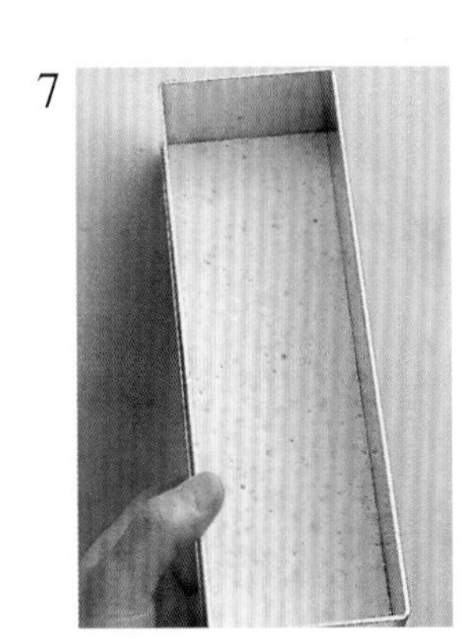

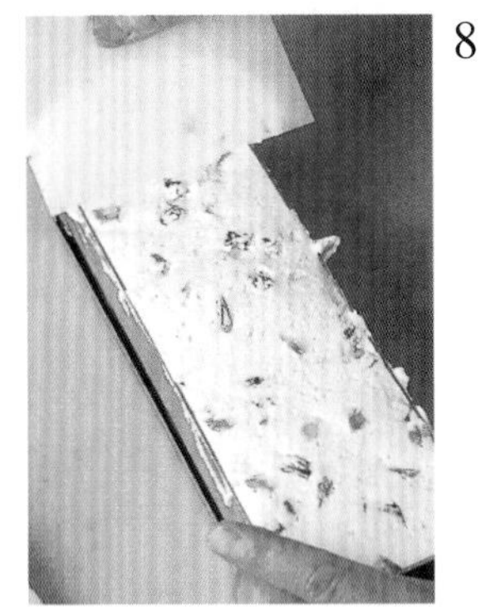

8

⑦在模型底部舖放上杏仁海綿蛋糕。

⑧放入⑥的材料，平整表面。蓋上保鮮膜放在冷凍庫冰凍固定。

＊至少要靜置一個晚上。

完成

脫模盛盤，放上薄荷葉及巧克力加以裝飾。並附上開心果風味的英式奶油醬。

＊用泡了熱水擰乾的毛巾，輕輕地在模型周圍按壓，由下彷彿向上推擠地脫模。若使用的是底部固定的模型時，在模型的底部用流動的水稍稍沖一下，即可溶化牛軋糖雪糕而將其脫模。牛軋糖雪糕及冰淇淋凍糕都是含有大量鮮奶油的冰凍點心，因此用熱水隔水加溫時，鮮奶油會溶出模型，而使得空氣無法進入，反而會更不容易脫膜。

1

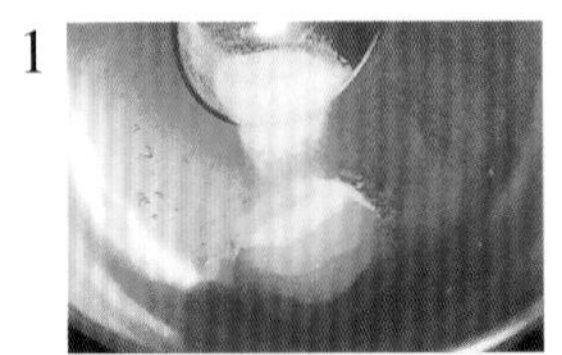

2

3

4

5

6

7

8

〔焦糖杏仁的製作方法〕

①在銅製的缽盆中加入水及細砂糖。

②加入用烤箱稍加烘烤過之杏仁果。

③以小火慢慢地熬煮。

④將糖漿熬煮至呈黏稠的狀態（117℃）後，熄火，繼續混拌。

⑤在混拌時，杏仁果周圍的糖漿會糖化（砂糖結晶而變成白色）。

⑥再度加熱，糖化了的砂糖再度溶化，成爲焦糖與杏仁果混拌。

⑦離火，加入奶油拌勻。

⑧將杏仁果一顆顆均勻地攤在烤盤上，放涼。放涼後切成與開心果相同的大小。

〔製作開心果風味的英式奶油醬之方法〕

將蛋黃和開心果泥混合攪拌，逐次少量地加入沸騰的牛奶，拌勻。加熱熬煮至83℃，過濾至以冷水冰鎮的缽盆中使其冷卻。

開心果泥

碾磨開心果製成的膏泥狀製品。有烘烤後碾磨的，也有添加了砂糖、油脂及著色料等，依製品不同而風味及顏色也各不相同。

第10章

迷你花式小點心

Petits fours

新鮮迷你花式點心 Petits fours frais

杏仁瓦片餅 Tuiles aux amandes

蕾絲瓦片餅 Tuiles dentelles

卡蕾多爾 Galettes bretonnes

雪茄餅 Cigarettes

葡萄乾小圓餅 Palets aux raisins

將軍權杖餅 Bâtons maréchaux

椰子球 Rochers aux noix de coco

南錫蛋白杏仁圓餅 Macarons de Nancy

軟式蛋白杏仁餅 Macarons mous

關於迷你花式小點心

完成時之大小為一口的糕點，稱之為迷你花式小點心。起源由Antonin Carême（1783～1833年。法國廚師、糕點師傅），在烘烤了大型餐後甜點之後，利用餘溫烘烤出來的，故以此命名（petits小的、four烤箱）的。

迷你花式小點心，可以大略區分為迷你花式餅乾 petits fours secs（secs：乾的）和新鮮迷你花式點心petits fours frais（frais：新鮮的）。

將麵糰放入烤箱中，烘烤成一口大小的小點心、蛋白杏仁甜餅、餅乾等，就都稱之為petits fours secs。petits fours frais是把像閃電泡芙般的點心，縮小成一口大小地製成，或是小蛋塔模上及蛋糕中夾上鮮奶油等作為一口大小，最後再用風凍澆淋在表面上成為小點心鏡面就是 petits fours glacés。

其他，使用了糖漬水果和糖杏仁膏做的水果杏仁糖Fruits déguisés，或是用糖杏仁膏烘烤成的petits fours déguisés，但一般而言，這些大多會被分類至糖果。

迷你花式小點心，會在套餐料理結束、上了甜點之後，被放在桌上，讓大家可以邊飲用咖啡邊自由取用。

Petits fours frais

新鮮迷你花式點心

迷你花式小點心當中，相當於新鮮蛋糕一樣無法保存很多天的，就是新鮮迷你花式點心Petits fours frais。在此介紹的是，以揉搓的派皮製成比一般小塔更小，可以一口食用的塔盒，在其中填裝上奶油餡，用風凍等澆淋在上面，最後再以小點心鏡面petits fours glacés完成的新鮮迷你花式點心的各種變化。

＊frais〔adj〕生的。
＊glacé〔adj〕澆淋上糖衣。

Bateaux chocolat
船型巧克力小點心

＊bateau〔m〕船

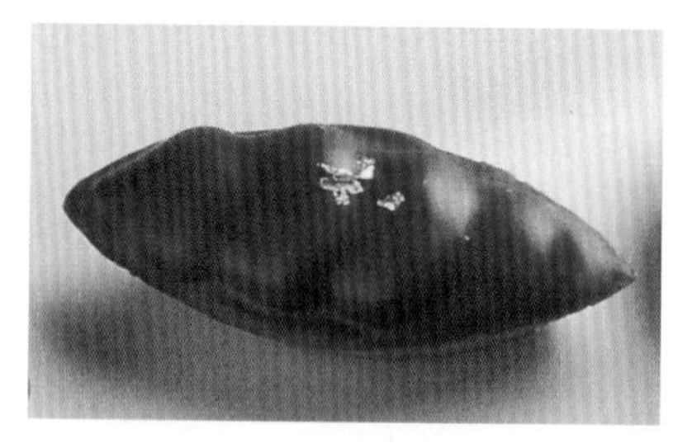

材料
甜酥麵糰 pâte sucrée（→P.104）
杏仁奶油餡 crème d'amandes（→P.106）
甘那許 ganache（→P.65）
巧克力風凍 fondant chocolat（→P.175）
金箔（裝飾）feuille d'or

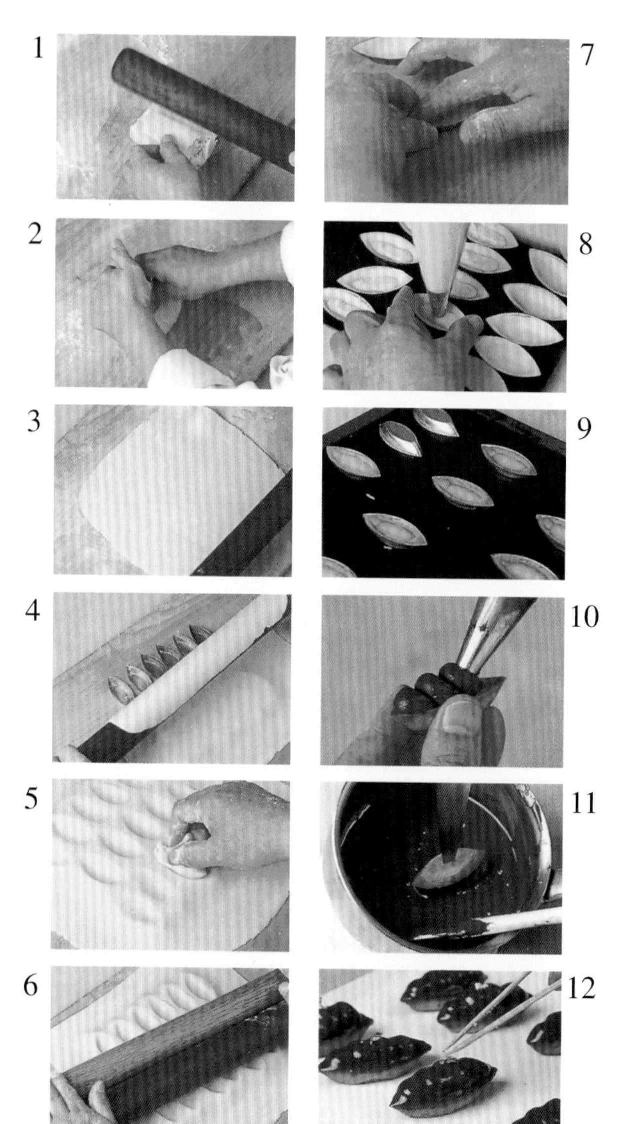

①從冷藏庫中取出甜酥麵糰（基本配比的1/2），用擀麵棍輕敲以節調硬度。
②輕輕地將其重新揉成四角形。
③邊撒上手粉，邊以擀麵棍將其擀壓成約40×40cm，約2mm厚的麵皮（→abaisser）。
④將小花式模型（型狀：船型）各以適當的間隔並排，以擀麵擀捲起麵皮地蓋在模形上（約17個）。
⑤在麵糰表面撒上手粉，用小刷子輕壓地將麵皮按壓至模型中。模型邊緣的部分，則以拍打了手粉的圓形道具，使麵皮能與模型貼合。
⑥轉動兩枝擀麵棍，將多餘的麵皮沿著模型邊緣切下（→ébarber）。
⑦用手指按壓，使麵皮與模型能完全貼合（→foncer）。
⑧擠入杏仁奶油餡。
＊擠入太多時，烘烤後會膨脹起來，所以不要擠入太多。
⑨放入預熱180℃的烤箱中烘烤。烘烤完成時，將模型翻面使其表面平整。脫模，放在網架上冷卻。
⑩用直徑9mm圓形擠花嘴douille unie，將甘那許擠成四個山形。放在冷藏庫冷卻固定一個晚上。
⑪用刀尖刺入底部，將表面絞擠成山形的甘那許部份，浸在調整過硬度及溫度的巧克力風凍裡，邊上下輕輕地晃動邊將其輕輕地提起，讓多餘的巧克力風凍可以滴落下來。
⑫用金箔裝飾，放至固定爲止。

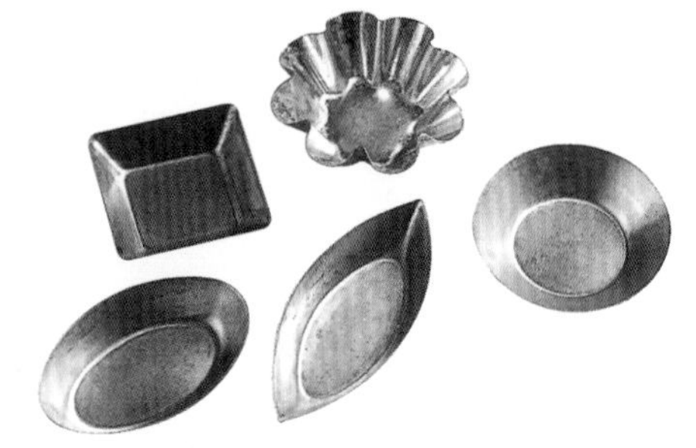

花式迷你模型 moule à petits fours
比小塔模更縮小的迷你模型。有圓形、四角形、船形及菱形等各式各樣的型狀。如果能有某個程度的數量時，就很方便利用了。

Barquettes aux marrons
船型栗子小點心

＊ barquette〔f〕小船

材料

甜酥麵糰 pâte sucrée
杏仁奶油餡 crème d'amandes
栗子奶油餡 crème au marron（→P.186）
- 栗子泥 225g 225g de pâte de marron
- 奶油 60g 60g de beurre
- 蘭姆酒 15ml 15ml de rhum

風凍 fondant
巧克力風凍（裝飾）fondant chocolat
巧克力薄片（裝飾）plaquette de chocolat

①將甜酥麵糰舖在花式迷你模型的船型模中（→foncer），再填入杏仁奶油餡烘烤。

②待稍降溫後，用栗子奶油餡擠成隆起的山形。放在冷藏庫一夜冷卻固定。

＊在模型的邊緣以相同角度的抹刀整平其形狀。

③在表面覆上調整過溫度及硬度的風凍。在中央處用巧克力風凍劃上線條，裝飾上巧克力薄片。

Marrons
栗子塔

＊ marron〔m〕栗子

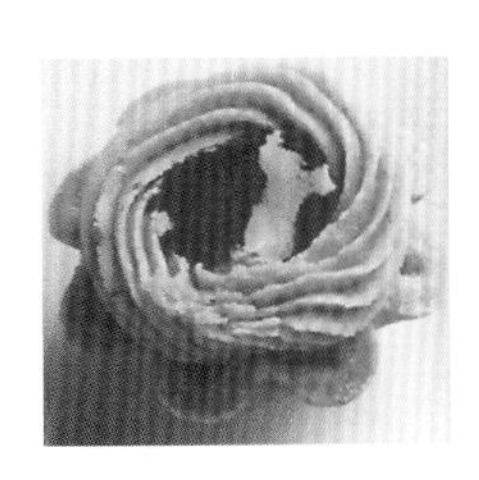

材料

甜酥麵糰 pâte sucrée
杏仁奶油餡 crème d'amandes
栗子奶油餡 crème au marron
紅醋栗果醬 confiture de groseille

①將甜酥麵糰舖在花式迷你模型（小塔模）中（→foncer），再填入杏仁奶油餡烘烤。

②待稍降溫後，用裝有星形擠花嘴douille cannelée的擠花袋將栗子奶油餡擠成圈狀（→dresser）。

③栗子奶油餡的中間擠入紅醋栗（Red currant）的果醬。

Mokas
摩卡小蛋糕

＊moka〔m〕咖啡豆的品種名稱。以重度烘焙的咖啡豆煮出來的咖啡製成，是咖啡風味的蛋糕。由阿拉伯半島的葉門共和國之Moka港而得名。

材料

甜酥麵糰 pâte sucrée
杏仁奶油餡 crème d'amandes
奶油餡 crème au beurre（→P.60）
咖啡風凍 fondant de café（→P.175）
巧克力咖啡豆（裝飾）grain de café

①將甜酥麵糰舖在花式迷你模型（正方形）中（→foncer），再填入杏仁奶油餡烘烤。

②待稍降溫後，用奶油餡填裝成金字塔形狀。放在冷藏庫一夜冷卻固定。

＊用抹刀以相同角度地將其切齊，調整形狀。

③在表面覆上調整過溫度及硬度的咖啡風凍，裝飾上巧克力咖啡豆。

Hérissons
甘那許可可塔

＊hérisson〔m〕刺蝟

材料
甜酥麵糰 pâte sucrée（→P.104）
杏仁奶油餡 crème d'amandes（→P.109）
甘那許 ganache（→P.65）
可可粉 cacao en poudre
金箔（裝飾）feuille d'or

①將甜酥麵糰舖在花式迷你模型（小塔模）（→foncer）中，再填入杏仁奶油餡烘烤。
②待稍降溫後，填入甘那許，以抹刀做出直立的角度。放在冷藏庫冷卻固定。
③撒上可可粉、散放上金箔。

Fraises
草莓塔

＊fraises〔f〕草莓

材料
甜酥麵糰 pâte sucrée
杏仁奶油餡 crème d'amandes
卡士達奶油餡 crème pâtissière（→P.40）
香橙甜酒 Grand Marnier
覆盆子果醬液 gelée de framboise
草莓 fraise
開心果（裝飾）pistaches

①將甜酥麵糰舖在花式迷你模型（圓形）中（→foncer），再填入杏仁奶油餡烘烤。
②待稍降溫後，在表面中央擠入卡士達奶油餡（添加了香橙甜酒風味），放上草莓。
③在草莓上塗上覆盆子果醬液（不含固體成分的果凍狀果醬），放上開心果裝飾。

Confits
糖漬小點心

＊confits〔m〕糖漬

材料
甜酥麵糰 pâte sucrée
杏仁奶油餡 crème d'amandes
糖漬水果 fruits confits
風凍 fondant
開心果（裝飾）pistaches

①將甜酥麵糰舖在花式迷你模型（橢圓形）中（→foncer），再填入杏仁奶油餡烘烤。
②待稍降溫後，放上切碎的糖漬水果，覆上調整了硬度和溫度，染成了粉紅色的風凍，再放上開心果裝飾。

petits fours frais

新鮮迷你花式點心

Tuiles aux amandes

杏仁瓦片餅

是迷你花式餅乾（petits fours secs）的一種。雖然也可以直接食用，但大部份都被用來搭配冰淇淋或雪酪冰沙等。不僅做爲裝飾，還可以緩和冰品的冰涼、增加口感的變化。

＊tuile〔f〕瓦、瓦狀餅乾。

材料　直徑5～6cm的大小 約40片
低筋麵粉 30g 30g de farine
細砂糖 75g 75g de sucre semoule
鹽 1g 1g de sel
蛋白 60g 60g de blancs d'œufs
奶油 25g 25g de beurre
香草精 extrait de vanille
杏仁片 75g 75g de d'amandes effilées
奶油（模型用）beurre

1

2

3

4

5

6

預備動作

・以200℃預熱烤箱。
・在烤盤上塗抹奶油。
・25g奶油以隔水加熱方式溶化（→bain-marie）。
・低筋麵粉過篩備用。

①將低筋麵粉、細砂糖和鹽一起混拌，加入打散的蛋白拌勻。

②加入溶化的奶油，將其混拌成滑順狀態後，加入香草精。

③加入杏仁薄片混拌均勻，暫時靜置於常溫之下。

④將麵糰以湯匙舀起，各以一大匙的大小，放置在塗了奶油的烤盤上。

⑤用沾了水的叉子將麵糰攤平成直徑6cm大小的圓形。
＊將其攤薄至可以隱約看得到烤盤的程度。即使麵糰間留有空隙也沒關係。

⑥用200℃的烤箱，將全體烘烤至全部變成烘焙色。烘烤完成後，以三角刮板palette triangle將烘烤好的麵糰由烤盤上取下，趁著高溫柔軟時，將其與烤盤接觸面朝上地壓入瓦片模當中，使其成形，再將其冷卻。

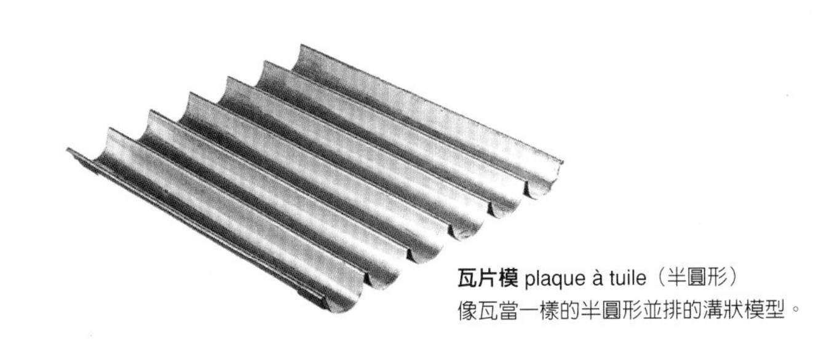

瓦片模 plaque à tuile（半圓形）
像瓦當一樣的半圓形並排的溝狀模型。

Tuiles dentelles
蕾絲瓦片餅

因爲餅上有許多細小的孔洞，正如蕾絲之名般纖細的迷你花式餅乾。

＊dentelles〔f〕蕾絲。蕾絲狀的東西。

材料　直徑5～6cm的餅乾　約20片
細砂糖　25g　25g de sucre semoule
紅砂糖　25g　25g de sucre brun
水　25ml　25ml d'eau
低筋麵粉　25g　25g de farine
奶油　25g　25g de beurre
杏仁碎粒　25g　25g d'amandes hachées
奶油（烤盤用）beurre

1
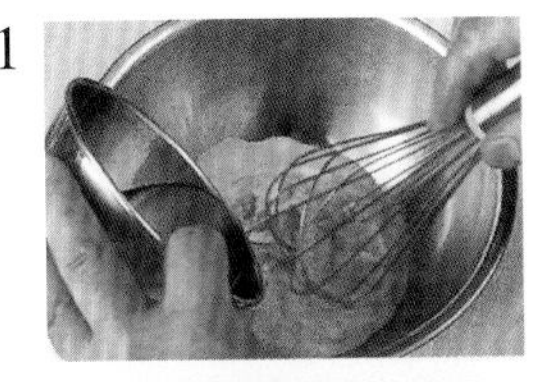

2
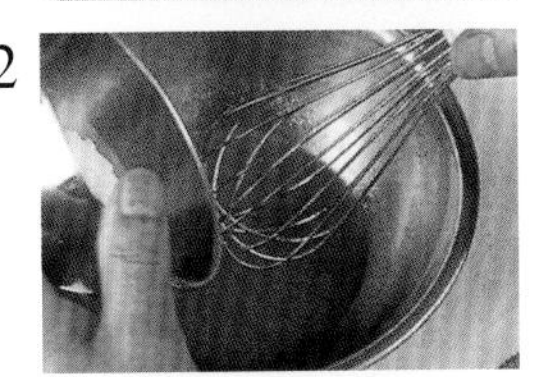

3
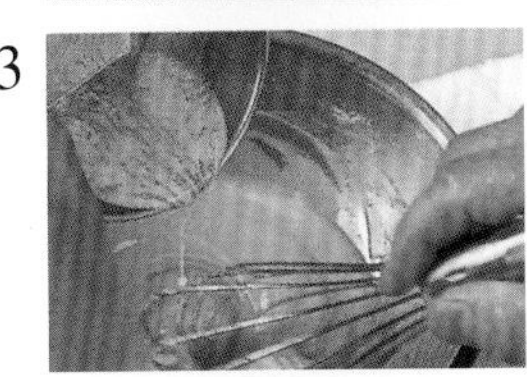

4

5
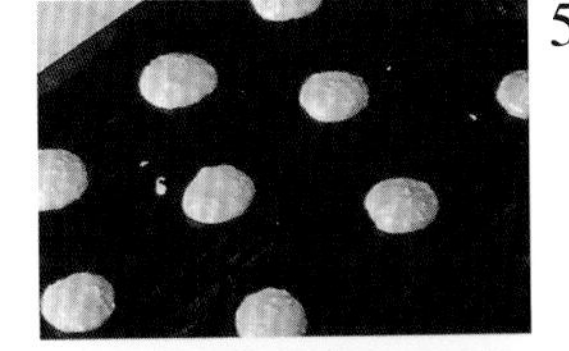

6

7
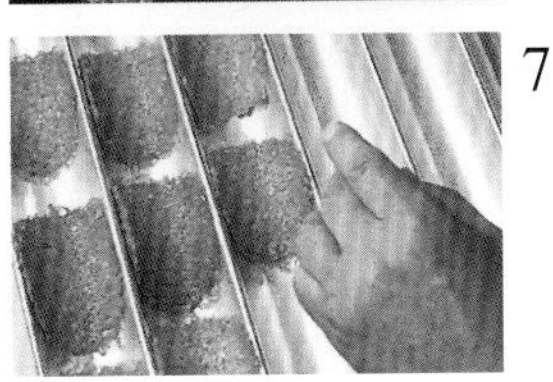

預備動作

- 低筋麵粉過篩（→tamiser）。
- 以隔水加熱地溶化25g奶油（→bain-marie）。
- 用200℃預熱烤箱。
- 在烤盤上塗抹奶油。

①混合白砂和紅砂糖，加水使其溶化。
②加入低筋麵粉混拌至滑順狀態。
③加入溶化的奶油。
④混拌入杏仁碎粒之後，將麵糰放在冷藏庫中收縮。
⑤放至其硬度爲可擠出的狀態後，將其放進裝有直徑12mm擠花嘴之擠花袋中，預留充分距離地將其擠在烤盤上（→dresser），在工作檯上輕敲將烤盤，使麵糰稍稍攤開變大。
⑥放入預熱200℃的烤箱中烘烤15分鐘。當其烘烤攤成薄片，且呈烘烤色時，就可以取出烤箱了。
⑦放置2～3分鐘後，也開始變硬時，用三角刮板取下餅乾，將其與烤盤接觸面朝上地壓入瓦片模當中，使其成形，再將其冷卻。
＊因為是又薄又脆的餅乾，所以熱且柔軟時，取下時容易變形也容易弄碎，所以待其稍涼，快要開始固定時，再放入瓦片模中。

Galettes bretonnes
卡蕾多爾

布列塔尼地區的傳統點心。類似法式塔餅般鬆脆的口感，
還可以感受到當地特有含鹽奶油之豐富口感。

＊galette〔f〕扁圓形的點心。
＊breton〔adj〕女性詞為bretonne。布列塔尼地區的。

材料　直徑6cm的餅 25個

含鹽奶油 250g 250g de beurre demi-sel
細砂糖 110g 110g de sucre semoule
鹽 5g 5g de sel
蛋黃 40g 40g de jaunes d'œufs
蘭姆酒 15ml 15ml de rhum
低筋麵粉 220g 220g de farine
泡打粉 2g 2g de levure chimique
杏仁粉 150g 150g d'amandes en poudre
蛋汁（蛋黃、焦糖）dorure（jaune d'œuf, caramel）
奶油（烤盤用）beurre
手粉（高筋麵粉）farine de gruau

1 2 3

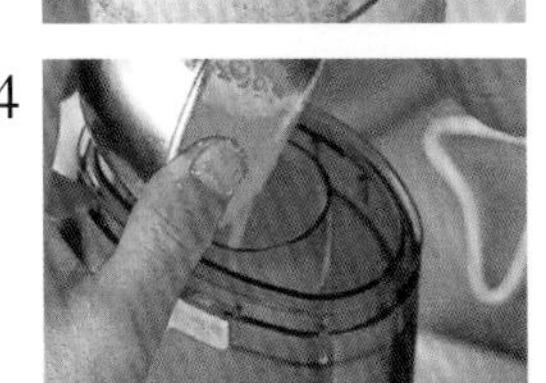

4

5

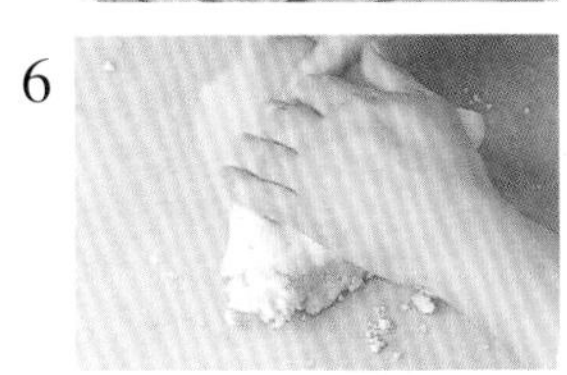

6

7

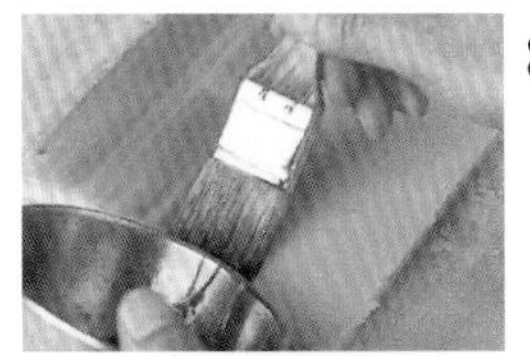

8

9

10

預備動作

・將低筋麵粉、泡打粉、杏仁粉混合過篩備用。
・所有的材料都放在冷藏庫備用。
＊使用的奶油必須是用手指按壓時，不會在上面留下痕跡之硬度。
・將蛋汁的原料混合後過濾備用（→passer）。
・烤箱以180℃預熱。
・在烤盤上塗抹奶油。

①將奶油和粉類放入食物調理機cutter中攪打。
②攪打至呈鬆散的細粒狀（→sablage）。
③加入細砂糖後再次混拌。
④加入鹽、蛋黃、蘭姆酒，再繼續攪拌。
⑤再次攪拌至呈鬆散狀時，由調理機中取出放在工作檯上。
⑥將鬆散的麵糰，以刮板重疊般地將其按壓成一個麵糰。等揉搓至其滑順後，將其放置於冷藏庫中，使其充分冷卻至易於操作之硬度。
⑦將麵糰擀壓成1cm的厚度（→abaisser），再度放回冷藏庫中使其冷卻變硬。
＊在麵糰兩邊放置1cm的方形壓條，就可以將麵糰擀成均勻的厚度了。
⑧塗上蛋汁（→dorer），以直徑5cm的環狀模cercle（在內側塗了薄薄的奶油）印模。
⑨直接以印在環狀模的狀態，並排於烤盤中，再以叉子劃出圖案線條。
⑩以180℃的烤箱烘烤15～20分鐘，至確實地呈現烘烤色爲止。
＊因加入了泡打粉，所以麵糰比較容易有鬆散的狀況，因此至烘烤完成為止，都還是直接以模型來烘烤較好。烘烤完成後，脫模，冷卻。

Cigarettes
雪茄餅

是迷你花式餅乾（petits fours secs）的一種。將雪茄餅的麵糰，烘烤後趁熱地用鋁製圓棒將其捲出形狀，也可以作爲冰凍甜點的盛盤用器。

＊Cigarette〔f〕香煙、雪茄。

材料　長5cm　約40個

雪茄餅麵糰 pâte à cigarettes

- 奶油　70g 70g de beurre
- 糖粉　70g 70g de sucre glace
- 蛋白　70g 70g de blancs d'œufs
- 低筋麵粉　70g 70g de farine
- 香草精 extrait de vanille

榛果巧克力 gianduja

調溫巧克力 couverture

奶油（模型用） beurre

1

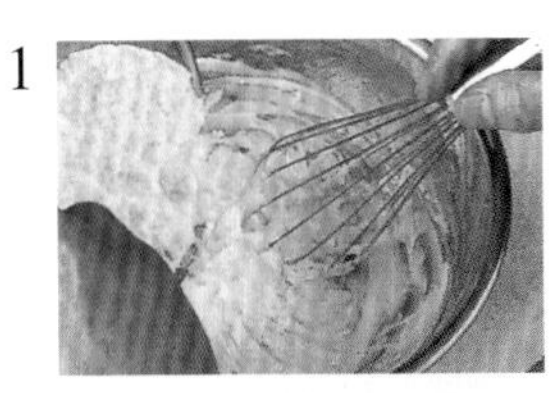

2

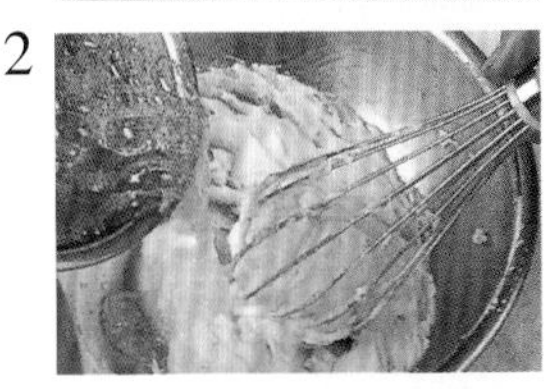

3

4

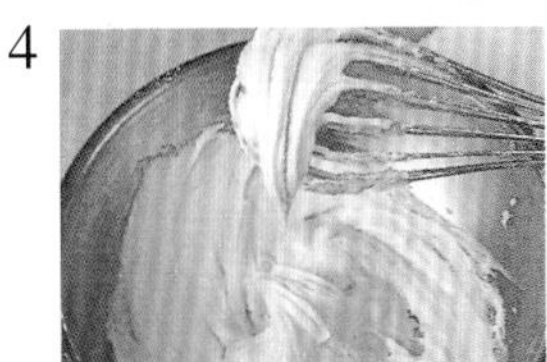

5

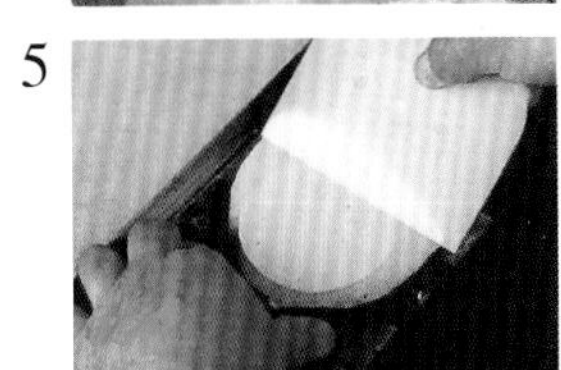

6

7

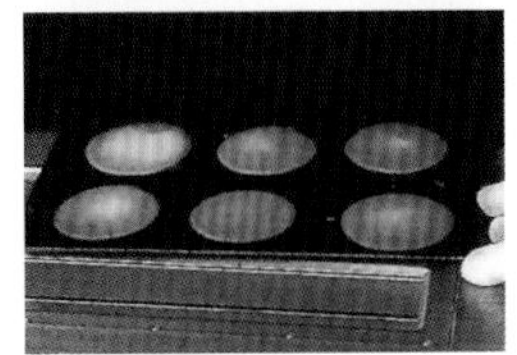

8

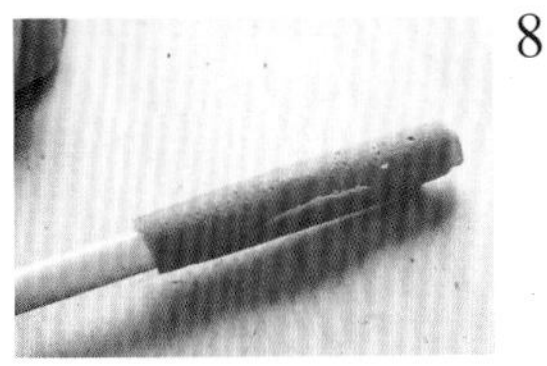

9

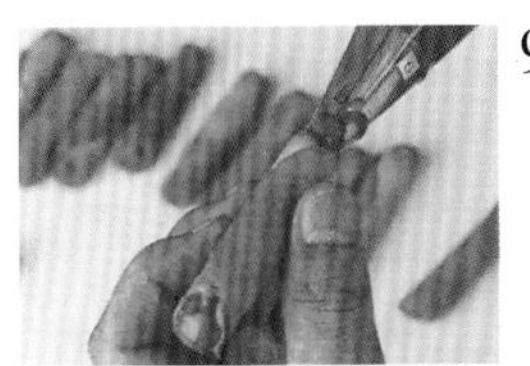

10

預備動作

・低筋麵粉過篩（→tamiser）。

・將奶油在室溫中放至柔軟。

・以200℃預熱烤箱。

・以奶油塗抹烤盤。

・將調溫巧克力調溫（→P.356）備用。

①在缽盆中放入奶油，以打蛋器fouet攪打至呈柔軟的乳霜狀，少量逐次地加入糖粉混拌，至完全拌入至均勻爲止。

②將打散的蛋白少量逐次地加入拌勻。

＊為了不使奶油凝結，所以是用常溫的蛋白。如果有快要分離的狀況時，加入少量的低筋麵粉即可。

③～④加入香草精拌勻，再加入低筋麵粉混拌至呈滑順狀。

⑤將已經挖好厚度1.5mm直徑8cm圓模的壓克力板，放在塗抹了奶油的壓克力板上，再以刮板將麵糰刮塗於板上的圓模中。

⑥放入預熱200℃的烤箱中烘烤5～10分鐘。

⑦待麵糰幾乎中央部分都有了烘烤色後，就可以陸續地將已經有烘烤色的麵糰取出烤箱。

⑧趁熱時，立刻用細棒將其捲起調整形狀，捲至最後的部份朝下地用力按壓。立刻將棒子抽離。

⑨待溫度稍降，用隔水加熱溶化了的榛果巧克力塡裝至兩端後，待其凝固。

⑩將餅乾的兩端各別沾上調溫過的調溫巧克力，將最後捲口朝下地放至在膠墊上，待其固定。也可以在調溫巧克力上撒上開心果。

榛果巧克力

添加了切碎的榛果碎粒的調溫巧克力。可可亞成分為32%、無脂可可成分8%以上、榛果為20～40%。也有以調溫牛奶巧克力為基底的（Valrhona公司的榛果巧克力都含26%全脂奶粉）。

Palets aux raisins
葡萄乾小圓餅

是使用和貓舌餅乾（langue de chat）很像的麵糰做成的迷你花式餅乾。

＊palet〔m〕以丟投來玩耍的扁平圓石。

材料　直徑4cm的餅乾　50片

麵糰 pâte

- 奶油　75g 75g de beurre
- 細砂糖　75g 75g de sucre semoule
- 鹽　少量 un peu de sel
- 雞蛋　50g 50g d'œuf
- 蘭姆酒 rhum
- 低筋麵粉　90g 90g de farine

蘭姆酒漬葡萄 raisins secs macérés au rhum

- 葡萄乾　1片3顆 raisins secs
- 蘭姆酒 rhum

杏桃果醬 confiture d'abricots

蘭姆酒糖液 glace à l'eau au rhum

- 糖粉　100g 100g de sucre glace
- 水　約15ml 15ml d'eau
- 蘭姆酒　約15ml 15ml de rhum

奶油（烤盤用）beurre

1

2

3

4

5

6

7

8

9

10

預備動作

・將葡萄乾放入蘭姆酒中醃漬（至少2～3天）。

・低筋麵粉過篩備用（→tamiser）。

・奶油在室溫中放至柔軟。

・以180℃預熱烤箱。

①在缽盆中放入奶油，用打蛋器攪打至呈柔軟狀，加入細砂糖、食鹽繼續混拌至完全溶化。

②在蛋中加入少量蘭姆酒並拌勻後，加入①中混拌均勻。

③加入低筋麵粉混拌均勻。

④在烤盤上舖烤盤紙（普通紙），以適當的間距擠出3cm左右鼓起圓形（使用直徑9mm的圓形擠花嘴）。

⑤將浸泡在蘭姆酒中的葡萄取出瀝乾水分，各放3顆，放入180℃的烤箱烘烤約15分鐘。

⑥烘烤完成時，趁熱塗上熬煮好的杏桃果醬。

製作蘭姆酒風味的糖液

⑦在糖粉中加進蘭姆酒，以打蛋器混拌均勻。

⑧再加入水，使糖粉溶化，調整成可以滑順地流動之狀態。

⑨待⑥的果醬乾了之後，將準備好的蘭姆酒糖液薄薄地塗上。

⑩剝除紙張，放於網架上使其風乾。

＊如果沒有在蘭姆酒糖液風乾前先剝除紙張的話，可能會在表面造成龜裂。

Bâtons maréchaux

將軍權杖餅

稱之爲將軍權杖，有著獨特名稱的迷你花式餅乾。

＊bâtons〔m〕棒、杖。
＊maréchal〔m〕複數形為maréchaux，將軍。
＊bâtons maréchaux〔m〕將軍權杖。

材料　長5cm餅乾 100個

麵糰 pâte

- 杏仁粉 125g 125g d'amandes en poudre
- 低筋麵粉 30g 30g de farine
- 細砂糖 90g 90g de sucre semoule
- 蛋白霜 meringue
  - 蛋白 150g 150g de blancs d'œufs
  - 細砂糖 60g 60g de sucre semoule

杏仁碎粒 amandes hachées

調溫巧克力 couverture

奶油（烤盤用）beurre

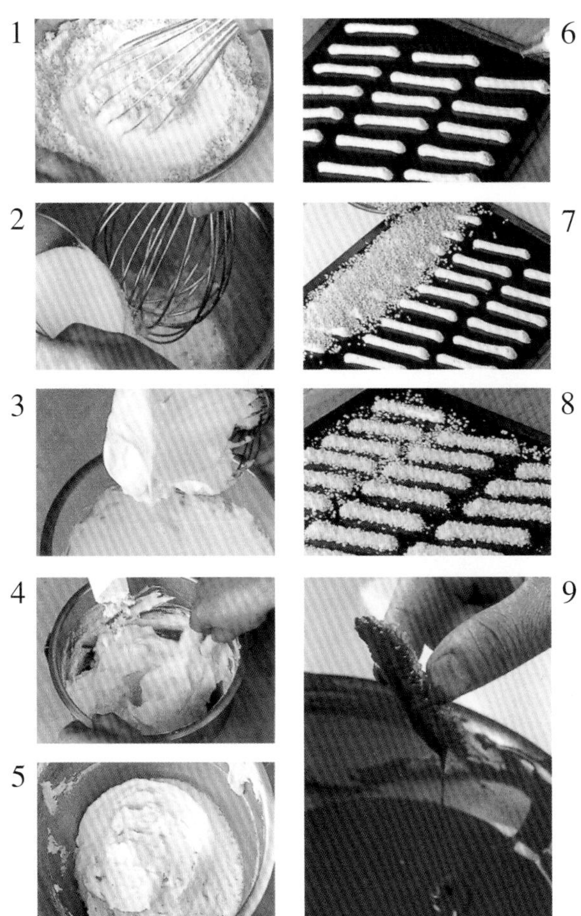

預備動作

- 將低筋麵粉、杏仁粉混合過篩。
- 以180℃預熱烤箱。
- 在烤盤上塗抹奶油。
- 將調溫巧克力調溫（→P.356）備用。

①在過篩的杏仁粉和低筋麵粉中，加入細砂糖混合拌勻。

②將蛋白打散，邊分2～3次加入細砂糖邊將蛋白打發（→fouetter）。

③打發至拉起時尖角可以呈直立之狀態，最後緊實打發的蛋白（→serrer）。

④～⑤一邊在③的蛋白霜中加入①的粉類，一邊以刮杓大區塊地混拌。

⑥在烤盤中，取適當的間隔地擠出5cm長的條狀（使用直徑9mm的擠花嘴）（→dresser）。

⑦在烤盤的一端撒上杏仁碎粒。

⑧傾斜烤盤，使杏仁碎粒能覆蓋自己面前的材料。另一方向也重覆這樣的動作，使所有的材料都能均勻地撒上杏仁碎粒，將多餘的杏仁碎粒倒到紙上。

⑨以180℃的烤箱烘烤15分鐘。烘烤完成後，放在網架上散熱，在稍降溫後，將沒有沾到杏仁碎粒的那一面沾上調溫過的調溫巧克力。

*有時也會有沾了調溫巧克力或杏桃果醬後，將兩片餅乾貼合成夾心餅乾的作法。

Rochers aux noix de coco

椰子球

加入椰子的蛋白霜烘烤而成。簡單地烘烤而成的蛋白霜，也可以是迷你花式餅乾。

*rocher〔m〕岩石。

材料　約25個的分量

生料 pâte

- 蛋白　80g 80g de blancs d'œufs
- 細砂糖　200g 200g de sucre semoule
- 椰子（絲狀）　150g 150g de noix de coco râpées

調溫巧克力 couverture

＊noix de coco〔f〕椰子。椰子的果實。或是乾燥椰乳。有切成細長狀、薄片或是粉末的產品。其他還有甜味、含大量油脂的。因容易氧化，必須密封保存。

1
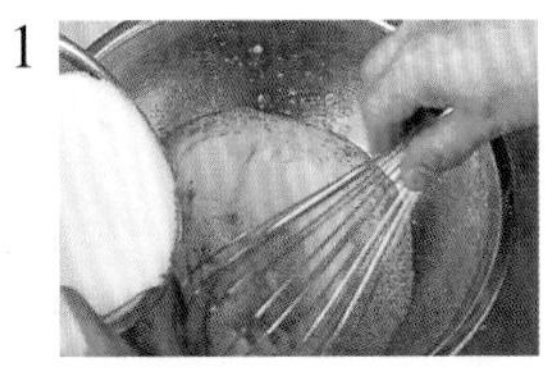

2
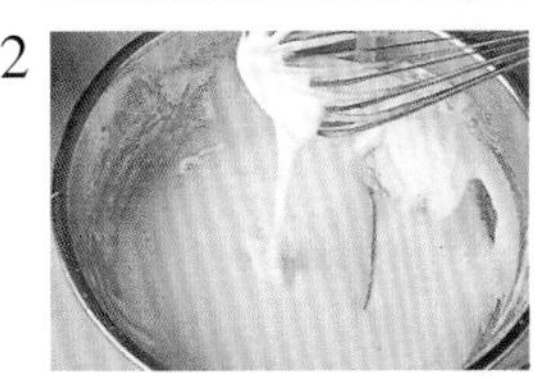

3

4

5

6

7

8

預備動作

・以170℃預熱烤箱。

・將調溫巧克力調溫（→P.356）備用。

①蛋白打散至完全沒有彈性，再加入細砂糖。

②握著打蛋器的金屬網處，彷彿刮著攪拌盆般地混拌。

＊舉起打蛋器時，呈緩緩流動滴落的狀態即可。

③加入椰子絲混拌。在常溫中靜置2～3個鐘頭，至椰子絲完全吸收蛋白中的水分爲止。

＊蛋白和椰子混拌後，若立刻烘烤，蛋白會沈陷下去。

④將生料分別做成一口大小，並且用指尖將其調整爲三角錐狀。

⑤將其以適當的間隔並排在以鐵氟龍加工過的烤盤上。

＊使用一般烤盤時，則先用奶油塗抹烤盤。

⑥以170℃的烤箱烘烤30分鐘，至全體呈現烘烤色後，再取出放在網架上冷卻。

＊只要表面呈烘烤色，且成品紮實烘烤完成即可。

⑦在其底部沾塗調溫過的調溫巧克力。

⑧並排地放在表面加工過的紙張（防沾紙或矽膠加工的烤盤紙等）上，待其固定即可。

Macarons de Nancy
南錫蛋白杏仁圓餅

從17世紀開始，就在南錫的天主教修道會中被創作出來了。雖然是秘傳的配方，但隨著法國大革命時修道會的解散，逃到街上的兩位修女爲了感謝幫助他們躲藏的人，而製作出蛋白杏仁圓餅，就因其美味而聞名。扁平且表面稍有裂紋爲其特徵。

＊Nancy 南錫。洛林地區的都市。

材料　直徑5cm的餅 23個的分量

杏仁粉 125g 125g d'amandes en poudre

糖粉 200g 200g de sucre glace

低筋麵粉 20g 20g de farine

蛋白 100g 100g de blancs d'œufs

糖漿 sirop

┌ 細砂糖 100g 100g de sucre semoule

└ 水 40ml 40ml d'eau

1

4

2

5

3

6

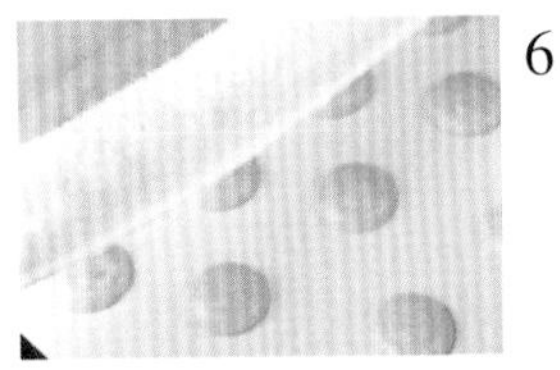

7

預備動作

・各別將低筋麵粉及糖粉過篩備用（→tamiser）。

・在烤盤上舖上烤盤紙。

・以180℃預熱烤箱。

①將蛋白打散至失去彈性，加入糖粉混拌。

②加入杏仁粉，用打蛋器確實地攪打混拌。

③加入低筋麵粉，攪拌至呈滑順狀態。

④將細砂糖和水一起熬煮至107℃，製成糖漿。溫度稍降後加入③當中。以打蛋器拉起時，會呈緩緩流動滴落，且滴落後會留下痕跡時，蓋上保鮮膜，在常溫中靜置至可以擠出的硬度。

⑤放入裝有直徑14mm擠花嘴的擠花袋中，以適當間隔地擠在舖有紙張的烤盤上，大小約爲5cm的大小。

⑥將布巾打濕輕輕擰過後，彷彿輕敲麵糰般地按壓，使表面平滑，再邊整理形狀地使其厚度平均。

⑦以180℃的烤箱，約烘烤20cm。烘烤過程中，大約5分鐘左右，表面出現了裂紋時，打開排氣孔，排出蒸氣。烘烤完成時，在烤盤和紙張中間倒入水，可以蒸開蛋白圓餅的底部而使圓餅能夠從紙張上取下來。

Macarons mous
軟式蛋白杏仁餅

表面光滑，中間紮實且柔軟的蛋白杏仁餅。也稱之爲macaron lisse、macaron parisien。在烘烤時，會從中央噴出柔軟的材料，所以在蛋白杏仁餅的邊緣會有細褶般的「paid」，是最大的特徵。

＊mou〔adj〕柔軟的。

材料　約60個

生料 pâte

- 杏仁粉 125g 125g d'amandes en poudre
- 糖粉 225g 225g de sucre glace
- 蛋白霜 meringue
  - 蛋白 110g 110g de blancs d'œufs
  - 糖粉 30g 30g de sucre glace

杏桃果醬 confiture d'abricots

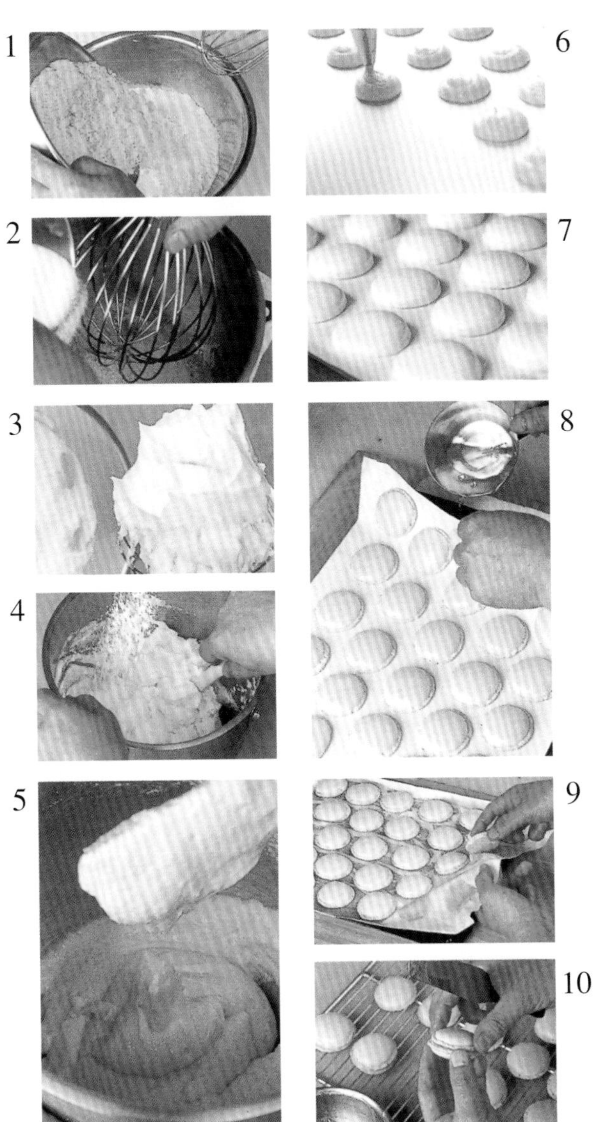

預備動作

・兩台烤箱分別以200℃和170℃預熱。

・舖上烤盤紙。

①將杏仁粉和糖粉混合過篩備用。

②將蛋白打散，加入所有的糖粉拌勻（→fouetter）。

③攪拌打發地製作出尖角直立的蛋白霜。

＊想要添加風味或顏色時，可以加入食用色素或香料。

④在蛋白霜中加入完成過篩的粉類，用刮杓大區塊地拌勻。

＊加入可可粉添加風味及顏色時，請將可可粉與粉類一同過篩備用。

⑤仔細地拌勻至看不見粉類後，某個程度地消除掉蛋白霜表面的氣泡，調整生料的硬度（→macaronner）。

＊絞擠時，麵糰會緩緩地流動開來，雖然表面會變得光滑，但也必須將生料的硬度調整至其流動後可以呈半圓形。

⑥在舖有紙張的烤盤上，以適當的間隔，將⑤的材料擠成直徑3cm左右的半圓形（使用直徑9mm的擠花嘴）。將其放置至表面呈光滑的圓形且稍乾的狀態。

⑦重疊2～3片烤盤，放入200℃的烤箱中。待材料的邊緣出現皺褶時（這個部分就稱爲paid），將其移至170℃的烤箱中，烘烤約10分鐘。

⑧烘烤完成時，在烤盤和紙張中間倒入水，可以蒸開蛋白圓餅的底部。

⑨將圓餅從紙張上取下來，待溫度稍降。

⑩在平面上塗抹杏桃果醬，兩個一組地將其貼合。

第 11 章

糖果
Confiserie

杏仁膏生料 Pâte d'amandes crue
糖杏仁膏 Pâte d'amandes fondante
杏仁小點心 Petits fours aux amandes
水果杏仁糖 Fruits déguisés
水果軟糖 Pâte de fruits
棉花糖 Guimauve
蒙特馬利牛軋糖 Nougat de Montélimar
普羅旺斯牛軋糖 Nougat de Provence
牛奶軟糖 Caramels mous
利口酒糖 Bonbons à la liqueur
果仁糖 Pralines

關於糖果

對人類而言，甜味是需求性相當高的味覺，可以讓人有安心舒暢及愉快的感覺。自古以來，人類就一直享用著自然且唾手可得的蜂蜜和水果的甘甜，糕點，特別是糖果的歷史，說是由此開始的，真是一點都不為過。

將杏仁果等堅果類或辛香料（種子）裹上蜂蜜，據說就是最早的糖果，開始使用砂糖製成糖果，是到很後來，最代的事。

甘蔗和甜菜（砂糖蘿蔔）是砂糖的兩大原料。其中甘蔗的存在是從古代就廣為人知的，因為是熱帶植物，所以在歐洲得以開始普級的原因，是在中世紀末期，十字軍東征時，與東方的交流變得頻繁興盛後。當時因為砂糖是非常貴重的物質，所以相當於現在的牛軋糖或糖衣（dragée）原形的糖果，就是在洗禮等或其他重要儀式時用的甜點。

在歐洲，確定糖果發達的一大重點，就是在19世紀時，發現了即使在寒冷地方也能夠栽植之甜菜的砂糖萃取法。到了拿破崙一世，開始了使用甜菜砂糖的工業生產，可以提供大量的砂糖之後，糖果也於此開始進入蓬勃的發展。

即使是現在，對於從事糕點製作的我們而言，糖果也仍是非常具有魅力的甜點之一。糖果的魅力，就在於製作糕點時不可或缺的砂糖中所蘊含的衆多特性吧。

為水溶性、容易和其他材料混合、具塑形性、溶化了的砂糖再結晶時可以給予製品更多的變化、焦糖化之後可以使糕點的表面組織更結實成形、可以延遲蛋白質的性質改變使蛋白氣泡可以呈現更安定更細密的狀態、促進糕點的果凍化、具防腐性等，藉著擅長活用砂糖的各種性質，使得完成的糖果能更有眼睛為之一亮的變化。

糖杏仁膏

法語中稱之為pâte d'amandes、德文則稱之為marzipan。
是用杏仁果和砂糖製作膏狀的半成品，也常做為糕點、糖果的材料以及裝飾等。在法國與德國，其製作方法、杏仁果與砂糖的比例也各不相同。

德國風糖杏仁膏

Marzipanrohmasse

在日本通常稱為roh-marzipan的，就是指這種。杏仁果和砂糖的比例為2：1，杏仁果的比例比較高。具濕氣的杏仁果和砂糖混合，以滾輪碾磨機來碾磨，加熱（直接加熱或蒸氣烘烤等）即完成。
◎Marzipanrohmasse的配比規定
砂糖／35%以下　水分／17%以下　脂肪成分／28%以上

Marzipan

以Marzipanrohmasse為基底，加入了糖粉製作的。糖粉可以加至與Marzipanrohmasse等量，糖分約為68%。

法國風糖杏仁膏

pâte d'amandes crus

杏仁果和砂糖的比例，基本上是1：1。將汆燙去皮的溼杏仁果和砂糖混拌以滾輪碾磨機來碾磨製成的。

pâte d'amandes fondante

汆燙去皮後完全乾燥後的杏仁果與加入了麥芽熬煮而成的糖漿混拌，使糖漿結晶化之後，再以滾輪碾磨機來碾磨製成的。杏仁果和砂糖的比例是1：2。

pâte d'amandes fondante
杏仁果加上熱糖漿混拌，變成白色結晶，冷卻後以滾輪碾磨機碾磨成膏狀。也被稱為糖杏仁膏，市面上也有出售。

Pâte d'amandes crue

杏仁膏生料

杏仁膏生料。因為使用汆燙去皮的溼杏仁果，所以水分會使砂糖溶化而結合，呈膏狀，但水分不足時，可以添加蛋白來補足水分。杏仁果和砂糖的比例為2：1，也有配比不同的其他製品。因為不經過加熱，所以無法直接食用，添加蛋白增加其柔軟度，擠出來以高溫烤箱烘烤，製成迷你花式小點心。另外，也可以加在奶油蛋糕的麵糊中。

材料 完成時500g
杏仁果 250g 250g d'amandes
細砂糖（或是白粗粒糖） 250g 250g de sucre semoule
蛋白 50g 50g de blancs d'œufs

1 將杏仁果汆燙去皮（→émonder）。杏仁果放入滿滿的熱水當中，直至杏仁果的澀皮變軟為止。待澀皮為可剝除之狀態時，過冷水並使其降溫。

2 瀝乾水氣，用指腹剝除每顆杏仁果之澀皮。

3 用布巾將汆燙去皮的杏仁果擦乾，放入缽盆中和細砂糖一起混拌。

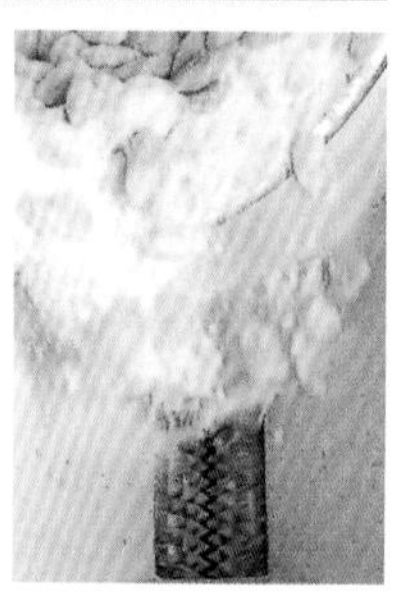

4 先用粉碎機broyeuse的刀刃部分將其粗略地打碎。

5 當刀刃的間隔漸漸變窄後，大約再進行3次左右就可以變細。

＊最後，兩側刀刃會呈現無間隔之狀態。

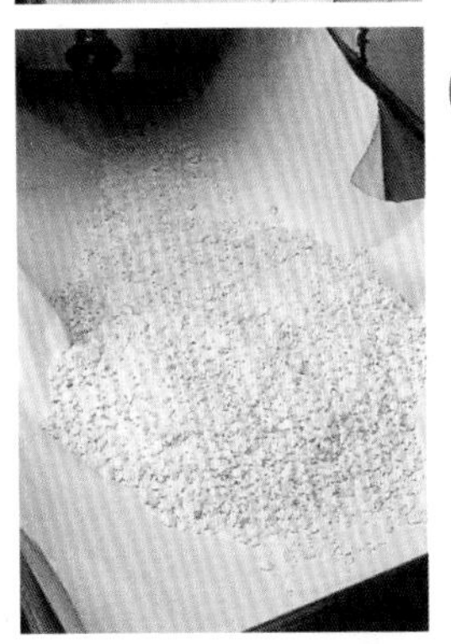

6

7 接著再以少量多次的方式，以滾輪碾磨機來碾磨。滾輪的間隔越來越窄地進行數次碾磨。

8

＊以滾輪碾磨機多碾磨幾次後，每次滾輪的距離會越來越小，漸漸地變細後，當杏仁果變得不容易出油即可。

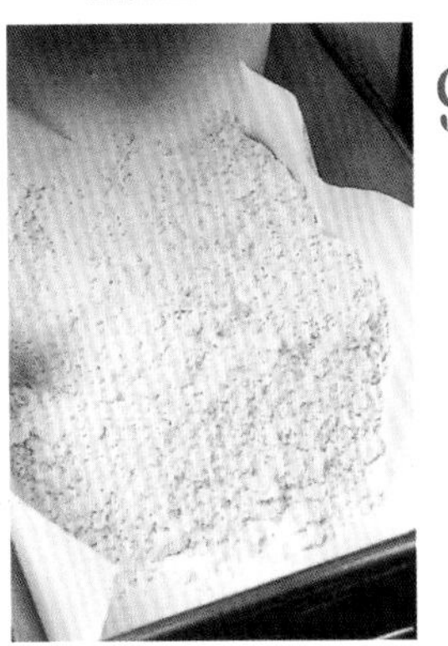

9 呈極細的粉末狀。

＊蛋白的量為可以使全體濕潤揉合的程度即可（用於500g時大約是50g大小1個）。

10 移至缽盆中，加入少量的蛋白，以橡皮刮刀palette en caoutchouc混拌揉合。

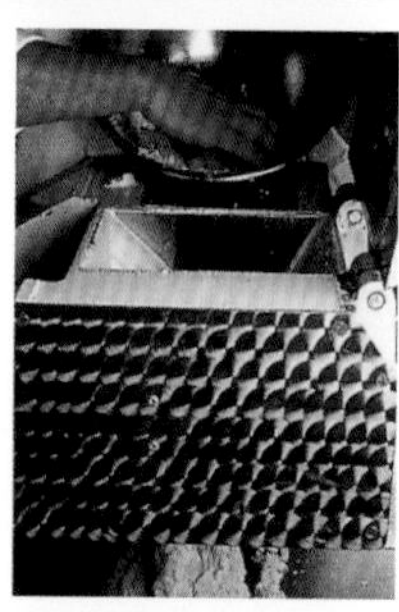

11 再使用滾輪碾磨機，使其呈膏狀後拿出來放在工作檯上，以手將其揉搓至如耳垂般硬度。

12 當揉合爲一，放入可以密閉的容器中，或是以保鮮膜包妥後放至陰涼處保存。因添加了蛋白，所以衛生方面也須多加注意。儘早使用完畢。

Pâte d'amandes fondante

糖杏仁膏

相對於杏仁膏生料，單純地稱之爲糖杏仁膏。
可以擀成薄片覆蓋在蛋糕的表面、染色後做成花朵或動物等形狀來裝飾。另外，做成小小的形狀或是與乾燥水果等組合起來、澆上糖液製成糖果、也可以添加酒類等風味製成巧克力球的中央部分。

材料 完成時約為600g的份量
杏仁果 150g 150g d'amandes
細砂糖 350g 350g de sucre semoule
麥芽糖 75g 75g de glucose
水 125ml 125ml d'eau
櫻桃酒 kirsch

1 將杏仁果汆燙去皮（→émonder）。杏仁果放入滿滿的熱水當中。

2 汆燙至可以用手指輕易地剝除澀皮爲止。

3 待可以輕易地剝除澀皮時，用冷水使其降溫。

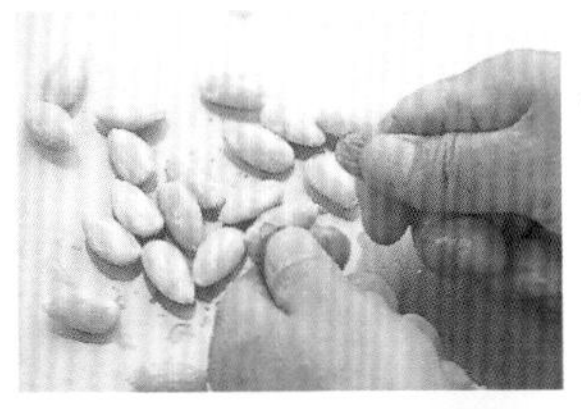

4 瀝乾水份，用指腹剝除每顆杏仁果之澀皮。將剝好澀皮的杏仁果放入烤箱中，以低溫烘烤至完全乾燥爲止。

＊也可以使其自然乾燥。

5 在鍋中加入水、細砂糖和麥芽糖，加熱。

＊雖然麥芽糖有黏性不太方便處理，但放在配比分量的砂糖上來量測，並且一起加入時，不會殘留在容器上也不會造成無端的浪費。

＊如果在鍋壁上的糖漿一直留在鍋壁時，會結晶化也會焦化，所以要用沾了水的毛刷將其刷落至鍋中。必須要注意到刷毛不可以沾浸至糖漿中（→P.61：熬煮糖漿時的注意事項）。

6 熬煮至135℃。

7 將去皮烘乾了的杏仁果放入糕點專用攪拌器mélangeur的攪拌盆中，以葉片攪拌器（→P.28）使其混拌並少量逐次地加入6的糖漿。

8 攪拌至糖漿糖化成白色結晶（糖化）爲止。

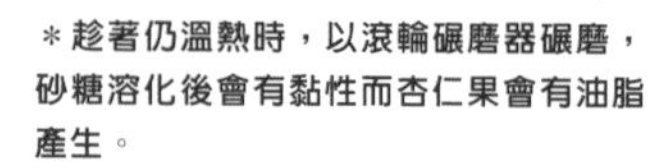
＊趁著仍溫熱時，以滾輪碾磨器碾磨，砂糖溶化後會有黏性而杏仁果會有油脂產生。

9 將其攤開在工作檯上，至完全冷卻，同時讓水份蒸發。

10 以碾磨機的刀刃部分將其先攪打成碎粒。

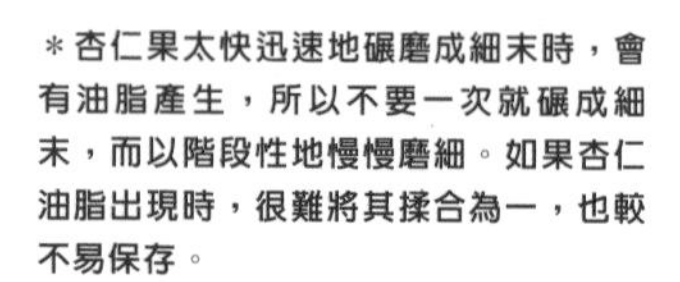
＊杏仁果太快迅速地碾磨成細末時，會有油脂產生，所以不要一次就碾成細末，而以階段性地慢慢磨細。如果杏仁油脂出現時，很難將其揉合為一，也較不易保存。

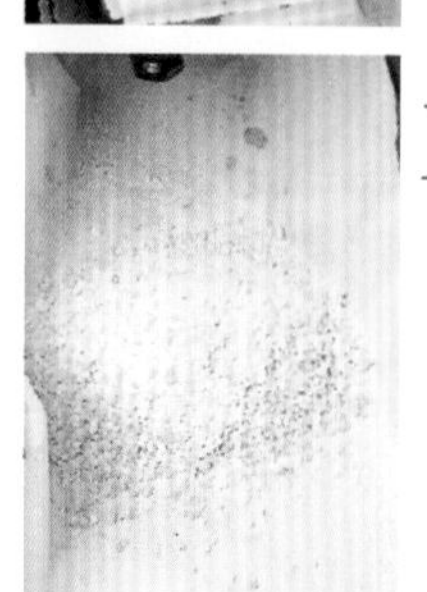

11 杏仁果攪打成粗粒時，再加用碾磨機的滾輪來碾磨。

12 滾輪的間隔越來越狹窄，碾磨幾次之後，就會變成鬆且細的粉末。

＊耳垂的硬度。

13 變成細粉末之後，再將其移至缽盆中，為增添香氣以及更方便其凝聚，加入少量的櫻桃酒，以手揉搓混合，並調整其硬度。再用滾輪將其碾壓成膏狀。再度放回缽盆中，試著用手揉搓並測試其硬度，如有必要時，可以加再入櫻桃酒並再碾壓使其滑順。取出放置於工作檯上，撒上糖粉，揉搓至合而為一。

14 放入密閉的容器內，或以保鮮膜包妥放入陰涼處保存。

杏仁果變成粉狀的過程

a
放入碾磨機前的狀態。

b
以刀刃打碎的狀態。

c
以滾輪碾磨2～3次後的狀態。

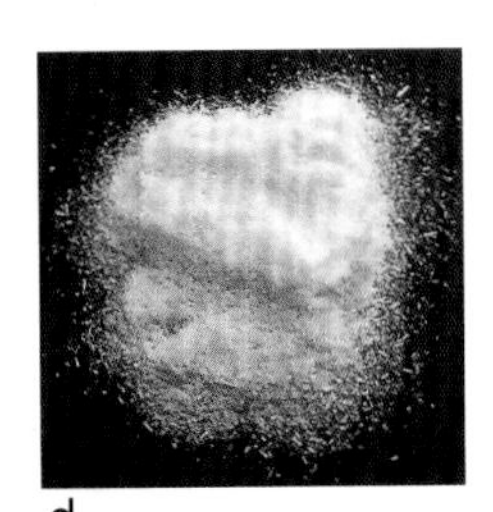

d
杏仁果和細砂糖碾磨成均勻的細末狀態。

Petits fours aux amandes

杏仁小點心

以杏仁膏生料Pâte d'amandes crue烘烤成各種各樣形狀的迷你花式小點心。也被稱之爲beignet。在迷你花式小點心當中，被定位在demi-sec（介於新鮮小點及餅乾類之間）的位置。

＊poche〔f〕擠花袋。

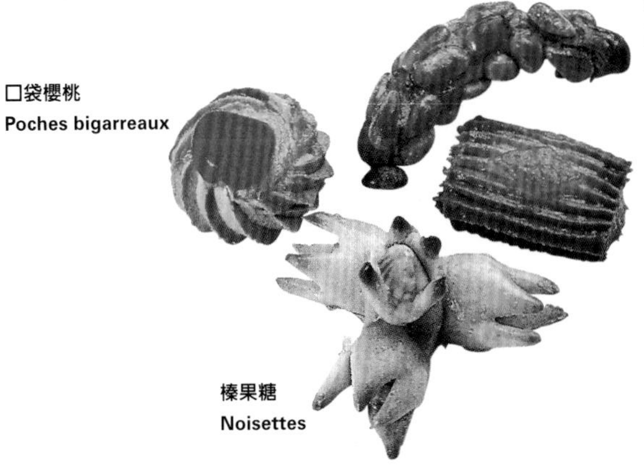

材料　基比配比

杏仁膏生料 250g 250g de pâte d'amandes crue
蛋白 blancs d'œufs
糖粉（手粉用）sucre glace
蛋汁 dorure
阿拉伯膠 100g 100g de gomme arabique
水 150ml 150ml d'eau

副材料

＊口袋櫻桃 Poches bigarreaux（基本配比 35個）
　糖漬紅櫻桃 35個 35 bigarreaux confits
＊口袋柳橙 Poches orange（基本配比 40個）
　糖漬柳橙皮 écorce d'orange confite
＊新月松子糖 Pignons（基本配比 40個）
　松子 pignons
＊榛果糖 Noisettes（基本配比 15個）
　食用色素（黃、綠）colorant vert,colorant jaune
　榛果 60個 60 noisettes

1
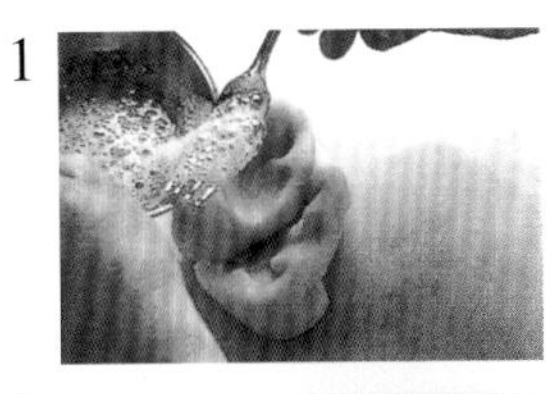

2

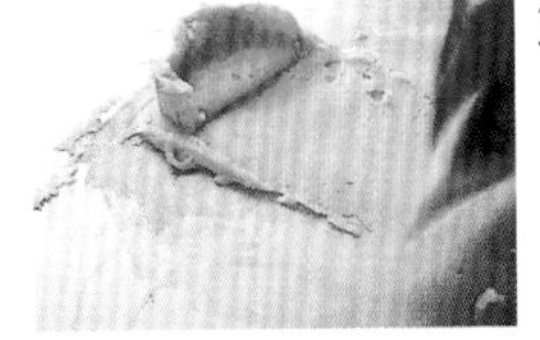
3

製作基本生料

① 在杏仁膏生料中添加蛋白以調整其硬度。
② 以刮板corne混拌，如果硬度上有必要時，可以再補加蛋白。
③ 彷彿要擦在工作檯上般地將其刮拌，使其滑順（→fraser、fraiser）。

1

2

3

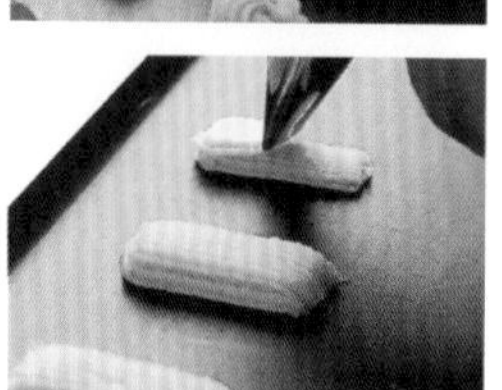

4

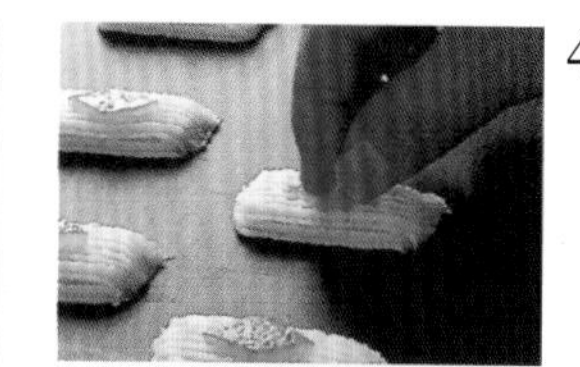

6

7

口袋櫻桃及口袋柳橙：將生料擠在烤盤上烘烤。

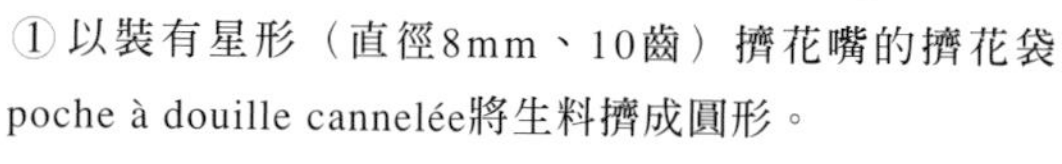

①以裝有星形（直徑8mm、10齒）擠花嘴的擠花袋poche à douille cannelée將生料擠成圓形。

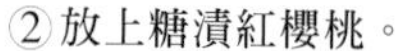

②放上糖漬紅櫻桃。

③用單面擠花嘴douille à bûche，重疊擠出兩片5cm的長條。

④裝飾地放上切成菱形的糖漬柳橙皮。

⑤放置一晚使其乾燥。塗上蛋汁（→dorer），以200℃預熱的烤箱烘烤5分鐘，至表面呈烘烤色。

＊口袋點心是以高溫烘烤的，這樣著上了烘烤色和白色部分的對比才能清晰可見。

⑥阿拉伯膠加入水中，以隔水加熱地將其溶解溫熱（→bain-marie）。

⑦趁熱時以刷毛pinceau，將阿拉伯膠塗抹上去。

1

2

3

4

5

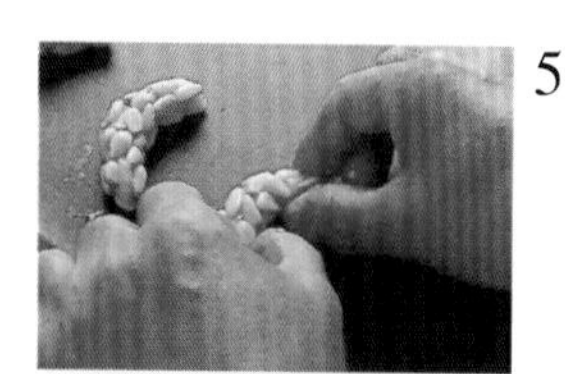

6

7

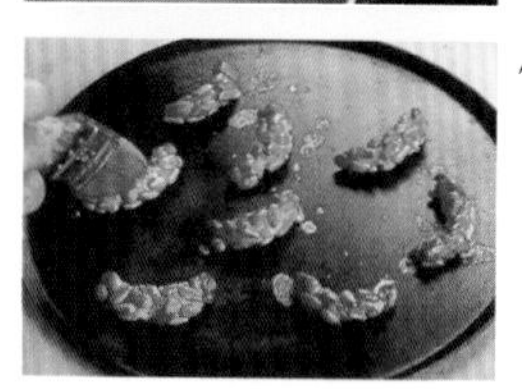

新月松子糖Pignons：將生料做出形狀且烘烤

①在工作檯上撒上手粉，將生料擀成直徑約2cm的棒狀。

②切成2cm的長度，將再將其拉長。

③在手掌中沾抹上打散了的蛋白，使拉長的生料全體表面都沾上蛋白。

④將松子放在方型淺盤中，再將③放入盤中，使其表面能夠完全沾滿松子。

⑤再度沾裹上蛋白，並放在烤盤上，將兩端彎曲成新月狀。

⑥放置一晚使其乾燥後，塗上蛋液（→dorer）。以200℃預熱的烤箱5分鐘，至表面呈烘烤色。

＊因為松子很容易燒焦，所以要留意不要讓松子變黑。

⑦趁熱以刷子塗上阿拉伯膠溶液。

1

2

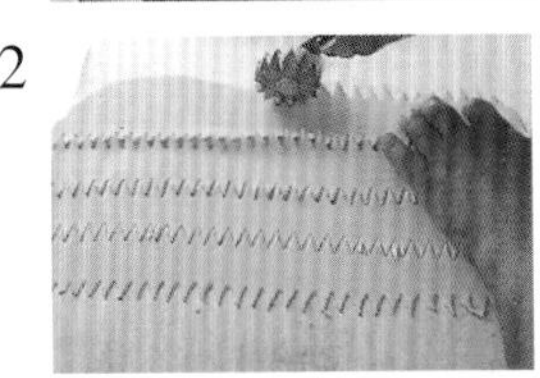

3

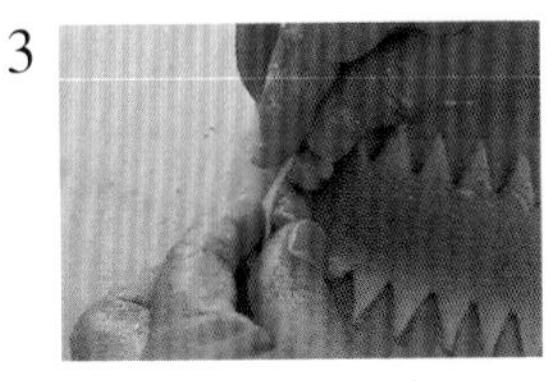

4

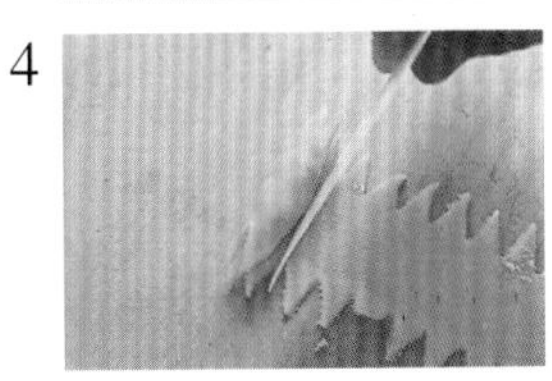

5

6

7

8

榛果糖Noisettes：染色製作生料，成形烘烤

①在製作生料之際，揉搓杏仁膏時，以食用色素黃綠色來著色。以糖粉做爲手粉地將生料擀壓成2mm的厚度。

②用切口有鋸齒狀波型刀刃之派皮刀等將生料切成4cm寬的長條狀。

＊照片中的器具是給迷你花式小點心專用而製造的。像派皮刀的刀刃是能夠旋轉以切開材料的。

③用刷毛塗抹蛋白，放入兩個榛果，將生料捲起。

④捲起至兩端重疊時，將生料切斷。輕輕轉動使接口貼合。

⑤將完成的④的一半，以適當間隔地排放在烤盤上，在中央處塗上蛋白。

⑥將剩下的一半彎曲九十度，放置在塗了蛋白的中央處。並使兩個能確切貼合。

⑦放置一晚使其乾燥。塗抹蛋汁（→dorer），放入220～230℃預熱的烤箱中烘烤5分鐘，至表面呈現烘烤色。

＊榛果的形狀很容易垂下變形，所以用高溫的烤箱使其快速著色定形。

⑧趁熱時以刷毛抹塗上阿拉伯膠。

阿拉伯膠

也被稱為阿拉伯口香膠。是割開阿拉伯橡膠樹皮，而採收到的膠質（成分的80%是多糖體，即是食物纖維）。生產於西非的蘇丹等地。加工製品有做成粉末狀也有做成液狀的，無臭無味，且易溶於水（不溶於乙醇）。讓油脂在水中分散的乳化性很強，其水溶液中具有黏性。添加於食品中，可做為乳化、安定劑、結合劑以及增黏劑等。塗抹於糖果的表面時，可以形成具光澤的薄膜，具有保護材料的作用。可以使用食品中的膠類，幾乎都是由豆科植物中萃取出來的，還有像長豆角膠、瓜爾膠等。

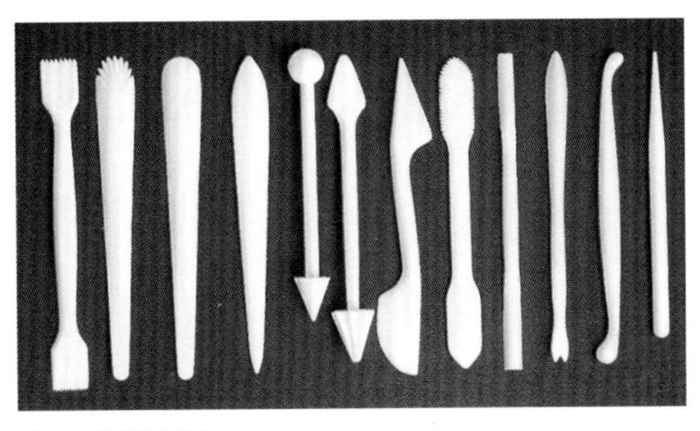

杏仁膏雕花用的刮片 ébauchoir

用於杏仁膏之細部雕花，成形時。也可以用黏土雕花刮片來替代。

Fruits déguisés

水果杏仁糖

使用堅果及小型水果製成其原有形狀之迷你花式糕點。以杏仁膏來補足使其回復重現素材原有的形狀。

＊déguisés 是由裝扮、假裝意思之動詞déguiser而來的形容詞。

材料

糖杏仁膏 pâte d'amandes fondante
李子糖 Prueaux
紅櫻桃糖 Bigarreaux
核桃糖 Noix
榛果糖 Noisettes
咖啡精 extrait de café
食用色素（綠、黃、紅）colorant（vert,jaune,rouge）
糖粉（手粉）sucre glace
糖漿A sirop
- 細砂糖 2～2.5kg 2～2.5kg de sucre semoule
- 水 1公升 1 litre d'eau

糖漿B sirop
- 細砂糖 500g 500g de sucre semoule
- 水 200ml 200ml d'eau
- 麥芽糖 100g 100g de glucose

1

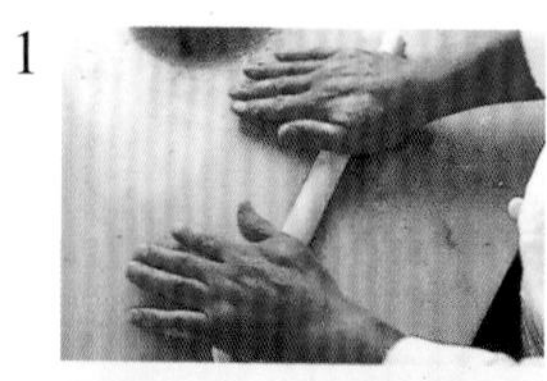

3

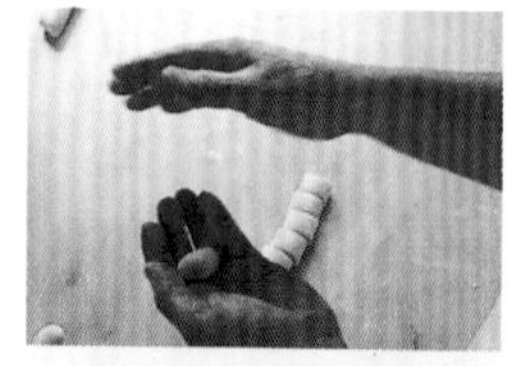

2

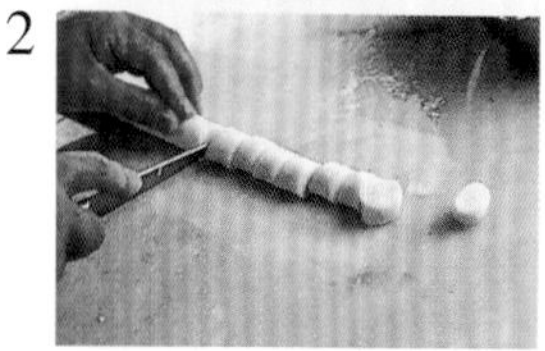

4

成形

紅櫻桃糖

①將糖杏仁膏擀壓成直徑2cm程度之棒狀。
②將棒狀切成寬2cm的小圓段。
③將小圓段揉成細長的橢圓形（1個10g）。
④瀝乾糖漬櫻桃上多餘的糖漿，對切之後將③的杏仁膏夾在中間。

1

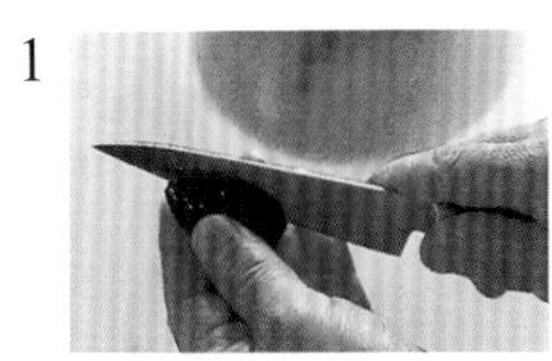

3

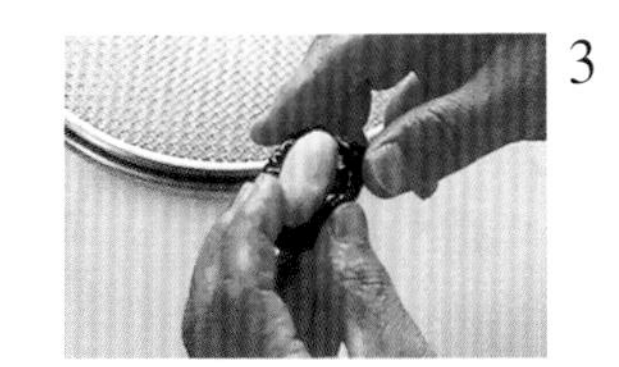

2

4

李子糖

①切開李子乾，去核。

②將糖杏仁膏染成粉紅色，揉成細長的橢圓形（1個10g）。

③將杏仁膏塡入李子乾當中。

④在杏仁膏上用粗網子按壓，使其產生斜格子的圖案。

1

2

核桃糖

①在糖杏仁膏中添加咖啡精，以增加其風味及顏色。

②將其切成小塊搓成圓形（1個10g），用對切的核桃將其夾住。

1

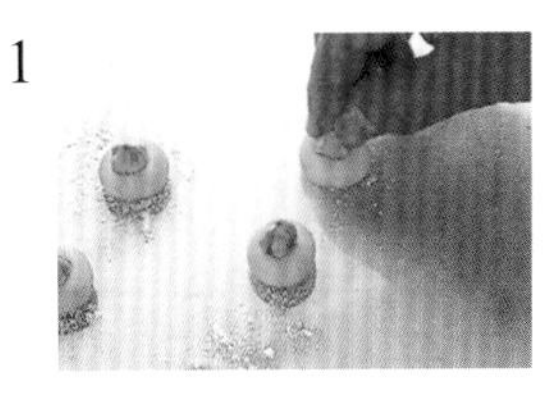

3

2

榛果糖

①在染成黃綠色的圓形糖杏仁膏（1個15g）上放上榛果。

②～③用雕花用的細長道具在杏仁膏上劃出線條。

＊當杏仁膏的形狀完成時，適度地撒上糖粉。

1

3

2

4

完成（1）

①將完成的各式糖果放置在網架上2～3日，使其乾燥。

②將糖漿A的砂糖和水混拌加熱，待砂糖溶化後，冷卻至40℃。將①放入方型淺盤中，使其不至浮起地在上面覆蓋上網架，再用漏斗將糖漿緩緩地流至盤中。

＊如果糖漿太熱的話，會使杏仁膏溶化，所以務必待其放涼後才使用。

③將糖漿倒入至所有的成品都可以浸泡到爲止，爲不使糖漿的表面結晶化，因此用保鮮膜與糖漿完全密合地覆蓋，並放置1～2天。

＊確認水果杏仁糖表面砂糖的結晶狀況。

④當表面形成了漂亮的砂糖結晶後，瀝乾糖漿，放在網架上1～2天使其乾燥。

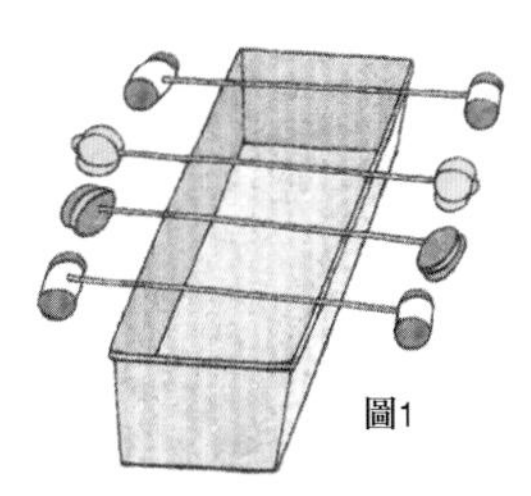

1

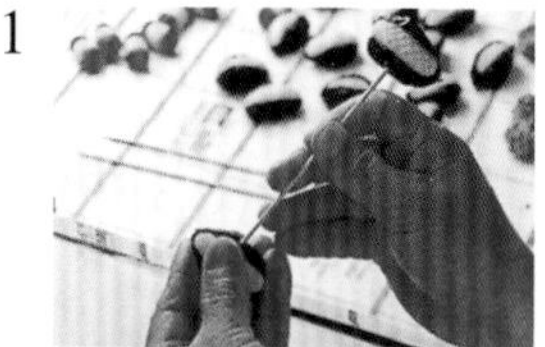

2

3

4

5

6

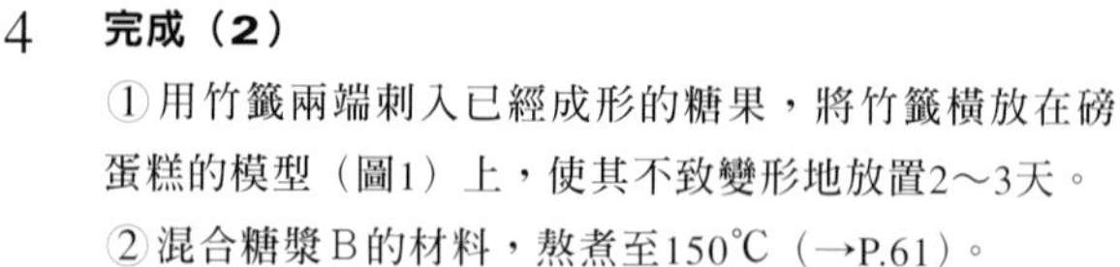
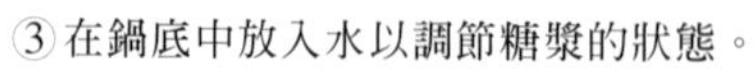
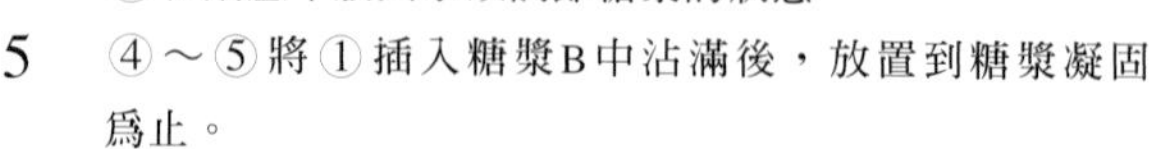

完成（2）

①用竹籤兩端刺入已經成形的糖果，將竹籤橫放在磅蛋糕的模型（圖1）上，使其不致變形地放置2～3天。

②混合糖漿B的材料，熬煮至150℃（→P.61）。

③在鍋底中放入水以調節糖漿的狀態。

④～⑤將①插入糖漿B中沾滿後，放置到糖漿凝固爲止。

⑥將多餘垂下的糖漿以剪刀剪斷。

＊也可以製成有薄薄焦色的焦糖來代替糖漿B。

糖漬紅櫻桃

去籽染成紅色的砂糖醃漬櫻桃。浸泡在糖度70%以上糖液中的成品。

核桃

核桃科。在歐洲栽植的是稱之為波斯核桃的種類，由原產地波斯（現在的伊朗）經由地中海沿岸諸國傳至法國。據說是最古老也是最早開始被利用的堅果。是多產豐饒的象徵。在11月1日萬聖節時有食用或投入火爐中可以占卜運勢等風俗習慣。雖然含70%脂肪成分的高卡路里，但也含有15%的蛋白質及脂肪中有63%的亞油酸。富含維生素B1。剝開後的果仁比其他的堅果類更容易氧化，所以儘量以不接觸空氣地保存，並儘早使用完畢。

Pâte de fruits
水果軟糖

以水果純果汁加上砂糖、麥芽糖等熬煮成濃稠後，以果膠凝固製成的果凍。

水果軟糖

材料　2.5cm的軟糖 88個的份量
覆盆子純果汁 250g 250g de purée framboise
青蘋果純果汁 250g 250g de purée pomme verte
細砂糖 650g 650g de sucre semoule
麥芽糖 30g 30g de glucose
細砂糖 50g 50g de sucre semoule
果膠（HM）15g 15g de pectine
檸檬酸 12g 12g d'acide citrique
水 12ml 12ml d'eau
細砂糖（完成時用的粗粒糖）sucre semoule
＊青蘋果純果汁　蘋果的純果汁是為了補強果膠而加入的。也可以使用杏桃純果汁。同時也具有調整顏色及酸味的作用。

1

6

2
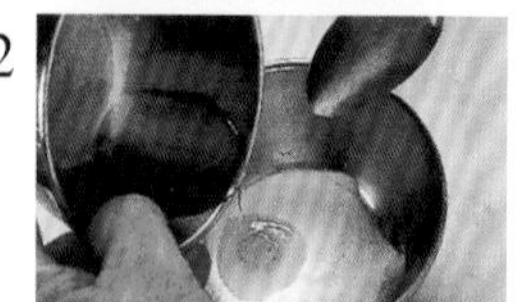
3
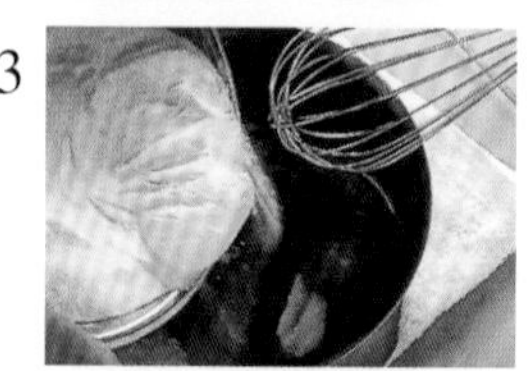
7
4
8

5

9

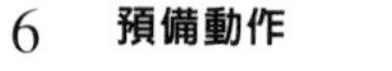

預備動作

・在烘烤紙上或矽膠墊上，組裝好壓條（1cm方形），製作成可自由微調整之框架（約30×25×1cm）。

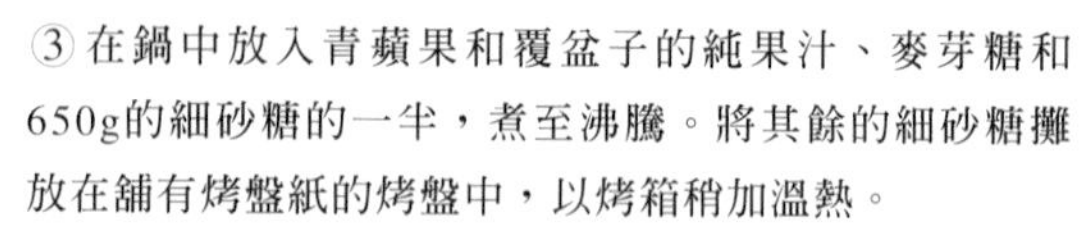

①將50g細砂糖與果膠混拌。
＊果膠的粒子很細，直接加入液體時，會凝結而容易造成硬塊，所以與砂糖混拌後將其打散較佳。
②檸檬酸加入水中，充分拌勻溶化。
③在鍋中放入青蘋果和覆盆子的純果汁、麥芽糖和650g的細砂糖的一半，煮至沸騰。將其餘的細砂糖攤放在舖有烤盤紙的烤盤中，以烤箱稍加溫熱。
④待③沸騰之後，再用打蛋器fouet邊混拌邊將①拌入。
⑤煮約1分鐘左右使其溶化。
⑥再加入以烤箱溫熱的細砂糖混拌。
⑦再度熬煮使其沸騰至109℃（溫度補償濃度75%）（→P.275：糖度的測量方法）。
⑧熬煮後熄火，加入用水溶解了的檸檬酸。
⑨立刻倒入框模中。
＊因為加了檸檬酸會很快凝固，所以必須迅速作業。

水果的純果汁（照片右邊：覆盆子、左邊：青蘋果）
鮮新水果以果汁機攪打製成純果汁也可以，但現在整年都有出售冷凍的純果汁，另外連在日本很難買到的漿果莓類的純果汁也都有賣。因有分無糖和添加10%砂糖的製品，所以可以依製品的不同來酌量增減砂糖的用量。

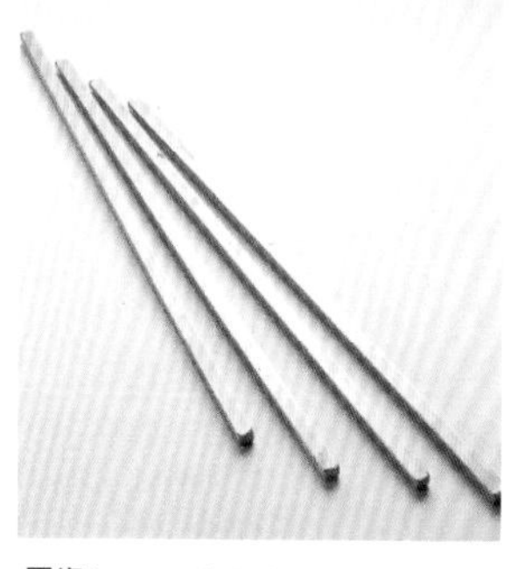

壓條 barre、règle à fondant
金屬製的方型壓條。雖然也有糕點專用的，但即使是假日工匠用品的金屬壓條也可以。

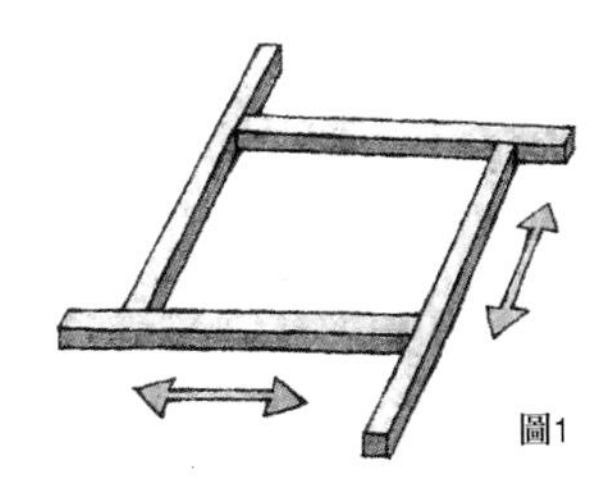

圖1

10

11

12

⑩ 倒入全部的份量，使材料可以成爲1cm厚地移動壓條來微調整（圖1）框架的大小，直接將其放置到完全凝固。

⑪ 當以手指觸碰時感覺到其凝固時，就可以移開周圍的壓條，在表面撒上細砂糖（粗粒）。

⑫ 以等分切刀將其切分爲一口大小，在切口處也撒上細砂糖。

等分切刀 guitare
以細鋼絲將巧克力或柔軟的糖果等分切成同樣大小四角形時，所使用的切斷機。通稱切刀。

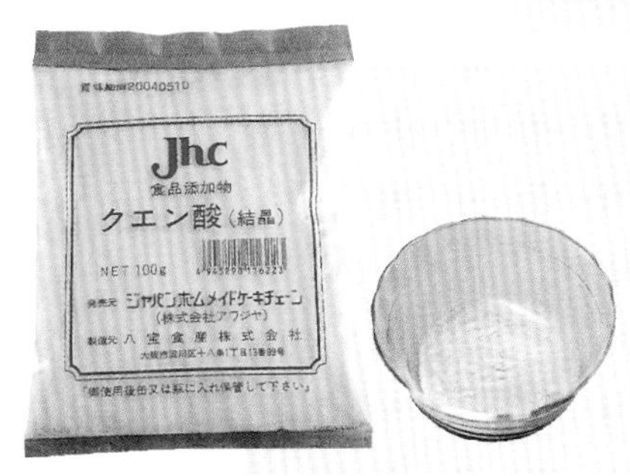

檸檬酸
檸檬的酸味等，是水果酸味的成分之一，蘊含於果實（特別是柑橘類或草莓等）當中。食品工業中，經常被使用在安定PH值及增強抗氧化劑等目的上。在水果軟糖中，是使材料傾向酸性進而幫助果膠的凝固。可以補足水果的酸味，也具有平衡甜度的效果。

果膠（→P.246：關於凝固劑）
是形成植物胞壁的成份之一，多含於水果的果肉及果皮中。適度的酸性狀態下，加入大量的糖分加熱，再冷卻至常溫時，會產生具彈力狀態的凝固（膠質化）性質。越是成熟的水果，其所含的果膠量越多，果醬會有濃度產生，也是由於材料的水果中含有天然果膠的作用。
果膠較少的水果在製作成果醬時，會添加市售的果膠。
這些果膠主要是在製造果汁時，蘋果渣或由柑橘類的果皮中萃取出來，乾燥後製成細粉狀，做為凝固劑和安定劑來使用。
果膠會依其用途而製成各式各樣的產品，依其性質可大致分為兩類。
・HM果膠（高甲氧基甲膠）：糖度、酸度越高膠質化性質越強。一般是用於果醬。或是用於製作明膠無法凝固的酸味較強之水果果凍時。
・LM果膠（低甲氧基甲膠）：與糖度、酸度無關，只要有礦物質（鈣質或鎂）就可以膠質化。使用特殊果醬（低糖、無糖）或牛奶的冰凍點心或用於鏡面果膠的製作。

Guimauve
棉花糖

棉花糖（英語：marshmallow）在法文中就稱之爲Guimauve。棉花糖是葵科的藥屬葵（英語：Marsh mallow）的意思，當成糖果的名稱，是因爲加入了由這種植物的根部萃取出甘甜的黏液所製成的，據說和以這種黏液製成的止咳藥非常類似。

材料　23×30×3.5cm的方型淺盤一個的份量
水 150ml 150ml d'eau
細砂糖 500g 500g de sucre semoule
麥芽糖 50g 50g de glucose
蛋白 120g 120g de blancs d'œufs
明膠 30g 30g de gélatine
水果香料（覆盆子）20ml 20ml de d'arôme de fruit
食用色素（紅）colorant rouge
玉米粉 fécule de maïs
糖粉 sucre glace
沙拉油 huile

預備動作

・將明膠放進冰水中還原。

①在方型淺盤的側面塗上薄薄的沙拉油。底部也輕輕地塗抹後，舖上紙張。在上面撒上以等量混拌了的玉米粉及糖粉。
＊紙張使用表面經過加工處理、剝離性佳的烤盤紙較好（→P.27）
②在鍋中放入水、砂糖以及麥芽糖加以熬煮。待糖漿開始沸騰時，即開始進行蛋白的打發作業（→fouetter）。
③擰乾還原了的明膠，隔水加熱（→bain-marie）使其溶化。
④糖漿熬煮至120℃（→P.61）。
＊為了當糖漿熬煮至120℃時蛋白霜可以立即加入，所以蛋白的打發作業，要配合糖漿的熬煮時間來進行。
⑤待蛋白打發後，以逐次少量的方式將熬煮至120℃的熱糖漿加至其中，再繼續打發。
⑥趁溶化了的明膠仍爲溫熱時，加入⑤當中。
⑦再加入香料及色素，繼續打發。
⑧打發至待溫度稍降，拉起的尖角雖然可以直立，但呈柔軟的彎垂狀態爲止。

9
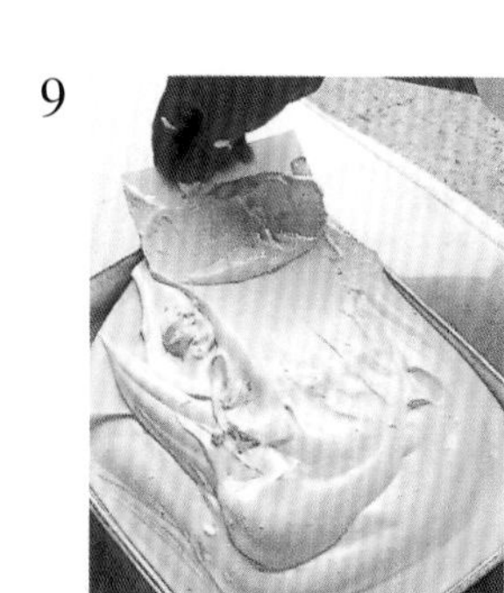
10
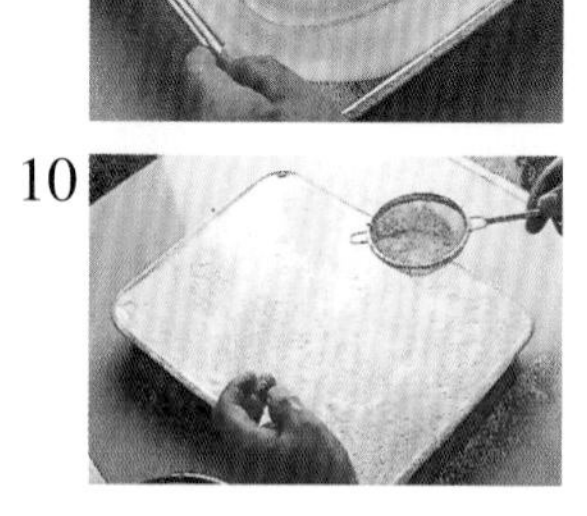
11
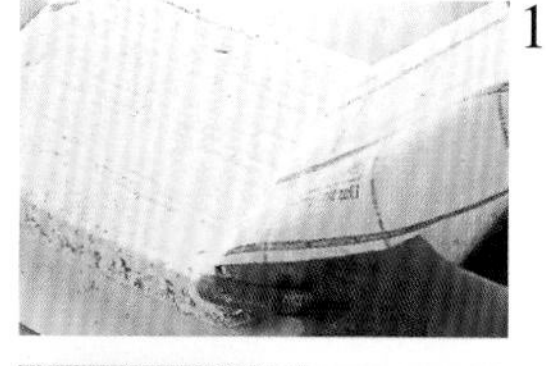
12

⑨將材料倒入預備好的方型淺盤中，使表面平整。

＊以絞擠製作出形狀時，可以打發得更硬一點，再絞擠至混拌了等量的玉米粉及糖粉的中間。

⑩撒上混合好的玉米粉和糖粉，在常溫中放置一晚使其凝固至產生彈性。

⑪用刀刃插入淺盤周圍，以紙和板子蓋住表面後翻面，脫模拿掉紙張。

⑫分切成適當的大小，再撒上混拌好的玉米粉及糖粉，篩去多餘的粉類。

＊如照片般地用等分切刀，將其分切成一口大小或棒狀。

水果香料（覆盆子）

由水果萃取出的天然香料。在增添香味的同時，還具有上色的效果。

Nougat de Montélimar
蒙特馬利牛軋糖

牛軋糖是以蜂蜜、堅果類為主要材料製成的糖果。攪拌使其充滿空氣的白色牛軋糖，特徵就是柔軟具黏性並且咬勁十足。法國南部的蒙特馬利（德龍省Drôme）正是以牛軋糖著稱的城鎮，據說在17世紀時，因在蒙特馬利周邊各地獎勵生產杏仁果，所以該地區因而以生產牛軋糖著稱。

蒙特馬利牛軋糖是白色牛軋糖的代表之一，規定完成的製品中必須含有30%（杏仁果28%、開心果2%）以上的堅果類。若能符合這項規定，即使是在非蒙特馬利地區製作，也可以稱之為蒙特馬利牛軋糖。

蒙特馬利牛軋糖

材料 32×30cm 1盤的份量

A
- 薰衣草蜂蜜 150g 150g de miel de lavende
- 麥芽糖 100g 100g de glucose

B
- 蛋白 90g 90g de blancs d'œufs
- 細砂糖 20g 20g de sucre semoule

C
- 細砂糖 200g 200g de sucre semoule
- 麥芽糖 100g 100g de glucose
- 水 50ml 50ml d'eau

杏仁果 200g（帶皮膜且稍烘烤過）200g d'amandes
開心果（汆燙去皮且完成乾燥作業） 75g 75g de pistaches
榛果（稍稍烘烤且完成除皮膜作業） 75g 75g de noisettes
威化餅（32×30cm）2片 2 feuilles de pain azyme
玉米粉 fécule de maïs

1

2

3

4

5

6
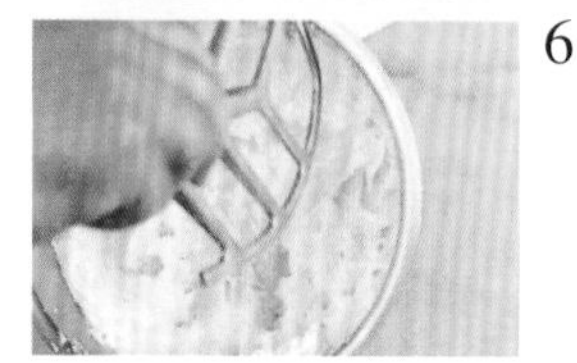

預備動作

・將杏仁果、開心果以及榛果攤平在舖了紙張的烤盤上，加溫。

①在糕點專用攪拌器mélangeur中放入B的蛋白和細砂糖，攪拌打發（→fouetter）。

②在鍋中放入A的蜂蜜和麥芽糖，加熱。
＊飛濺至鍋壁的糖漿，以沾了水的刷子將其刷落。

③將②的糖漿熬煮至125℃（要製作硬式牛軋糖時，須熬煮至130℃）。

④在①的蛋白中，一邊少量逐次地加入糖漿，一邊繼續攪打的打發作業。

⑤在鍋中熬煮C.的細砂糖、麥芽糖以及水，熬煮至155℃（要製作硬式牛軋糖時，須熬煮至160℃）。
＊為了能在④的材料打發後，立即可以加入，所以必須配合前面作業的時間進行熬煮。

⑥將④的糕點專用攪拌機之網狀攪拌器換成葉片形攪拌器（→P.28）。
＊繼續用網狀攪拌器時，會無法拌勻。

7
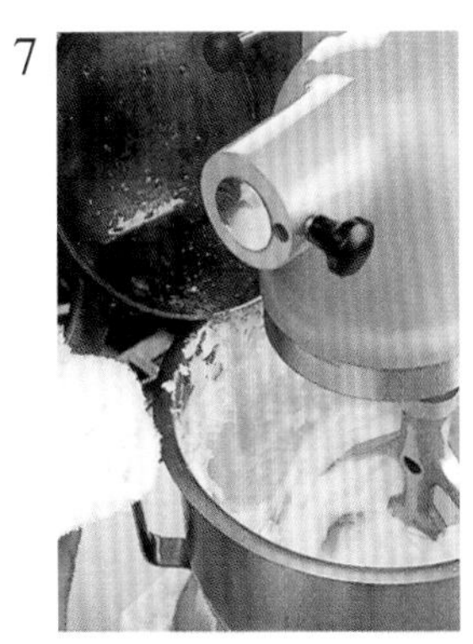

8

9

10

11
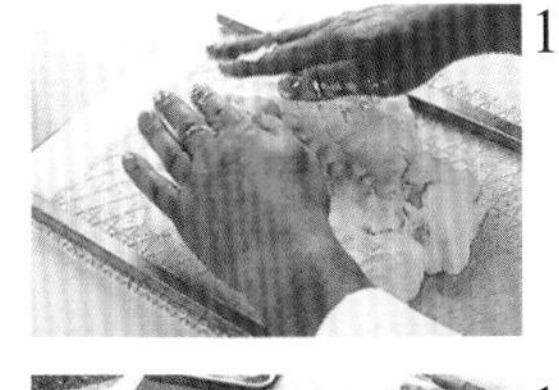

12
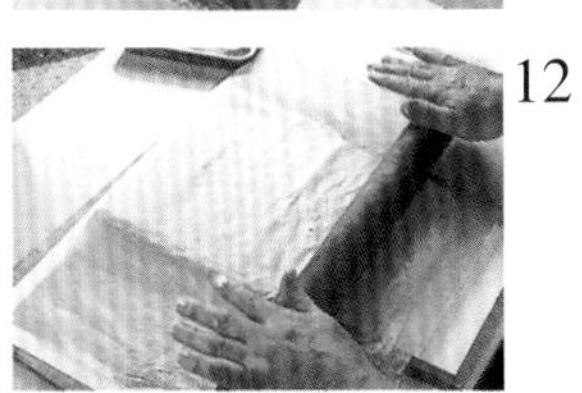
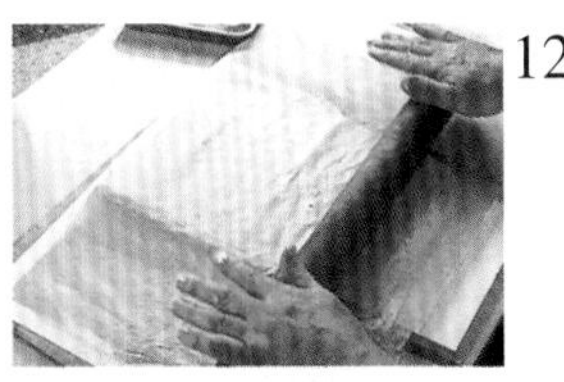

13

14
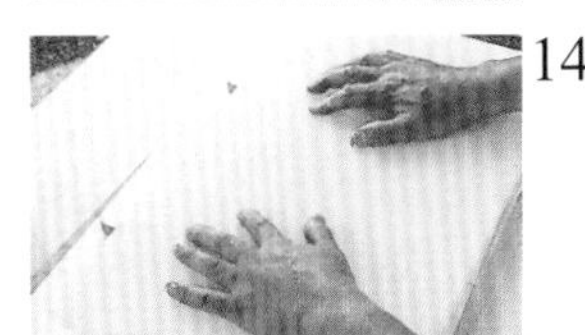

⑦待⑤熬煮後，邊用葉片攪拌器攪拌邊將其加入⑥當中。

⑧在攪拌盆的周圍以噴鎗加熱，並繼續攪拌。

⑨試著取少量將其放入冷水中，確認其完成時之硬度。
＊掉入冷水時，能立刻凝固並且不黏手，有適度彈性之狀態。

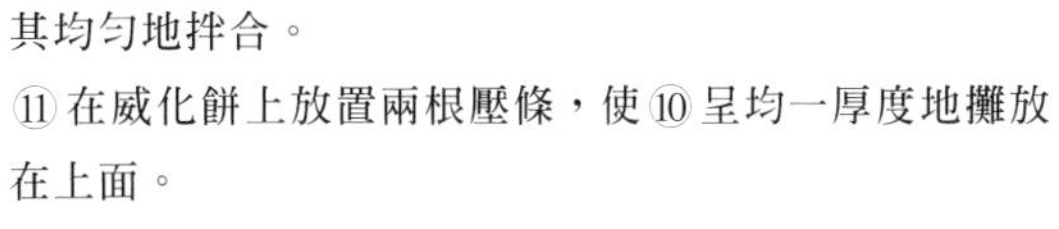

⑩待其成爲適當硬度時，加入預先以烤箱烘烤溫熱的杏仁果、榛果以及開心果，用木杓spatule en bois使其均勻地拌合。

⑪在威化餅上放置兩根壓條，使⑩呈均一厚度地攤放在上面。

⑫表面撒上玉米粉，再覆蓋上烤盤紙（→P.27），以擀麵棍擀平。

⑬拿掉烤盤紙，再蓋上另一片威化餅，以擀麵棍輕壓表面，使威化餅可以與牛軋糖密合。

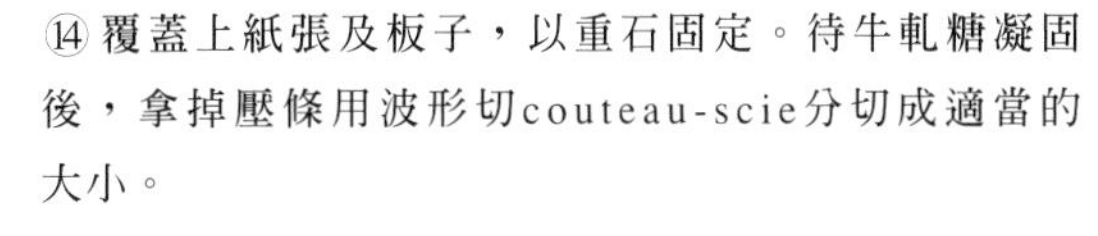

⑭覆蓋上紙張及板子，以重石固定。待牛軋糖凝固後，拿掉壓條用波形切couteau-scie分切成適當的大小。

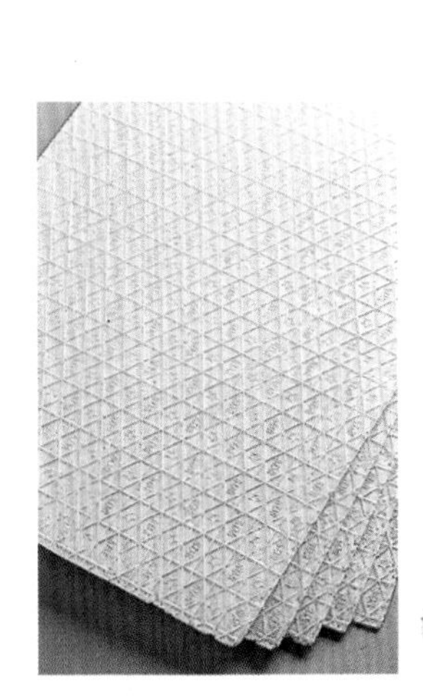

威化餅
威化是法文中的彌撒麵包的意思。彌撒麵包，是指無酵母麵包，就是天主教彌撒時用於領聖體用的薄麵包。

Nougat de Provence
普羅旺斯牛軋糖

使其不含空氣地製作而成的黑牛軋糖nougat noir。將砂糖和蜂蜜（佔甜味調味料之20%以上者）熬煮成顏色深濃的焦糖狀，再拌入杏仁果、榛果以及胡荽、大茴香等，必須要佔最後成品之30%，再以橙花水來增添香氣。（命名爲蜂蜜牛軋糖，必須要含有20%以上的蜂蜜。若是單純的黑牛軋糖，只要含有15%以上的堅果類即可。）

材料　32×22㎝ 1盤的分量

糖漬櫻桃（櫻桃白蘭地醃漬） 250g 250g de bigarreaux confits macérés au kirsch
杏仁果（連皮稍稍烘烤過） 375g 375g d'amandes
開心果（汆燙去皮乾燥後） 25g 25g de pistaches
細砂糖 225g 225g de sucre semoule
水 12.5ml 12.5ml d'eau
薰衣草蜂蜜 150g 150g de miel de lavande
香草醛 vanilline
威化餅（32×22cm）2片 2 feuilles de pain azyme

1
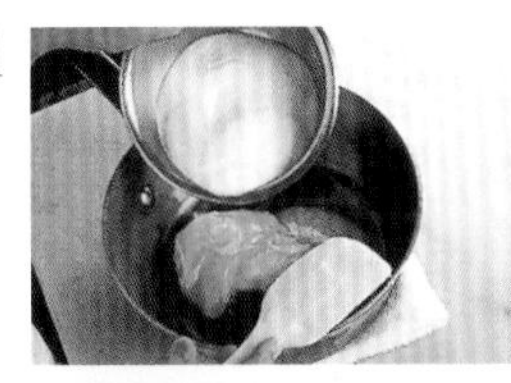

6
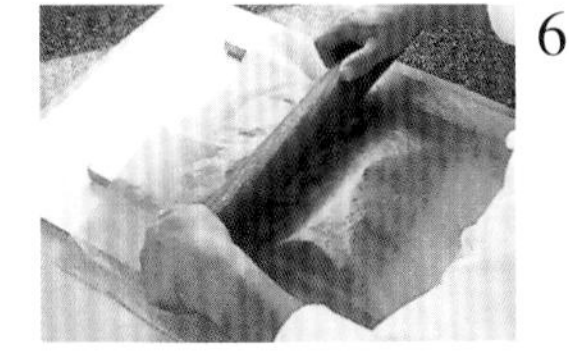

2

7

3

8

4

9
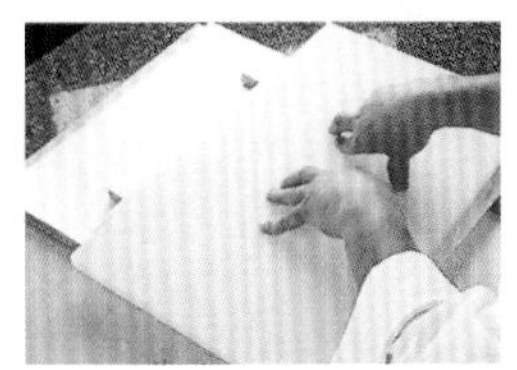

5

預備動作

・將糖漬櫻桃的水份充分瀝乾備用。放置於烤箱上方2～3天，使其乾燥。

・在烤盤中放置烤盤紙，舖放上杏仁果、開心果（汆燙去皮後），以烤箱溫熱。

①在銅鍋中放入水、細砂糖、蜂蜜、香草，加熱。
②以木杓邊將攪拌使其溶化邊熬煮。
③熬煮至150℃爲止（→P.61）。
④離火，加入糖漬櫻桃、開心果混拌。
⑤在威化餅上放置兩根壓條，將④攤平在威化餅上。
⑥蓋上烤盤紙，用擀麵棍將其表面擀壓平整。
⑦拿下烤盤紙，再覆蓋上另一片威化餅。
⑧以擀麵棍輕壓使其密合。
⑨放上紙張（烘焙紙），以重石壓在板子上放至固定。待固定後拿去壓條，分切成適當的大小。

Caramels mous
牛奶軟糖

在日本一般的「牛奶糖」，在法文中被稱爲caramel mou（柔軟的牛奶糖）。是利用砂糖加熱至高溫時，會焦糖化而變成褐色並產生芳香風味之特性所製成的糖果。將砂糖、麥芽糖以及乳製品（鮮奶油）熬煮而成。相對於砂糖的分量，減少乳製品及麥芽糖的比例，再以更高溫熬煮時，就可以做成caramel dur（硬式牛奶糖）。

材料　15.5×21×1cm的模型1盤的分量

鮮奶油（乳脂肪成分38%）　450ml　450ml de crème fraîche

細砂糖　120g　120g de sucre semoule

麥芽糖　120g　120g de glucose

轉化糖　30g　30g de sucre inverti

香草莢　1根　1 gousse de vanille

1

2

3

4

5
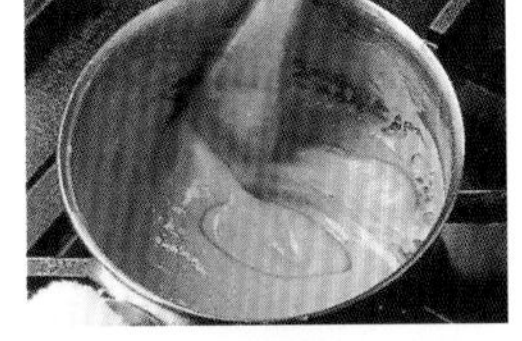

6

7

①將草香莢剝開，以刀尖刮下香草籽。

②在鍋中放入鮮奶油、香草籽和香草莢、轉化糖、麥芽糖以及細砂糖。

＊因很容易溢出鍋外，所以要用較大的鍋子。雖然製作牛奶糖要熬煮至150℃，使用銅鍋較好，但若熬煮溫度僅為120～125℃時，用不鏽鋼鍋也可以。

③加熱，以木杓邊混拌邊熬煮至120～125℃。待其沸騰後，取出香草莢。

＊溫度只要有1℃的不同，完成時的硬度就會完全不同。

＊如果香草莢也放入一起熬煮，完成的牛奶糖會有雜質。

④熬煮至相當程度後，溫熱其他較小的鍋子，再將材料移至小鍋中。

＊繼續放在大鍋中熬煮時，容易過度熬煮而煮成焦黑狀態。

⑤待全體混拌完成，熬煮至攪動時，材料不會沾黏至鍋壁的硬度（約爲125℃）。

⑥將矽膠墊（silpat）內面朝上地放置，將模型放置於其上，倒入⑤的材料（將矽膠墊內面朝上，是爲了能在牛奶糖表面做出線條形狀）。

⑦在工作檯上輕叩，使氣泡可以排出氣體並均勻地擴散攤平在模型上，上面也放置矽膠墊，再以擀麵棍擀壓使其平整，之後放置至熱度稍降。在尚有餘溫時，脫模切成喜好的大小，放至完全降溫固定爲止。

牛奶糖模型 cadre à caramel

Bonbons à la liqueur
利口酒糖

在飽和狀態的濃稠糖漿中，混入高酒精濃度的蒸餾酒，倒入模型中凝固的糖果（利口酒糖球）。一旦溫度下降時，飽和的砂糖會結晶化而在表面形成硬殼，中央部分的酒精則會以液體狀態而留在其中。酒精濃度較高時較易製作，雖然也可以使用香橙甜酒等利口酒，但大部分較常使用的是威士忌、櫻桃酒和白蘭地等蒸餾酒。

＊bonbon〔m〕一口大小的糖果、牛奶糖或巧克力。
＊liqueur〔m〕利口酒。

材料　約100個
細砂糖 500g 500g de sucre semoule
水 250ml 250ml d'eau
威士忌（酒精濃度57度）200ml 200ml de whiskey
澄粉（或是玉米粉）fécule de blé
※威士忌 只要是手邊酒精濃度為50度以上者，皆可使用（添加用量→P.279：Pearson的square法）

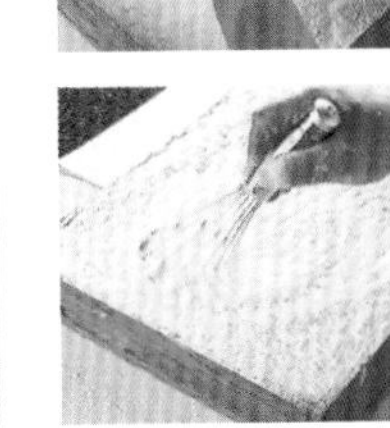

預備動作

・澄粉（或玉米粉）充份乾燥後備用。將澄粉攤放在舖了紙張的烤盤上，以40℃的烤箱加溫，重覆2～3天，完全除去水分使其乾燥。

＊用在模型中的澱粉（澄粉）如果其中含有水份的話，倒入模型中的液體會與澱粉中所含的水分結合，滲入澱粉之中。
若能先使澱粉乾燥後再使用，倒入模型中的液體會被阻隔在澱粉表面，而不會滲透至澱粉之中。

①在鍋中放入水、細砂糖加熱。

②加熱至120℃時，糖漿會飛濺至鍋邊，所以用沾了水的刷子pinceau將其刷落。

＊如果任其飛濺而置之不理時，糖漿會糖化而燒焦。

③熬煮至125℃。

④在缽盆中放入酒類，徐緩地注入加熱③的熱糖漿。

⑤在缽盆中混拌好之後，再倒回鍋中，接著再緩緩地倒回缽盆中。

⑥如此的動作重覆數次，使糖漿和酒類能充分混拌。最後在缽盆中蓋上鍋蓋，放置至溫度稍降爲止（至人體肌膚之溫度）。

＊用刮杓等混拌，使其有衝擊時，就會開始產生糖化。所以必須沿著缽盆的邊緣靜靜地徐緩地倒入。

⑦將乾燥好備用的澄粉放入低溫烤箱中(60℃)加溫。將加溫過的澄粉邊過篩邊滿滿地放入預熱過的木箱之中。

⑧再用打蛋器混拌木箱中的澄粉，使其中充滿空氣。

＊藉由充滿空氣的澄粉而使得⑩的作業當中，在印出凹槽時其形狀不致鬆垮掉。

＊飽和與過飽和

溶液（水）中加入溶媒（砂糖）使其溶化，而當無法再溶解出更多的界限之分量。溶解出最大量溶媒之溶液，即稱為飽和，超過這個界限又加入溶媒時，稱之為過飽和。當糖液成為過飽和狀態時，砂糖就會再度結晶化並分離。

飽和量會因溶液的溫度而有不同，例如濃稠的糖漿，即使在溫度高時砂糖可以完全溶解，但溫度一旦下降時，就會呈現過飽和狀態。水分的蒸發或攪拌的衝擊等機械性的刺激也會引起這種狀況。再結晶化的狀況，在糕點製作上稱為「糖化」、「中途糖化」、「回復砂糖狀態」等。

雖然在完成的製品當中，是不太希望發生的變化，但在糖果製作的過程中，也有特意利用這樣的特性，使其產生再結晶化來製作的成品（利口酒糖的製造和水果杏仁糖的完成等）。

9 10 11 12 13 14

⑨利用壓條等，除去木箱表面上多餘的澄粉並平整表面。

⑩利用利口酒糖的按壓模型在⑨的表面按壓出凹洞。

⑪將⑥的材料放入填充器中 entonnoir à coule，倒入至⑩的凹洞中。

⑫在其上方輕輕撒上玉米粉，至少靜置半天以上。

＊不要急遽地降低其溫度，放在溫度稍高的地方，使其慢慢降溫可以製作出更細緻的結晶。

⑬放置約半天之後，待表面出現了薄膜般狀態時，可以配合木箱的大小，使用彎曲的針狀道具，或是叉子等，以不破壞整體地將糖果上下翻面，再放置1整天，至表面成固體狀態為止。

⑭刷掉利口酒糖表面的粉末。也可以用巧克力或覆淋巧克力來做最後的修飾。

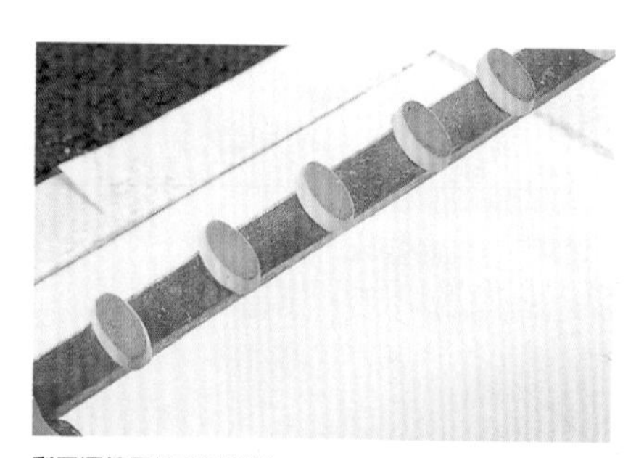

利口酒糖用的按壓模型 empreintes à liqueur

澄粉

麵粉的澱粉。在法國或瑞士，是繼玉米粉後，最常使用的澱粉，風味更勝玉米粉。在麵粉中加水會產生粗麩素，此時將澱粉以水分加以沖洗分離出來的製程是最常見的，麩素這樣的副產物，也可以運用在氨基酸或素食肉（植物蛋白質）的製造上。高糊化溫度，但低黏度，黏度變化十分和緩，因此比較上是較為安定的物質。利口酒糖的按壓模型（澱粉盒）上，是最適合使用澄粉的。與其他澱粉類不同，因其細胞表面的多糖體已被處理過了，所以粒子不容易滑動，在模型按壓後形狀也不容易崩散。

Pralines
果仁糖

盧瓦雷（Loiret）省Montargis的知名甜品，在杏仁果上厚厚地裹上熬煮成焦糖狀的砂糖所製成的糖果。據說，是在17世紀時擔任將軍的Plessis-Praslin伯爵 César de Choiseul（1598～1675）的主廚Lassagne所想出來的，因此以將軍之名來命名。

果仁糖

材料 基本配比

杏仁果（連皮） 500g 500g d'amandes

白粗粒糖 500g 500g de sucre en grains

水 250ml 250ml d'eau

香草莢 2～3根 2 à 3 gousses de vanille

＊杏仁果不先烘焙。連皮使用可以將色澤及香氣轉移至糖漿中。
＊香草莢可以用曾經使用於卡士達奶油餡糕點等，用過一次的香草莢。

①在銅製的缽盆中放入水、細砂糖以及剝開了的香草莢，加熱使其沸騰。

＊以沾了水的刷子刷落飛濺至鍋壁的糖漿。
＊使用較大的鍋子來熬煮，不但可以使杏仁果的加熱均勻，還可以讓糖漿的沾裹更方便。

②待液體沸騰後，加入杏仁果，熬煮至水分完全消失，糖漿完全沾裹在杏仁果上（117℃）。

＊因糖漿的沸騰，會使得杏仁果浮出泡沫，但出現的這些泡沫可以不用撈起。

③～⑤離火，將其攪拌至泛白產生糖化現象爲止。

⑥用較粗的網篩過篩，分別篩出杏仁果及砂糖塊。

⑦將杏仁果倒回缽盆中，以小火加熱，邊轉動缽盆邊像煎炒般地加熱杏仁果。

⑧待沾裹在杏仁果上的砂糖再度開始溶化成糖漿，再逐次少量地加入⑥當中過篩出來的砂糖，使其沾裹在杏仁果上面。每當砂糖溶化後，就加入篩出的砂糖，至表面重重疊疊地沾裹上砂糖，形成糖衣爲止。當砂糖完全加入，杏仁果也加熱後，就可以攤放在工作檯上使其冷卻。

＊將杏仁果對切成半，就可以確認其加熱的狀況。
＊製作分量較少時，有可能當杏仁果的周圍沾滿了糖衣，但其中卻尚未熟透的狀況，或無法呈現漂亮的焦色。因此，也可以事先將杏仁果烘烤成淺淺的烘焙色後再使用。

第12章

巧克力

chocolat

四色巧克力缽 Mendiants

皮埃蒙特榛果巧克力 Piémontais

松露巧克力 Truffes

柳橙巧克力 Oranges

酒漬櫻桃巧克力 Griottes au Kirsch

覆盆子巧克力 Framboisines

杏仁巧克力 Amandes au chocolat

杏仁巧克力塊 Roches d'amandes

水果巧克力 Tutti frutti

關於巧克力

巧克力，散發著光澤的深褐色、有著優雅高尚印象、具有神秘感並且受到廣大群衆所喜愛的甜品。主要材料的可可豆之原產地，是在亞馬遜河流域及委內瑞拉的奧利諾科河流域，據說古代墨西哥在西元前2000年左右就開始栽植了。

在當地，巧克力是將可可豆磨碎後，以濃稠的「飲品」而存在的，而阿茲特克人更在其中加入了玉米的粉末、香草等各式各樣的香料來飲用。這是在16世紀初遠征墨西哥的費南多·科提茲（Fernando Cortez）帶回西班牙的。當初巧克力是又苦又難喝的飲料，但在西班牙因加入了砂糖，並且以熱飲方式而流傳開來，在貴族及僧侶間是非常珍貴且受到歡迎的，最後在歐洲的上流社會中廣為流傳。

之後大約過了300年，到了19世紀時，荷蘭人Van Houten將可可豆的油脂（可可奶油）抽除後，製作出更容易溶解的巧克力飲品。而副產品的可可奶油則由飲用的可可亞搖身一變成為食用的巧克力。

但在成為食用的巧克力之後，浮現出另一個大問題。相信大家都曾經有過打開收到的巧克力禮物盒時，發現應該散發出不可思議褐色光澤的巧克力上，表面居然是呈現粉狀的經驗吧。這是因為在保存當中，受到劇烈的溫度變化，一度融化了的巧克力又再度凝固後，所以引起的霜花現象，其原因即是巧克力中所含的可可奶油浮出於表面所造成的。雖然在食用上沒有問題，但其入口即化的口感就會受到影響。

相同的，使其溶化的巧克力直接冷卻凝固的話，就會宛如在表面噴出白粉般地（霜花現象），而無法形成表面光澤的巧克力。另外入口即化的口感也會變差。為了要製成入口即化的巧克力糕點及口感，因而進行調溫（英語為tempering、法語則稱之為tempérage※1）的操作作業。藉由調整溶化了的巧克力之溫度，使得溶化後呈現分散狀的可可奶油，可以再度結集成最安定的大小及形狀之結晶，以這樣的狀態進行凝固的操作，有攪拌使其保持一定溫度（31～32℃）之恆溫型調溫法，以及使其溫度產生變化再加以調節的升溫型調溫法。昇溫型調溫法還可分為 table tempering※2、水冷法bowl tempering以及種付法seed tempering 三種方法。

※1 tempérage 調節溫度（température）的操作作業。

※2 tablage 與tempérage相同。特別是指放在大理石等工作檯上（table），使其溫度降低的調溫方法。而調溫就稱之為tabler。

巧克力的製程

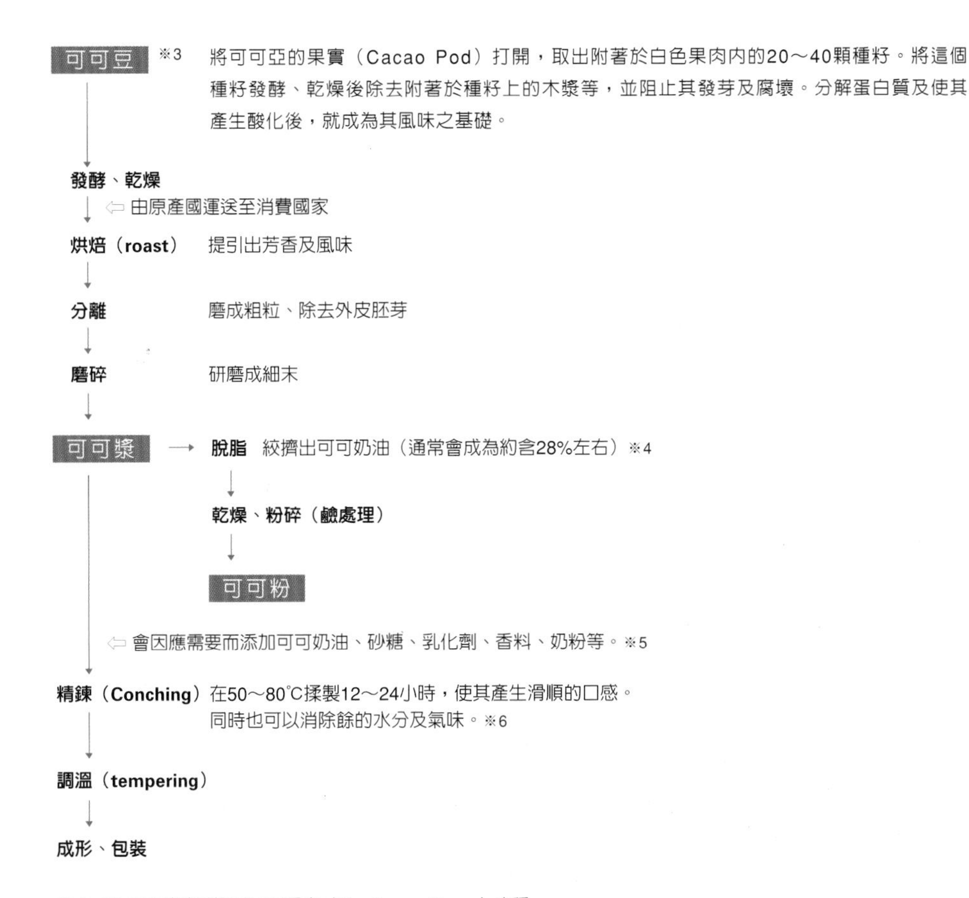

※ 3 可可豆是梧桐科的可可亞喬木（Theobroma Cacao）之種籽。大致可分為三種品種，但除特殊場合之外，大部份都會將不同產地及品種的複方可可豆加以調配混合，以製成巧克力。

Criollo種　原產於中美洲。委內瑞拉為主要產地。具有強烈香氣，含較少的苦味。以單一的Criollo系列之可可豆所製成的巧克力，具有相當獨特之風味，很受到矚目。

Forastero種　主要產於西非（迦納、象牙海岸）、巴西、馬來西亞等地。南美的亞馬遜河流域為其原產地。苦味較強，可可亞獨特的風味十分濃郁。

Trinitario種　原產於托巴哥共和國。除了原產地之外，也產於牙買加及爪哇島。風味及香氣都十分強烈。

※ 4 1828年時，荷蘭人Van Houten將可可豆的油脂（可可奶油）抽除後，製作出更容易溶解、更美味的巧克力飲品。

※ 5 最早食用的板狀巧克力，是1847年由英國製作出來的。到了1875年，瑞士發現了在巧克力中加入了牛奶的製作方法。

※ 6 1880年Rudolf Linz發明了邊轉動石頭滾輪邊長時間碾磨巧克力的機器。也因此才能夠製造出現在這樣滑順美味的巧克力。

巧克力製品

可可漿

可可漿

烘焙、碾碎可可豆，揉製成膏狀的物質。也被稱為是可可液，在可可漿中就含有巧克力獨特的苦味。在其中添加了糖分或乳製品等，就能夠製成巧克力。可可漿直接凝固後也可以做為製作糕點的材料來使用。沒有甜味，苦味很強的可可亞風味濃厚，所以和巧克力併用時可以增添香味及苦味，在不增加甜味之同時想要增添巧克力風味及色澤時可以使用。

可可奶油

在常溫下是固體的油脂。在25℃左右時會開始變得柔軟，融點約為30℃。在溶解時，有急遽從固體變成液體的特性，這個特性也和巧克力在口中融化的口感有關。

可可粉

可可粉

可可漿最多抽出80%的脂肪（脂肪殘留成分為22～28%）後，經過鹼處理、中和了酸味及酸臭味之後，磨成細末而成易溶且美味的製品，就是市售的可可粉。在飲用時也有添加了砂糖及奶粉的製品，但糕點製作上使用的是無糖可可粉，可以加在材料中，或是在完成時撒在表面修飾。從17世紀開始，巧克力做為飲品也開始在歐洲流行起來，但當時是表面浮著油脂且有強烈苦味及澀味的飲料。1882年荷蘭的Coenraad Johannes Van Houten發明了由碾磨好的可可豆當中，抽取出液狀脂肪成分（可可奶油）的方法以及脫脂後的鹼處理法，因而產生了更美味好喝的可可亞。

巧克力

烘焙可可豆（可可樹的種子），碾磨成膏狀的可可漿（也被稱之為可可膏），在其中加入砂糖、乳化劑等，完成並凝固之製品。在揉製時加入奶粉的話，就會變成牛奶巧克力。白巧克力就是使用可可漿中所含的油脂成分（可可奶油）和奶粉等製成的。

＊日本國內的巧克力規格

純巧克力　總可可亞成分35%、可可奶油18%、可可亞固形成分17%以上。不可使用代替油脂。糖分僅有蔗糖且在55%以下，乳化劑在0.5%以下，水分3%以下。做為一般糕點製作來使用。

巧克力　可可亞成份的規格和純巧克力相同，但因沒有其他的限制，所以雖然也有含代用油脂的製品，但整體而言，含有較多可可亞成分的品質較佳。

準巧克力　是指不需調溫即可使用的巧克力、覆淋巧克力等。總可可亞成分15%、可可奶油3%、可可亞固形成分12%以上。添加之代用油脂在15%以上者。是日本特有的種類，是不需調溫即可使用的巧克力，專門用於最後的裝飾。

覆淋巧克力

覆淋巧克力，就是「覆蓋、包覆」的意思。國際規格上，總可可亞成份（可可奶油＋可可亞固形成分）在35%以上，含可可奶油在31%以上、可可亞固形成分2.5%以上，不含可可奶油以外的代用油脂（棕櫚油等）之巧克力就可以稱為覆淋巧克力。卵磷脂（乳化劑）和香料（香草）的添加劑是被認可的。也常會使用可可亞成分為40～60%左右的製品，融化後具流動性，延展性佳，經過調溫後可以更具光澤更漂亮地凝固。依原料可可豆之種類及調配，也依可可奶油及可可亞固形成分之比例、砂糖之比例而產生各式各樣的風味及製品。

覆淋巧克力。由右起為甜味、白巧克力、牛奶巧克力

＊**覆淋巧克力的種類**

・**甜味**（couverture）

不含牛奶成分的純巧克力。也稱為黑巧克力。在甜味覆淋巧克力中也會有命名為bitter、noire等的商品名。抑制了甜味而更強烈地彰顯出可可亞風味。

・**牛奶**（couverture lactée或au lait）

添加了奶粉的製品。

・**白巧克力**（couverture ivoire或couverture blanche）

不含可可亞成分，是可可奶油添加了奶粉的製品。

覆淋用巧克力 Pâte à glacer、**覆淋用白巧克力** Pâte à glacer ivoire

最後裝飾的巧克力。為了使其有較佳的流動性而添加了植物性油脂。不需經過調溫即可使用。進口產品，相較於一般日本國產的西式點心專用不需調溫之巧克力，其含有更多的可可亞成分，風味也更好。

覆淋用巧克力
Pâte à glacer brune

覆淋用白巧克力
Pâte à glacer ivoire

調溫 Tempérage

昇溫型調溫法 Tablage（Table tempering或Marble tempering）

以隔水加熱將溶化巧克力的2/3～3/4放在大理石的工作檯上，邊混拌邊使其降溫至27～28℃，再放回溫熱的巧克力中，使其成爲31～32℃。

水冷法（Bowl tempering）

將隔水加熱的巧克力放入缽盆中，放在冷水中使其降溫至27～28℃。之後再以隔水加熱使其升至適溫。

* 在放入冷水中時若是太過迅速冷卻，會開始凝固，而容易產生不均勻硬塊。
* 不小心混入冷水的危險性較高。
* 巧克力的分量較多時，開始降溫的時間也越長。

種付法（Seed tempering）

將切碎的巧克力加入已較高溫度溶化的巧克力當中，使溫度可以回復至31～32℃。

* 添加的巧克力可以成為安定的結晶核，是個確實的方法。
* 適合用於少量調溫時。依溶化的巧克力用量和溫度，必須要調整添加的巧克力用量。

恆溫型調溫

使溶化的巧克力保持一定的溫度，長時間攪拌而得到安定結晶之方法。使用機器，適合工廠的大量生產。

調溫的溫度帶

甜味巧克力
（couverture）

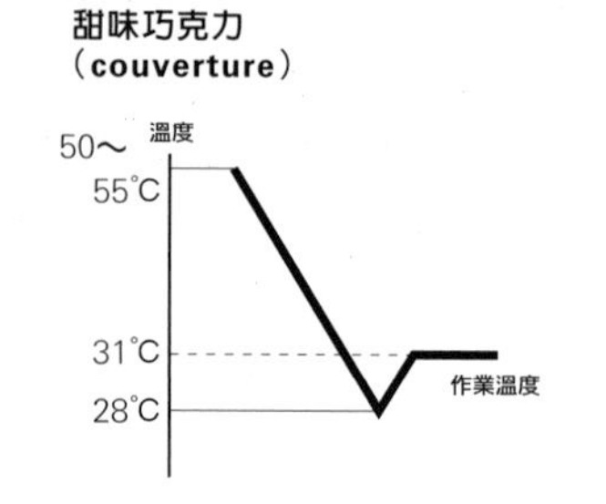

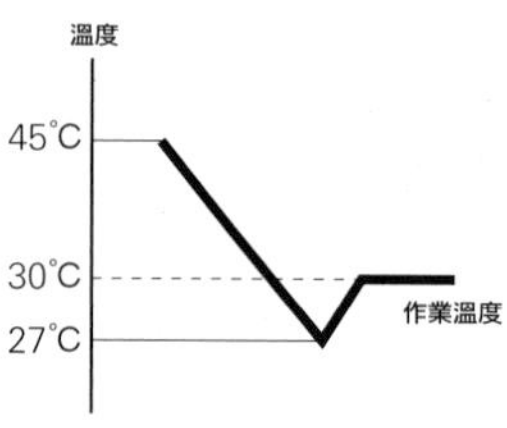

白巧克力
（couverture ivoire）

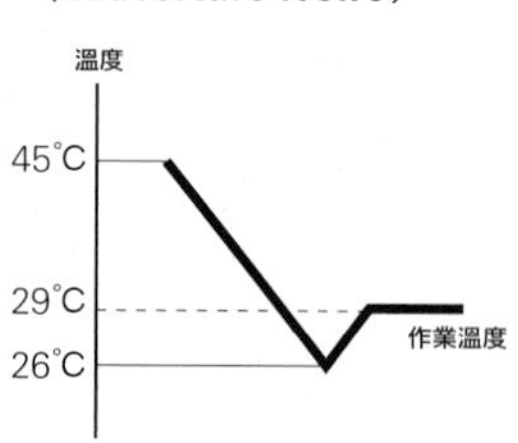

霜花現象

溶化的巧克力沒有經過調溫，就直接冷卻固定時，就會產生霜花現象。霜花現象（bloom）在英文是「花」、「開花」、「水果表面的白粉」的意思。

脂霜斑（fat bloom）

可可奶油浮現於表面凝固的物質。可可奶油會形成白色的凝固，就像白色黴菌般的白色薄膜。

（原因）

・調溫不良。
・調溫後室溫或保存處之溫度過高，至其再度凝固為止花了太長時間。
・保存不良，巧克力的表面溶化，直接再次凝固。

糖霜斑（sugar bloom）

砂糖浮出表面，溶化後凝固的物質。會呈現小而灰的斑點。

（原因）

・急遽的溫度變化（溫差10℃以上時），巧克的的表面形成水滴（結露），巧克力中所含的砂糖因而溶化出來形成結晶。

＊避免保存在溫度、濕度較高，會直接照射到太陽的地方。另外，放置於冷藏室保存的巧克力，突然拿出來放在溫度較高的地方時，就會產生結露，而造成糖霜斑，所以希望巧克力能在一定的室溫下保存及進行作業。

調溫法之順序

＊ 不可以直接加熱，務必使用隔水加熱法來溶化或提高溫度。此時要注意小心不要讓水或水蒸氣進入缽盆中。注意不要讓鍋子與缽盆中產生空隙，選擇與缽盆直徑相當或稍大一點點的鍋子。
＊ 巧克力的溶化溫度，會因巧克力的種類及製品而不同，因此不同種類的巧克力基本上是不該混在一起的。

1 將覆淋巧克力切細放入缽盆中。約以60℃隔水加熱至50～55℃時，使其溶化。

2 將2/3～3/4的1之材料放至大理石工作檯上。

＊ 不要使其形成大型巧克力塊。
＊ 不要讓氣泡進入其中。

3 用抹刀（palette coudée）平薄地展開。

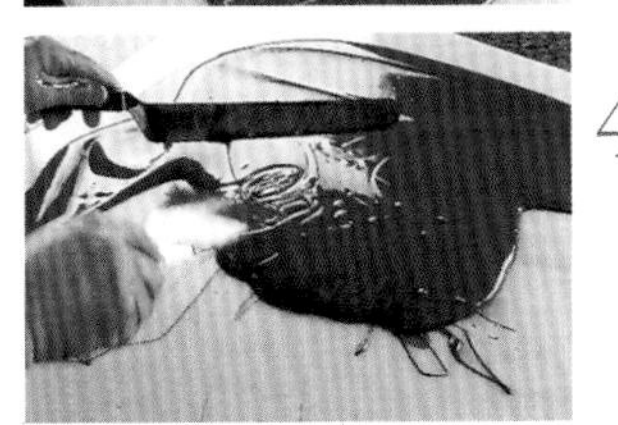

4 以三角刮板及彎角抹刀將巧克力聚攏。展延後再聚攏地重覆動作，使其溫度降至27～28℃。

5 隨著溫度的降低，會開始產生黏度和光澤（聚攏起來的巧克力表面呈現出彷彿貼上了薄膜般的狀態）。

＊ 當達到33℃以上時，安定的結晶會受到破壞，所以要重新開始2的作業，並使其降至理想的溫度。
＊ 凝固殘留在大理石工作檯上的巧克力，因成為硬塊所以不要再倒回缽盆中。

6 再倒回原來的缽盆，與其中溫熱的覆淋巧克力相混拌。緩緩地混拌使溫度成爲29～30℃。使用時間必須一直保持這個作業溫度。

＊ 是否完成了調溫作業，可以測量溫度，若為適溫時，可以用厚紙片等沾取巧克力，放置後若能有光澤地凝固起來，就是完成調溫作業了。

7 可以用紙張沾取來確認是否確實完成了調溫作業。

進行了調溫的巧克力，可以很有光澤地凝固（照片左邊）。另外，也可以很容易順利地從紙上剝除下來。沒有進行調溫的巧克力（在45℃中溶化的巧克力直接放置至凝固。照片右邊）沒有光澤並且有油脂滲出在表面形成了細小的顆粒狀，而造成粗糙的表面。以手指觸摸時立刻就會溶化出來。

Chocolate Warmer

tempéreuse électrique

在放置巧克力容器的下方為水槽的構造，在水槽中以電源來加熱。上面的容器完全被水槽所包覆著的狀態，所以完全沒有蒸氣進入巧克力當中的疑慮。

三角刮板

palette triangle

可以將沾黏在工作檯上材料刮起的金屬製刮刀。幾乎沒有彈性，可以用力操作的工具。

Bouchées au chocolat
一口巧克力

也稱之爲Bonbon au chocolat。以巧克力爲主要材料製成一口大小的甜點，被歸類爲糖果。

甘那許（以巧克力和鮮奶油等製成的奶油）、杏仁糖、風凍、堅果類等爲中心（圓球之中芯），再覆以巧克力製成的甜品，或是將巧克力薄薄地倒入模型中，再填入甘那許或水果泥等，種類豐富。

在糕點的製作上，像這樣以巧克力爲主的分類，是不同於以麵粉爲主體的糕點pâtisserie，因而被獨立分類出來，巧克力專賣店或巧克力製造業，就被稱爲chocolaterie。

Mendiants

四色巧克力缽

是由四個托缽修道會ordres mendiants的服裝顏色（道明會 The Dominicans 的白色、方濟會 Ordo Fratrum Minorum的灰色、聖衣會 Carmelite Order 的茶褐色以及聖奧斯定會 Order of St. Augustine 的紫色）而命名的，以杏仁果、無花果乾、榛果以及葡萄乾等四種材料裝飾的巧克力。實際上除了這四種材料之外，還可以使用各種色彩鮮艷的乾燥水果或堅果。

＊mendiant〔m〕托缽修道士。使用四種水果乾及堅果的點心。

材料　一片約4g

覆淋巧克力（Valrhona公司的caraque：含56%可可亞成分）couverture
杏仁果 amandes
核桃 noix
開心果 pistaches
葡萄乾 raisins secs
杏桃乾 abricots secs

1

2
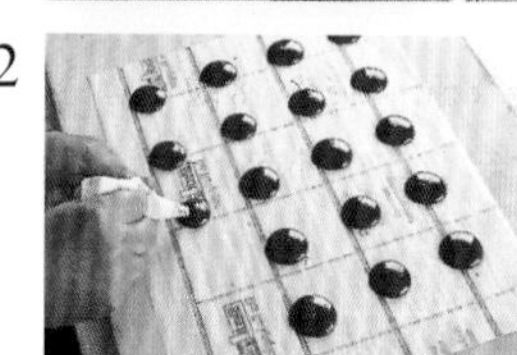

3

4

預備動作

・將覆淋巧克力先行調溫備用。
・將杏仁果放入170℃的烤箱中烘烤，降溫後備用。
・將核桃切半。若出現油脂時用烤箱稍加烘焙。
・將開心果汆燙去皮，充分瀝乾水分。
・使每顆葡萄乾都能泡開。
・將杏桃乾切成與開心果同樣大小。

①將調溫後的覆淋巧克力裝填入紙捲擠花袋（→P.141）中。
②在木製板子上舖上紙張，將①調溫過的覆淋巧克力擠出成直徑約2cm大小。
＊使用木製的板子。鐵板、大理石等會使巧克力的溫度快速降低，在放入堅果前凝固的話，就無法使用了。紙張使用表面加工處理過剝離性較佳的紙張為宜（→P.27）。
③連同板子一起在工作檯上輕敲，使其薄薄地擴散成直徑約4cm的大小。
④放上堅果及乾燥水果，放置至凝固爲止。凝固後剝除紙張。

Piémontais
皮埃蒙特榛果巧克力

＊Piémontais　義大利的皮埃蒙特州的形容詞。皮埃蒙特州的法語是Piémont。

材料　1個約10g

覆淋巧克力（Valrhona公司的caraque：含56%可可亞成分）couverture

榛果醬 gianduja

榛果 noisettes

1

2

3

4

預備動作

・覆淋巧克力調溫備用。

・榛果烘烤後降溫備用。

①用手指將覆淋巧克力塗抹在鋁製小杯內側，待其凝固備用。

②將榛果醬以60℃隔水加熱，使其溶化成40℃左右。將缽盆浸於冷水中，邊攪拌邊使其漸漸冷卻至適於擠出之硬度。

＊冷水是水龍頭打開之溫度。要注意若是過度冷卻時，會使材料剎時間凝固。

③以裝有星形擠花嘴douille cannelée（8齒，直徑8mm）的擠花袋將榛果醬擠出至①的小杯內。

④將榛果一個個裝飾上並使其固定。

Truffes
松露巧克力

＊Truffes〔m〕西洋松露。是有強烈香氣的圓形蕈菇。

材料　約50個的分量

甘那許 ganache

- 鮮奶油（含乳脂成分38%） 250ml 250ml de crème fraîche
- 覆淋巧克力（Valrhona公司的caraque：含56%可可亞成分） 300g 300g de couverture
- 香橙甜酒 50ml 50ml de Grand Marnier

覆淋巧克力（Valrhona公司的caraque：含56%可可亞成分） couverture

可可粉 cacao en poudre

1

2

3

4

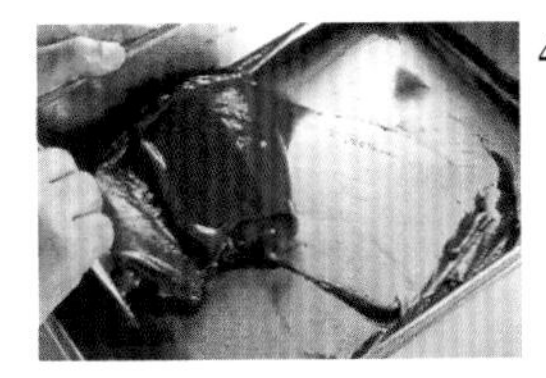

5

6

7

8

預備動作

- 甘那許用的覆淋巧克力切碎備用。
- 最後修飾用的覆淋巧克力調溫備用。

製作甘那許

① 將鮮奶油加熱至沸騰，緩緩地加入切碎的覆淋巧克力中，使其溶化。

＊鮮奶油的脂肪成分較高時，油脂就會浮在鮮奶油的表面上，因此使用乳脂肪成分較低的鮮奶油。巧克力的脂肪成分太高時也會浮出油脂。此時可以稍稍降低鮮奶油的溫度後再加入即可。

② 添加香橙甜酒後拌勻。

＊如果甘那許變硬後就不容易混拌了，因此必須趁熱時添加。

③ 過濾後（→passer）倒入方型淺盤，包上保鮮膜後放入冷藏庫中，使其冷卻凝固至可以絞擠的程度。

成形

④ 待其成爲可以絞擠的硬度時，使空氣不致進入地用刮板corne將其聚攏。

⑤ 在擠花袋poche à douille unie上裝上圓形擠花嘴（直徑15mm），在紙（烘烤紙較佳→P.27）上絞擠成棒狀。放入冷藏庫放置至可以分切且揉成圓形的硬度。

＊也可以絞擠成圓球狀。但絞擠成棒狀時較能控製完成時之大小。

⑥ 將可可粉撒在全體表面，分切成長2.5cm之長度。

⑦ 在手上沾滿可可粉，並將每段揉搓成圓形，再放入冷藏庫中冷卻凝固。

⑧ 在手掌中沾取適量的覆淋巧克力，將 ⑦ 放在手掌中使其表面都能沾滿覆淋巧克力使其成一薄膜狀。

＊柔軟且易於溶解的甘那許上，以覆淋巧克力形成薄膜的話，再下一次進行表面覆淋時，就不會溶進甘那許的覆淋巧克力之中。這樣的操作稱之為Pre-coated。

9

10

11

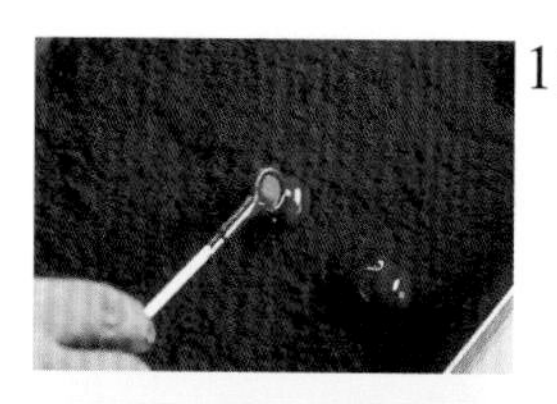

12

⑨將其並排在紙張上，放置於常溫中至其凝固爲止。

⑩將⑨浸泡在調溫過的覆淋巧克力之中（→temper），用巧克力叉將其取出。用橡皮刮刀將多餘的覆淋巧克力刮除palette en caoutchouc。

⑪將其放置在裝在淺盤上的可可粉上面。

⑫當表面的覆淋巧克力開始固定時，用巧克力叉在其表面劃出紋路，並一邊撥動巧克力球，使其全體都能沾滿可可粉。

＊其表面的巧克力還沒有變硬前就放入可可粉之中，巧克力會和可可粉混在一起，而成為巧克力硬塊。

＊在食用前為止，都可以埋放在可可粉當中，放置於較涼之處。若太早從可可粉當中取出，中間的甘那許會溶化出至松露巧克力的表面。

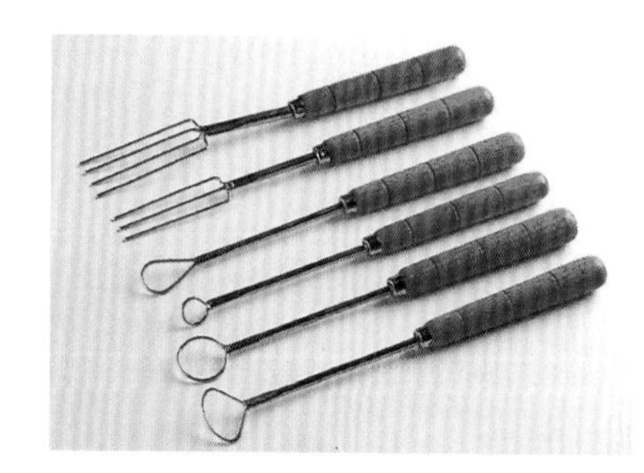

巧克力叉

fourchette à tremper

有叉子狀或圈狀等形狀。在製作巧克力點心時，可以將叉子刺在巧克力點心的中間，浸泡至覆淋巧克力當中。還可以配合中間材料的大小來選擇使用的工具。

Oranges
柳橙巧克力

＊Orange〔f〕柳橙。

柳橙巧克力

材料　約50個的分量

甘那許 ganache

- 方糖　1個　1 morceau de sucre
- 柳橙皮　zeste d'orange
- 鮮奶油（乳脂肪成分38%）　200ml　200ml de crème fraîche
- 覆淋巧克力（白巧克力）　350g　350g de couverture ivoire
- 奶油　30g　30g de beurre
- 康圖酒　20ml　20ml de Cointreau

覆淋巧克力（白巧克力） couverture ivoire

開心果（裝飾） pistaches

覆淋巧克力（白巧克力）的外殼（成品） coques en chocolat ivoire

預備動作

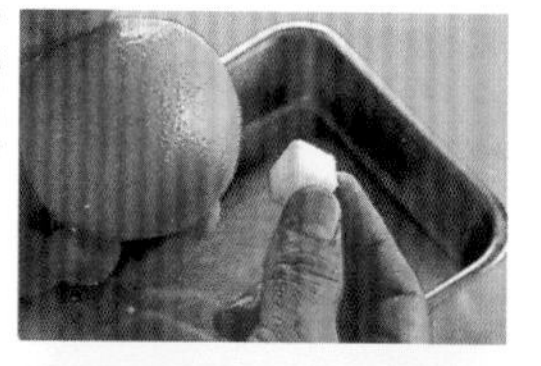

1

2

3

4

5

6

預備動作

・將甘那許用的覆淋巧克力切碎。

・將完成時用的覆淋巧克力加以調溫備用。

・將開心果切碎。

・用方糖在柳橙皮的表面上搓摩，可以增添方糖的顏色及香氣（照片）。

製作甘那許

①將鮮奶油放入鍋中，加入有柳橙風味的方糖，加熱使其融化。

②邊用打蛋器fouet攪拌邊使其沸騰。

③將切碎的覆淋巧克力放入②當中，緩緩地使其溶化。

④加入奶油混拌，使其溶化。

⑤在常溫中放至冷卻，添加康圖酒。

⑥過濾後倒入方型淺盤中，覆蓋上保鮮膜後，在冷藏庫中放至呈柔軟的奶霜狀爲止。

康圖酒（cointreau）

法國製的柳橙利口酒的商品名稱。用柳橙皮和花等來添加香氣的利口酒，常使用在增添含有柳橙材料的麵糰或奶油以及糖漿上。柳橙利口酒也被稱為curaçao、triple sec，有像香橙甜酒（→P.54）般琥珀色，也有像康圖酒般無色透明的white Curaçao，還有在透明色上染色的blue Curaçao。

7
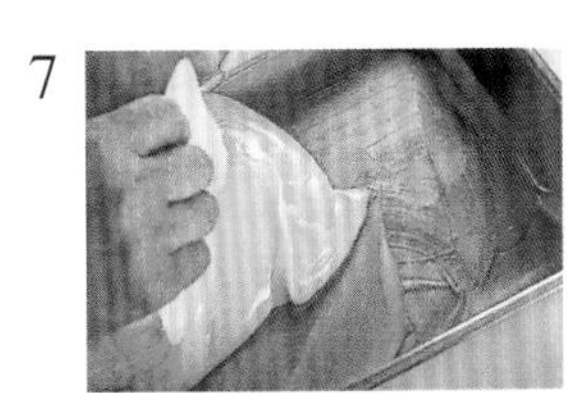

10

8
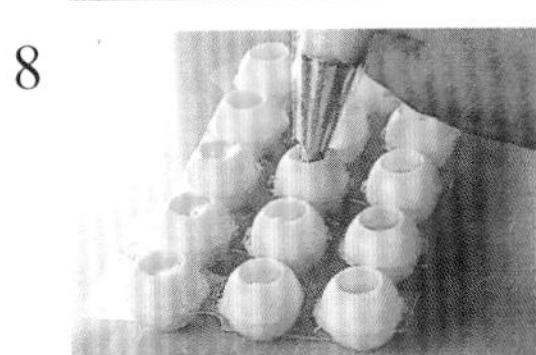

11

9

成形

⑦待甘那許成爲可以絞擠的硬度時，使空氣不致進入地用刮板加以聚攏。

⑧放入裝有圓形（直徑7mm）擠花嘴的擠花袋中，擠入外殼中至九分滿。

＊不使用外殼時,可以與松露巧克力一樣，用手將其搓成圓形，但這樣這個配比會稍嫌柔軟。

⑨將調溫後的覆淋巧克力放入紙捲擠花袋（→P.141）中，在⑧的外殼中擠滿並蓋上蓋子，冷卻固定。

＊在外殼中如果有空氣進入時，可能會有發霉的狀況，所以要多加留意。只是在⑧中如果放了太多的甘那許，可能會溢出而無法蓋好蓋子。

⑩將其放在巧克力叉上（圈狀），浸泡在調溫後的巧克力之中（→tremper）。用橡皮刮刀刮落多餘的覆淋巧克力，再放置於紙張（烘焙紙較佳→P.27）上。

＊蓋子的部分朝下地放置於紙張上即可。

⑪將調溫過的巧克力放入紙捲擠花袋當中，細細地絞擠出來，在表面上撒上開心果並等其凝固。

覆淋巧克力的外殼

在其中填入柔軟的甘那許等，就可以簡單完成巧克力球的半成品。（商品名是Valrhona公司的酒樽形，或Suchard公司的酒樽形，不管哪一種名稱，在德文中都是球的意思）。其他也有杯狀等形狀。

Griottes au Kirsch

酒漬櫻桃巧克力

*griotte〔f〕櫻桃、紅櫻桃。

材料　基本配比

酒漬櫻桃（櫻桃酒漬）griotte au kirsch

風凍 fondant

糖粉 sucre glace

覆淋巧克力（Valrhona公司的caraque：含56%可可亞成分）couverture

巧克力碎片（裝飾）pailleté chocolat

＊酒漬櫻桃　新鮮的櫻桃不以糖漿而以櫻桃酒來醃漬者。

＊巧克力碎片　細碎的薄片狀裝飾用巧克力。

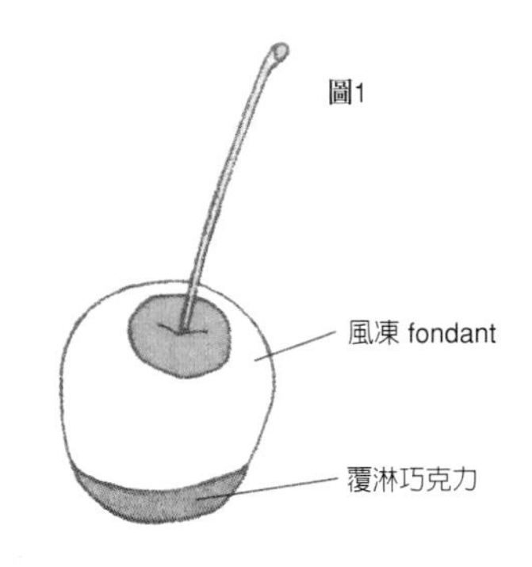

1

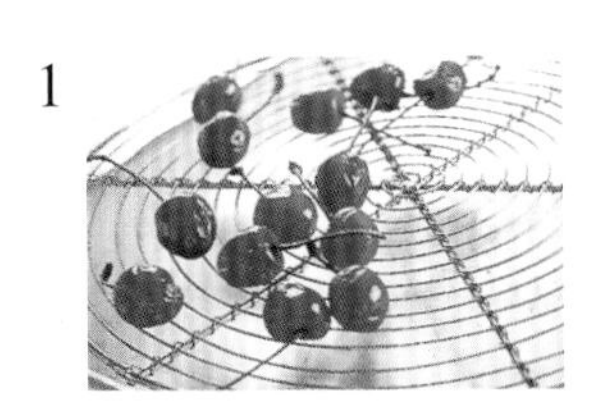

2

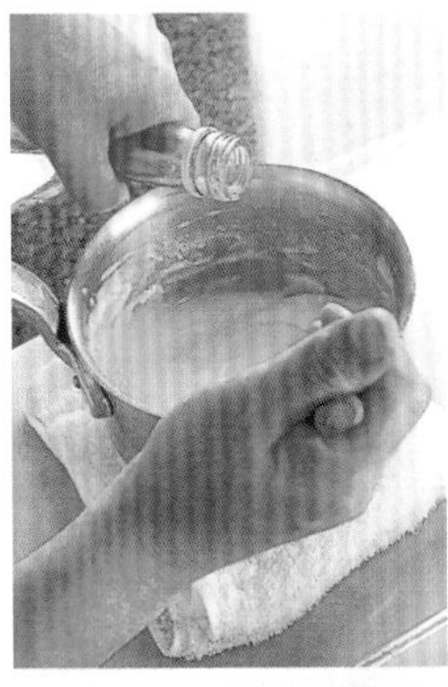

3

4

5

6

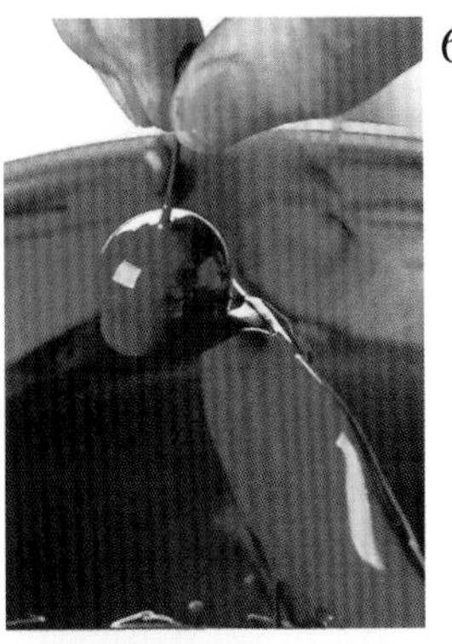

7

預備動作

・覆淋巧克力調溫備用。

①將酒漬櫻桃的水份擦乾，放在網架上1日，使其表面完全乾燥。

＊因為有水氣時就不易沾裹上風凍，所以要先使其乾燥。

②攪拌風凍，加入可以增添風味的櫻桃酒以調節其硬度。

＊攪拌市售的固體風凍，以櫻桃酒使其變柔軟。再添加糖漿來調整硬度。

③開小火，加熱至其呈柔軟狀態。

＊硬度為方便④的操作之硬度即可。因為是直接加熱的，所以變冷凝固時其光澤就會消失，成為紋理較粗的堅硬風凍。剩下的風凍也無法再度應用於其他製品了。

④將酒漬櫻桃沾上③的材料。雖然風凍要沾至櫻桃梗的軸心附近，但請注意不要將風凍沾至櫻桃梗上。

＊櫻桃梗的周圍不沾風凍（圖1）。澆置了巧克力之後，為了不使風凍溶化後所產生的糖漿噴出來的方法。

＊即使是在作業的途中，變硬的風凍可以加溫來使其柔軟，若加溫仍無法變軟時，可以添加櫻桃酒並加溫。

⑤放置於糖粉上，使風凍固定。僅在櫻桃的底部沾上調溫後的覆淋巧克力，放置於紙上凝固。

＊這是為了使風凍不會溶解出來所進行的底部補強（圖1）。

⑥當底部凝固後，再將櫻桃整個浸泡於覆淋巧克力當中，連櫻桃梗都浸泡（→temper）。緩緩地使櫻桃上下振動地提拿起來，覆淋巧克力會因其本身的重量而甩落。

＊再以橡皮刮杓將多餘的覆淋巧克力刮落。

⑦放在巧克力碎片上，放置4～5天。

＊經過一段時間後，酒漬櫻桃所含的酒味（櫻桃酒）會滲入風凍當中，風凍會溶解成糖漿狀，就像是利口酒糖一樣，中間會飽含液體。風凍的溶解有時會花上一週左右的時間（使用糖漬櫻桃時會變得很甜，而且因滲透壓相同，所以風凍會不易溶解，而無法形成像利口酒糖一樣的效果）。

酒漬櫻桃

果肉酸且不適合直接食用的酸味櫻桃（紅櫻桃）加工而成的。有以櫻桃酒、白蘭地以及康圖酒來醃漬的瓶裝製品。

Framboisines
覆盆子巧克力

* framboisine〔f〕由覆盆子而來的字。

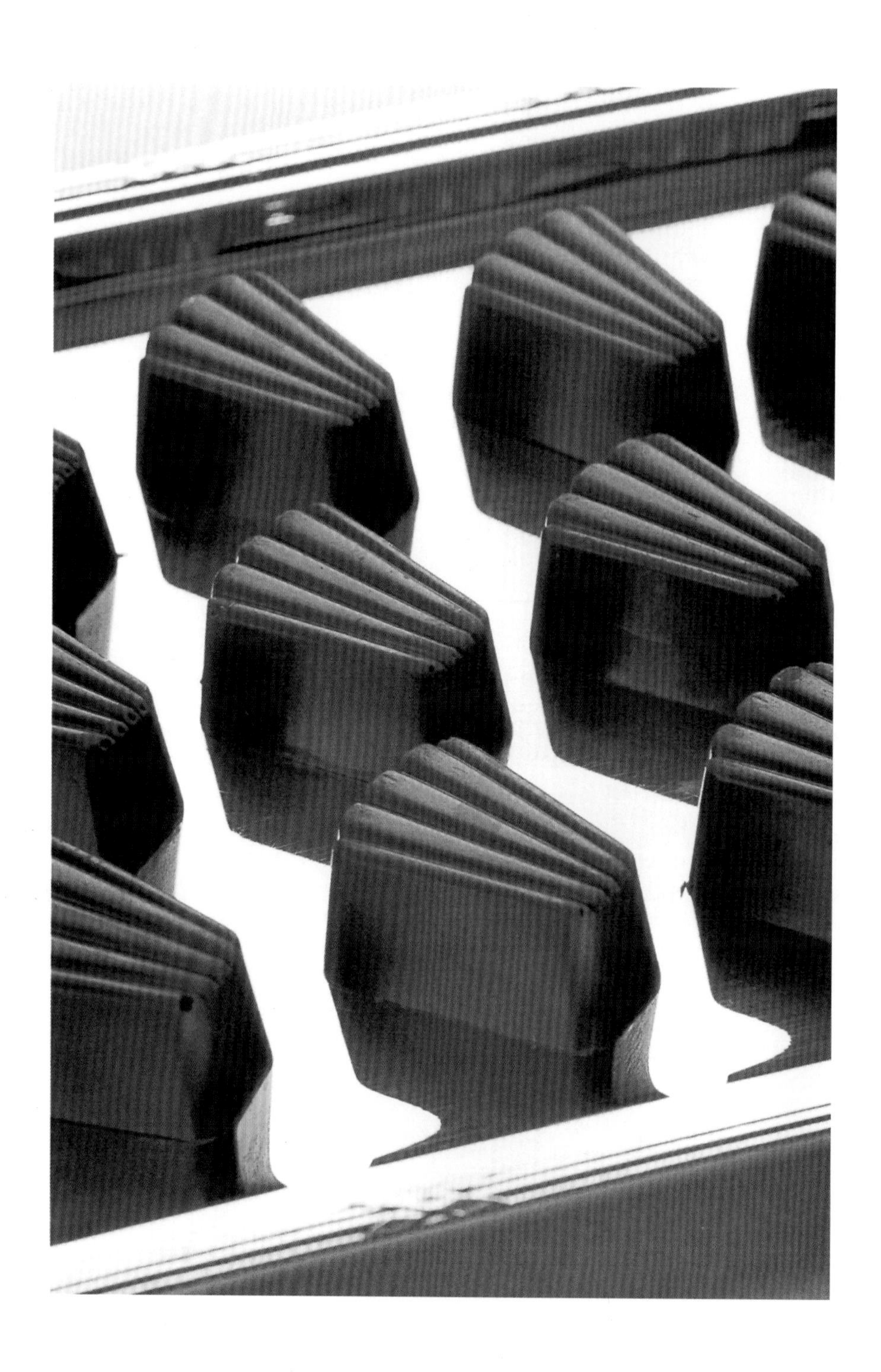

材料 約50個的分量

覆盆子甘那許 ganache à la framboise

- 覆盆子純果汁 125g 125g de purée framboise
- 轉化糖 60g 60g de sucre inverti
- 鮮奶油（乳脂肪成分38%） 75ml 75ml de crème fraîche
- 麥芽糖 15g 15g de glucose
- 覆淋巧克力（Valrhona公司的caraque：含56%可可亞成分） 200g 200g de couverture
- 覆盆子利口酒 20ml 20ml d'infusion de framboise
- 水果香料（覆盆子）1ml 1ml d'arôme de de framboise
- 奶油 30g 30g de beurre

覆淋巧克力（Valrhona公司的caraque：含56%可可亞成分）couverture

1

2

3

4

5

6

7

8

9

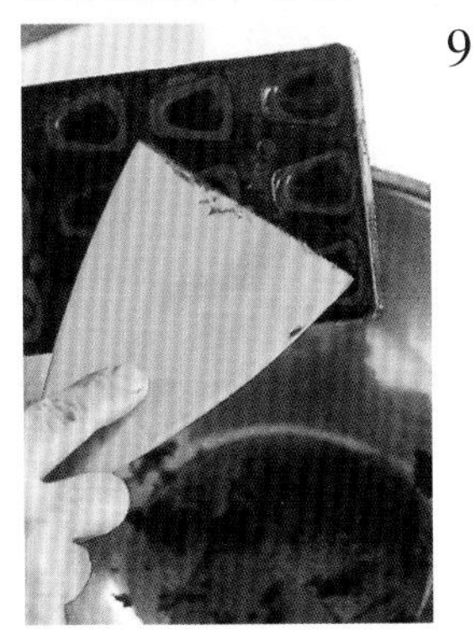

預備動作

- 將甘那許用的覆淋巧克力切碎備用。
- 其餘的覆淋巧克力調溫備用。

製作甘那許

①在鍋中放入鮮奶油、覆盆子純果汁、轉化糖以及麥芽糖，加熱，以打蛋器將其混拌，加熱至即將沸騰爲止。

＊如果加熱至覆淋巧克力可以溶化之溫度時，不加熱沸騰也沒關係。

②將切碎的覆淋巧克力加入①之中，緩緩沈靜地使其混入並溶化巧克力。

③加入奶油混拌，溶化。

④在覆盆子利口酒中加入香料混拌。

⑤過濾（→passer）並倒入方型淺盤中，蓋上保鮮膜放入冷藏庫中，暫時冷卻備用。

準備模型

⑥在模型中倒入調溫過的巧克力。用三角刮板刮落多餘的巧克力。

⑦在工作檯上輕敲，給予細微的振動使覆淋巧克力中的氣泡得以消失。

⑧將模型翻面輕敲，振落多餘的覆淋巧克力。

⑨以三角刮板將表面上多餘的覆淋巧克力刮除。將壓條barre並排，將模型覆蓋在上面，放置至覆淋巧克力變硬爲止。

10

12

13

11

成形

⑩待⑤的甘那許冷卻至易於絞擠的硬度時，以刮板使空氣無法進入地將其聚攏。放入裝有圓形擠花嘴的擠花袋中，擠至⑨的模型中約至8分滿的程度。

⑪在布巾上輕叩，使其中的空氣得以排出，讓甘那許可以沒有空隙地填滿各角落。

⑫調溫的覆淋巧克力滿滿地澆置上去，使空氣不致進入地將覆淋巧克力完全擴散覆蓋在甘那許的表面，多餘的部分則以三角刮板刮除。放置固定為止。

⑬待⑫的巧克力完全凝固後，將模型翻轉放在布巾上輕敲，以取出其中的成品。

＊如果覆淋巧克力有經過仔細確實的調溫作業，那麼凝固後會收縮得比模型稍小，而容易脫模。

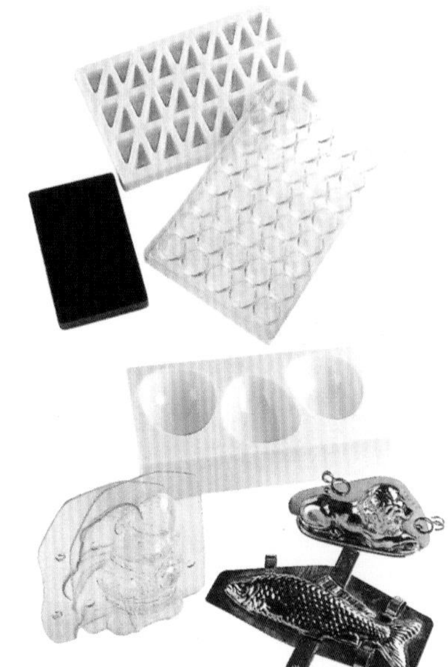

巧克力用的模型

巧克力用的是硬質模型。是合成樹脂或不鏽鋼等製成的。雞蛋型狀等大型模型，是由兩片一組組合而成的，以刷毛在內側塗抹巧克力，待其凝固脫模再組裝貼合而成。

覆盆子利口酒

是一種甜度較低的利口酒。和利口酒一樣是將水果醃漬在酒精中，再將酒精過濾製成的。有著水果的芬芳。覆盆子利口酒因不添加砂糖，所以甜度較低。利口酒當中酒精成分為20%左右，水果萃取為20%以上者為多，但覆盆子利口酒的酒精成分為25%，而水果萃取為5～8%，才是一般常見的。除了覆盆子之外，也有以檸檬或草莓為原料製成的。

Amandes au chocolat
杏仁巧克力

杏仁巧克力

材料

焦糖杏仁 amandes caramélisées

- 杏仁果 250g 250g d'amandes
- 細砂糖 50g 50g de sucre semoule
- 水 20ml 20ml d'eau
- 奶油 12.5g 12.5g de beurre

覆淋巧克力（Valrhona公司的caraque：含56%可可亞成分）couverture

可可粉 cacao en poudre

1

2

3

4

5

6

7

8

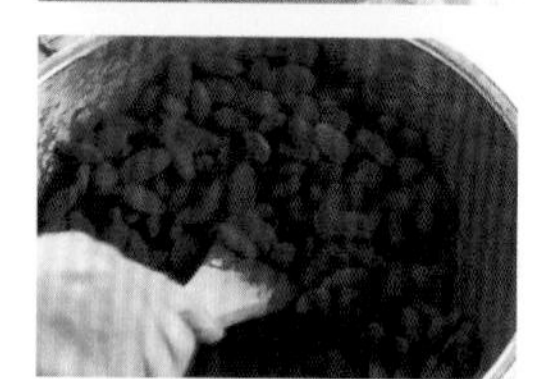

9

10

預備動作

・將杏仁果放在170℃的烤箱中稍加烘焙。

・將覆淋巧克力調溫備用。

使杏仁果焦糖化（→caraméliser）

①在銅製的缽盆中加入水和細砂糖，加熱使其溶化。

②待其溶化後立即放入杏仁果。

＊因水的分量較少，所以尚未開始熬煮，在一開始就要先加入杏仁果。另外，加熱的時間也很短，直接放入生的杏仁果時，中央部份會來不及煮熟，所以要預先用烤箱烘烤過。

③當糖漿煮沸時，杏仁果也幾乎都沾裹上了糖漿成熬煮的狀態（117℃），離火，使用木杓子spatule en bois攪拌至糖漿開始呈白色糖化（結晶化）狀態爲止。

④待全體糖化後，再次以小火邊轉動缽盆邊加熱。使砂糖的結晶再次溶化成焦糖狀後，又再次沾裹在杏仁果表面，待開始冒煙時熄火。

⑤添加奶油，使其能完全沾裹在杏仁果的表面，防止杏仁果之間的沾黏。

⑥將杏仁果攤開在烤盤上，使其能一顆顆地分離冷卻。

以調溫的覆淋巧克力來修飾表面完成（→enrober）

⑦杏仁果完全冷卻後放入缽盆中，少量逐次地將調溫過的覆淋巧克力加入其中，拌勻至全體都沾裹上巧克力。

⑧待覆淋巧克力凝固後，將杏仁果一顆顆地分開後，再次加入覆淋巧克力。

＊這個操作步驟要重覆進行，使杏仁果表面層疊上個人喜好的巧克力厚度。

⑨最後倒入少量覆淋巧克力均勻混拌後，加入過篩的可可粉。

＊為使可可粉可以漂亮地加以沾裹上去，倒入少量覆淋巧克力沾裹至表面，並尚未完全凝固時，加入可可粉。或是不加覆淋巧克力，而直接加入可可粉也可以。

⑩以網篩來過篩，以篩落多餘的可可粉。

Roches d'amandes

杏仁巧克力塊

＊ roche〔f〕岩石。

杏仁巧克力塊

材料

焦糖杏仁片 amandes au sucre

- 細砂糖 165g 165g de sucre semoule
- 水 200ml 200ml d'eau
- 麥芽糖 少量 un peu de glucose
- 蜂蜜 少量 un peu de miel
- 杏仁片 200g 200g de d'amandes effilées

覆淋巧克力（Valrhona公司的caraque：含56%可可亞成分）couverture

1

2

3

4

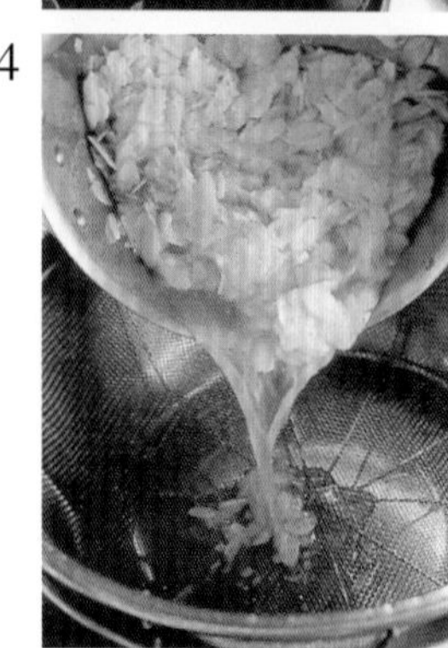

5

6

7

8

預備動作

・覆淋巧克力調溫備用。

製作焦糖杏仁片

①在鍋中放入水、麥芽糖、蜂蜜及細砂糖後，加熱。

②沸騰後放入杏仁片。

③使其再次沸騰。

＊糖漿可以重覆使用。當用量減少時，也可以添加使用過的芭芭糖漿。

④以網篩將杏仁片撈出瀝乾糖漿。

⑤在舖有矽膠墊的烤盤上將杏仁片攤平，放入180℃的烤箱當中。

⑥待有了烘烤色之後，打開烤箱以木杓子均匀混拌之。

⑦重覆動作，烘烤至所有的杏仁片完全呈現漂亮的烘焙色爲止，當杏仁片加熱後，沾裹在其表面的糖漿也會呈現焦糖化。

⑧待全體都變成烘焙色之後，待其降溫後放至密閉的容器中保存。

9 

10 **以覆淋巧克力將其凝固成形**

⑨將⑧的杏仁片放置於缽盆中，加入適量的調溫過之覆淋巧克力混拌。

⑩以兩根湯匙將材料調整成圓形後，放在紙張上使其凝固。

＊也可以填在鋁製小盒或模型中使其凝固。

Tutti frutti

水果巧克力

＊tutti frutti〔adj〕加入了多種水果或糖漬水果的冰淇淋、糕點。來自義大利文，「全部的水果」的意思。

材料　約20×18×1.5cm　1盤的分量

榛果醬　500g 500g de gianduja

糖漬水果 fruits confits

- 糖漬柳橙皮　1個 1 piéce d'écorce d'orange confite
- 李子乾　4個 4 pruneaux
- 糖漬櫻桃　16個（紅、綠各8個）16 bigarreaux confits

覆淋巧克力（Valrhona公司的caraque：含56%可可亞成分）couverture

＊糖漬水果也可以用砂糖醃漬的西洋梨。不管是糖漬或是乾燥，都是以柔軟者為佳。

預備動作

・除去糖漬水果表面的糖漿，視狀況需要地將其展開切成適當的大小。

・榛果醬隔水加熱地約以40℃溶化。隔水邊混拌邊冷卻至25～26℃，就是適當的硬度了。

①在紙張（烘焙紙較佳→P.27）上放置壓條，以形成一個四方形的外框。將一半的榛果醬倒入其中，均勻平坦地攤開。

②將糖漬水果彷彿埋入般地散放在榛果醬當中。

③再將剩下的榛果醬倒入覆蓋在全體之上。

④以抹刀palette平整表面。放置至其凝固。

⑤沿著壓條的外框將刀子插入使其脫模。在表面上薄薄地塗抹上覆淋巧克力，使其凝固。

⑥放上紙張蓋上板子，將整個成品翻面，剝除紙張。

⑦在⑥的表面上塗抹覆淋巧克力，使其凝固。

⑧再次塗上覆淋巧克力，以有溝槽花紋的三角刮板peigne à décor，將表面劃出線條，並待其凝固。

⑨用熱水溫熱刀子（刀刃越薄越好）之後，分切成適當的大小。

第13章

法式糕點的相關知識

Compléments

包裝的裝飾變化 Emballage et décoration

咖啡 Café

茶 Thé

糕點製作用語集 Lexique de la pâtisserie

糕點的呈現—包裝

包裝，不僅只是保護商品或是爲了方便搬運的實用性而已，還能增加糕點附加價值，而受到大家矚目。除了實用性之外，現在希望能夠達到視覺上的驚喜及感動、收到饋贈時的喜悅以及使人感受到季節的印象。首先，希望大家都能學會包裝的方法和緞帶的綁法等基本。藉由這些基本，再隨著經驗的累積，進而能配合目的做出適當的呈現吧。

春
Printemps

春天的印象，以復活節（→P.411）爲主題，呈現出巧克力蛋及母雞裝飾。復活節是寒冷冬季的結束，開始回復生命活動之季節，是充滿喜悅的祭典，也和耶酥的復活相連結而共同受到慶祝。由此聯想而與希望、嫩芽的新生以及誕生等印象連結，用淡色系列及類似色調的對比搭配，表現出溫和穩重的組合。

夏
Été

以天空及海洋的青色系的濃淡色調爲主，使人聯想起夏日的海邊，寒色系及銀色的緞帶與包裝紙都展現出了清涼的感覺。糕點則是使用配合色調及氣氛製成的水果軟糖。

＊若具備了本章介紹的基本技術之後，可以組合色彩的搭配或對比、形狀、包裝材料的質感及商品的特性等，呈現出像這樣的四季變化。

秋
Automne

果實，是最具秋天特色的。使用了堅果的塔派或餅乾等，不管是外觀或口味都讓人聯想到秋天，也可以選擇松果等自然素材來做爲裝飾。包裝紙及緞帶也都和糕點呈現同一色調。

冬
Hiver

使用了德國傳統的聖誕節糕點Stollen來呈現的冬季包裝。Stollen是以砂糖醃漬的水果和加入了辛香料的發酵麵糰所製成，表面上撒滿了香草糖粉，讓人不禁聯想到雪。以類似聖誕樹的三角型箱子爲背景，代表聖誕節的紅綠搭配之外，以金色來統合連結，4枝紅色蠟燭表示待降節（→P.411）的四週。

方型箱（直角方型）之包裝

＊接合式包裝（牛奶糖的包裝）

若是直角方型的箱子，可以不用轉動箱子，無論大小皆可進行的包裝方法。包裝紙的用量少，是很簡單的方式，所以技巧上只要仔細地包裝應該都可以很容易地完成。無法翻動箱子來包裝時，將紙張的接合處朝上也沒有關係。可以在接合處貼上貼紙或綁上緞帶即可。

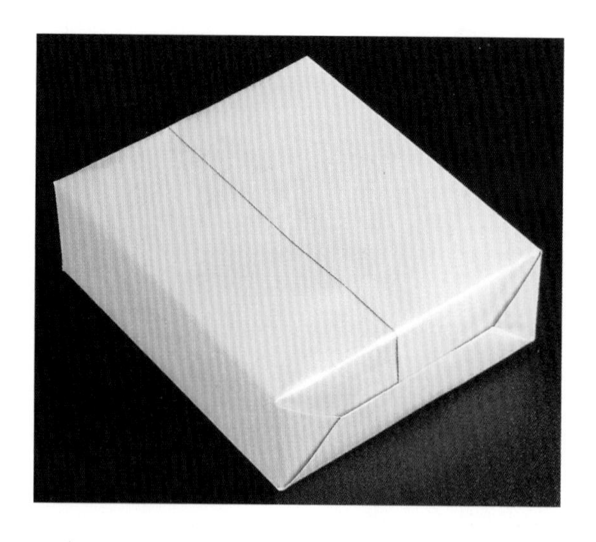

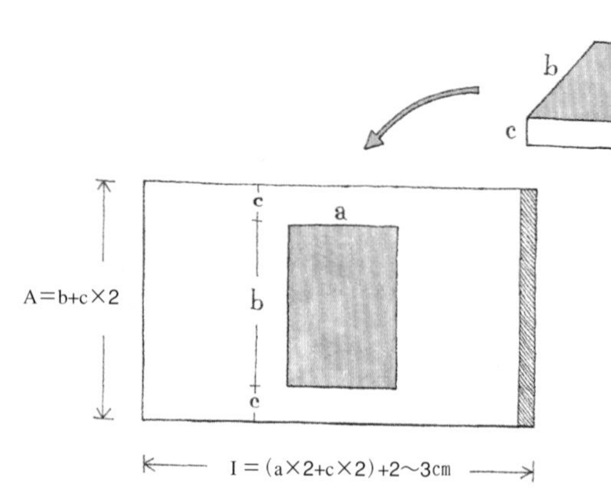

紙張的大小＝A×I
A：箱子的高度（天＋地）加上箱子縱向的長度
I：箱子周圍的長度再加上接合重疊處的2～3cm

紙張的大小剪裁（圖）

紙張的大小，直向爲箱子的高度的天地（上下）的部分，再加上箱子縱向的長度（A）。橫向爲箱子周圍的長度，再加上接合重疊處的2～3cm（I）。

＊ 儘量以不浪費為原則地切割成適當的大小。
＊ 量測後，確實地找出折線處裁切。

＊箱子的高度
箱子的高度（c）的大小剪裁方式，並不是實際箱子的高度，是依箱高的程度而略有變化的。

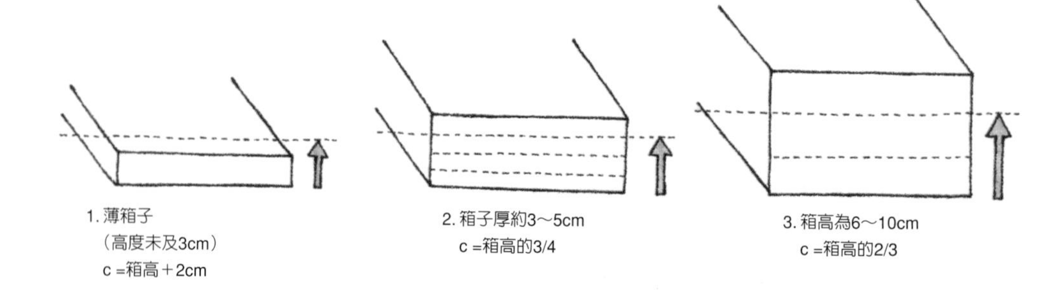

＊包裝的重點
・紙張貼合沿著箱子。
・角度上要折成銳角。
・將接合重疊面朝上（不要反轉箱子）。

1

2
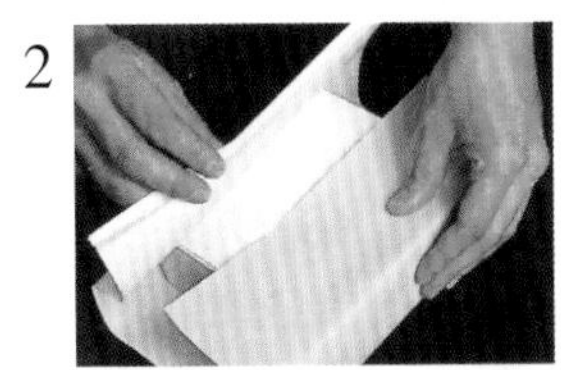
3
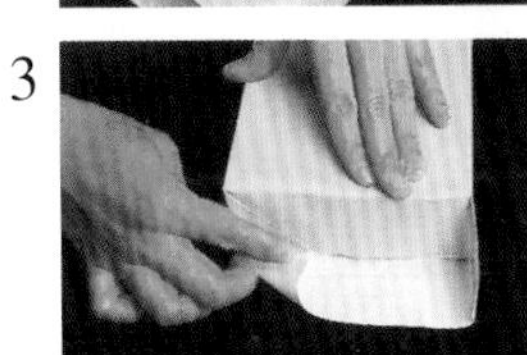
4

5
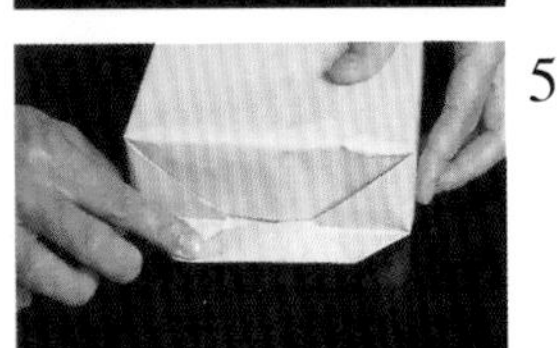
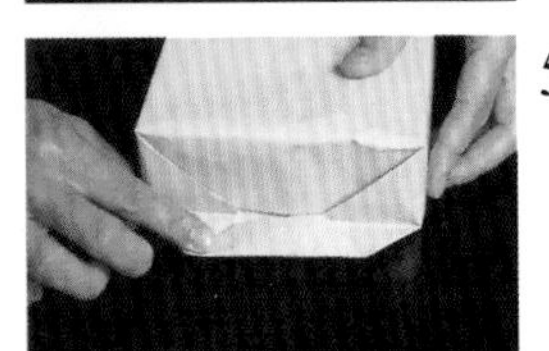

包裝法

①裁剪好的紙張之右端內側，反折約1cm。

*因為包好之後右側會放在上方，為防止紙張的邊緣破損或彎曲，而將其先行折入。

②在紙張的中央放置箱子，確認紙張的大小是否有誤。折疊起面對紙箱之右側的紙張，決定位置後，沿著紙箱的形狀先按壓出折線後，再度放開紙張。左邊的紙張也向中央折疊，形成箱狀。兩邊重疊時右邊放置於上方。

*接合處可以用雙面膠來固定，但考量到拆包裝時的方便性，儘量不要使用膠帶比較好。

③～④箱子上下的紙張，依上面、左側（照片）、右側、下面之順序折疊。

⑤下方的紙張，由側面折疊出呈三角形，將其尖端處折入疊起，就完成了牛奶糖的包裝。另一側也以同樣方法來包裝。

*箱子厚度在3cm以上時，如照片般將接合處調整在厚度中央處。厚度較薄的箱子，則是將上下多餘的紙張，配合箱子的高度折入其，來進行調整。

蝴蝶結的打法

* 十字打法（蝴蝶結）

1
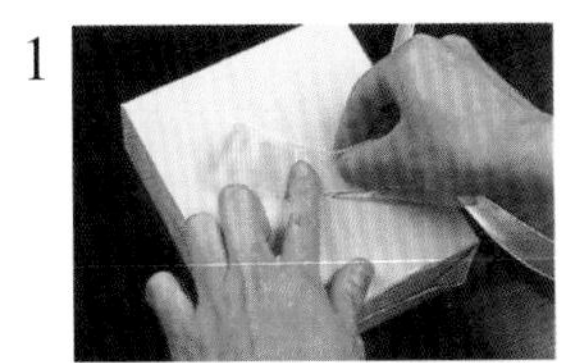
2
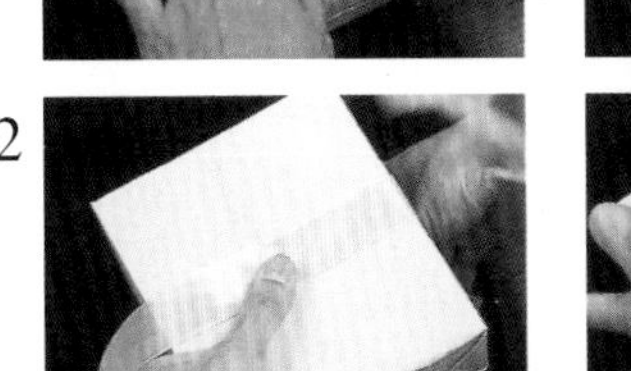
3
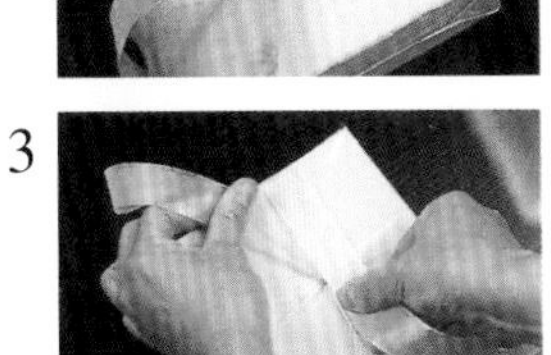
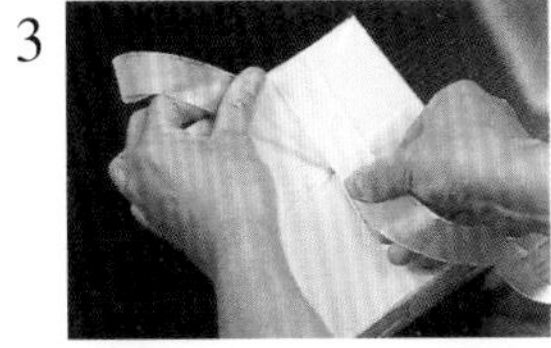
4

5

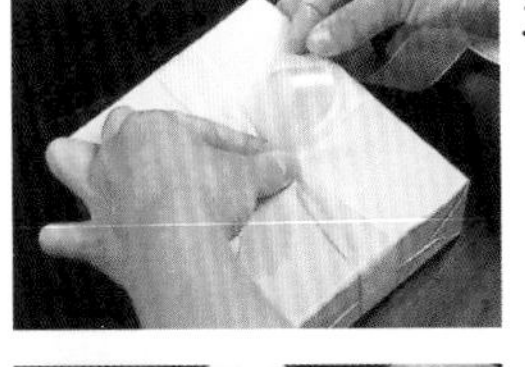
6
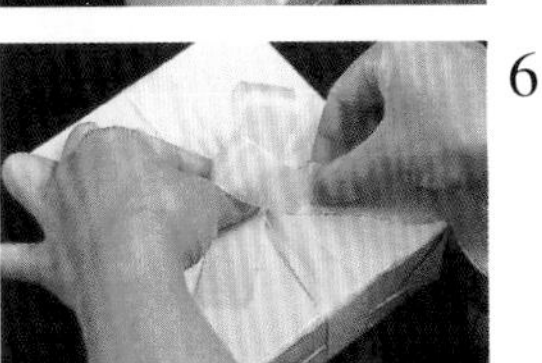
7

8
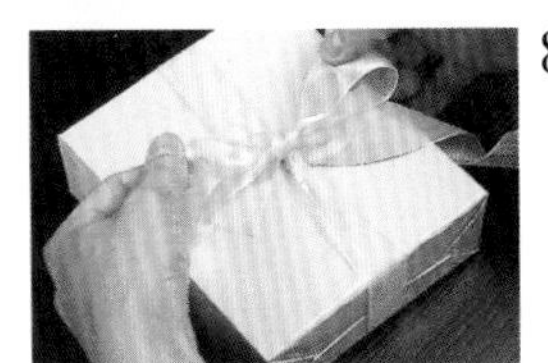

①決定緞帶單面的圈圈和垂落的長度。

②將①當中較長的部分留在左下方，由中央開始朝左右、上下綁起。

③使其在中央交叉，交叉的部分從左邊的緞帶開始繞起。

*緞帶不要翻面地要使交叉時也可以同面朝上。

④拉動，使得可以上下紮實地被拉緊。

⑤左下的緞帶抓出圈圈狀（圖1）。

⑥右上的緞帶繞過⑤後，做出圈狀（圖2）。

⑦右手的鍛帶抓出圈圈狀，穿過⑥（圖3）。

⑧用力抓左右兩個圈圈，打成蝴蝶結（圖4）。

①
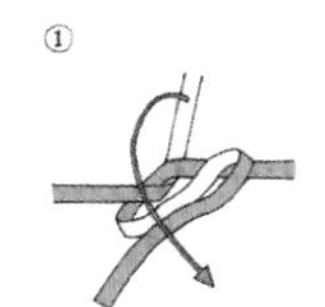
③
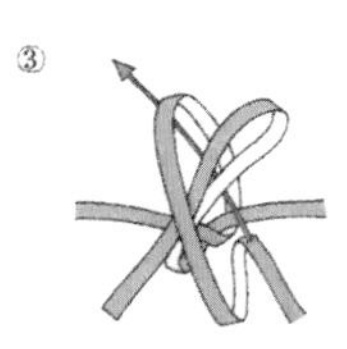
②
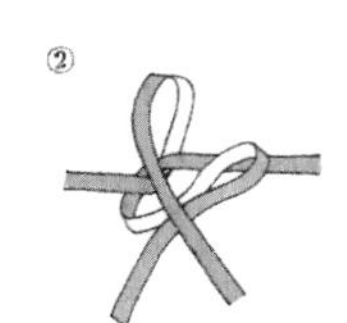
④
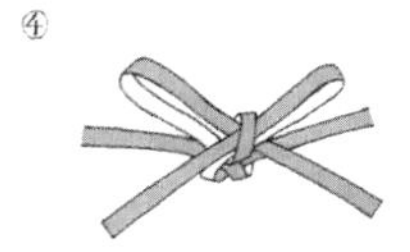

以不同顏色緞帶來加以變化

1

2

3

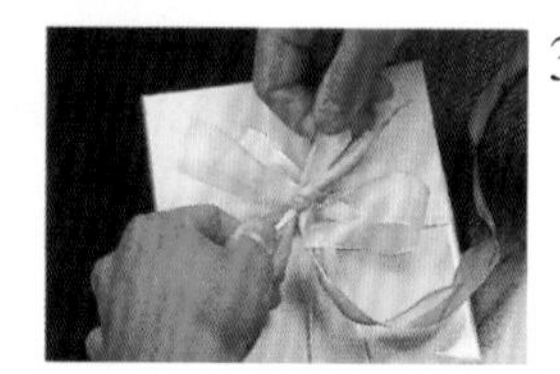

①不一樣顏色（或材質）的緞帶穿越打成十字結的⑧的蝴蝶結下面。

②緊緊地打一個結。

③重覆十字結①～⑧的蝴蝶結打法。

松果

用鐵絲穿過松果的間隙，最後用將鐵絲扭轉固定。
可以用這個鐵絲將松果綁在蝴蝶結上裝飾。

1 2 3

包裝紙的切割工具

不管是剪刀或美刀工都可以，必須要有紙張剪裁專用的工具。有稱為「Apeel-Cutter」的刀子是最方便的。
「Apeel-Cutter」本來是為了不傷及貼了貼紙或膠帶的紙張所用的拆卸工具。也可以做為拆信刀來使用。可以撕下貼紙，也會以paper knife的名字來販售。薄薄的不鏽鋼製雙刃刀，在切割紙張時不若美工刀銳利，所以在切割折成兩折的紙張時，刀刃不會滑動而可以筆直地切開。

圓形箱（圓筒狀）之包裝

一邊在包裝紙上折出皺褶，一邊沿著圓弧的曲線來包裝的方法。從圓筒的扁平狀至茶筒般細長形狀，以至於橢圓形的箱子、藤箱等都可以包裝。在皺褶重疊的中央處貼上貼紙或綁上緞帶即完成包裝。

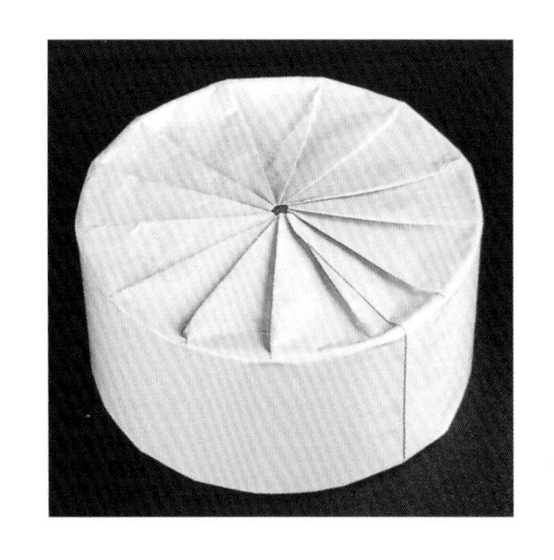

紙張的大小剪裁（圖）

＊剪裁需要的紙張大小，在其中一端反折1cm，用雙面膠帶貼妥。在紙的兩端 I 的中心位置做出記號。

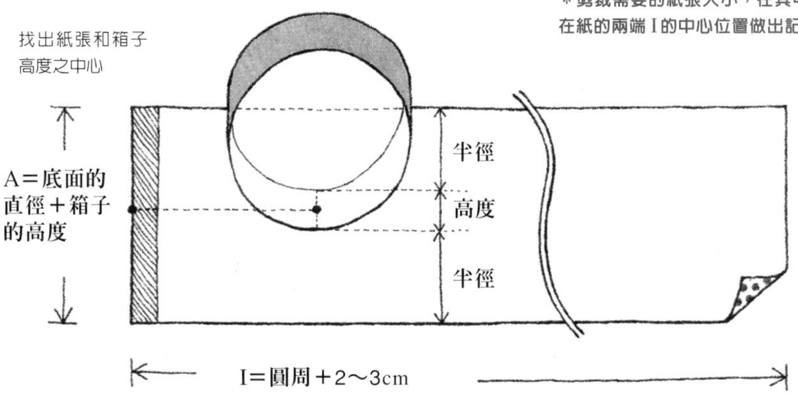

1

2

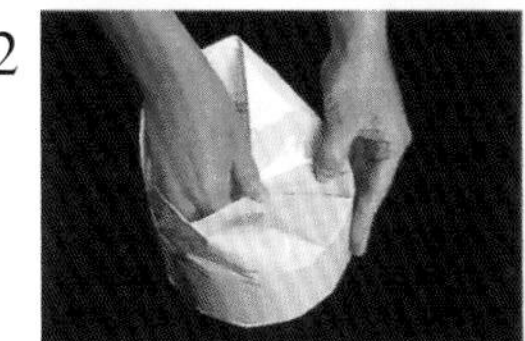

3

包裝方法

①配合圓周地用紙張將圓筒捲起，配合A的中心點，將有反折的那一面朝上，用雙面膠貼合起來。

＊要撕下雙面膠的保護紙時，要先撕下中央的部分，之後才邊將左右兩邊拉緊邊撕下來，這樣包裝紙貼合的地方才不會太鬆。

從圓筒下方（底部）開始，以相等的間距折出皺褶，上面也以同樣的方式折出皺褶。要開始折疊皺褶時，要先與中央拉看看以決定紙張的長度（照片）。

②首先，朝向圓的中心筆直地折下，再取皺褶地折下。最後會成爲一個圓點地再回到原來的中央處。最後的皺褶要塞入第一道皺褶的下方。

③越到後面越難摺出皺褶，所以可以將折好的皺褶先打開，最後再折出線條，並將尾端收入起點之下。

三角箱之包裝

紙張的大小剪裁：（A＝箱子的高度＋三角形的高度）×（I＝三角形的邊長合計＋2～3cm）

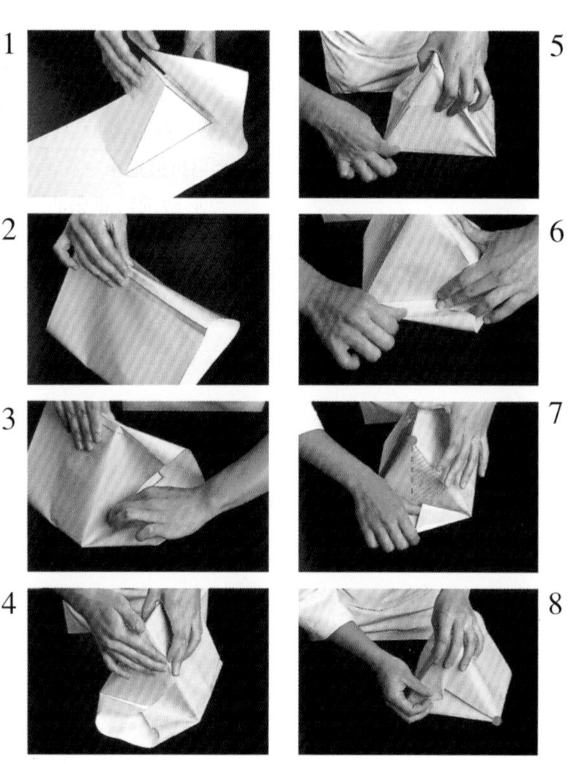

包裝方法

①在紙張的長邊i的那端反折1cm左右，反折的面貼上雙面膠。紙張的短邊A配合箱子高度的中心，沿著箱子的側面折疊紙張。

②三角形的頂點以①的雙面膠固定。

③～⑤沿著三角形的邊折入紙張。

⑥～⑦三角形三面的紙張各將其折疊成三角形。

＊⑦折疊在點線的內側，斜線的部分折疊在內側中。

⑧配合三角形的頂點地，向中央折疊進來（照片中是旋轉箱子，正在折疊底邊的部分）。另一側也以同樣的方法折疊。

六角箱之包裝

紙張的大小剪裁：（A＝箱子的高度＋六角形對角線之長度）×（I＝六角形的邊長合計＋2～3cm）

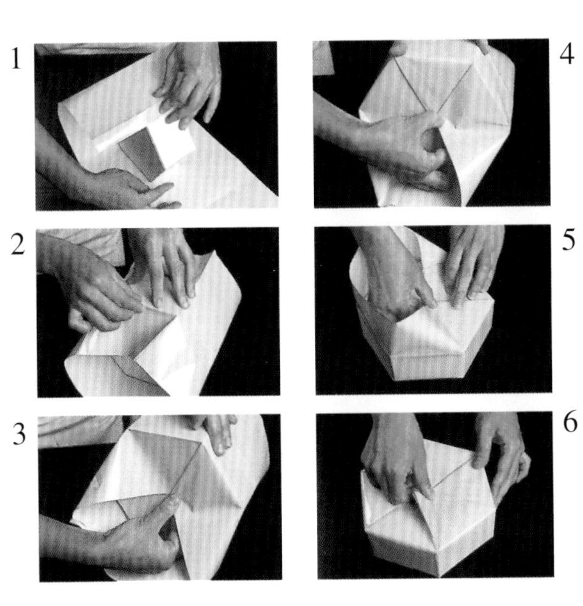

包裝方法

①在紙張的長邊i的那端反折1cm左右，反折的面貼上雙面膠。紙張的短邊A配合箱子高度的中心，沿著箱子的側面折疊紙張，在彎角處以雙面膠貼合。

②六角形各沿著各六個邊將紙張壓出折痕進來。

③～④朝著中央，彷彿折疊三角形般地將紙張折疊進來。

⑤～⑥另一側也以同樣的方法來折疊。

關於咖啡

咖啡是茜草科的常綠樹之種子，經過煎焙研磨後，萃取出來的。咖啡樹會開白色的花，而結出1～2cm的橢圓形綠色果實。成熟後摘取變紅了的果實，將果皮及果肉都剔除後，中間的種子（中間爲2顆）乾燥後，就成了咖啡豆了。

咖啡製程

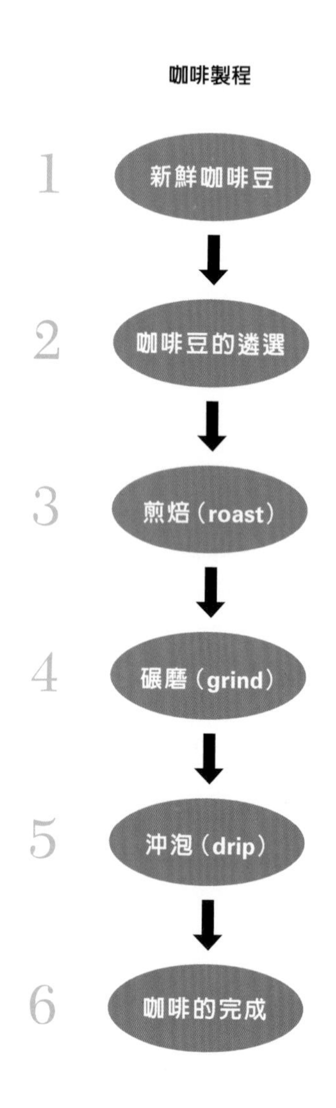

＊要能沖泡出好喝的咖啡，良好2～5的基本條件是非常必要的。

咖啡的三原種

咖啡豆大約被分成40個品種左右，這些都是由以下這三原種所衍生出來的。

阿拉比加種Arabica（衣索比亞原產）

＊最常被栽植及廣泛利用。主要為普通的平日咖啡。

羅巴斯塔Robusta（原產於剛果）

＊大部分做為即溶咖啡或液狀咖啡（罐裝或保特瓶裝）的原料。

賴比瑞卡Liberica（原產於賴比瑞亞）

＊ 現在幾乎沒有栽種，只做為品種改良的交配用。

咖啡的產地

氣候適於栽植咖啡的地區，幾乎是由北迴歸線至南迴歸線間的位置，被稱之為咖啡帶。

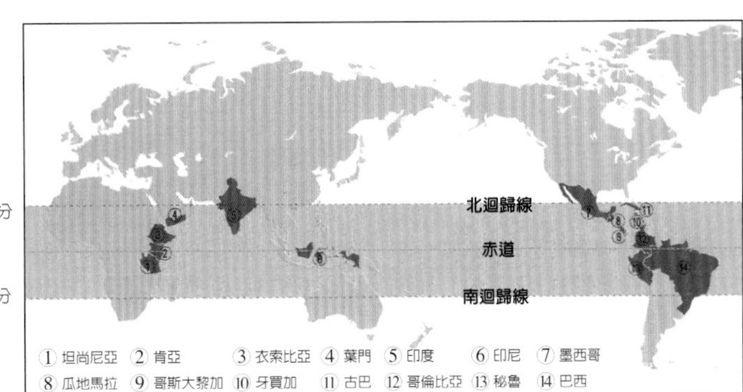

亞洲　**曼特寧**（印尼）

新鮮咖啡豆的茶色是其特徵。重度煎焙後非常美味。

中南美　**藍山**（牙買加）

有甘甜及適度的酸味，相當美味。是非常有名的高級品。

巴西

生產量為世界第一。經常用於調和咖啡的基底。

哥倫比亞

酸味及苦味的平衡感佳，最適於做為調和咖啡之基底。

非洲　**吉力馬札羅（Kilimanjaro）**（坦尚尼亞）

酸味強烈，且具野生的風味。

咖啡豆之遴選（Handpick）

正常咖啡豆

咖啡豆的好壞很難一概而論，在栽植、精製和保存時，會因各式各樣的原因而產生了以下有所缺損的咖啡豆，像這樣缺損的咖啡豆一旦混入後，咖啡的風味也會因而變差。大公司會以電腦遴選的方式來挑除缺損的咖啡豆，但也並不是百分之百。為了能沖泡出好喝的咖啡，首先在新鮮咖啡豆的階段就要進行Handpick的作業，只選擇出正常的咖啡豆。照片中，就是以Handpick剔除了不良的咖啡豆後之豆子。本來使用這樣的新鮮咖啡豆，咖啡是必須經過煎焙過程的。

缺損的咖啡豆

發酵豆

生產過程中，內部的發酵即是造成異臭的原因。外觀上很難區分，進行Handpick時需要非常細心地加以留意。

黑豆

在進入發酵的最後階段時，變成像這樣的黑色。咖啡液中也會被這個腐壞的臭味所波及。也會增加濁度。

死豆

沒有正常結成果實的咖啡豆。即使進行煎焙也很難著色，是很容易區分出來的。風味淡而稀薄，有害無益。也是成為異臭之原因。

貝殼豆

乾燥不良或是異常交配時所產生的豆子。也是造成煎焙不均的原因。

破裂豆

有著不均勻的乾燥狀態，在移動時受到衝擊就會破裂的咖啡豆。也會成為煎焙不均勻的原因。另外一旦進行重度煎焙時，也有可能會著火燃燒。

蟲蛀豆

蛾的幼蟲進入到其中的豆子。味道會變差，同時也是造成髒污及混濁的原因。有時還會有異臭。

未成熟豆

變成紅色成熟咖啡豆前的綠色未成熟豆。味道也是青草味，讓人想吐的不良氣味。舌頭感覺刺痛的味道。

咖啡豆之煎焙（Roast）

煎焙的重點，會依煎焙後咖啡豆的水份是否被抽離而有所不同。輕度煎焙時，因咖啡豆中殘留水分，所以沖泡時味道很容易受到不良的影響。大約可以將煎焙分為八個階段，但應該有必要依產地別及咖啡豆的特性，更加細分決定煎焙的程度。

輕度煎焙

1. Light Roast

2. Cinnamon Roast

中度煎焙

3. Medium Roast

4. High Roast

中重度煎焙

5. City Roast

6. Full City Roast

重度煎焙

7. French Roast

8. Italian Roast

煎焙度

1.Light Roast
雖然有甘甜的香氣，但沖泡後幾乎感受不到苦味、甘味以及濃郁風味。

2. Cinnamon Roas
是有著優雅酸味之咖啡豆，如果想要優先提引出酸味的話，這是最佳的選擇。因為顏色與肉桂十分接近，而以此為名。

3.Medium Roast
也被稱為是美式煎焙，如果以酸味為優先考量的話，這也是最佳選擇。

4. High Roast
從這裡開始酸味較為柔和，並會較先品嚐到苦味及甘味，是很受到歡迎的煎焙度。
（藍山、摩卡、海地、古巴、多明尼加、巴西等）

5.City Roast
也被稱為是日耳曼煎焙，和諧的風味中可以感受到其力量。
（哥倫比亞、瓜地馬拉、墨西哥、夏威夷可娜Hawai Kona、曼特寧等）

6.Full City Roast
酸味非常柔和，極致地提引出苦味及濃醇的美味。
（適用的咖啡豆與City Roast相同）

7.French Roast
強調苦味及濃郁的風味，適合添加牛奶或鮮奶油的歐式飲用法。
（肯亞、秘魯、印度、衣索比亞西達摩Sidamo等）

8.Italian Roast
為濃縮咖啡等。強調苦味及濃醇風味。有時會因咖啡豆味道過淡或產生焦味。
（適用的咖啡豆與French Roast相同）

咖啡豆之研磨（Grind）

咖啡的鮮度是最重要的。煎焙後鮮度已然降低了，研磨之後又更容易氧化。研磨後經過一段時間的咖啡豆，是很難期待它美味的。

1.細粒研磨

萃取出的速度較慢。適合於濃縮咖啡或以Kalita式濾紙滴濾器來製作冰咖啡等萃取出濃重風味時。

2.中粒研磨

萃取速度為中等。適合使用於Kalita式濾紙滴濾器及咖啡機。

3.粗粒研磨

萃取的速度較快。最適合法蘭絨濾網（flannel drip）萃取。

咖啡之萃取（滴漏）

Kalita式濾紙滴濾器

①熱水壺
②咖啡壺
③滴濾器
④量匙
⑤吧叉匙
⑥溫度計
⑦濾紙

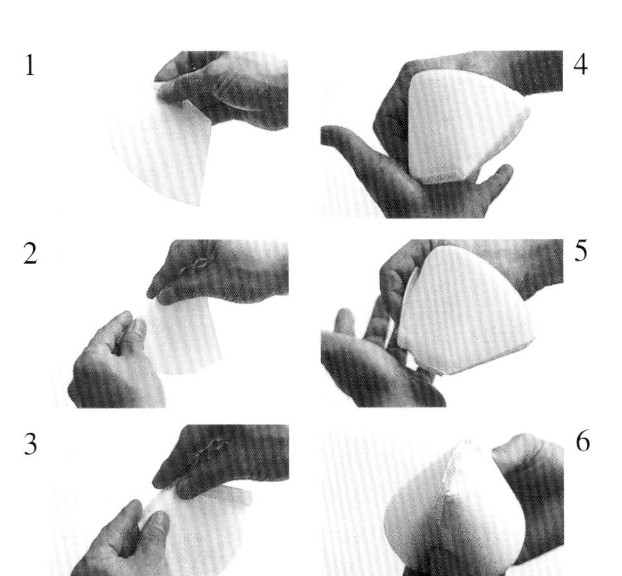

濾紙的折疊方法

①首先確認濾紙兩面有無破裂等。

②在有接合處的側面，反折約5mm。

＊反折5mm是因為濾紙比滴濾器大。

③接著在其底部也與側面相同地在接合處反折5mm。

④將折疊好的4～5張濾紙重疊，在側面折疊處，以大姆指及食指按壓使其平順。

⑤另一邊的側面也以同樣方式按壓使其平整。

⑥在底部也以三指由兩邊方向按壓，並同底部角落2處也以手指按壓。

＊藉由手指的按壓，使得濾紙可以與滴濾器有相同的形狀，當濾紙放入滴濾器時才不會浮動。

咖啡之萃取

＊每當份量增加時，過濾的厚度也隨之增加，沖泡出的濃度也會增加，所以每增加1杯，咖啡豆的分量就應減少10～15%。

1 放入中粒研磨的咖啡粉一杯的分量10g。兩杯時則放入18g。

＊將表面平整使萃取濃度平均。

2 輕晃使咖啡粉均勻平整。

＊儘量由較低的位置開始緩緩少量地注入熱水。注入時要輕緩，使空氣不致過度混入熱水中。

3 以熱水專用壺倒入熱水，調節至82～83℃的適溫。開始倒入第一回的熱水。（第二回以後也使用相同溫度的熱水。）

＊如果熱水直接澆置在濾紙時，熱水沒有濾過到咖啡而萃取出的咖啡會變淡。

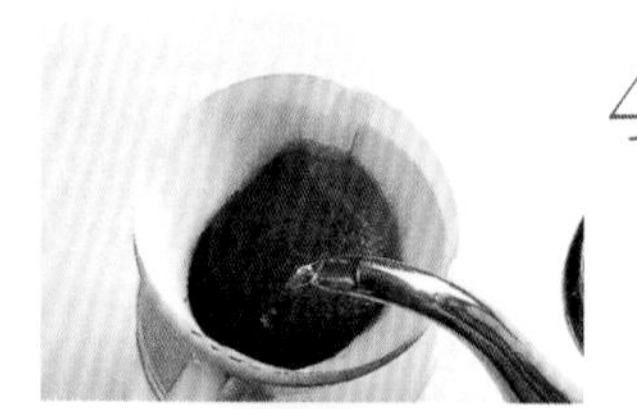

4 由中央部分以劃圓的方式向外側澆注熱水。注意不要直接澆淋在濾紙上地澆注至咖啡粉的邊緣。

＊適度地燜置。時間不能太長也不能過短。

5 咖啡粉會越來越鼓脹起來，等到鼓脹停止表面也沈陷至平坦。

＊由中央向外以劃圓方式注入熱水，至邊緣時再回到中央重新注入。

6 再開始澆注第二回的熱水。這才是主要的滴漏部分。有產生像奶泡一樣的泡泡。這些膨脹起來的泡泡正是新鮮咖啡的證明。

＊適合萃取咖啡的水
礦泉水，以沖泡咖啡的觀點來看，絕對稱不上好吧。特別是含有較多礦物質，硬度較高的水很難溶解出咖啡中的苦味及其他的成分。有著上天賜予好水質的日本，和礦泉水相較之下用自來水就可以了，只是當含氯成分較高而有石灰味時，可以先行過濾後再使用。

＊ 第二回以後，注入的熱水要時時保持定量，這樣濾過層才不會忽高忽低。

7 第三回的澆注。氣泡變得柔順，而滴漏出來的咖啡也變得柔順。

＊ 讓咖啡液完全滴漏下來時，咖啡粉的溫度也會隨之降低，之後就無法再適切地沖泡了。

8 第三回及第四回澆注之間。在第三回注入完全滴漏出來前開始第四次的澆注。

9 第四回的澆注。和第三回一樣有柔順的氣泡及滑順口感的咖啡。

10 第四回及第五回澆注之間。全體咖啡粉的溫度是一致的，並且已經滴漏出一半以上了。此時必須加速澆注的速度。

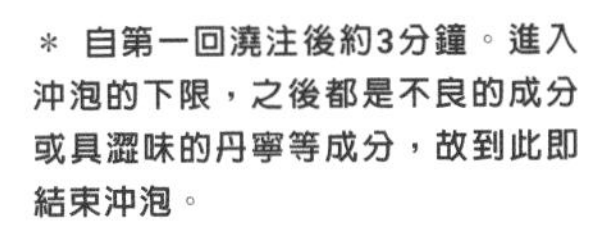

＊ 自第一回澆注後約3分鐘。進入沖泡的下限，之後都是不良的成分或具澀味的丹寧等成分，故到此即結束沖泡。

11 此時，萃取出的分量1杯的分量約爲150ml，兩杯時爲300ml，就夠了。

12 萃取結束後，倒入預熱好的咖啡杯。

關於紅茶

「茶」是茶花科的常綠樹。紅茶是利用茶樹的葉片中所含之氧化酵素的作用發酵而成，而製造出紅色色素的物質（藉由加熱，來停止氧化酵素的作用，而保有茶葉中綠色成分的即是綠茶）。

紅茶的等級

紅茶的等級不是用來表示其品質，而是用來表示紅茶茶葉的大小及其形狀。

OP
（Orange Pekoe）
＊茶葉的大小為7～12mm。

BOP
（Broken Orange Pekoe）
＊茶葉的大小為2～3mm。

BOPF
（Broken Orange Pekoe Funnings）
＊茶葉的大小為1～2mm。這個尺寸的茶葉很常使用於茶包。

紅茶的種類

紅茶大約可分為溫帶系列及熱帶系列兩大系統。
溫帶茶較接近綠茶的顏色，一般而言是帶著綠意的黃色，或是帶著淡淡的橘色。熱帶茶就真的是紅茶般，是橘色以至於鮮豔的紅色。在此將大吉嶺（溫帶茶）和錫蘭烏巴（熱帶茶）做個比較，一目了然地可以現其茶水顏色※的不同。

※溫帶茶（中國系）和熱帶茶（阿薩姆系）的茶水顏色的不同。
照片左邊：大吉嶺茶　　照片右邊：錫蘭烏巴紅茶

＊沖泡紅茶時液體的顏色呈現，即稱為茶水顏色。

紅茶的產地

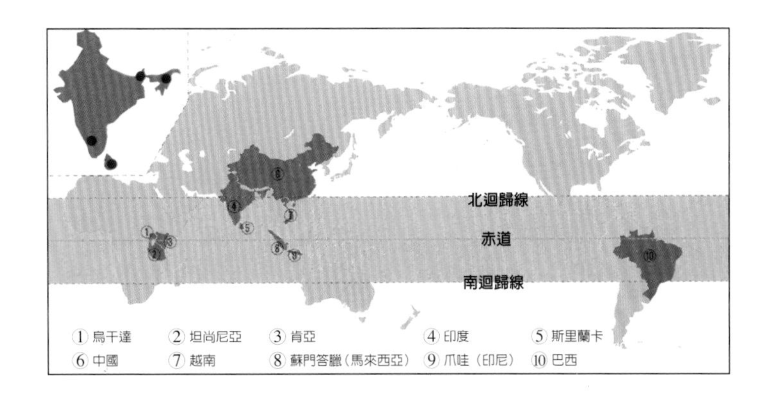

印度

大吉嶺茶（Darjeeling）

以北印度喜馬拉亞山麓的山岳地區（高2300公尺）的城鎮大吉嶺為中心來栽植。依季節不同香氣及風味也有相當大的差異，也可以說是因日夜溫差而產生的霧氣所帶來的特有香氣。茶水顏色當中紅色成分較低並有著纖細香氣是其特徵。

・春茶：3～4月第一次摘取的茶葉。低發酵，茶水顏色較淡有著新鮮的香味。

・夏茶：第二次摘取的茶葉。茶水顏色是明亮的橘色，濃郁且香味充實，優質的茶葉會帶有特殊的麝香香氣（muscat flavor）。

阿薩姆茶（Assam）

栽植於北印度阿薩姆地區。茶水顏色是強烈的紅色，濃醇。丹寧的含量較多，很適合搭配牛奶飲用，但製成冰茶時很容易產生凝乳（creamdown）現象。

＊凝乳（creamdown）現象是紅茶冷卻後，因溫度的變化而使得丹寧與咖啡因結合後，產生結晶化的白濁現象。

尼爾吉利（Nilgiri）

栽植於南印度尼爾吉利高原。沒有特殊的香氣及風味，與錫蘭紅茶很類似。

斯里蘭卡（錫蘭紅茶）

錫蘭烏巴（Uva）、努瓦拉埃利亞（Nuwara Eliya）、汀布拉（Dimbula）、坎迪（Kandy ）等

和印度紅茶相較之下，茶水顏色較深，澀味較低風味強且濃郁。

＊錫蘭是斯里蘭卡在殖民地時期的名稱。

中國

在很早就已經開始生產紅茶了。茶葉的顏色稍黑，但茶水顏色明亮。有著與印度及錫蘭紅茶相當不同的香氣。90%為輸出品。

正山小種（Lapsang Souchong）、祁門紅茶、雲南紅茶（滇紅工夫）等

紅茶之沖泡

①茶壺
②茶匙
③茶濾

●紅茶的躍動

要能沖泡出好喝的紅茶，首先要在茶葉最適當的狀態下注入熱水。不僅只是熱水的溫度，其狀態也是非常重要的。新鮮汲出的水沸騰之瞬間，是充滿著新鮮氧氣的熱水。以這樣的熱水沖泡時，茶水中茶葉的上下擺動。就稱之為茶葉的躍動。如果茶葉無法如此地躍動時，就無法適度地釋放出風味及香氣。
紅茶沖泡之重點即在於「茶葉的躍動」。

＊兩杯以上時，茶葉為杯數的倍數來計算。

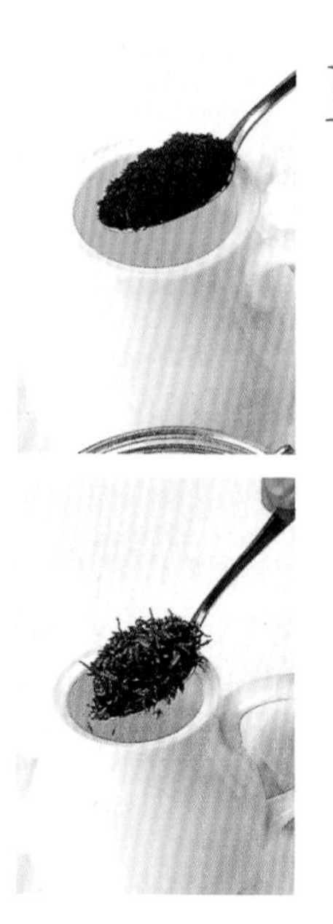

1　在茶壺中倒入200～250ml的熱水來溫壺。茶葉爲小型葉片時，滿滿的1茶匙，即是一杯紅茶的分量。倒掉茶壺中的熱水，放入茶葉。如果是兩杯茶時，則放入滿滿的2茶匙。

葉片較大時，滿滿1茶匙，即是一杯的分量。

＊適於沖泡紅茶的水

日本的水質是相當好的，所以可以使用被稱之為名水的湧泉之水，考慮到成本方面，即使是用自來水都足以沖泡出好喝的紅茶。只是氯含量較多有石灰味時，可以用濾過器來過濾水質。無論如何，沒有用剛沸騰的熱水來沖泡，是無法沖泡出好喝紅茶的。

＊兩杯以上的杯數時，以180ml的倍數計算來沖泡。

2 將剛沸騰的熱水沖泡至茶壺中，約180ml。兩杯時則沖泡入360ml。

＊如果是小型葉片的茶葉時，大約是2分鐘。若是大葉片時，則蓋上蓋子靜置約2分30秒。

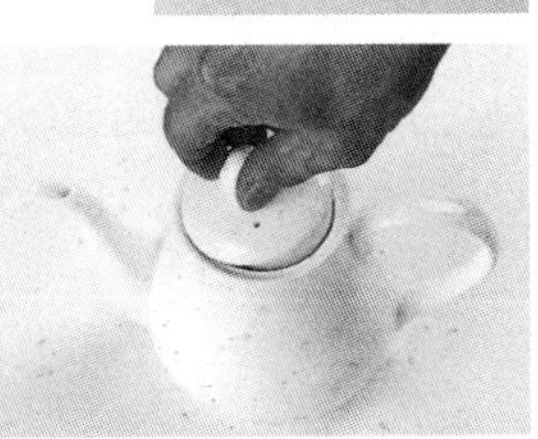

3 注入熱水後，立刻用茶匙簡單地攪動後，蓋上壺蓋靜置。

＊沖泡多杯時，先在每個杯中倒入半杯，藉以調整使所有的杯子都能有相同之濃度。

4 使用茶濾倒入溫熱的茶杯中。

5 完成。

咖啡豆及紅茶茶葉之保存法

咖啡

咖啡的鮮度是十分重要的。因容易氧化，所以煎焙後大約只能保存兩週左右，不要一次大量購買，最好是兩週購買一次。研磨的動作在使用前進行即可，咖啡豆直接放入清潔的保鮮瓶中，並阻隔空氣的進入。若是不得不保存研磨好的咖啡豆時，也可以放入保鮮瓶中保存，但必須儘早食用。

紅茶

要注意避免受潮。量匙也必須小心不要帶有水分或濕氣。雖然在常溫下保存即可，但請勿放置在溫暖的地方。

＊ 秤重購買時

放入可以密閉的乾淨保存瓶或保存罐中。保存期限4～5個月。

＊ 整罐購買時

每次用過之後一定確實將瓶罐蓋好。保存期限4～5個月。

＊ 使用茶包時

雖然每次用量都已放入袋中，但為保持其香氣，在打開外包裝後，仍是將其放入可乾淨的密閉保存瓶或保存罐中。保存期限為4～5個月。

糕點製作用語

《注釋》法語、詞類、意思

(f.) 形容詞或過去分詞的女性形、(pl.) 名詞的複數形、n.m.男性名詞、n.f.女性名詞、adj.形容詞、v.動詞

＊使用例、＊解說、(→P.) 照片及有詳細解說之頁數、〔　〕發音或讀法、→參考

abaisser v.
用擀麵棍將材料薄薄擀壓開

abricot n.m.
杏桃 (→P.140)

abricoter v.
塗抹杏桃果醬

acide citrique n.m.
檸檬酸 (→P.335)

amande n.f.
杏仁果 (→P.68) ＊amandes effilées杏仁片 ＊amandes hachées 杏仁粒、杏仁碎粒 →hacher

amarelle n.f.
紅櫻桃的一種

amaretto n.m.
杏仁甜酒 (→P.68)

angélique confite n.f.
白芷根的砂糖醃漬

anis étoilé n.m.
八角、大茴香

appareil n.m.
阿帕雷蛋奶液，由多種材料所混合而成的＊多半用於具流動性者

arôme de fruit n.m.
水果香料 (→P.338)

arroser v.
澆淋液體 (酒類等)、澆置

bain-marie n.m.
隔水加熱、隔水加熱鍋

balance n.f.
秤

banane n.f.
香蕉

barre n.f.
鐵製壓條 (→P.334) ＊règle à fondant風凍用外框或可以為此之製品

bassine n.f.
缽盆 ＊bassine à blanc蛋白用之缽盆、銅製缽盆

bâton n.m.
棒子 ＊un bâton de cannelle肉桂棒1根

betterave sucrière n.f.
甜菜、紅甜菜、甜菜根、砂糖蘿蔔 (→P.22)

beurrage n.m.
指以基本揉和麵糰 (detrempe) 包覆油脂或在其中加入油脂

beurre n.m.
奶油 (→P.25)
＊beurre demi-sel薄鹽奶油＊brurre noisette焦香奶油
＊beurre manié奶油和麵粉等量混合者

beurrer v.
塗抹奶油、添加奶油、用基本揉和麵糰 (detrempe) 包覆油脂

bigarreau／(pl.) bigarreaux n.m.
櫻桃、甜心櫻桃 (甜櫻桃的一種) ＊bigarreau confit糖漬櫻桃 (→P.332)

blanc d'œuf n.m.
蛋白

blanc／(f.) blanche adj.
白色

blanchir v.
在蛋黃中加入砂糖攪打至顏色發白

broyeuse n.f.
碾磨機、粉碎碾磨機 (→P.139)

cacao n.m.
可可亞 ＊cacao en poudre可可粉 (→P.354) ＊grain de cacao 可可豆

cadre à caramel n.m.
牛奶糖模型 (→P.345)

café n.m.
咖啡 ＊café soluble即溶咖啡

calvados n.m.
卡瓦多斯蘋果蒸餾酒 (→P.229)

canne n.f.
甘蔗、砂糖黍 (→P.22)

cannelé／(f.) cannelée adj.
溝、有溝槽狀的→canneler

canneler v.
劃出溝狀

cannelle n.f.
肉桂皮、肉桂 ＊bâton de cannelle肉桂棒

caramel n.m.
牛奶糖

caraméliseur v.
焦化砂糖製成焦糖色、倒入焦糖 (至布丁模型等)、在完成的糕點表面撒上砂糖，使表面焦化製成焦糖狀。

carraghénane n.m.
鹿角菜膠 (→P.255)

carton n.m.
紙板 ＊金色或銀色，墊在蛋糕下方做為支撐作用的厚紙板 (→P.54)

cassonade n.f.
粗糖 ＊蔗糖的粗糖

cercle n.m.
環狀模 ＊無底的環狀模型 ＊cercle à entremets環狀蛋糕模 (→P.47) ＊cercle à tarte塔派用的環狀模 (→P.107)

cerise n.f.
櫻桃 (→P.95)

chemiser v.
(在模型內側) 舖入麵糰等、貼合

chionis n.m.
三角錐濾器＊適合過濾液態物質的圓錐形過濾器。是不鏽鋼上有著孔洞的網狀道具。

chiqueter v.
在折疊派皮折疊烘烤時，在折疊麵糰的邊緣以等距淺淺地劃出切痕。＊疊層可以均勻地呈現，且完成時也更為美觀。

chocolat n.m.
巧克力 (→P.354)

cigarette de chocolat n.f.
雪茄巧克力 ＊薄薄地削切下細細地捲起的巧克力

citron n.m.
檸檬 (→P.112) ＊citron vert萊姆

clarifier v.
分開蛋黃及蛋白、使其澄徹 ＊beurre clarifié澄徹的奶油
clou de girofle n.m.
丁香、丁子香（→P.272）
cocotte n.f.
烤盅模型（→P.240）
cognac n.nm.
干邑白蘭地（→P.237）
Cointreau n.m.
康圖酒（→P.366）＊商標。柳橙皮及橙花萃取製成的白色利口酒。
colorant n.m.
食用色素、著色劑（→P.54）
colorer v.
著色
confire v.
醃漬 ＊主要是為保存果實或蔬菜而以砂糖、醋或蒸餾酒來醃漬。
confit／（f.）confite adj.
醃漬 →confire
confiture n.f.
果醬、保存食材
configure d'abricot n.f.
杏桃果醬（→P.81、P.140）
confiture de framboise n.f.
覆盆子果醬、木莓果醬（→P.150）
congeler v.
冷凍
corne n.f.
刮片、刮板（→P.29）（一般是指有角度或新月型的形狀）＊是具彈性的塑膠製薄片，像魚板形狀的道具
cornet n.m.
圓錐型或以紙捲成圓錐形紙捲袋或是擠花袋（→P.141）、將麵糰捲成圓錐形再填入奶油餡等的糕點、小小的角笛
coucher v.
絞擠出麵糰或奶油餡 ＊擠花袋呈45度傾斜，絞擠成細長帶狀
coulis n.m.
醬汁 ＊水果等果泥狀的醬汁
coupe n.f.
廣口且有底部的杯子
couteau n.m.
菜刀、刀子 ＊couteau-scie波狀刀
couverture n.f.
覆淋巧克力（→P.355）
crémage n.m.
奶油化
crème aigre n.f.
酸奶油（→P.115）→aigre酸的
crème de marron n.f.
栗子奶油餡、栗子奶油（→P.186）créme au marron
crème de tarter n.f.
酒石酸氫鉀 ＊英文中稱之為塔塔粉（cream tartar）（或cream of tartar）
crème épaisse n.f.
發酵鮮奶油（→P.176）

crème fraîche（crème fleurette） n.f.
鮮奶油
crémer v.
使其呈奶油狀、添加鮮奶油
cru／（f.）crue adj
生的
cuillerée n.f.
湯匙一匙的份量 ＊une cuillerée à potage de～1大匙 ＊une cuillerée à café de～1小匙
cuire à blanc v.
空燒
curaçao n.m.
柑香酒、柳橙利口酒
cutter n.m.
食物處理機 ＊也被稱為mixeur、robot-coupe。

dariole n.f.
稍呈廣口的圓筒狀模型、芭芭模型（→P.215）
demi n.m.
1/2、0.5 ＊可用demi-～來製成複合語
démouler v.
脫模
densimètre（pèse-sirop） n.m.
浮秤比重計、糖度計（→P.275）
dessécher v.＊
使其乾燥、除去多餘的水分
détrempe n.f.
基本揉和麵糰、揉搓之粉類、揉搓之生料 ＊在麵粉中加入水、鹽等混拌，揉和成一麵糰
diviseur à gateau n.m.
（圓形蛋糕用）等分器
dorer v.
為增加烘烤後之光澤及烘焙色澤而在麵糰上塗抹蛋液等
dorure n.f.
塗抹於表面的液體，為增加麵糰之光澤及烘烤色澤而塗抹的液體、蛋液
douille n.f.
擠花嘴 ＊douille unie圓形擠花嘴 ＊douille cannelée星形擠花嘴 ＊douille plate平口擠花嘴 ＊douille à bûche單面擠花嘴（→P.75） ＊douille à mont-blanc蒙布朗用擠花嘴（→P.186）
dresser v.
盛盤完成。絞擠出麵糰或鮮奶油 ＊直立擠花袋，彷彿擠出一圓點般地絞擠成圓球狀→coucher

eau n.f.
水 ＊eau bouillante熱水（沸騰之熱水） ＊eau chaude熱的水 ＊eau tiède溫水 ＊eau foride冷水
eau de fleur d'oranger n.f.
柳橙花水（→P.237）
eau-de-vie de poire n.f.
洋梨白蘭地（→P.49）
eau-de-vie／（pl.）eaux-de-vie n.f.
白蘭地（→P.212） ＊直接翻譯時，即為生命之水

ébarber v.
切除多餘的材料
ébauchoir n.m.
杏仁膏雕花用的刮片（→P.329）
économe n.m.
剝皮刀
écorce d'orange confite n.f.
糖漬柳橙皮、柳橙皮的砂糖醃漬（→P.122）
écumer v.
撈去泡沫
écumoire n.f.
有孔洞之杓子
effiler v.
（杏仁果等）縱切成薄片，切細
égoutter v.
瀝乾水分
émonder v.
汆燙去皮
emporte-pièce（découpoir） n.m.
切模 ＊emporte-pièce cannelé切模（菊花模型）
＊emporte-pièce unie切模（直切模）
empreintes à liqueur n.f.
利口酒糖用的按壓模型（→P.348）
enrober v.
以巧克力覆淋、澆淋
entonnoir à couler n.m.
填充器（→P.348）＊注入口處有栓塞，可以在手邊調整液體的流量之漏斗
épais／（f.）épaisse adj.
（液體）濃度、濃稠狀
éplucher v.
剝皮
essence n.f.
萃取精華、精華液、精髓
étaler v.
將（材料）推展、薄薄地擀開
extrait n.m.
萃取精華、精華液、萃取物 ＊extrait de café咖啡精（→P.76）
＊extrait de vanille香草精、濃縮香草精（→P.42）

farine n.f.
麵粉、低筋麵粉
fariner v.
撒上麵粉、撒
fécule n.f.
澱粉 ＊amidon澱粉
fécule de blé n.f.
澄粉、麵粉澱粉（→P.348）
fécule de maïs n.f.
玉米粉、玉米澱粉（→P.68）
feuille n.f.
葉片、薄片、片 ＊une feuille de ～1片的～
feuille de pain azyme n.f.
威化餅（→P.341）
feuille d'or n.f.
金箔 ＊用於食用者
flamber v.
將酒類加熱以揮發酒精成分
fonçage n.m.
派皮舖至模型之狀況
foncer v.
派皮等舖進模型的動作
fondant n.m./adj.
風凍、風凍（→P.139）／（形容詞）溶化、溶化般、柔軟的（女性形fondante）
fontaine n.f.
水泉、將粉類置於工作檯上，在粉類的中央留下空洞（或挖出凹槽）使周圍呈圈狀壁面般
fouet n.m.
打蛋器
fouetté／（f.）fouettée adj.
打發→fouetter
fouetter v.
（鮮奶油或雞蛋等）打至發泡、直立發泡
four n.m.
烤箱、烤窯
fourchette à tremper n.f.
巧克力叉、金屬串（→P.364）＊也稱之為broche à tremper
frais／（f.）fraîche adj.
新鮮的、生的、涼的
fraise n.f.
草莓（→P.39）
fraiser v.
以手掌將麵糰逐漸地按壓使其彷彿擦壓於工作檯般 ＊也稱之為fraser。確認材料是否完全混拌，並使材料能均匀地成為滑順狀態之作業。
framboise n.f.
覆盆子、木莓（→P.281）
fraser v.
→fraiser
frire v.
油炸
friture n.f.
炸油、油炸物
fromage n.m.
乳酪 ＊fromage frais新鮮乳酪＊fromage blanc新鮮乳酪的一種（→P.45）
fromage de chèvre n.m.
山羊乳酪（→P.103）
fruit n.m.
蔬果、水果 ＊fruit confit砂糖醃漬之水果

ganache n.f.
甘那許。鮮奶油和巧克力混合後製成的奶油餡

garnir v.
填充
garniture n.f.
（塔派等）內容物、填充物、裝飾、搭配裝飾
gâteau n.m.
西點、糕點 ＊以粉類為基底之糕點的總稱
gaufrier n.m.
鬆餅之烘烤模型、鬆餅機（→P.245）
gélatine n.f.
明膠（→P.48） ＊feuille de gélatine板狀明膠
＊gélatine en poudre
粉狀明膠
gelée n.f.
果凍、果醬
gélifiant n.m.
凝固劑、膠質化材料（→P.246）
ginanduja n.m.
榛果醬（→P.305）＊加了榛果的巧克力
glacer v.
增加光澤、或澆淋風凍等
glucose n.m.
麥芽糖、葡萄糖、glucose（→P.139）
gomme arabique n.f.
阿拉伯橡膠、阿拉伯膠（→P.329）
gousse n.f.
（豆類等）豆莢、（大蒜等鱗莖之）1片
gousse de vanilla n.f.
香草莢（→P.42）
gouttière n.f.
集雨筒、集雨筒形狀之模型
grain n.m.
穀粒、種子、豆子、顆粒 ＊café en grains、grains de café咖啡豆
grain de café n.m.
咖啡豆、咖啡豆巧克力（咖啡豆形狀之巧克力）（→P.57）
Grand Marnier n.m.
香橙甜酒（→P.54） ＊商標。以柳橙及干邑白蘭地為基底製成的利口酒
griller v.
（用格網）烤或煎
griotte n.f.
櫻桃、酸櫻桃（紅櫻桃的一種）＊griotte à l'alcool酒漬櫻桃（→P.369）
guigne n.f.
櫻桃、甜櫻桃之一種

hacher v.
切成細絲
huile n.f.
油

imbibage n.m.
滲入糕點中的材料、使其濕潤的材料（糖漿或酒等）
imbiber v.
想增加熱內亞海綿蛋糕或餅乾等的濕潤度，並增添風味時塗抹液體使其滲透
infuser v.
煎煮、浸泡熱水 ＊在沸騰的液體中浸泡香草、辛香料等，以萃取其香氣及成分
infusion de framboise n.f.
覆盆子利口酒（→P.372） ＊低糖度的利口酒
ivoire adj.
象牙色的、象牙的 ＊chocolat ivoire白巧克力

jaune adj.／n.m.
黃色的／黃色、黃色的部分
jaune d'œuf n.m.
蛋黃
julienne n.f.
切絲、細絲
jus n.m.
果汁、水果汁 ＊jus d'orange柳橙果汁

kirsch n.m.
櫻桃酒 ＊櫻桃蒸餾酒（→P.39）
kiwi n.m.
奇異果

lait n.m.
牛奶
lavande n.f.
薰衣草
levure chimique n.f.
泡打粉（→P.68）
levure de boulanger n.f.
新鮮酵母（→P.208） ＊boulanger：麵包店
lime n.f.
萊姆（→P.112）
liqueur à l'anis n.f.
大茴香酒、茴香系列風味的利口酒（→P.198）
louche n.f.
杓子

macaronner v.
（最適合製作蛋白杏仁甜餅之狀態）混拌蛋白杏仁甜餅的材料並調整至最適合的硬度
macédoine n.f.
切成4～5mm之方塊。切成小方塊的蔬菜或水果的混合蔬果
macérer v.
醃漬
mangue n.f.
芒果（→P.280）
manqué n.m.
圓碟模型、稍呈廣口的圓型蛋糕模（→P.67、P.99）
mariner v.
醃漬

marmelade n.f.
含果肉之果醬、果醬（→P.122）
marron n.m.
栗子 ＊marron au sirop糖漿醃漬栗子（→P.168）
masquer v.
以奶油覆蓋
médaillon n.m.
大獎章（大型獎牌）
mélangeur n.m.
攪拌器、糕點專用攪拌器（→P.28）＊feuille（palette、beater）：葉片形 ＊fouet（Whipper）：打蛋器形 ＊crochet（hook）：鉤形
menthe n.f.
薄荷葉、薄荷（→P.157）
meringue n.f.
蛋白霜
miel n.m.
蜂蜜（→P.87）
miette n.f.
（餅乾或千層派等）碎屑、碎片 ＊英語中稱為crumb。將多餘的餅乾或千層派等切碎後濾過使其成為碎屑。
millasson n.m.
淺盤塔模（→P.111） ＊稍呈廣口之圓形模、圓形的塔模
mixeur n.m.
攪拌器
moule n.m.
模型
moulinette n.f.
過濾器、旋轉式過濾器（→P.140） ＊轉動把手邊將材料碾碎邊進行過濾的製品
mousseline n.f.／adj.
（在料理的蔬菜汁等當中）加入打發的鮮奶油（慕斯的一種）／（形容詞、不變化）加入鮮奶油、輕的
myrtille n.f.
藍莓

nappage n.m.
鏡面果膠（→P.48）、呈現光澤的果醬、（塗抹、澆淋）鮮奶油或醬汁→napper
nappage neutre n.m.
透明鏡面果膠
nappe n.f.
一般的桌巾狀態 ＊à la nappe（以刮杓等使其覆於表面）覆蓋狀態 ＊英式醬汁的濃度標示
napper v.
（覆蓋於全體地）澆淋、塗抹
noisette n.f.
榛果（→P.84）
noix n.f.
核桃（→P.332）、堅果類
noix de coco n.f.
椰子、可可椰子的果實（乳胚）

nougatine n.f.
牛軋糖 ＊雕花用的硬式牛軋糖（在熬煮的糖漿中加入杏仁果凝固的成品）

œuf n.m.
蛋（→P.20） ＊œufs séchés乾燥蛋→secher

orange n.f.
柳橙（→P.280）orange

pailleté chocolat n.m.
巧克力脆餅、巧克力脆片（→P.205）
palette en caoutchouc n.f.
橡皮刮刀 ＊也稱之為maryse（橡皮刮刀之商品名）（→P.29）
palette triangle n.f.
三角刮板（→P.358）
patette（couteau palette）n.f.
抹刀、圓頭抹刀（→P.58） ＊palette coudée彎角抹刀
pamplemousse n.m.
葡萄柚（→P.254）
papier caisson n.m.
cooking paper（英） ＊加熱調理用紙（→P.27）
parfumer v.
增添香氣
passer v.
過濾
passoire n.f.
過濾器 ＊過濾處呈半球狀，有著細細網目之道具
pâte à glacer n.f.
法國風糖杏仁膏（→P.319）
pâte d'amandes fondante n.f.
杏仁膏（→P.319）
pâte de cacao n.f.
可可漿
pâte de marron n.f.
栗子醬、栗子泥（→P.186）
pâton n.m.
疊入了奶油的基本揉和麵糰、切割成必需用量之麵糰
pêche n.f.
桃子 ＊pêche jaune黃桃 ＊pêche blanche白桃 ＊pêche de vigne紅果肉之桃子
pectine n.f.
果膠（→P.335）
peigne à décor n.m.
梳子 梳狀模 ＊以塑膠或金屬製成有著梳齒狀之器具。用於劃出麵糰或奶油餡之線條。三角形時則稱之為三角梳板。
perlage n.m.
在材料的表面撒上糖粉後烘烤，使其表面呈現真珠（perle）狀顆粒
Pernod n.m.
茴香甜酒（→P.198） ＊甘草風味利口酒的商標
pic-vite n.m.
打孔滾輪（→P.94）

pied n.m.
腳 ＊烘烤軟式蛋白杏仁甜餅時，由側面噴出的材料
pignon n.m.
松子（→P.115）
pinceau n.m.
毛刷
pincée n.f.
一小撮（份量） ＊une pincée de sel一小撮鹽
pincer v.
在材料的邊緣以派餅夾起來，包夾 ＊為了裝飾派皮麵糰周圍而進行之作業
piquer v.
（以打孔滾輪pique-vite或叉子等）在材料上刺出小孔，（以刀尖等）在派皮等麵糰上刺出蒸氣排氣孔
pistache n.f.
開心果（→P.58） ＊pâte de pistaches開心果泥（→P.290）
plaque n.f.
盤 ＊plaque à four烤盤
plaque à tuiles n.f.
瓦片型、桶狀（→P.299）
plaquette de chocolat n.f.
薄板狀巧克力
poche（à décor） n.f.
擠花袋 ＊poche à douille uni裝有圓形擠花嘴之擠花袋
poêle à crêpes n.f.
可麗餅鍋（→P.228）
poire n.f.
洋梨、Poire（→P.49）
Poire Williams n.f.
＊洋梨品種名、洋梨白蘭地的商標
pomme n.f.
蘋果（→P.100） ＊pomme verte青蘋果
poudre à crème n.f.
卡士達粉（→P.41）
praliné n.m.／adj.
糖杏仁pralin（→P.125）／（形容詞）糖杏仁風味的、添加糖杏仁的（女性詞pralinée）
pruneau／（pl.）pruneaux n.m.
李子、李子乾（→P.231）
purée n.f.
純果汁（→P.334：水果的純果汁）
purée de marron n.f.
栗子醬（→P.186）

quartier n.m.
4分之1、1片、橘子的1瓣
quenelle n.f.
（冰淇淋或慕斯等）以湯匙製成球狀 ＊本來是指將肉類或魚肉煮成小塊之料理

raisin n.m.
葡萄 ＊raisin muscat葡萄品種名
raisin sec n.m.
葡萄乾（→P.81）
râpé／（f.）râpée adj.
磨碎的→raper
râpér v.
磨碎 ＊noix de coco râpée椰子薄片
rayer V.
斜向地將刀刃插入，劃出紋路 ＊切開派的層疊，烘烤後即能呈現出形狀
réfractomètre n.m.
屈光糖度計、溫度補償濃度計（→P.275）
rhum n.m.
蘭姆酒（→P.81）
robot-coupe n.m.
食物調理機之商標
rognure n.f.
材料切下之部分、二次生料
rondelle n.f.
切成圈狀 ＊une rondelle de citron圓圈狀檸檬片
rosace n.f.
玫瑰花形之裝飾、玫瑰形狀、放射狀花紋
rouge adj.
紅色的
rouleau（rouleau à pâte） n.m.
擀麵棍
rouleau à nougat n.m.
金屬擀麵棍（→P.176）
rouleau cannelé n.m.
條紋擀麵棍 ＊金屬製成刻有溝槽的擀麵棍
roulette multicoupe（rouleau extrnsible） n.m.
伸縮派皮切刀（→P.151）
ruban n.m.
緞帶 ＊在雞蛋中加入砂糖充分攪打後之打發狀況稱為緞帶狀。撈起時，可以保持一定的寬度，如同緞帶般地緩緩落下之狀態，因而命名的

sablage n.m.
脆餅
sabler v.
不添加液體，揉搓油脂與粉類，使其成為鬆散狀
salé／（f.）salée adj.
鹹味的、添加了鹽的
saupoudrer v.
撒
sec／（f.）sèche adj.
乾的、乾燥的
sécher v.
乾燥、使其乾燥 ＊blancs d'œuf séchés乾燥的蛋白
sel n.m.
鹽 ＊gros sel粗鹽
serer v.
蛋白霜完成時，以打蛋器強力混拌使氣泡可以更紮實 ＊以糕點專用攪拌器來打發時，最後時則以手持打蛋器來進行。

Silpat n.m.
矽膠墊（→P.27） ＊商標。矽膠樹脂性，有著橡膠般彈力之墊子

sirop n.m.
糖漿、糖液

soluble adj.
可溶的、溶解性的

sorbétière（turbine à glace） n.f.
冰淇淋機（→P.277）

spatula en bois n.f.
木杓子、木刮杓

stabilisateur n.m.
安定劑（→P.275）

streusel n.m.
糕餅上之配料（由德文而來） ＊甜且鬆散的麵糰生料

sucre n.m.
砂糖

sucre de canne n.m.
甘蔗糖、甘蔗製成之砂糖（→P.22）

sucre de palmier n.m.
椰糖（→P.23）

sucre d'erable n.m.
楓糖（→P.23）

sucre en grains n.m.
細砂糖、冰糖（→P.23）

sucre en morceaux n.m.
方糖（→P.23）

sucre glace n.m.
糖粉

sucre inverti n.m.
轉化糖（→P.87） ＊Trimorine具代表性之轉化糖之商品名。成為轉化糖之代名詞

sucre roux n.m.
粗糖

sucre semoule n.m.
細砂糖（→P.23）

sucre vanillé n.m.
香草糖（→P.173）

sucré／（f.）sucrée adj.
甜的、添加砂糖的

surgelé／（f.）surgelée n.m./adj.
冷凍食品／急速凍結的→surgeler

surgeler v.
急速冷凍 ＊congeler冷凍、緩慢地凍結

tamis n.m.
粉類過篩器、過濾器

tamiser v.
過篩、過濾

tant pour tant（T.P.T.） n.m.
杏仁糖粉，以等量的杏仁果和砂糖混合碾磨成粉末狀（→P.70）
＊杏仁粉和糖粉等量混合也可以

tempérage n.m.
tempering（英）、調溫 ＊為使溶化的巧克力中之可可脂能有安定的結晶而進行的溫度調整之作業

temperature n.f.
溫度、氣溫

tempéreuse électrique n.f.
Chocolate Warmer、調溫機（→P.358）

thé n.m.
茶、紅茶

thermometer n.m.
溫度計 ＊thermomètre centigrade百分度（攝氏）溫度計

tourage n.m.
在基本揉和麵糰中包入奶油

tourer v.
（將奶油疊入基本揉和麵糰中）折疊包覆

tourtière n.f.
圓形烤盤、鐵板、（有底盤）塔派模型（→P.94）

tremper v.
（覆淋巧克力、風凍等）最後修飾（覆淋）、（糖漿等）浸泡、（液體）沾裹

trios-frères n.m.
三兄弟模型（→P.249） ＊環狀模型（蛇眼模）之一種

uni／（f.）unie adj.
平坦的、滑順的、無裝飾的

vanilla n.f.
香草（→P.42）

vanilline n.f.
香草醛 ＊香草芳香的成分，無色之化學物質

vert／（f.）verte adj.
綠色的

vide-pomme n.m.
蘋果去核器

vin n.m.
葡萄酒（→P.266） ＊vin rouge紅葡萄酒 ＊vin blanc白葡萄酒
＊vin rosé玫瑰葡萄酒

vol-au-vent（découpoir à vol-au-vent）n.m.
酥皮模 ＊圓盤狀模型（→P.121）

whisky n.m.
威士忌

yaourt n.m.
優格

zeste n.m.
皮、（柑橘類）表皮 ＊zeste de citron（d'orange）檸檬（柳橙）皮（→P.103）

法國的節慶及活動

◎為非固定節慶。耶穌相關的節慶，會以復活節為主軸地變動。

1月1日　元旦

Jour de l'an 國定假日

1月6日 主顯節

Épiphanie（Jour des Rois）

為慶祝耶穌誕生，東方三賢者les rois到訪伯利恆之日。這天所食用的galette des rois（國王餅），是以折疊派皮麵糰包裡杏仁奶油餡所烘烤而成，幾乎與脆餅相同之糕點，其中放入一個小小的陶製人偶。過去放的不是人偶而是蠶豆fèves，所以這個小人偶也被稱為Feve，抽到這個人偶的人可以戴上紙做的皇冠，當一天的國王或皇后。依地區不同，有些不是用派而是用像是皮力歐許般的麵包麵糰做成國王餅（galette des rois）。

2月2日 耶穌的奉獻及聖母行潔淨禮

Chandeleur（聖蠟節）

在耶穌誕生的第四十天，過了生產禁忌的聖母馬利亞為了儀式而前往神殿之日。此時，老者聖西蒙對耶穌的誕生做了預言，說道「這個孩子正是照亮世人的名燈」，也因此教會人人手捧蠟燭，而被稱為聖蠟節。這天會製作可麗餅。傳說如果能一手握著銅板，一手拿著可麗餅鍋，很順利地將可麗餅翻面的話，幸運將會降臨並且從此沒有金錢的煩惱。

2月14日　情人節

Saint Valentin

Saint Valentin，是當時違反羅馬皇帝禁令，為了讓士兵們結婚而殉教之基督教神父的名字。以此神父為名的這一天，是年輕男女們以「抽籤」來決定戀愛的對象，而與當時的春季祭典相結合，這天因而被稱之Saint Valentin Day。在歐美會互贈卡片，也會送禮物給親近的人。

◎2月時 四旬齋前的狂歡節

Carnival

也被稱為「謝肉節」。復活節前46天之間的素食時期稱之為四旬齋Carême，在開始這個齋戒前盡情地享受飲食，因而起始的節慶。四旬節的首日聖灰星期三的前一天，被稱為是「肥膩星期二」（Marde gras），特別是指狂歡節當天。在法國會在里昂或尼斯舉行盛大的祭典活動。

◎3～4月　復活節

Pâques

慶祝釘在十字架上的耶穌在第七日復活的節日。是春分後第一個滿月日之後的星期天（春分以3月21日來計算）。復活節當中有復活蛋，在蛋殼塗上彩色或畫上圖案的復活節彩蛋，會奉獻至教會或以做為贈禮來食用。糕餅店中在復活節前一個月起，就會製作彩蛋、母雞、兔子、羔羊等復活節裝飾用的巧克力或杏仁膏雕花。在用巧克力做成的彩蛋中，藏著小小的巧克力或糖果，並將彩蛋埋放在庭院中，作為孩子們尋寶的禮物。復活節第二天的週一是國定假日。

4月1日　愚人節

Poisson d'avril

在法國，稱為四月之魚。在此魚指的是「鯖魚」，因為到了春天是可以很容易就釣到的魚，所以也被以此稱之。在糕餅店中，做成魚形狀的派餅中填入了卡士達奶油餡，並以草莓等季節性的水果排列做為魚鱗，還可以看到並排的糕餅或魚形狀的巧克力。

5月1日　勞動節

Fête de Travail國定假日

也是鈴蘭日Jour des muguets，總統會與親近的人互贈鈴蘭花。也因此製作了以鈴蘭為題材的糕點。餐飲店中也會送給女性顧客鈴蘭的花朵。

5月8日　二次世界大戰勝戰紀念日
Fête de la Victoire國定假日

◎五月時　基督教的升天節
Ascension　國定假日
慶祝耶穌復活後第40日的升天日（復活節的第四十天後）。

◎5～6月　基督靈降臨節
Pentecôte
復活節後的第七個星期日。有些地方還會做出colombier（鴿子）形狀，當中放入Feve的糕點。這個節日次日的週一為國定假日。

7月14日　革命紀念日
Fête Nationale國定假日
也被稱為巴黎節、法國國慶節Le Quatorze Juillet。

8月15日　聖母升天節
Assomption　國定假日

11月1日　萬聖節
Toussaint　國定假日
在天主教當中，一年365天當中，雖然有各式各種的聖人的慶祝日※1，但這一天是所有神職人員的慶祝日。緬懷逝者的日子。前一夜就是萬聖節。用南瓜刻成眼睛等五官，點上蠟燭做為燈籠，化裝成魔女或幽靈的孩子們會在家裡附近走動並說著「不給糖果就搗蛋，trick or treat」，這樣的活動主要是在美國進行。還有南瓜派等使用南瓜製成的糕點。

※1　每年發行的米其林的餐廳簡介中（MICHELIN LE GUIDE ROUGE）中，書本的最後，一目了然地記載著所有的假日及每天的神職聖人之日。

11月11日　第一次世界大戰休戰紀念日
Fête de l'Armistice　國定假日

11月下旬～待降節
Advent
從聖誕節回溯起，含四次週日的一個月之準備期間。每週各點一支臘燭來祈禱，以等待耶穌的誕生降臨。也開始了聖誕節裝飾。

12月25日　聖誕節
Noël　國定假日
在聖誕節燃燒粗大的柴薪，取這個柴灰以保護次年一年間可以免於生病及災難，所以製作了Bûche de Noël。Bûche就是柴薪的意思，使用奶油餡的蛋糕捲，可以看到裝飾著的柴薪外觀。奶油餡也經常使用添加了巧克力或咖啡的風味。

●在週日、節慶或慶祝日的餐桌上，糕點是不可或缺的。除了上述之節慶之外，母親節、父親節、葡萄收成祭等，每個慶祝祭點都有各種糕點的製作。此外，誕生、受洗、領聖體、訂婚、結婚等人生的各項紀念日，也會準備以糖果雕花或杏仁膏雕花等裝飾，用以慶祝croquembouche※2或dragée※3。

※2在口（bouche）中咀嚼（croquer）的意思。在日本也以結婚蛋糕而普及開來，據說也隱含著子孫繁衍及幸福上達天廷的願意，分送給所有參與者。

※3杏仁果，或是以巧克力為中心，沾裹上具光澤固體糖衣的糖果。

<作者介紹>

川北 末一
Kawakita Suekazu

辻製菓專門學校　製菓主任教授
1949年生於大阪府。1975年前往歐洲，曾在里昂的糕點製作名店「Bernachon」以及上維埃納（Haute-Vienne）的餐廳「Pyramid」爲首，在法國、德國、奧地利和義大利等地研習。曾著有「歐洲的點心」（鎌倉書房）、共同著作之『維也納點心之特色』（文化出版局）、『專家烹調之基本7西式點心』（同朋舍media plan）。『Grand-Patissier 最新的世界西式糕點（共五冊）』（同朋舍media plan）監修。

<協助糕點製作>
安井 清秀
Yasui Kiyohide

辻製菓專門學校　製菓教授
1959年出生於岡山縣。1986年在德國、歐芬堡（Offenburg）「咖啡屋KOHHASU」研習。在『Grand-Patissier 最新的世界西式糕點（共五冊）』（同朋舍media plan）書中擔任糕點製作。

瀨戶山　明夫
Hasetoyama Akio

辻製菓專門學校　製菓助理教授
1970年出生於兵庫縣。2000年時曾在法國「Jean Philippe Guay」研習。

<協助咖啡、紅茶>
伊藤　敏夫
Ito Tosio

1959年出生於群馬縣。爲研究咖啡之生產而至巴西習修。共同著作有『美味咖啡事典』（成美堂出版）。過去爲辻製菓專門學校教授。

<手稿完成>
小阪 Hiromi
Kosaka Hiromi

辻靜雄料理教育研究所研究員
大阪市立大學文學院畢業。主修法國語文學。擔任糕點材料之解說、糕點之歷史以及法國地理相關之部份之執筆，以及全文之校正工作。

系列名稱 / 大師系列
書　名 / 法國糕點大全：110種特選甜點、76個獨門訣竅
1500張詳細步驟圖解一看就會
作　者 / 辻製菓専門學校 川北末一
出版者 / 大境文化事業有限公司
發行人 / 趙天德
總編輯 / 車東蔚
文　編 / 編輯部
美　編 / R.C. Work Shop
翻　譯 / 胡家齊
地址 / 台北市雨聲街77號1樓
TEL / (02)2838-7996
FAX / (02)2836-0028
二版 / 2016年3月
定　價 / 新台幣1200元
ISBN / 978-986-92131-3-4
書　號 / Master 08

讀者專線 / (02)2836-0069
www.ecook.com.tw
E-mail / service@ecook.com.tw
劃撥帳號 / 19260956大境文化事業有限公司

國家圖書館出版品預行編目資料
法國糕點大全：110種特選甜點、76個獨門訣竅
1500張詳細步驟圖解一看就會
辻製菓専門學校 川北末一 著；--二版.--臺北市
大境文化，2016[民105] 416面；19×26公分.
（Master；M 08）
ISBN 978-986-92131-3-4（精裝）
1.點心食譜 2.法國
427.16　　105002267

攝影·夫馬潤子
設計·田島浩行、田島洋平
插畫·佃 二葉
編輯·佐藤順子